教育部高等学校地矿学科教学指导委员会
矿物加工工程专业规划教材

矿物加工研究方法

主　编　顾帼华　龚文琪
副主编　印万忠

中南大學出版社
www.csupress.com.cn
·长　沙·

内 容 简 介

本书系统地论述了有关矿物加工试验研究的基本知识、基本理论及矿物加工主要方法的试验技术。包括试验样品的采取和制备；试验样品工艺矿物学研究内容、程序和方法；试验样品工艺性质的测定；浮选、重选、磁选、电选、化学分选和固液分离试验的步骤、设备及操作技术；中间试验和工业试验程序、内容以及流程考察的方法。并介绍了科研课题的选题、试验设计方法及数据处理的方法、常用的现代测试技术及试验报告和科技论文写作的相关知识。

本书可用作高等院校矿物加工工程专业学生的专业课教材，也可作为冶金、化工等专业的教学参考书，对相关研究院所的科研人员和厂矿工程技术人员也具有参考价值。

教育部高等学校地矿学科教学指导委员会
矿物加工工程专业规划教材

编审委员会

矿物加工研究方法

编委会

主　　编　顾帼华　龚文琪

副 主 编　印万忠

参编人员　张　覃　管俊芳　李　强

　　　　　邹安华　符建刚　刘三军

主编单位　中南大学

　　　　　武汉理工大学

副主编单位　东北大学

参编单位　昆明理工大学

　　　　　贵州大学

总序

“人口、发展与环境”是21世纪人类社会发展过程中的重要问题，矿物资源是人类社会发展和国民经济建设的重要物质基础。从石器时代到青铜器、铁器时代，到煤、石油、天然气，到电能和原子能的利用，人类社会生产的每一次巨大进步，都与矿物资源利用水平的飞跃发展密切相关。

人类利用矿物资源已有数千年历史，但直到19世纪末至20世纪20年代，世界工业生产快速发展，使生产过程机械化和自动化成为现实，对矿物原料的需求也同步增大，造成了“矿物加工”技术从古代的手工作业向工业技术的真正转变，在处理天然矿物原料方面获得大规模工业应用。

特别是20世纪90年代以来，我国正进入快速工业化阶段，矿产资源的人均消费量及消费总量高速增长，未来发展的资源压力随之加大。我国金属矿产资源总量不少，但禀赋差、品位低、颗粒细、多金属共生复杂难处理，矿产资源和二次资源综合利用率都比较低。

矿物加工科学与技术的发展，需要解决以下问题。

(1)复杂贫细矿物资源的综合回收：随着富矿和易选矿物资源不断开采利用而日趋减少，复杂、贫细、难处理矿产资源的开发利用成为当前的迫切需要。

(2)废石及尾矿的加工利用：在选矿过程中，全部矿石经过碎磨，消耗了大量原材料和能源，通常只回收占总矿石质量10%～30%的有用矿物，大量的伴生非金属矿不仅未能有效利用，并且还被当作“废石”和“尾矿”堆存起来，成为环境和灾害的隐患。

(3)二次资源：矿山、冶炼厂、化工厂等排出的废水、废渣、废气中的稀有、稀散和贵金属，废旧汽车、电缆、机器及废旧金属制品等都是仍然可以利用的宝贵的二次资源。由于一次资源逐步减少，二次资源的再生利用技术的开发无疑成了矿物加工领域的重要课题。

（4）海洋资源：海洋锰结核、钴结壳是赋存于深海底的巨大矿产资源，除富含锰外，铜、钴、镍等金属的储量也十分丰富，此外，海水中含有的金属在未来陆地资源贫化、枯竭时，也将成为人类的宝贵资源。

（5）非矿物资源：城市垃圾、废纸、废塑料、城市污泥、油污土壤、石油开采油污水、内陆湖泊中的金属盐、重金属污泥等，也都是数量可观的能源资源，需要研发新的加工利用技术加以回收利用。

面对上述问题，矿物加工科技领域及相关学科的科技工作者不断进行新的探索和研究，矿物加工工程学与相邻学科的相互交叉、渗透、融合，如物理学、化学与化学工程学、生物工程学、数学、计算机科学、采矿工程学、矿物学、材料科学与工程已大大促进了矿物加工学科的拓展，形成各种高效益、低能耗、无污染矿物资源加工新知识、新技术及新的研究领域。

矿物加工的主要学科方向有：

（1）浮选化学：浮选电化学；浮选溶液化学；浮选表面及胶体化学。

（2）复合物理场矿物分离加工：根据流变学、紊流力学、电磁学等研究重力场、电磁力场或复合物理场（重力＋磁力＋表面力）中，颗粒运动行为，确定细粒矿物的分级、分选条件等。

（3）高效低毒药剂分子设计：根据量子化学、有机化学、表面化学研究药剂的结构与性能关系，针对特定的用途，设计新型高效矿物加工用药剂。

（4）矿物资源的生化提取：用生物浸出、化学浸出、溶剂萃取、离子交换等处理复杂贫细矿物资源，如低品位铜矿、铀矿、金矿的提取，煤脱硫等。

（5）直接还原与矿物原料造块：主要从事矿物原料造块与精加工方面的科学研究。

（6）复杂贫细矿物资源综合利用：研究选－冶联合、选矿、多种选矿工艺（重、磁、浮）联合等处理一些大型复杂贫细多金属矿的工艺技术和基础理论，研究资源综合利用效益。

（7）矿物精加工与矿物材料：通过提纯、超细粉碎、纳米材料制备、表面改性和材料复合制备等方法和技术，将矿物加工成可用的高科技材料。

现今的矿物加工工程科学技术与20世纪90年代以前相比，已有更新、更广的发展。为了适应矿业快速发展的形势，国家需要大批掌握现代相关前沿学科知识和广泛技术领域的矿物加工专业人才，因此，搞好教材建设，适度更新和拓宽教材内容对优秀专业人才的培养就显得至关重要。

矿物加工工程专业目前使用的教材，许多是在20世纪90年代前出版的教材基础上编写的，教材内容的进一步更新和提高已迫在眉睫。随着教育部专业教育规范及专业论证等有关文件的出台，编写系统的、符合矿物加工专业教育规范的全国统编教材，已成为各高校矿物加工专业教学改革的重要任务。2006年10月在中南大学召开的2006—2010年地矿学科教学指导委员会(以下简称地矿学科教指委)成立大会指出教材建设是教学指导委员会的重要任务之一。会上，矿物加工工程专业与会代表酝酿了矿物加工工程专业系列教材的编写拟题，之后，中南大学出版社主动承担该系列教材的出版工作，并积极协助地矿学科教指委于2007年6月在中南大学召开了“全国矿物加工工程专业学科发展与教材建设研讨会”，来自全国17所院校的矿物加工工程专业的领导及骨干教师代表参加了会议，拟定了矿物加工专业系列教材的选题和主编单位。此后分别在昆明和长沙又召开了两次矿物加工专业系列教材编写大纲的审定工作会议。系列教材参编高校开始了认真的编写工作，在大部分教材初稿完成的基础上，2009年10月在贵州大学召开了教材审稿会议，并最终定稿，交由中南大学出版社陆续出版。

本次矿物加工专业系列教材是在总结以往教学和教材编撰经验的基础上，以推动新世纪矿物加工工程专业教学改革和教材建设为宗旨，提出了矿物加工工程专业系列教材的编写原则和要求：①教材的体系、知识层次和结构要合理；②教材内容要体现科学性、系统性、新颖性和实用性；③重视矿物加工工程专业的基础知识，强调实践性和针对性；④体现时代特性和创新精神，反映矿物加工工程学科的新原理、新技术、新方法等。矿物加工科学技术在不断发展，矿物加工工程专业的教材需要不断完善和更新。本系列教材的出版对我国矿物加工工程专业高级人才的培养和矿物加工工程专业教育事业的发展将起到十分积极的推进作用。

形成一整套符合上述要求的教材，是一项有重要价值的艰巨的学术工程，决非一人一单位之力可以成就的，也并非一日之功即可造就的。许多科技教育发达的国家，将撰写出版了水平很高的、广泛应用的、产生了重要影响的教材，视为与高水平科学论文、高水平技术研发成果同等重要，具有同等学术价值的工作成果，并对获得此成果的人员给予的高度的评价，一些国家还把这类成果，作为评定科技人员水平和业绩和判据之一。我们认为这一做法在我国也应当接纳及给予足够的重视。

感谢所有参加矿物加工专业系列教材编写的老师，感谢中南大学出版社热情周到的出版服务。

王淀佐

2010年10月

前言

为适应学科发展和教学改革的需要，并根据国家教委关于高等教育应面向21世纪培养专业面宽、知识面广、综合素质高、实践能力强的现代化建设人才的精神，在编者多年的教学、科研实践体会基础上，编写本教材以满足矿物加工工程专业本科生的教学要求。

全书共15章，第1章介绍了科学与技术的关系及科技研究的性质、任务和特点，并重点介绍了矿物加工科学研究工作的程序和阶段；第2章介绍了科研课题的选题原则及矿物加工科研选题类型等；第3章介绍试验设计、误差分析及数据处理；第4、5、6章分别介绍矿物加工研究试样的采取和制备、矿物加工试样的工艺矿物学研究以及试样工艺性质的测定；第7、8、9、10章分别介绍矿物加工主要研究方法中浮选、重选、磁选、电选和化学分选的试验技术，包括每种方法试验研究内容、试验所用设备及操作技术；第11章介绍固液分离试验技术；第12章介绍矿物加工中间试验和工业试验的内容和程序；第13章简单介绍矿物材料制备与加工试验；第14章介绍与矿物加工研究相关的现代测试技术；第15章介绍科技论文及试验报告的写作。

本书力求对每种方法的原理和试验技术给予通俗的说明，并通过简单实例阐述各种方法的应用，强调理论联系实际、学以致用。本书除课堂教学外，还是矿物加工工程专业学生进行毕业论文的主要参考资料，同时可供本专业科研及生产单位的工程技术人员使用。

中南大学顾帼华和武汉理工大学龚文琪担任主编，东北大学印万忠担任副主编，参加编写的有：顾帼华[第1、2、3(除3.3.4)、5章]，印万忠、李强[第6、7、8(除8.2)、12(除12.2)、13章]，龚文琪(第9、11章)，管俊芳(第5、14章)，邹安华(第4、15章)，符建刚(第10章)，张覃(第8章8.2、第12章12.2)，刘三军(第3章3.3.4)。

在本书编写的过程中，编者参考了国内外的有关文献与资料，引用了其中的一些内容和实例，在此向所有原作者表示感谢！

本教材涉及专业面较广，限于水平，难免有不妥之处，敬请读者批评指正。

编　者

2019 年 2 月

目　录

第1章 绪 论

本章内容提要：介绍了科学技术研究的性质、任务和现代科学技术研究的特点，阐述了掌握矿物加工研究方法的意义，并重点介绍矿物加工研究工作的程序和阶段。

1.1 科技研究的性质、任务和特点

1.1.1 科技研究的性质

科技研究是人类特有的活动方式，是人类社会实践的基本形式之一。科技研究的本质是创造知识。其内涵为：一是创造新知识；二是加工已有的知识，包括存储、分析、鉴别、整理，使零散的知识系统化、体系化；三是利用知识，把科学知识转化为技术知识，把技术知识转化为生产知识，把某个学科知识成功地应用于其他学科。

1.1.2 科技研究的任务

科技研究作为人类特有的活动方式有四个基本任务：

(1)揭示自然现象的奥秘及其发展变化规律。

(2)提高利用自然现象及其规律的能力。科技研究不能只停留在认识自然的阶段，还必须在认识自然的基础上，进一步探索如何利用自然，解决人类在适应自然和利用自然过程中提出的各种理论和技术问题，这是科技研究的一项主要任务。

(3)推动社会物质生产的发展。科技来自生产，科技也指导生产，科技如果不能直接或间接地对生产起指导作用，也就没有存在的价值。一系列新兴的工业，大多数都建立在先进的科技基础上。理论研究一旦获得重大成果，迟早会给生产和技术的发展带来巨大的影响。

(4)促进精神文明的进步。没有发达的科学文化，就不可能建立物质文明和精神文明相统一并高度发达的现代化强国。

1.1.3 科技研究的特点

科技研究活动是人类社会生产活动的一种方式，是一种极其复杂的、难度较高的智力劳动。现代科技研究有如下特点。

1. 继承性

任何研究都是以前人的成果为起点，在前人创造的基础上进行的。科技研究就是利用前人所建立起来的科学技术作为继续研究的工具，将前人探索过但没有完成的事业继续探索下去。因此，系统地继承前人已经获得的知识，了解前人还没有解决的问题，是从事科技研究的基础和前提。

2. 探索性

探索、认识未知是科技研究的基本任务。科技研究探索过程中包含开拓、变动、偶现和失败。开拓是研究的起点，在错综复杂的矛盾中，研究选择新方向、新领域、新方法、新工艺。变动就是有目的地改变研究方案、研究方法、设计构思、计算步骤等，使自己逐步接近研究的目的。偶现是超出预定目的的事件，是探索中的机遇和产物，科学史上不少发现和发明是在研究过程中捕获的偶然现象。探索还意味着研究人员应能接受失败的考验，失败是探索之路，是科技研究中的正常现象，只有在失败中不断总结经验教训，才能在科研活动中不断取得成功。

3. 创造性

创造性是科技研究的灵魂，科技研究的目的就是为了发现新事物、创造新知识、研究新产品，它不是重复前人的劳动，而是在继承的基础上，进行十分艰巨的再创造。只有在继承的基础上进行创造，才能使知识扩大、加深和发展。

4. 严密性

严密性是科技研究成败的关键。自然现象是按一定的规律运动、变化和发展的，科技研究活动只有遵循它、适应它才能揭示它。研究工作者要寻求其变化规律，一定要：①有一丝不苟的精神；②严格选取代表性研究对象，这样才易于发现和抓住本质；③严格地安排科学研究；④具备精良装备，这是衡量科研水平的重要标志；⑤在研究中，既要严格适应研究对象的客观规律性，又要符合认识过程的逻辑性。

5. 集体性

随着科学的发展，知识相互渗透，现代科技问题往往是几个学科交叉的共同点。因此，解决问题需要凭借集体的力量，要有合理的知识结构、年龄结构和专业类别。

6. 多学科性

随着工业生产的发展，生产分工更细，导致科学技术的学科与门类不断增加，使得现代科技研究不仅要从纵深方向解决科学技术问题，而且一个问题往往横向涉及多类学科。因此，多学科的应用，已成为现代科技研究的一个主要特点。

7. 现代化的方法与手段

随着数学、计算机和各种现代化测试仪器的发展，许多科技问题已采用计算和测试方法以及数据处理方法来解决。掌握这些方法和手段，是科技研究的基本功。

8. 大信息量

21 世纪是信息时代，每时每刻都会产生数量惊人的信息，要使自己处于科技研究的前沿，必须掌握处理大量信息的方法和手段。

9. 国际性

随着全球一体化步伐的加快，国际国内的科学技术合作与交流也会不断增加。因此，科技研究比以往任何时候都更加具有国际性。

科研工作者应了解以上科技研究的特点，这对于减少甚至避免科研活动中的失误、提高科研效率、扩大科研成果和推动研究工作的进展十分重要。

1.2 掌握矿物加工研究方法的意义

任何一项实践活动或认识活动都离不开一定的方法。古人说：“工欲善其事，必先利其器。”器者，乃方法与工具之谓也。做任何事情，都要讲究方法，方法对头，才能事半功倍。科技研究是科学实践，当然也应该注意研究方法。

矿物加工科技研究是以矿物加工理论和方法为基础，探讨矿物加工工程学科新知识的实践活动。它不仅仅是为了获得试验研究现象的信息，取得经验层次的知识，更是为了深入地、清晰地了解研究对象间的各种关系，发现规律，创造性地提出解决方法，并上升到理论层次。矿物加工工程学科在长期的发展过程中，逐渐形成了自己的研究方法，学习和掌握矿物加工研究方法的重要意义在于：

第一，矿物加工科技工作者掌握正确的研究方法是科研工作获得成效的重要保证。科学的研究方法不仅包括研究的基础理论、基本实验技能训练等具体方法，还涉及从事科技研究采取的步骤、策略以及工作注意事项等。学习这门科学，就能通晓矿物加工研究过程的一般规律，掌握研究过程的各个基本环节和应该遵循的各项原则，自觉地按照正确的思想方法和研究方法办事，提高科学技术研究水平，获得较多较好的研究成果。

第二，科技研究的方法是培养和造就科学人才的要素。如果把科学知识比做“干粮”，科学方法就是“猎枪”。科学研究方法既包括成本成章的系统理论，也包括灵活运用的方法和工具，特别是思维方法就更为重要。假如把科学研究方法分成硬件和软件的话，实验、技术、设备是硬件，人的思维则是软件。科学的研究方法可以帮助我们养成思考的习惯，学会正确的思维方法，丰富科学研究的思路，这无疑是最有意义的。对科学方法的系统研究，还能够提高人们的创新意识。所以，在掌握科学知识的同时加强方法的训练，才能提高独立研究问题和解决问题的能力，成为有创造性的科学技术人才。

1.3 矿物加工研究工作的程序和阶段

1.3.1 矿物加工研究工作的程序

科学研究有着不同的内容与课题，但开展工作的程序大体相似。矿物加工科学研究工作，一般包括以下程序：

选定研究课题；查阅文献；制定试验方案和试验计划；试验的准备；试验研究；试验数据的分析；撰写试验报告或论文。

上述程序根据需要可以相互重叠和交叉。例如：积累资料工作应该贯穿科研的自始至终。研究过程可以随着文献情报的新发展调整试验方案和试验计划。试验数据整理工作也并非是在研究工作完成以后进行，而是随时随地进行总结、分析讨论。

由于试验过程中各程序间的交叉重叠，使得各程序的时间很难预先确定，通常设备是决定试验方法的重要因素。在一般情况下，文献工作、试验准备和正式试验所占的时间较多。文献工作占用的时间多少与研究的内容及对工作熟练的程度有关。

1. 选定研究课题

选题是进行科学研究的第一步，它直接影响研究工作能否完成以及该项研究工作有无价值。因此在选题时，既要考虑课题的意义和价值，又要注意可行性，即是否有人力、物力和财力的保证等。选题确定以后，必须提出选题报告，供有关部门审批。有关研究课题的选定将在第 2 章进行详细探讨。

2. 查阅文献

文献资料工作是进行试验研究的一项基本功。查阅文献资料可以从前人工作的经验和教训中得到启迪，从而更好地安排研究计划。研究者通过文献资料工作，可以了解有关问题的发展历史、现状和动向以确定研究方向，提出科学预见；了解前人的科学构思，从中得到启发，以形成和完善新的概念；了解和借鉴他人成功的经验并在其基础上有所创新、有所提高；弄清他人失败的教训，少走弯路以减少人力、时间和财力的消耗。

随着科学技术的发展，文献资料不断增多，查阅工作似大海捞针，因此要掌握科学的文献检索方法，具体做法请参阅有关课程。

查阅文献以后要对资料进行积累和整理，要对参阅过的文献做对比和归纳，通过分析得出观点，找出问题，进而提出假设。同时应记录参阅文献的题目、作者、单位、杂志名称、卷期、起止页数、发表年份等。或可采用写文献综述的办法，其内容应论述某问题的概况、成就、存在问题，并分析其动向，提出线索与展望，作为以后的参考。

3. 制定试验方案和试验计划

制定试验方案是试验研究的关键环节。在文献工作的基础上，对各种可能的方案要进行分析比较，最终确定一个最佳方案。在对方案的比较、选择过程中，一般遵循如下原则。

开展基础理论研究时，需采用先进的设备及试验手段，以获取准确可靠的信息。

开展实用性课题研究时，选择方案的基本原则是：①技术上先进可行；②经济上合理；③原料综合利用；④不造成环境污染；⑤试验过程安全。

试验研究计划是根据试验方案制定的，其作用和目的就是使试验方案的内容和要求得以实施。制定试验研究计划应包括下列主要内容：

(1)试验的题目、目的要求和任务(预解决的问题及要达到的目标)。

(2)试验方案，技术关键和预期结果。

(3)试验的内容、方法和工作量。

(4)试验进度安排。将试验分为若干阶段，根据试验内容和工作量，按日期安排试验进度。

(5)人员组织和所需的物质条件，包括仪器设备、材料和经费等。

(6)需要其他专业人员配合进行的项目及其工作量，如岩矿鉴定计划、化学分析计划等。

显然，试验计划的核心是试验方案，试验方案确定以后，才能估计出试验工作量以及所需的人力和物力。

实用性课题的试验方案和试验计划的制订，除了查阅文献有时还要在调查研究的基础上进行，调查研究的内容包括以下几个方面：

(1)了解委托单位对试验广度和深度的具体要求。

(2)了解矿床的地质特征和矿石性质，以及过去所做研究工作的情况。

(3)了解矿区的自然环境和经济情况，特别是水、电、燃料和药剂等的供应情况，以及对环境保护的具体要求。

(4)深入有关厂矿和科研设计单位，考察类似矿石的生产和科研现状。

4. 试验的准备

根据试验研究计划的安排，在正式试验前要做以下一系列的准备工作：

(1)技术准备。包括具体的试验安排、试验条件的控制，观测指标及其测量方法的确定，以及对设备、仪器性能的了解及其使用和维护等。安排试验时要考虑多种影响因素，并确定主要因素。为了节省人力、物力、财力和时间，尽可能运用正交试验设计或优化试验设计。

(2)物料准备。根据具体的试验安排计算出所需物料及试剂的用量。要按规定取样并一次备齐，并确定样品的理化性能，贴上标签待用。

(3)试验设备的准备。根据试验过程的需要，做好设备、仪器及仪表的购置、安装及调试工作，要仔细阅读使用说明书，严格遵守操作规程，将设备、仪表调试到所需精度或允许的误差范围内。

(4)理化检验工作的配合。正确可靠的理化检验数据(包括化学分析、物相鉴定等)，是判断试验进行情况和实验结果好坏的依据。因此根据试验要求安排理化检验需要的设备、方法等。如需外协时，则应事先签好合同或协议，以保证研究工作的顺利进行。

(5)科研实验人员的培训。当试验规模较大，参加试验人数较多时，课题负责人应在试验开始和试验进行中定期向参与人员讲解试验方案、进程，分析试验中的各种问题，以便统一部署、统一操作，保证试验的质量。

5. 试验研究

试验是科学研究的中心环节，它决定科学研究的质量。为了确定试验方案、方法是否可行，需先做预备试验。根据预备试验的结果，调整选择的参数，方可开始正式试验。在试验进行中，往往还需不断总结、修改、补充试验内容，以获得满意的结果。

此外，科研人员应具有严谨的科学态度和熟练的操作技能。在整个试验过程中要求研究人员。

(1)根据试验条件及设备制定整个试验工作进行的步骤，明确仪器、设备的使用方法，并在试验过程中严格按照操作程序进行。

(2)认真操作，仔细观察试验中的各种现象，要细心分析，如实记录。有时一些新发现，甚至重大发现都是在细心观察中获得的。

(3)根据需要设计好各种记录表格，做好原始记录。对所有试验资料、数据都要编号、记录，所有的记录应清晰、完整、准确。

6. 试验数据的分析

在试验过程中，应随时对试验结果进行整理、分析和处理，并制成图表，以便从中找出规律和发现新问题。对试验结果分析讨论时应注意两点，一是选取数据要科学，具有代表性，不能以个人喜好选取，更不能伪造数据；二是分析问题要以事实为基础，以理论为根据，得出的结论应经得起同等条件下多次试验的检验。

7. 撰写试验报告或论文

科技论文和试验报告是表达科研成果的书面材料，它们的作用在于科学积累与学术交流。写好科研论文和试验报告也是科技工作者的基本功之一。具体见第15章。

1.3.2 矿物加工试验研究的阶段

矿物加工试验研究的阶段，取决于其类型、目的与要求。对于理论性的研究课题，实验室所用的设备、方法即可满足要求。对于直接用于生产实践的课题，需将试验规模逐渐扩大，以获取指导设计和生产的可靠数据。因此这类课题研究的阶段，一般分为实验室试验阶段、中间试验阶段和工业试验阶段。

(1)实验室试验阶段。

实验室试验主要是解决技术上的可行性问题，属于探索性质。其基本任务是对几种可能的方法进行试验，分析比较，确定最优方案及获取相应试验数据。

实验室试验是后续扩大实验室试验及半工业试验的基础。但是，由于实验室试验的设备尺寸小，所需的试样量也小，试验操作是分批进行的，因此影响试验结果的各因素之间的交互作用、各环节的相互影响往往不能充分暴露出来。导致所得数据与实际相比存在一定差异，因而有必要按实验室试验阶段提供的数据资料，逐渐扩大试验规模，使其尽量接近生产实际。

(2)中间试验。

中间试验包括实验室试验与工业试验间不同中间规模的试验。与实验室试验相比，其特点是设备尺寸较大，试验操作大部或全部是连续的，能较正确地模拟工业设备，规模较大，试验过程能在已达到稳定的状态下连续运行较长时间，因而实验条件和结果均比较接近工业生产，并能查明和确定在实验室条件下无法查明和确定的一些因素和参数，如设备型号和操作参数等。因为中间试验所取得的各种数据应能满足工业试验要求，甚至可以作为指导生产及进行设计的依据，所以中间试验阶段还要对产品(包括中间产品)进行系统科学的取样和分析化验，并进行物料平衡、水量平衡计算；对所使用的原材料要做详细的统计记录。中间试验原材料消耗较大，费用较高，参加人员较多，试验过程还需精心组织，协同工作。

(3)工业试验。

工业试验是指在工业生产规模和条件下进行的试验。工业试验规模大、设备尺寸与生产原型相同，试验过程保持长时间连续稳定运转。其主要任务是进一步验证所用设备的适应性和相互之间的配合性，获得工业生产规模下的物料平衡等数据，进一步确定产品的质量和各项技术经济指标。同时借以计算单位生产成本。初步制订出操作规程，查明劳动条件并制订劳动保护及环境保护等措施，为设计提供必需的资料。

习　题

1. 科技研究的任务是什么？现代科技研究有哪些特点？
2. 简述矿物加工研究工作的程序和阶段。
3. 制定试验研究计划应包括哪些主要内容？
4. 试验的准备工作包括哪些方面？

第2章 矿物加工基础理论与试验研究的选题

本章内容提要：本章主要介绍了科研选题遵循的一般原则以及科研课题的来源；矿物加工科研选题的基本类型及课题选择的主要方向；矿物加工应用研究课题在矿产资源工业利用的各阶段的研究任务。

选题，即科研课题的选择，其本身就是一项研究工作。在科学研究过程中，科研课题的选择不仅是科学研究工作中的首要环节，而且对科学研究的全过程有着至关重要的作用，只要选定了正确的科研方向和恰当的科研课题，加上研究人员的良好训练和辛勤工作，就能取得科研成果，并为人类做出贡献。例如伽利略提出了计算光速的问题，康德、拉普拉斯研究天体起源的问题，海克尔提出生物系统发育与个体发育的关系问题，魏格纳提出大陆漂移的问题等，在正确的选题下，通过科学家们对这些科学问题逐步深入的研究，都在有关的科学领域中推动了科学的发展。

2.1 科研选题的一般原则

生产实践和科学实验不断地向人们提出大量新问题，但并不是所有的问题都能被确定为科研课题。科研有意义的选题一般产生于以下几个方面：

①探索自然科学发展的空白区。

②理论研究向实际应用的转化。

③把实践经验上升为科学理论。

④对科学假说的实践检验。

⑤解释原有科学理论同新发现的事实之间的矛盾，或探索和确定原有科学理论的有效适用范围。

而且在确定科研课题时还必须遵循一定的原则，即需求性、先进性和创造性、可行性、效能性。

1. 需求性原则

科研活动的最终目的，即满足社会发展和人类日益增长的生产和生活的需要，决定了确定科研课题必须遵循社会实践的需求性原则。这既能保证科研活动有正确的方向和明确的目的，又能保证科研活动真正获得社会的支持，包括人力、物力、财力及舆论的支持。恩格斯说："社会一旦有技术上的需要，则这种需要就会比十所大学更能把科学推向前进。"[①]历史上许多科学家正是在坚持社会需要性原则的基础上，确定选题进而研究并做出重大发现、发明和创造。瓦特改进蒸汽机，斯蒂文森研制火车，西门子研制电机，本茨研制汽车，波波夫研制无线电接收机，莱特兄弟研制飞机……这些重大的课题都是社会需要的产物。

矿物加工工程学科前身——选矿学科的发展也是社会需要的产物。19 世纪末至 20 世纪

20 年代，世界工业生产快速发展，对矿物原料的需求增大，加上 18 世纪工业革命的推动，使机械化成为可能，近代大部分的选矿工艺与设备属于这一时期选矿领域的技术发明，如颚式破碎机、球磨机、机械分级机以及重选、电磁选的设备与工艺及浮选药剂、工艺与设备等，技术的进步同时促使选矿技术从古代的手工作业向工业技术的真正转变。而 20 世纪 20 年代初，黄药、黑药在浮选硫化矿中的工业应用，使选矿技术成为一门人类从天然矿石中选别、富集有用矿物原料的成熟工业技术。

因此，科研人员应该自觉地把满足国家和社会重大需求作为科研选题的首要原则，为国民经济的可持续发展做出贡献。

2. 先进性、创造性原则

所谓先进性、创造性，是指前人所没有解决或解决未果的问题，并预期可能获得具有一定学术意义或实用价值的新成果。科学研究的目的在于发现、发明和创造，从而给人类的知识体系和生产手段增添新成果。创造性是科学研究的灵魂，没有探索性、创造性、先进性，就没有科学研究。如果是理论研究，那就必须在一定程度上做出新发现，提出新见解，形成新概念；如果是应用研究，那就必须创造出新技术、新材料、新工艺、新产品，或在原来基础上有较大的或重要的改进。衡量学位论文或科研成果的主要标准也是看其是否有创造性的新内容，能否给人们提供新颖的方法。所以科学技术工作者从选定课题开始就要充分重视先进性和创造性的原则。

一般说来，要确定学术价值较大、可能有创造性的课题，要注意以下几个方面：

第一，到学科发展的前沿去选题。著名物理学家李政道说过：“随便做什么事情，都要跳到最前线去作战，问题不是怎么赶上，而是怎么超过。要看准人家站在什么地方，有些什么问题不能解决。不能老是跟，那就永远跑不到前面去。”科研人员要敢于到最前沿阵地去作战。

第二，到实验事实与原有理论矛盾尖锐的地方去选题。实验事实与原有理论矛盾尖锐的地方往往孕育着科学革命，因为原有理论一旦解释不了新的实验事实，就会有新的理论诞生。科学研究人员若能抓住这个矛盾进行深入的探索，就能做出重大的创新。

第三，到科学认识的空白区和学科交叉边缘地方去选题。科学认识的空白区和学科交叉边缘地带问题多，常常产生一些综合性的问题也是找到创新选题的地方。

3. 可行性原则

科学研究是人类的一种认识活动，会受到时代的社会生产力和科学技术水平的限制。可行性原则是指选题时必须考虑影响课题完成的主、客观条件，要根据实际具备或经努力可得到的条件选题。

确定科研课题的主观条件是指研究人员的知识结构（基础知识、专业知识、外语水平）、技术水平、研究能力（观察能力、实验能力、设计能力、阅读能力、思维能力、表达能力）、个人兴趣和对课题研究途径的认识等。研究人员要注意从自己的知识结构、研究能力的实际情况出发选题。

确定科研课题的客观条件主要是指资料（文献资料、实物资料）。如缺乏相应的仪器设备和物资供应，研究工作无法进行。经费也是课题的必要条件，应在课题经费许可范围内定题。时间也是限制条件，课题要尽可能在限定期内完成，若是复杂课题，可分成若干个小题，研究人员从分题处入手，才能得到应有的阶段性成果，然后不断完善，得到最终结果。选题时还应考虑协作条件和相关学科的发展程度(如数学工具、仪器等)。

科研课题的确定虽必须从现实的主客观条件出发，但也要看到主客观条件都是可变的，应充分发挥人的主观能动性，扬长避短，创造条件，尽力而行。人们的知识结构是一个动态结构，要自动调节，以适应课题研究的需要。仪器、设备等并非都要高、精、尖，这些只是选题的一个重要的物质条件。要发挥自己的聪明才智，利用现有设备并加以改造，创造条件。经费短缺时可采用承担急需项目或委托项目等办法解决。

4. 效能性原则

科研课题的选择，既要考虑社会效益，也要注意经济效益，要以尽可能少的消耗获得尽可能大的科研成果。

作为知识生产的科学研究同一般物质生产一样，也需要投资，特别是一些大型的复杂的综合性的课题，所需费用往往是很多的。因此不能只考虑科研课题的科学价值和技术上的先进性而不进行经济核算。技术上的先进性虽是衡量科研成果的标准，但并不是唯一的标准，还要结合本国、本地区的资源、能源、运输状况及当前的经济实力、在生产上可行可用等来衡量它的适用性。先进性与适用性不能相互冲突，而要尽可能地协调一致。同时在考虑经济上的合理性时不能只顾眼前的经济效益而忽视长远的经济效益，要两者兼顾，既考虑科技成果对当前经济的作用，又要预计科技成果对未来经济发展的影响。

对于那些支付过高而可能经济效益低或者虽属必要但成本超出经费很多的研究课题，要慎重取舍，以免造成不必要的经济损失。

2.2 科研选题的来源

在科学研究的过程中，要使选题准确，不仅要坚持正确的选题原则，还要有科学的选题方法和灵活的选题技巧。科技人员选题的方法因人而异，千差万别，没有什么固定的模式。不过，从前人的经验中也可以总结出一些基本的方法，供我们借鉴。

2.2.1 从生产实践和社会需要中选题

人类的生产实践每向前发展一步，都会提出各种各样的新课题，要求人们去研究和探索，揭示它的规律，提出解决办法。由于生产实践是人类最基本的实践活动，因此，大量的研究课题是来自生产实践。从生产实践和社会需要中选题，就要分析科学技术和生产实际的矛盾，倾听社会的呼声，了解现有科学技术所解决的问题和达到的水平以及科学技术本身还存在哪些问题，应该向哪个方向发展。具体方法是：

(1)从生产实践提出的新问题中选题。从科学实践发展的情况来看，在生产向自然科学提出的课题中，大量的是人们从未研究和解决的全新的课题，如环境保护。选择这类的课题就要深入生产实际，在实际中发现生产或社会亟待解决的课题，把选题的着眼点放在生产实践和社会的需要上。

(2)从已经实现的技术中选题，进行理论探索。认识落后于实践的事是常有的，一项技术应用于生产，会存在这样那样的不足，需要从科学理论上给予总结，以便改进、继承和发展，这样就提出了许多从技术向理论转化的课题，如催化剂的使用。因此，从已经实现的技术中选题进行理论探索，是从生产实践和社会需要中选题的一个重要方法。

(3)从基础理论中选题进行应用研究。生产实践是自然科学发展的基础，自然科学理论研究如走在生产实践的前面，会对生产实践起指导作用。许多应用技术就是在已有的理论指导下创造出来的，因此，从比较成熟的基础理论中选题进行研究是一个广阔的天地。

2.2.2 从自然科学的内部矛盾中选题

自然科学作为人类的一种认识和知识体系，有其相对独立性，本身存在着自身的矛盾运动规律。例如，新发现的事实与已有理论、观点之间的矛盾，各学派之间的矛盾，各学科之间的相互渗透，科学自身的继承和创新，等等。只要我们善于分析自然科学内部的矛盾，就能发现研究课题。

(1)通过分析发现的新事实与已有的理论、观点矛盾的选题。人们在科学理论指导下进行实验研究时，常会发现一些已有的理论解释不了的现象，这种矛盾表明原有理论、观点的局限性，有待于发展和完善，从而向人们提出了新的研究课题。因此，认真分析、试验从观察中获得的现象和数据，寻找实验事实与已有理论的矛盾，在矛盾比较尖锐的地方提出问题，提出假说，再设计新的实验验证假说，是选题的重要方法。

(2)通过分析不同观点、理论和学派之间的矛盾选题。当人们对某一事物有不同看法，形成不同的观点和理论，产生各种学派之间的争论时，说明理论上还有缺陷、困难，各有片面性，各有其适用条件和范围，或其中有的理论是根本错误的，等等。通过分析这些矛盾，就能比较容易地把握前人研究达到的水平，可发现知识空白区，抓住需要解决的问题，从而提出研究课题。

(3)到科学认识的空白区和学科交叉边缘的地方去选题。科学被分解为许多单独的门类，形成了不同的学科，不同学科的交叉边缘地带往往是知识的空白区，是矛盾对立的地带，研究从这些矛盾中求统一的问题有可能导致重大的科学发现甚至建立起新的学科。

2.2.3 在研究课题中扩大选题范围

实践是无限的，探索也是无穷的，在科研课题中选题的途径有：

(1)从试验的意外现象中选题。在研究工作的实践中，总会发现一些新的、原来设计中没有想到的、以往观察没有见到的意外现象，甚至是细微的差异，这就是客观事物运动发展无限性的必然反映，再经过重复观察并与以往的观察经验进行对比分析，就能肯定问题的必然所在，找到新的研究课题的线索。把这些新的线索从理论上进行分析，就会形成一个新的科学假说，并提出证实这一假说的手段。

(2)从学科领域的空白点选题。从“文献缝里”找课题，在空白学科范围内从事某项科研，是平地而起，题目是新的，没有人做过，容易创新出成果。找空白点，就是对某学科领域发展的历史和现状全面了解，找到空白点，再组织自己的科研工作。

(3)从新的角度选题。同样一个题目，从新的侧面，用新材料、新工艺和新方法去研究，就会得到新实验结果、新解释和新规律。

(4)从失败教训中选题。失败是成功之母，科学研究是探索自然界的未知数，必然要经历多次失败。科学研究中的失败为探索自然界提供了一份数据，具有一定的科学价值，因而应该成为我们选题的一个重要线索。在失败中，我们有可能发现一些没有预料到的新现象、新因素，而正是这种新东西孕育着新的发现、新的突破。

2.3　矿物加工科研选题的基本类型

一般来说，科研课题基本类型按研究内容可分为：

(1)基础研究：以认识自然现象、探索自然规律为目的，不直接考虑应用目标的研究。

(2)应用基础研究：有应用前景，以较新原理、新技术、新方法为主要目的的研究。如新工艺、新药剂、新设备的开发。

(3)应用研究：其成果能在生产中应用，能产生经济效益的研究。如改革现有的工艺流程，改进现有生产设备，强化生产过程，提高产品质量，综合利用原材料以及保护环境等诸多方面。

按经费来源大致可分为如下几类：

(1)国家课题：国家攻关项目、科技发展项目、技术创新和重大基础研究项目。

(2)科学基金：国家自然科学基金、省市科学基金。

(3)企业课题：科研院所和高校与企业合作的研究开发项目。

(4)自选课题：自筹科技发展和研究经费，以及研究生教育经费资助的课题。

对于矿物加工工程学科领域科研课题基本类型也包括上述内容。具体科研课题主要的研究方向可以从下面几个方面考虑。

(1)浮选化学。

① 浮选电化学：根据电化学原理，研究浮选过程的机制，主要针对硫化矿，电化学反应主导硫化矿与浮选剂作用机理，通过电化学调控，实现多金属硫化矿分离。

② 浮选溶液化学：根据溶液化学原理，研究浮选行为，主要针对非硫化矿。根据矿物/浮选剂溶液化学反应行为，预测非硫化矿浮选分离条件与浮选机理。

③ 浮选表面及胶体化学：根据表面及胶体化学原理，研究颗粒间相互作用，讨论细粒矿物选择性凝聚、分散与浮选分离行为。讨论超细颗粒加工制备过程机制，如疏水凝聚、选择性絮凝、载体浮选。主要针对超细粒矿物、煤炭的加工利用与废水治理等。

(2)复合物理场矿物加工：根据流变学、紊流力学、电磁学等研究重力场、电磁力场或复合物理场(重力+磁力)中颗粒运动行为，确定细粒矿物的分级、分选条件，如磁流体水力旋流器分选、振动脉动高梯度磁选、流化床层干法选煤等。

(3)高效低毒药剂分子设计：根据量子化学、有机化学、表面化学研究药剂的结构与性能关系，针对特定的用途，设计新型高效矿物加工用药剂。

(4)矿物资源的化学和生物提取：用生物浸出、化学浸出、溶剂萃取、离子交换等处理复杂贫细矿物资源，如低品位铜矿、铀矿、金矿的提取，煤脱硫等。由于细菌兼有氧化、吸附、降解等作用，不仅强化浸出过程，而且在环境与工艺控制上具有优势。近年来，生化提取的基础理论与技术研究已成为矿物加工学科的重要方向之一。

(5)复杂贫细矿物资源综合利用：用研究选—冶联合、选矿、多种选矿工艺(重、磁、浮)联合等处理一些大型复杂贫细多金属矿的工艺技术和基础理论，研究资源综合利用效益。

(6)矿物精加工与矿物材料：通过提纯、超细粉碎、表面改性等方法，不经冶炼，将矿物直接加工成可用的材料。如性能优良的润滑剂，超纯辉钼矿的加工，功能陶瓷所需超细锆英砂、高岭土的加工，电子浆料所需超细金红石的加工，民用、工业用型煤、水煤浆的加工，煤炭地下气化等。

(7)矿物加工过程计算机技术：用计算机科学技术对矿物加工过程进行模拟、仿真、优化、预测及设计，建立矿物加工过程专家系统，实现矿物加工过程的计算机管理与控制。

选题确定后，要向相关部门立项，立项的科研选题报告(或称为项目建议书)一般应包括如下内容：①课题名称；②选题依据(目的意义、国内外研究现状分析)；③研究内容和方法以及预期目标；④创新点和关键技术；⑤研究基础；⑥研究计划和进度；⑦研究经费预算；⑧课题负责人和主要参加人员情况；⑨协作单位。

2.4 矿物加工应用研究(试验研究)课题的任务

矿物加工应用研究的一个主要目的是合理地解决矿产资源的工业利用问题。任何一个矿产的工业利用，都要经过从找矿勘探、设计建设到生产三个阶段，每一阶段不仅要开展试验研究，而且因对矿物加工试验研究的要求不同，试验研究深度和广度也各不相同，即每一阶段的矿物加工试验研究基本任务是不同的。从合理地解决矿产资源的工业利用问题角度进行的矿物加工试验研究常常被称为“矿石可选性研究”。

1. 找矿勘探工作中的矿物加工试验

一个矿床是否具有工业利用价值，需从多方面进行评价，除了有用成分的储量大小以外，还必须考虑该矿床是否便于开采和加工。因而矿产的可选性是确定矿床工业利用价值的一项重要因素，在找矿勘探的各个阶段都可能要对矿产的可选性进行评价。

矿石埋藏在地下，要将它找到并勘探清楚是不容易的，需要投入大量的人力和物力，因而整个找矿勘探工作是分阶段进行的。从找矿到勘探的各个阶段的划分，反映了地质工作的深度和精度的不断提高，相应地对可选性评价工作的要求也各不相同。

在找矿工作的时期——普查找矿阶段，包括矿点检查阶段，地质工作一般主要限于对地表露头的观察和研究，以及矿区地形地质的草测，因而一般没有必要进行专门的矿石可选性试验，实际上也难以采到足够有代表性的试验样品供可选性试验用。矿产的可选性评价，主要是根据矿石物质组成的研究以及与已开发的同类矿产对比。

初步勘探阶段，矿床的可选性评价必须通过试验。有的矿床，在找矿工作的后期，即矿区评价阶段，就希望开始做可选性评价试验。这两阶段的可选性试验工作，可称为“初步可选性试验”，其要求是：能初步确定主要成分的选矿方法和可能达到的指标，以便据此评价该矿床的选矿在技术上和经济上是否合理，并要求指出各个不同类型和品级的矿石的可选性差别，作为地质勘探工作者划分矿石类型和确定工业指标的依据，试验规模一般仅限于实验室研究。

勘探工作的后期——详细勘探阶段的任务，是对矿床做出确切的工业评价，并据此编写最终储量报告。此阶段对选矿试验的要求，就不仅是要解决矿床的工业利用的可能性问题，而且必须进一步确定矿石的加工工艺、合理流程和技术经济指标。除了要对不同类型和品级的矿石分别进行试验以外，通常还须对混合试样进行研究，以便确定各类矿石采用统一原则流程的可能性，并据此确定矿山的产品方案。因而试验的深度与选矿厂设计前的试验工作区别不大。地质部门目前将此阶段的工作称为“详细可选性试验”。在实际工作中，建设任务紧迫，可在地质、设计、试验和生产或筹建单位共同协商的基础上，将详细阶段的可选性评价试验与为选矿厂设计而做的可选性试验结合起来，这对于大量试样的矿床更有好处。

2. 选矿厂设计前的矿物加工试验

设计前的选矿试验，是选矿厂建设的主要技术依据，在深度、广度和精度上都应能满足设计的需要。应在详细的方案对比的基础上，提出最终推荐的选矿方法和工艺流程，确切地提出各个试验阶段所能提出的各项技术经济指标，包括为计算流程、设备和各项消耗定额所必需的许多原始指标或数据。对于大型、复杂、难选的矿床，或实践经验不足的新工艺、新设备和新药剂，在实验室研究的基础上，一般都还要求进一步做半工业或工业规模的试验。

3. 生产现场的矿物加工试验

选矿厂建成投产之后，在生产过程中又会出现许多新的矛盾，提出许多新的问题，要求我们去进行新的试验研究工作，将生产水平推向新的高度。它包括：

(1)研究或引用新的工艺、流程、设备或药剂，以便提高现场生产指标。

(2)开展资源综合利用的研究。

(3)确定新矿体的选矿工艺。

习　题

1. 简述确定科研选题时遵循的一般原则。
2. 科研课题基本类型有哪些?
3. 矿产资源的工业利用经历哪几个阶段?
4. 简述矿物加工试验研究在矿产资源工业利用各个阶段的基本任务。

第3章 试验设计及数据处理

本章内容提要：本章主要介绍常用试验设计方法、试验数据误差分析、试验结果的处理及矿物加工试验结果的评价等内容。结合实例重点介绍正交试验设计法的步骤及其极差分析和方差分析。在概述试验数据误差分析意义的基础上，详细介绍误差来源、种类及处理方法，误差的表达和计算，试验数据的精密度和准确度的区别。在试验结果的处理方面，重点介绍矿物加工试验常用的列表法和图解法。

3.1 试验设计

试验设计，是指正式进行科学试验之前，根据一定的目的和要求，运用概率论与数理统计的数学原理，经济、科学地安排试验。其主要内容是讨论如何合理地安排试验和正确地分析试验数据，从而达到尽快地获得优化方案的目的。

试验设计在整个科学试验研究中占有极其重要的地位。任何一项研究成果都是通过进行各种试验完成的，在试验的三个阶段(试验设计、试验的实施和对试验结果的分析)中，以试验设计和试验结果分析最为重要。如果试验设计合理、周密、科学，对试验结果分析得法，就能以较少的试验次数、较短的试验周期以及较低的成本迅速获得较正确的结论和较好的试验结果。如果试验设计存在缺陷，则不但会增加试验次数、延长试验周期、浪费大量人力、物力、财力和时间，而且还会降低研究成果的价值。但要设计出一个好的试验方案，除了要具备相应的数学知识外，还应有较深、较广的专业技术知识及丰富的实际经验，只有三者紧密结合，才能取得良好的结果。

3.1.1 指标、因素和水平

1. 试验指标

通常，我们把试验设计中根据试验目的而选定的用来考察或衡量试验效果的特性值称为试验指标。

试验指标可分为两大类：一类是定量指标，也称数量指标，它是在试验中能够直接得到的具体数值的指标，如品位、回收率等；另一类是定性指标，或称非数量指标，它是在试验中不能得到的具体数值的指标，如图面清晰度等。在试验设计中，为便于分析试验结果，一般把定性指标进行定量化。

2. 试验因素或因子

可能影响试验指标的原因或要素称为因素或因子。以大写字母 A，B，C，…来标记，如因素 A，因素 B，因素 C，…。

在确定试验因素时，必须以专业技术和生产实践经验为基础，应尽可能地列出与研究对象目标有关的各种因素，然后判断哪些是需要探索的因素。

3. 因素的水平

各因素变化的各种状态和条件，即每个因素要比较的具体状态和条件称为水平，水平在数学上又称位级。水平通常用1，2，3，…表示，如对因素A，以A_1，A_2，A_3，…表示。

3.1.2 常用统计量及其计算

试验过程中所获得的数据，常表现出参差不齐的性质。一组参差不齐的数据间的差异，称为变差或总变差。一般认为产生变差的原因有二类，即条件变差和试验变差。条件变差指的是由于试验条件的改变(泛指不同的处理，如不同的流程、设备和工艺条件)而引起的试验结果间的必然性差异。试验误差则是指试验结果的不确定性，按其性质和产生原因可分为系统误差、随机误差和过失误差三类。不论采用什么试验方法，都要求能正确地分辨条件变差和试验误差。统计检验就是利用数理统计方法，在一定的意义下，对变差的性质进行识别的方法。

变差的数量表示有以下内容：

1. 离差 d

各次测试结果对平均值的离差d可按下式计算：

$$d_i = X_i - \overline{X} \tag{3-1}$$

$$\overline{X} = \frac{1}{n}(X_1 + X_2 + \cdots + X_n) = \frac{1}{n}\sum_{i=1}^{n} X_i \tag{3-2}$$

式中：$\overline{X}$为测试结果的平均值；X_i为第i次测试结果，$i=1$，2，3，…，n；n为测试次数。

2. 标准离差(标准误差、标准差)

测试结果无限多时，即母体的标准离差σ可按式(3-3)计算。式中μ为目标值，即真值。

$$\sigma = \sqrt{\frac{\sum_{i=1}^{n}(X_i - \mu)^2}{n}} \tag{3-3}$$

在有限次的测试中，即子样的标准离差s，应按下式计算，它是母体标准离差的估计值$\hat{\sigma}$。注意此式的分母是用$n-1$，而不是n，此处n是子样的个体数，而不是母体的个体数。

$$\hat{\sigma} = s = \sqrt{\frac{\sum_{i=1}^{n}(X_i - \overline{X})^2}{n-1}} \tag{3-4}$$

当子样个数n增大时，$n-1$将接近于n，估计值$\hat{\sigma}$的精确度将得到提高。

式(3-4)中的分子项叫离差平方和或变差平方和，常用符号SS表示。

$$SS = \sum_{i=1}^{n}(X_i - \overline{X})^2$$

分母项$n-1$则是测试数据的自由度，可用英文字母f表示。自由度的定义可理解为变数独立值的数目，换一个说法是变数值的数目减去所受的约束数。此处由n个X_i值可算出子样平均值$\overline{X}$，再据此计算离差d_i，$\sum_{i=1}^{n} d_i = \sum_{i=1}^{n}(X_i - \overline{X}) = 0$就是一个约束条件。有了这个约束条件后，自由度就是$n-1$。因为当$n-1$个$d_i$独立地求得后，末一个$d_i$就不再是独立的了，它可以由$\sum_{i=1}^{n} d_i = 0$及前$n-1$个$d_i$值推得。这种解释虽然不是很严格，但已经够用了。

变差平方和除以自由度称为平均变差平方和或简称均方、方差，常用符号$\overline{S}$或MS表示，而此处$\overline{S} = \hat{\sigma}^2$。

标准离差和均方都是表示变差大小的常用方法，其特点是，不仅不受离差正负号的影响，而且对较大的离差比较敏感，因而可较好地反映出数据的离散程度。

3. 极差(范围误差)R

这是最简单的表示法，是直接将数据中的最大者 X_{max} 和最小者 X_{min} 的差值作为变差的度量。

$$R = X_{max} - X_{min} \tag{3-5}$$

4. F 检验

在试验设计中，用来检验条件变差显著性的一种重要方法是 F 检验法。若用 $\overline{S}_i$ 表示由因素 i 引起的平均变差平方和(均方)，$\overline{S}_e$ 表示由试验误差引起的平均变差平方和(均方)，二者的比值即为检验统计量 F。

$$F = \frac{\overline{S}_i}{\overline{S}_e} \tag{3-6}$$

若算出的 F 值超过某一临界值，即可推断该项变差显著(大于试验误差)，其显著性水平为 a，即可信度为 $P = 1 - a$。F 的临界值同样不仅与 a 值有关，而且与分子项 $\overline{S}_i$ 的自由度 f_1 和分母项 $\overline{S}_e$ 的自由度 f_2 有关，具体数值见附录 2。F 检验法的应用实例见下节。

在选矿试验中。a 一般取 0.05，即要求检验的可靠程度为 95%。但在条件试验中，由于还可借助其他方法(根据成组数据变化的规律性或后续试验的结果)来检验数据的可靠性，a 也可放宽到 0.10 ~ 0.20。

3.1.3 常用试验设计方法

常用的试验方法有许多种，从不同的角度出发有不同的分类方法。

从如何处理多因素问题的角度出发，可将试验方法分为一次一因素试验法(高斯—米杰里法)和多因素组合试验法两类。

传统的选矿试验方法，就是一次一因素试验法，即每次只变动一个因素，而将其他因素暂时固定在某一适当的水平上，待找到了第一个因素的最优水平后，便固定下来，再依次考察其他因素。此法的主要缺点是，当各因素间存在交互作用时，试验须反复，试验工作量较大，可靠性较差。

多因素组合试验法，则是将多个需要考察的因素组合在一起同时试验，而不是一次只变动一个因素，因而有利于揭露各因素间的交互作用，可较迅速地找到最优条件。

从如何处理多水平问题的角度出发，可将试验安排方法分为同时试验法和序贯试验法两类。同时试验法，其试验条件的安排是在试验前一次确定的。例如，为了寻找黄药最优用量，在试验前根据确定的用量范围和试验精度列出全部可能的试点，组成一组试验。若已知其可能用量范围为 40 ~ 120 g/t，要求试验精度为 20 g/t，须安排的试点即为 40 g/t、60 g/t、80 g/t、100 g/t、120 g/t。

序贯试验法则不是一开始就将全部试点安排好，而是先选做少数几个水平，找出目标函数(选别指标)的变化趋势后，再安排下一批试点，因而可省去一些不希望的试点，从而减少整个试验工作量，但试验批次相应地会增加。

在试验中要处理的因素是很多的，但为了着重发现某个因素的作用，又不得不设法排除其他因素的影响。所以，单因素试验是必要的，不分别了解单个因素的作用，就无法综合地考察各个因素的相互作用及其总结果。但是，单因素试验终究只是一种分析活动，客观过程是复杂的，在科技研究中，如果仅限于单因素分析，就难以得到符合实际并有应用价值的结论，而是需要研究多因素变化条件下如何达到最佳指标(单项或多项指标)。本章主要介绍多因素试验方法。

对于多因素的试验安排，通常采用排列组合设计法、因素转换法和正交试验设计法。

1. 排列组合设计法

假设影响某指标的因素有三个，分别用 A、B、C 表示(以下称 A、B、C 为因素)。根据生产经验，在每个因素的变化范围内分别取三个试验点(亦称三个水平)。对于 A 因素来说，这三个点分别为 A_1，A_2，A_3。A_1，A_2，A_3 分别称为因素 A 的三个水平。B 和 C 依次类推。要得到正确的结论，需要各因素的所有水平进行全面搭配试验，即要搭配为 $A_1B_1C_1$，$A_1B_1C_2$，$A_1B_1C_3$，$A_1B_2C_1$，$A_1B_2C_2$，…，$A_3B_3C_3$，共搭配试验次数为 $3\times3\times3=27$ 次，反映在图中，就是立方体内的 27 个交叉点，如图 3－1 所示，这种试验称为全面试验。

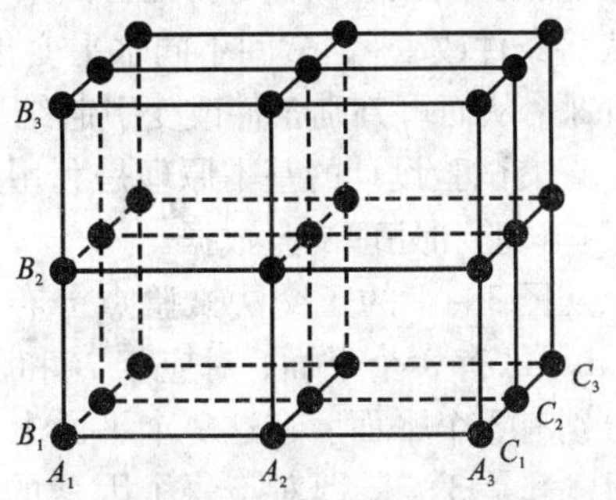

图 3－1　排列组合设计试验点分布

这种方法把每个因素水平间的搭配都考虑到了，试验结果能反映全面情况。但试验次数较多，不仅耗费时间和精力，而且对试验结果的整理也较复杂，特别当因素水平都增加时，试验次数会急剧增加。如 6 因素 5 水平的问题，全面搭配要做 $5^6=15625$ 次。因此，排列组合设计仅适用于因素水平少的情况。

2. 因素转换法

对于上述的 3 因素 3 水平试验，在研究某个因素的影响时，人为地将其余因素固定在某一水平上，即采用变化一个因素，固定其他因素的方法，对各个因素依次逐个地进行考察。例如，先将因素 B 和 C 暂时分别固定为 B_1 和 C_1，让因素 A 变化，如图 3－2(a)所示。若试验结果表明 A_1 最好，则在以后的试验中就可将因素 A 固定在 A_1 上，然后将因素 C 仍然暂定于 C_1，再考虑因素 B 的效应，如图 3－2(b)所示。若试验结果表明 B_2 最好，则在以后的试验中就可将因素 B 固定在 B_2 上，因素 A 仍然暂定于 A_1，再考虑因素 C 的变化，如图 3－2(c)所示。若试验结果表明 C_2 最好，便可确定 $A_1B_2C_2$ 为最适宜的试验条件。这种方法为简单比较法，用此法安排试验，也能通过较少的试验次数找到较佳的试验条件，但有较多的不足。

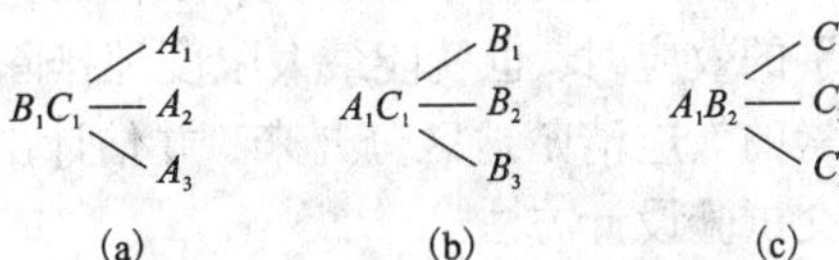

图 3－2　因素转换法示意图

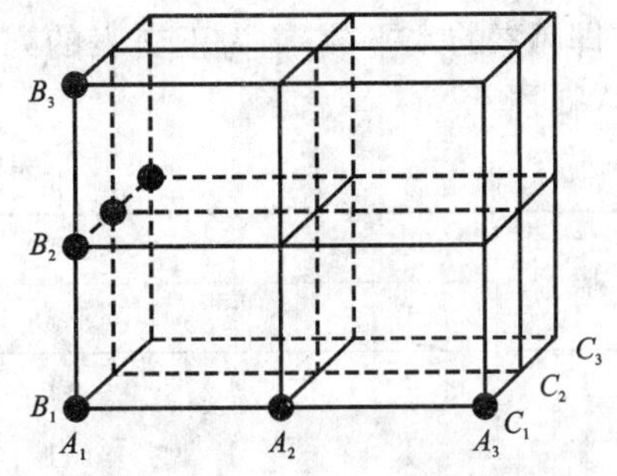

图 3－3　全面试验点的分配

从图 3－3 可以看出，试验点完全分布在试验范围内的一个角落里，而在其余很大的范围内没有试验点，因此这样安排试验不全面。当各个因素间的相互影响较大时，用此法选出的条件就未必是真正的最佳条件。如果不做重复试验，也不能得出误差的估计。为了最大限度地减少试验次数，获得较全面的信息，则需要使用正交试验设计法。

3. 正交试验设计法

正交试验设计亦称多因素优选试验设计。该法的要点是用正交表做工具，试验前合理地选择正交表，科学地安排试验方案。试验后经过简单的表格运算，正确地分析试验结果，从而通过较少的试验次数，找出各因素对指标的影响和最佳试验条件。同时还可通过某种数学方法将条件改变(因素间不同水平变化、因素间交互作用的影响)所引起的差异与试验误差区分开来，从而可判别条件改变引起结果差异的显著性程度。

正交试验设计的基本原理是利用正交表的均衡分散性和整齐可比性两条“正交性”原理来安排试验和处理试验数据。

从图 3－4 的正交法试验点分布来看：对应于 A_1、A_2、A_3有 3 个平面，对应于 B 和 C 的 3 个水平也分别有 3 个平面。在这 9 个平面上的试验点均一样多，都是 3 点，即对于每个因素的每个水平，在安排试验时都是一样的。在每一个平面上有 3 行 3 列，在每行每列上都有试验点，且有同样数目的试验点。这里每行每列都有 1 个试验点。

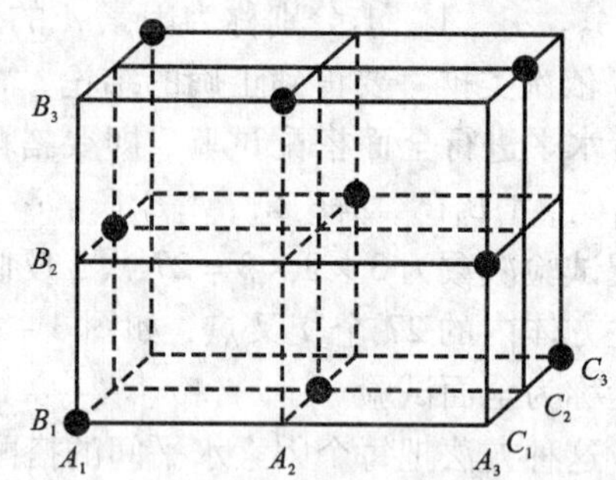

图 3－4　正交法试验点分布

由于 9 个试验点散布得如此均衡，因此虽然只安排了 9 个试验，但由此得到的结论，却能基本上反映全面的情况。在这样的试验安排中，各因素之间不仅搭配均匀，而且变化也很有规律性。在考察各个因素的每个水平的试验中，其他各因素、各水平出现的次数都相同，所做出的贡献也就相同或相近，这样，在比较各个因素的各个水平的效应时，也就能最大限度地排除其他因素的干扰，突出本因素的作用，也就可以将各因素的效应清楚地区分开来，并估计出它的大小，基本全面地反映试验规律。下面详细介绍正交试验设计方法。

3.1.4　正交的试验设计

1. 正交表

正交设计的主要工具是正交表，常用的有 $L_8(2^7)$、$L_9(3^4)$、$L_{12}(2^{11})$、$L_{16}(4^5)$、$L_{25}(5^6)$、…、$L_n(j^i)$符号的意义如下：L 为正交表的代号；n 为正交表的行数，即试验次数；j 为正交表中的数码，即因素的水平数；i 为正交表的列数，即试验因素的个数；一个正交表 $L_8(2^7)$ 的结构如表 3－1 所示。

表 3－1　正交表 $L_8(2^7)$

试验号	列号							指标
	1	2	3	4	5	6	7	
1	1	1	1	1	1	1	1	X_1
2	1	1	1	2	2	2	2	X_2
3	1	2	2	1	1	2	2	X_3
4	1	2	2	2	2	1	1	X_4
5	2	1	2	1	2	1	2	X_5
6	2	1	2	2	1	2	1	X_6
7	2	2	1	1	2	2	1	X_7
8	2	2	1	2	1	1	2	X_8

如按此表做试验，只允许安排7个因素，每个因素可取2个水平，共做8次试验。如不按正交表试验，而要做全面试验，则需做 $2^7=128$ 次试验。正交试验的次数可由下式计算：

$$正交试验次数=(因素数)\times(水平数-1)+1$$

对 $L_8(2^7)$ 为：$7\times(2-1)+1=8$ 次。

应用正交表安排试验的方法，称为正交试验设计法。有现成的正交表可查，根据情况选用即可。二水平正交表的构成原理可用哈达玛(Hadamara)矩阵，其他水平正交表多用循环法安排，在此不详述。

此外还有 $L_8(4^1\times2^4)$ 等，称为混合正交表，用此表做试验，其中1个因素取4个水平，其余4个因素取2个水平，共做8次试验。否则要做 $4^1\times2^4=64$ 次试验。

正交表有以下三个典型的特点：

(1)正交性——正交表中任意两列横向各数码搭配所出现的次数相同。这可保证试验的典型性。如正交表 $L_8(2^7)$ 中第2、第5两列，2水平2因素水平间的搭配有1—1、1—2、2—1、2—2四种搭配，共有8个试验，按水平间的搭配自然分成了4组，每一组正好两个试验。每个因素在各个不同水平试验中出现相同次数。

(2)均衡性——任一列中不同水平个数相同。这使得不同水平下的试验次数相同。如 $L_8(2^7)$ 中任一列均为2水平，每个水平下的试验次数均为4次。水平重复实际上就相当于重复试验，因为根据正交性的特点，每个水平下，其他因素各水平出现的次数是相同的，这就保证了讨论某一因素时可不用考虑其他因素。任何两个因素的各个不同水平的搭配在试验中都会出现，并且出现次数相同。

(3)独立性——没有完全重复的试验。任何两个试验间都有两个以上因素具有不同水平，所以，直接比较两个试验结果无法就水平影响下结论。任意两个结果间不能直接比较。因此，只有全部试验完成，对全部试验结果进行统计处理，才能得出相应的结论。

应当指出，用正交表安排试验时，因素和水平的选取有很大的灵活性和人为性，试验成功与否常取决于因素水平选取是否合适，所以利用正交表安排试验时，应与专业知识密切配合，以免误差过大而失真。

2. 正交试验设计

前面提到在试验的三个阶段中，试验结果的分析非常重要。按正交表做完试验后，对试验结果要作简单的运算和分析，从而确定主要和次要影响因素以及最佳试验条件等。而试验数据分析多用直观分析法(亦称极差分析法)和统计分析法(亦称方差分析法)。

下面结合实例介绍正交试验步骤和极差分析及方差分析。

(1)正交试验的极差分析法。

直观分析法(极差分析法)简单易行，直观，计算量少，应用比较普遍。通过直观分析主要解决两个问题：哪些因素对指标影响大？哪些因素影响较小或没有影响？根据因素对指标影响的大小次序，如何选择各因素的水平对指标有利？

例3-1　利用正交试验分析浮选过程生产条件对浮选精矿品位和回收率的影响。

正交试验的步骤分为：挑因素、选水平、制订因素水平表，试验和数据分析等。

①挑因素、选水平、制订因素水平表：根据生产经验和专业知识，影响浮选精矿品位和回收率两项指标的因素很多，如捕收剂、抑制剂、起泡剂种类和用量、矿浆pH等。以某铜锌硫化矿为例，将其他条件固定，考察捕收剂黄药、抑制剂氰化物、矿浆pH三因素对铜、锌分

离的影响。根据生产经验，每个因素选取 2 个水平，如表 3－2 所示。

表 3－2 因素水平表

水平	A 氰化物用量/($g \cdot t^{-1}$)	B 黄药用量/($g \cdot t^{-1}$)	C 矿浆 pH
1	40	50	8
2	160	200	10

本例采用综合选矿效率(即道格拉斯)作基本判据(见 3.4 节)，但实际工作中也可采用品位、回收率或其他效率判据，须根据具体情况而定。

②选择合适的正交表并作表头设计。因素及水平确定后，即选择合适的正交表。本例为三因素二水平试验，假设因素间无交互作用(交互作用概念后面论述)，可选 $L_4(2^3)$ 正交表。该表有 3 列，即表头有三个位置，可将 A、B、C 三因素分别放在 1、2、3 列上，这叫表头设计。如果因素间有交互作用时，表头设计(因素安排位置)较复杂，有一定技巧(后面介绍)。

③列出试验方案并进行试验。将 $L_4(2^3)$ 正交表中第一列上"1"的位置(即 A_1 水平)写上 $A_1=40$，在"2"的位置写上 $A_2=160$。对 B、C 也做同样处理，可得表 3－3。

表 3－3 试验安排及结果分析

因素 / 水平	A	B	C	试验结果
	1	2	3	E/%
①	1(40)	1(50)	1(8)	34
②	2(160)	1(50)	2(10)	39
③	1(40)	2(200)	2(10)	37
④	2(160)	2(200)	1(8)	35

注：括号内为因素水平。

④试验结果分析(以单指标分析为例)。如对试验结果进行直接对比，虽然能找出较好(但不一定是最好)的考核指标，但确定不出最佳试验条件，即各因素取何种水平好。为此可采用极差分析法。该法是用每一因素中平均效果的极差来分析问题。有了"极差"这个直观的量，就能帮助我们找出影响试验的主要因素以及最佳试验条件。计算方法如下。

A. 计算各因素水平的平均效果。

当氰化物的用量由低水平变至高水平时，选矿效率的平均变化幅度为第 2、第 4 两试点的平均指标与第 1、第 3 两试点的平均指标的差值，即：

$$A=\frac{1}{2}(E_2+E_4)-\frac{1}{2}(E_1+E_3)$$

该值称为氰化物用量的主效应，可用该因素的符号 A 表示，将本例数字代入得：

$$A=\frac{1}{2}\times(39+35)-\frac{1}{2}\times(34+37)=1.5(\%)$$

类似地可算出黄药用量的主效应 B、矿浆 pH 的主效应 C：

$$B=\frac{1}{2}(E_3+E_4)-\frac{1}{2}(E_1+E_2)=\frac{1}{2}\times(37+35)-\frac{1}{2}\times(34+39)=-0.5(\%)$$

$$C=\frac{1}{2}(E_2-E_1)-\frac{1}{2}(E_4-E_3)=\frac{1}{2}(E_2+E_3)-\frac{1}{2}(E_1+E_4)=\frac{1}{2}\times(39+37)-\frac{1}{2}\times(34+35)=3.5(\%)$$

B. 计算结果分析。

a. 通过极差计算，分清影响指标的主、次因素。因为某因素取不同水平引起指标的差异最大，说明该因素在本次的试验条件下是主要因素。根据这次试验，影响分离指标的主要因素是矿浆酸碱度 C，其次是氰化物用量 A，黄药用量 B。

应当指出，上述结论是在这次试验条件下得到的。如果试验条件有变化，因素水平有改变，考察结论也会有变化。因此在定因素、选水平时要慎重，应在专业知识和实践经验指导下选取。

b. 确定最优试验方案。在这次试验条件下，从直观分析看，由于氰化物和矿浆 pH 的主效应是正值，氰化物用量、矿浆 pH 取高值，黄药的主效应是负值，黄药用量取低值，即 $A_2B_1C_2$。

(2)正交试验的方差分析。

上述极差分析法，具有简单易懂、应用方便的特点，但此法不能估计试验过程中以及试验结果测定中必然存在的误差大小，因而不能区分某因素各水平对应的试验结果间的差异究竟是因素水平不同，还是由试验误差引起的，从而无法确定分析的精度。同时，对于多因素试验，若有交互作用时(交互作用的概念后面介绍)，极差分析无法考察交互作用的大小。为此可采用方差分析法。该法可将因素水平或因素间交互作用变化所引起的差异与各种偶然因素引起的试验数据间的差异区分开。

①单因素试验的方差分析。为考察捕收剂黄药用量对铜精矿回收率有无显著影响进行了试验，试验结果如表 3-4 所示。

表 3-4 铜精矿回收率试验结果表

试验号		1	2	3	4	5	$\sum X_i$	$\overline{X}_i$	$\sum X_{ij}$	$\sum \overline{X}_{ij}$
因素水平	$B_1$50	89	86	83	88	84	430	86	890	89
	$B_2$200	91	93	94	92	90	460	92		

该组数据是捕收剂黄药在两种水平下各进行五次试验得出的，从这组数据中可计算出试验误差及水平改变所引起的数据波动。

由表 3-4 试验数据可见，在同一水平下，试验条件未变，但所得铜精矿回收率不同，说明存在试验误差。这可用离差平方和 SS 来表示。不同水平下 $\overline{X}_i$ 值也列入表 3-4 中。

a. 计算试验误差 SS_e：用 B 表示捕收剂，B_1表示 B 因素的 1 水平，在 B_1条件下的离差平方和 SS_{B_1}表示 1 水平下试验数据的波动值。

$$SS_{B_1}=(89-86)^2+(86-86)^2+(83-86)^2+(88-86)^2+(84-86)^2=26$$

同理：$SS_{B_2}=(91-92)^2+(93-92)^2+(94-92)^2+(92-92)^2+(90-92)^2=10$

计算公式相应地写为：

$$\overline{X}_i = \frac{1}{n}\sum_{i=1}^{n} X_i \tag{3-7}$$

$$SS_i = \sum_{i=1}^{n}(X_i - \overline{X}_i)^2 \tag{3-8}$$

将 B 因素各水平下的离差平方和相加得：

$$SS_e = SS_{误} = SS_{B_1} + SS_{B_2} = \sum_{i=1}^{n}\sum_{j=1}^{m}(X_{ij} - \overline{X}_i) = 36 \tag{3-9}$$

该值表示试验误差在这组试验中引起的数据的总波动值，称为误差的离差平方和。

b. 确定因素水平改变引起的离差平方和 $SS_{因}$：当因素 B 在不同水平时，其平均值 $\overline{X}_i$ 也不相同，这种数据平均值的波动不仅与试验误差有关，也包含有因素 B 的水平不同所引起的波动。若用 $\overline{X}_{ij}$ 表示试验数据的总平均值，则：

$$\overline{X}_{ij} = \frac{1}{n}\sum_{i=1}^{n}\overline{X}_i \tag{3-10}$$

将有关数据代入上式得：$\overline{X}_{ij} = (86+92)/2 = 89$

而因素 B 各水平平均数之间的离差平方和为：

$$SS_{因} = n\sum_{i-1}^{m}(\overline{X}_i - \overline{X}_{ij})^2 \tag{3-11}$$

将有关数据代入上式得：$SS_{因} = 5\times[(86-89)^2 + (92-89)^2] = 90$，它表示了因素 B 的水平不同引起的数据波动值，称为因素 B 的离差平方和。

如果

$$SS_{总} = \sum_{i=1}^{m}\sum_{j=1}^{m}(X_{ij} - \overline{X}_{ij})^2 \tag{3-12}$$

则上式表示所有数据围绕它们的总平均值的波动值，称为总的离差平方和。

本例的 $SS_{总} = (89-89)^2 + (86-89)^2 + \cdots + (90-89)^2 = 126$

它也可用下式计算：

$$SS_{总} = SS_{因} + SS_e = 90 + 36 = 126 \tag{3-13}$$

将 $SS_{总}$ 分解为 $SS_{因}$ 和 SS_e 以后，是否能区分不同水平引起的波动与误差引起的波动呢？答案是不能。因从数据离差平方和可见：当数据个数多时，离差平方和就大，即离差平方和不仅与数据本身变动有关，还与数据个数有关。为了消除数据个数的影响，可采用平均离差平方和 $SS_{因}/f_{因}$、SS_e/f_e 来比较，这里 $f_{因}$ 和 f_e 分别为离差平方和 $SS_{因}$ 和 SS_e 的自由度。

所谓自由度，就是独立数据的个数，当有 n 个数据时，独立数据的个数为 $(n-1)$，因为剩余的一个数，受 $(n-1)$ 个数的约束，故称 n 个数据的自由度为 $(n-1)$。在 $SS_{因}$ 中，其 $f_{因}$ 为水平数 -1，即 $f_{因} = 2-1 = 1$。在 $SS_{总}$ 的 10 个数据中，其 $f_{总} = 10-1 = 9$。

与离差平方和一样，自由度的关系为：

$$f_{总} = f_{因} + f_e \tag{3-14}$$

其中

$$f_{总} = N - 1\ (N\text{ 为总试验次数}) \tag{3-15}$$

$$f_{因} = \text{因素的水平数} - 1 \tag{3-16}$$

$$f_e = f_{总} - f_{因} \tag{3-17}$$

c. 求方差：离差平方和的平均值称为方差，以 σ^2 表示，依此有：

$$SS_{因}/f_{因} = \sigma_{因}^2 \quad (3-18)$$

$$SS_e/f_e = \sigma_e^2 \quad (3-19)$$

上两式分别表示因素的平均变动和误差的平均变动。

d. F 检验：从 $\sigma_{因}{}^2$ 与 $\sigma_e{}^2$ 的比值大小才能看出因素和误差引起的数据波动影响的大小，即

$$F = \sigma_{因}^2/\sigma_e^2 = \frac{SS_{因}/f_{因}}{SS_e/f_e} \quad (3-20)$$

e. 讨论方差比(或均方比)，分清影响指标的主次：当 $F>1$ 时，说明因素水平变动影响显著；当 $F<1$ 时，说明误差影响显著。根据上例计算可得：

$$SS_{因} = 90;\ f_{因} = 2-1 = 1;\ \sigma_{因}^2 = 90$$

$$SS_e = 36;\ f_e = (10-1) - 1 = 8;\ \sigma_e^2 = 4.5$$

$\therefore F = 90/4.5 = 20$，很明显，$F>1$。但能否说明该例因素水平的变动是主要的(或显著性大)呢？为此要有一个标准，根据数理统计结果，该标准按照不同的可信度(α)，编制了一套检验表，称作 F 表(附表)。表中列出了各种自由度下 F 的临界值。F 表中横行 f_1 表示 $f_{因}$ 的大小，纵行 f_2 表示 f_e 的大小。根据 α 和 f_1、f_2 的大小可查出 F 的临界值，从而可判定出因素变动或误差影响的显著程度。对于选矿 α 取 0.05，本例数据为 $\alpha = 0.05$ 时，$F_{0.05}(1, 8) = 5.32$

$\therefore F = 20 > F_{0.05}$，说明捕收剂水平变动时，对铜精矿回收率变化影响显著。

②多因素试验的方差分析。多因素试验方差分析的目的和单因素相同，也在于将试验误差引起的结果差异与试验条件改变(各因素不同水平变化)所引起的差异分别，此外还能将因素间交互作用的影响程度，各因素的主次关系区别开来，以便揭示问题的实质。下面结合例题说明交互作用的概念及正交试验设计和多因素方差分析。

a. 交互作用概念及有交互作用时正交表的应用。当影响指标的因素是多个时，除每个因素对指标有影响外，两个因素间可能产生反应，从而对指标产生特殊影响，这种特殊影响被认为是两个因素间有交互作用产生的。在常用正交表之后，往往附有“交互作用表”，它是专门用来在正交表中安置和分析交互作用的。下面结合例题说明有交互作用时正交表的应用。

对于例 3-1 是三因素二水平的问题，考虑因素间的交互作用，初步判定其间 $A\times B$、$A\times C$、$B\times C$ 有交互作用，因三个因素需分别在正交表中占用一列，$A\times B$、$A\times C$ 和 $B\times C$ 在正交表中也需各占有一列位置，相当于有六个因素，因此可选用正交表 $L_8(2^7)$ 安排此次试验，$L_8(2^7)$ 的交互作用如表 3-5 所示。

在表 3-5 中所有数字均为列号，最上面的一行和括号(　)内的数字表示因素的列号，其余的数字均为交互作用列号。表的查法是，若查第 1 列和第 3 列的交互作用，就从(1)横着自左向右看，从 3 竖着自上向下看，它们的交叉点 2，便表示第 2 列就是第 1 列和第 3 列的交互作用列。本例 3-1 中将 A、B 因素分别安排在第 1、2 列，A 与 B 的交互作用以 $A\times B$ 表示安排在第 3 列。将 C 安排在第 4 列，$A\times C$ 安排在第 5 列，$B\times C$ 安排在第 6 列。这样就可得到如表 3-6 所示的表头设计。表头设计很重要，如设计不好，会使因素的作用查不清，或使交互作用列与其他因素重叠，以致产生混杂。当对因素的作用不甚了解时，可先不考虑交互作用和混杂，这样可多安排些因素，经分析试验结果，无重大矛盾时，说明试验安排合理。若有较大矛盾，再考虑交互作用影响。

根据表头设计，利用正交表 $L_8(2^7)$ 和因素水平表，按对号入座的办法，就可制定出 8 次

试验的具体方案。本例试验方案设计和试验结果的分析如表 3－7 所示。

表 3－5　$L_8(2^7)$ 两列间交互作用表

列号( ) \ 列号	1	2	3	4	5	6	7
	(1)	3	2	5	4	7	6
		(2)	1	6	7	4	5
			(3)	7	6	5	4
				(4)	1	2	3
					(5)	3	2
						(6)	1
							(7)

表 3－6　表头设计

表头设计	A	B	$A\times B$	C	$A\times C$	$B\times C$	
列号	1	2	3	4	5	6	7

表 3－7　试验结果及分析试验表

水平 / 试点号 \ 因素 / 列号	A 1	B 2	AB 3	C 4	AC 5	BC 6	ABC 7	试验结果 X/%
①	1	1	1	1	1	1	1	39
②	2	1	2	1	2	1	2	32
③	1	2	2	1	1	2	2	35
④	2	2	1	1	2	2	1	37
⑤	1	1	1	2	2	2	2	40
⑥	2	1	2	2	1	2	1	34
⑦	1	2	2	2	2	1	1	36
⑧	2	2	1	2	1	1	2	37
X_{I}：各列水平“1”各试点指标总和	150	145	153	143	145	144	146	8 点总和 $X_{\mathrm{T}}=290$
X_{II}：各列水平“2”各试点指标总和	140	145	137	147	145	146	144	
$\overline{X}_{\mathrm{I}}=\frac{1}{4}X_{\mathrm{I}}$	37.5	36.3	38.3	35.8	36.3	36.0	36.5	总平均 $\overline{X}_0=36.3$
$\overline{X}_{\mathrm{II}}=\frac{1}{4}X_{\mathrm{II}}$	35.0	36.3	34.3	36.8	36.3	36.5	36.0	
$R=X_{\mathrm{II}}-X_{\mathrm{I}}$	－10	0	－16	＋4	0	＋2	－2	
$r=\overline{X}_{\mathrm{II}}-\overline{X}_{\mathrm{I}}$	－2.5	0	－4.0	＋1.0	0	＋0.5	－0.5	

b. 多因素的方差分析。

（ⅰ）计算各因素的离差平方和 $SS_{因}$：表中第一列为 A 因素，它的1水平、2水平分别为4个。如果试验仅安排一个因素 A，那么试验结果的差异就归于因素 A 的水平变化和试验误差的影响所引起，这样就属于单因素试验问题。因而可用因素 A 的1水平对结果的平均影响 $X_{\mathrm{I}}/4$ 代替各1水平（共4个）对结果的影响，用2水平对结果的平均影响 $X_{\mathrm{II}}/4$ 代替各2水平对结果的影响。根据正交表的整齐可比性，$X_{\mathrm{I}}/4$ 和 $X_{\mathrm{II}}/4$ 这两个平均值可相互比较，且它们反映了因素 A 两个水平间的差异。所以因素 A 的离差平方和 SS_A 可由计算四个 $X_{\mathrm{I}}/4$，四个 $X_{\mathrm{II}}/4$ 与试验结果的总平均值 $\overline{X}_0$ 的离差平方和得到：

$$SS_A = 4(X_{\mathrm{I}}/4 - \overline{X}_0)^2 + 4(X_{\mathrm{II}}/4 - \overline{X}_0)^2 \tag{3-21}$$

对于多水平的情况，每列的离差平方和，计算方法类似，其计算通式可用下式表示：

$$SS_i = \frac{X_1^2 + X_2^2 + \cdots + X_P^2}{N/P} - CX_{\mathrm{T}} \tag{3-22}$$

式中：P 为水平数；N 为试验次数；CX_{T} 为试验结果的均方值，$CX_{\mathrm{T}} = \dfrac{(X_1 + X_2 + \cdots + X_P)^2}{N} = \dfrac{X_{\mathrm{T}}^2}{N}$；$X_{\mathrm{T}}$ 为试验数据的总和，$X_{\mathrm{T}} = X_1 + X_2 + \cdots + X_P$。

各列的自由度 f_i 可由下式表示：

$$f_i = P - 1 \tag{3-23}$$

总之，SS_A 表示因素 A 两个水平不同所引起的试验结果的差异，其自由度 $f_A = P - 1 = 2 - 1 = 1$。

同理可求出 B 和 C 的 SS 值 SS_B 和 SS_C。

（ⅱ）计算因素间有交互作用的离差平方和 $SS_{A\times B}$：两水平因素间的交互作用仅占一列，故其离差平方和同上述各因素求法一样。如为三水平时，因其交互作用是另外两列，故三水平交互作用的离差平方和应为所占两列的 SS 之和，其自由度应为两单列的自由度相乘。

该例的 $SS_{A\times B} = SS_3$；$SS_{A\times C} = SS_5$；$SS_{B\times C} = SS_6$。

（ⅲ）误差引起的离差平方和 SS_e（$SS_{误}$）：误差引起的离差平方和，可以用计算正交表空白列的离差平方和求得，因空白列中没有安排因素，所以数据的波动只能是由误差引起的，而不包含由因素水平改变的部分。故仅能反映误差的大小。此外如果某些列的离差平方和很小时，则可将其合并为误差。本例中的 SS_7 为误差项，还包括 SS_2、SS_5 和 SS_6，即 $SS_e = SS_7 + SS_2 + SS_5 + SS_6$，其自由度 $f_e = 4$，总误差为：$SS_{总} = SS_{因} + SS_e = SS_1 + SS_2 + \cdots + SS_7$。

（ⅳ）各因素显著性检验并确定最佳条件：根据表3-7的计算结果，对各因素进行显著性检验，表3-8中 F 值计算方法与单因素方差分析相同，每列的自由度均为1，总自由度为 $8 - 1 = 7$。

由附录3的分布表中查得当分子项自由度 $f_1 = 1$，分母项自由度 $f_2 = 4$ 时，临界值 $F_{0.05} = 7.71$，因而可以做出下列推断：对选别效率有显著影响的因素依次为：AB 为氰化物同黄药的用量配比、A 为氰化物用量、C 为pH。由于氰化物之效应为负值，故应取低用量；黄药的效应虽不显著，但因与氰化物有交互作用，也应取低用量；pH的效应为正，故应取高水平，综合最优条件为氰化物10 g/t、黄药50 g/t、pH = 10、$E = 40\%$。

此外还应指出，在进行多因素方差分析时，需求出误差的估计值 SS_e，而 SS_e 是通过正交表中空列获得的。所以在设计表头时，应选因素稍多的正交表，以便留出适当的空列，供方差分析用，或将离差平方和较小的列的值并入作为误差使用。

表 3-8 方差分析表

方差来源	离差平方和	自由度	均方	F	显著性
A	12.5	1	12.5	50	显著
B	0	1	0		
$A\times B$	32	1	32	128	显著
C	2	1	2	8	显著
$A\times C$	0	1	0		
$B\times C$	1.25	1	1.25		
$SS_e=SS_7+SS_B+SS_{A\times C}+SS_{B\times C}$	1	4	0.25		
$SS_{总}$	47.5	7			

下面将以上方差分析方法提炼为一般公式(未考虑重复试验)。

设正交设计共做了 N 次试验，试验结果为 X_j，此处 $j=1, 2, \cdots, N$。

总的离差平方和可按下式计算：

$$SS=\sum_{j=1}^{N}X_j^2-\frac{1}{N}\left(\sum_{j=1}^{N}X_j\right)^2=\sum_{j=1}^{N}X_j^2-\frac{1}{N}X_{\mathrm{T}}^2 \tag{3-24}$$

某因素(或交互作用)排在正交表的第 i 列，它的水平数是 p，同一水平的试点数是 a，则该列的离差平方和为：

$$SS_i=\frac{1}{a}\sum_{k=I}^{p}X_k^2-\frac{1}{a}\left(\sum_{j=1}^{N}X_j\right)^2=\frac{1}{a}\sum_{k=I}^{p}X_k^2-\frac{1}{a}X_{\mathrm{T}}^2 \tag{3-25}$$

式中 X_k 代表第 k 个水平下各试点试验结果总和。

误差平方和

$$SS_e=SS-\sum(\text{所有因素以及需要考虑的交互作用的平方和}) \tag{3-26}$$

总的离差平方和的自由度为 $f_0=N-1$，各列自由度为 $f_i=p_i-1$，SS_e 的自由度 $f_e=f_o-\sum$(所有因素以及需要考虑的交互作用的自由度)。

例如，对于正交表 $L_{16}(4^5)$，$N=16$，$p=4$，$a=4$

$$SS=\frac{1}{4}\sum_{j=1}^{16}X_j^2-\frac{1}{16}\left(\sum_{j=1}^{16}X_j\right)^2=\sum_{j=1}^{16}X_j^2-\frac{1}{16}X_{\mathrm{T}}^2 \tag{3-27}$$

$$SS_i=\frac{1}{4}\sum_{k=1}^{N}X_k^2-\frac{1}{16}\left(\sum_{j=1}^{16}X_j\right)^2=\frac{1}{4}(X_{\mathrm{I}}^2+X_{\mathrm{II}}^2+X_{\mathrm{III}}^2+X_{\mathrm{IV}}^2)-\frac{1}{16}X_{\mathrm{T}}^2 \tag{3-28}$$

二水平的正交设计还可采用更简便的算法，例如，对 $L_8(2^7)$：

$$SS_i=4[(\overline{X}_{\mathrm{I}}-\overline{X}_0)^2+(\overline{X}_{\mathrm{II}}-\overline{X}_0)^2]$$

由于 $\overline{X}_0=\frac{1}{2}(\overline{X}_{\mathrm{I}}+\overline{X}_{\mathrm{II}})$，代入后得：

$$SS_i = 2\left(\overline{X}_{\mathrm{I}} - \overline{X}_{\mathrm{II}}\right)^2 = 2r^2$$

3. 回归正交表的应用

回归分析法是利用最小二乘法原理，通过实测数据，使诸因素与指标之间建立经验公式，以经验公式表达试验因素与指标间的关系。它与正交试验法原是两个相互独立的数学分支，由于实践需要，将两者结合起来，利用各自的优点，发展为回归正交试验法。这样可利用正交表安排较少试验次数，通过实测数据，使诸因素与指标之间建立起经验公式，克服回归分析中被动处理已有试验数据的不足。回归正交表的应用有一次回归正交表和二次回归正交表，限于篇幅，在此不做论述，需要时读者可参考有关资料。

3.2　试验数据误差分析

在试验过程中，由于试验仪器精度的限制、试验方法的不完善、科研人员认识能力的不足和科学水平的限制等方面的原因，试验中获得的试验值与试验对象的客观真实值并不一致，这种试验值与真实值的不相符程度就是试验误差。为了保证试验结果的准确性，缩小试验观测值和真值之间的差值，就需要对试验数据进行误差分析和讨论。通过误差分析，可以认清试验误差的来源及影响，有助于在以后试验中，改进方法，实现试验的最优化设计。

3.2.1　真实值与平均值

1. 真实值

真实值即真值，是指在一定条件下，物质物理量的客观值或实际值。真值通常是未知的，随着人们认识水平的提高，真值是可以逼近的，绝对的真值是不可知的，但从相对的角度来讲，真值是可知的。例如，国家标准样品的标准值、国际公认的计量值、高精度仪器所测值以及多次试验的平均值等均可视为真值。

2. 平均值

平均值即均值，是指在一定条件下，对物质物理量进行多次试验测定所得的多个数据被试验次数平均的值。在科学试验中，虽然试验误差在所难免，但平均值可综合反映试验值在一定条件下的一般水平，所以在科学试验中，经常将多次试验值的平均值作为真值的近似值。平均值的种类很多，如算术平均值、对数平均值、几何平均值等。

有关其他平均值的概念可查阅相关专著，在此不再赘述。不同的平均值都有适用的场合，在实际使用中，可根据试验数据本身的特点进行选择，使平均值尽可能地反映真实值。

3.2.2　误差来源及处理方法

误差根据其性质或产生的原因，可分为系统误差、随机误差和过失误差。

1. 系统误差的来源及处理方法

1)系统误差的来源

在一定的观测条件下多次测量同一物理量时，如果试验数据误差的大小和符号保持恒定或按某一规律变化，此类误差为系统误差。

系统误差来源于很多方面，比如：

(1)方法误差。试验方法本身有缺陷，近似计算的理论根据有缺点。

(2)仪器误差。仪器制造精度低，仪器精密度不准确。

(3)试剂误差。试剂纯度低，杂质含量高。

(4)试验条件误差。试验条件控制不当。

(5)试验者。试验者的主观因素。

2)系统误差的判断

在实际试验过程中，通常采用的判别方法有对照试验法与秩和检验法。

(1)对照试验法。①空白对照试验法是在进行样品测定过程中，采用操作完全相同的方法和试剂，唯独不加入被测物质进行平行试验的方法。通过空白对照试验可分析在一组试验数据中是否存在系统误差，以及该系统误差是否可以容忍(即因此造成的误差是否满足试验准确度的要求)。②用标准样与被测样一起进行对照试验，求得校正系数的方法。

假若，取一纯物质或与样品成分相近的已知含量的标准试样，采用与测定样完全相同的操作和试剂进行平行测定，两者之差表示分析结果的准确度，即：

$$X = \alpha Y/Y'$$

$$\text{准确度} = \alpha - Y' = X - Y$$

$$K = \alpha/Y'$$

式中：Y 为测定样品所测结果；Y' 为标准样品所测结果；X 为测定试样中被测组分应有含量；α 为标准试样中被测组分的已知含量；K 为校正系数。

例如，标样中某组分标准含量为5.05%，测定多次为5.00%，说明这个测定方法所测的分析结果存在误差其相对误差低于1%，所以，用此法测定必须加以校正，校正系数 $K = \alpha/Y' = 1.01$，将 K 乘以试样的测定结果，试验结果扩大1%，因而提高了准确度。注意：K 若过大，则说明测定方法有问题。

(2)秩和检验法。秩和检验法可以检验两组数据之间是否存在显著差异，所以，当其中一组数据无系统误差时，就可以利用该检验方法判断另一组数据有无系统误差。另外，利用秩和检验法还可以检验新的试验方法是否可靠。具体做法可参考相关专著。

3)系统误差处理

根据系统误差产生的原因，可采取相应措施降低其对试验数据准确性的影响。通常处理系统误差可采取下列途径：

(1)排除由于试剂中杂质干扰、溶液受器皿材料影响等导致的系统误差。

(2)对试验仪器进行校正或更换精度高的试验仪器。

(3)严格遵守操作规程，采用空白对照试验校正。

2. 随机误差的来源及处理方法

1)随机误差的来源

在同一条件下多次重复测同一物理量，每次结果都有些不同，即围绕某一数值上、下无规则变动，具有这种特性的误差称为随机误差。

随机误差是由于试验过程中一系列的偶然因素造成的，因此，也称为偶然误差。在试验过程中，由于造成随机误差的偶然因素不同，随机误差的来源也有所区别。随机误差主要来源于：温度、湿度、静电磁场、空气悬浮物、气候等环境条件的偶然变化，地基震动、电压波动等偶然因素的变化，试验者生理、心理的偶然波动及小分度以下刻度的估计很难每次相同等。

从随机误差的成因不难看出，造成随机误差的偶然因素是试验本身无法克服的，所以随机误差一般是不可能完全避免的。

2）随机误差的判断

随机误差的出现一般具有统计规律，在大量试验中，试验数据的误差呈现正态分布，如图3-5所示。

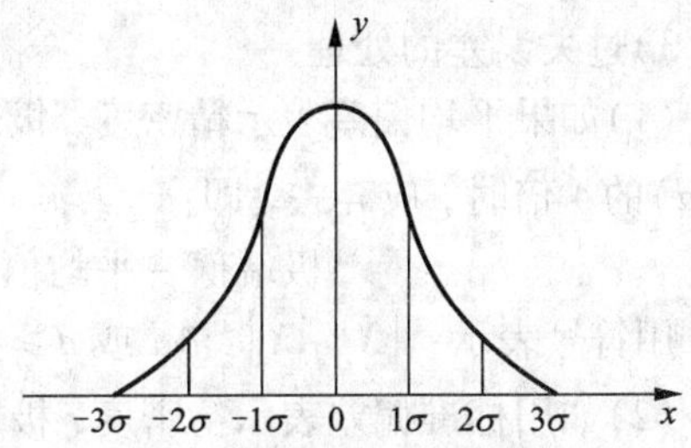

图3-5 随机误差的正态分布曲线

由图3-5可以看出误差的正态分布具有以下特征：误差小的数据比误差大的数据出现的概率大，故误差出现的概率与误差大小有关。由于正态分布曲线以y轴对称，因此数值大小相同，符号相反的正、负误差出现的概率近乎相等。当没有系统误差时，无限多次测量结果的平均值可以代表真值，其标准误差为σ。由数理统计可以得出，误差在$\pm\sigma$内出现的概率为68.3%，在$\pm 2\sigma$内出现的概率为95.5%，在$\pm 3\sigma$内出现的概率为99.7%。可见，误差超过$\pm 3\sigma$出现的概率只有不到0.3%，因此当多次重复测量中个别数据误差的绝对值大于3σ时，这个数值可以舍弃。

因此一组试验数据是否存在随机误差以及随机误差的大小，可以根据误差的分布曲线特征进行判断。

3）随机误差的处理

尽管随机误差的成因具有偶然性，但根据随机误差的特性及产生原因，还是可以减少和控制的。通常随机误差的处理主要采取下列途径：

（1）尽可能使试验在相对稳定的环境中进行。

（2）试验设备、仪器尽可能安放在比较稳固的基础上，用电设备的电源需连接稳压器以获得稳定电源。

（3）试验工作者必须具备良好的生理和心理状态，以旺盛的精力投入到试验中。

（4）在人力、物力、财力具备的情况下，尽可能多地增加试验次数，这是减少随机误差最有效的途径。

3．过失误差的来源及处理方法

1）过失误差的来源

过失误差是由于试验者粗心、不正确操作或测量条件突变所引起的误差。

这类误差的特点表现为：在一组试验数据中，个别数据严重偏离数据均值，由此造成整个试验误差超常。

过失误差主要来源于：

（1）由于试验操作的粗心大意，造成物料错放、仪器失控、条件错用、结果误判、数据误记等，人为造成试验数据的异常误差。

（2）试验过程中人为造成的突发事件，如突然断电、突然停水、仪器设备损坏等因素所造成试验数据的异常误差。

2）过失误差的判断

过失误差是试验者所造成的超常误差，根据该误差的成因及特点，依据下列原则进行测定结果的判断：①对试验数据进行比较排序，具有过失误差的数据肯定出现在数据序列的首、末位，可将首、末位数据作为可疑数据(极端值)，然后根据过失误差处理原则进行取舍；②复查可疑值的出现原因，根据出现原因进行处理；③找不出可疑值的出现原因，根据数理统计原则处理。

3)过失误差的处理

(1)如果平均偏差表示精密度，极端值(X_i)与平均值($\overline{X}$)的偏差(d)等于或大于平均偏差($\overline{d}$)的4倍时，应弃去，即：

$$极端值-平均值(不包括极端值)\geqslant 4\times 平均偏差$$

用符号表示：$|X_i-\overline{X}|\geqslant 4\overline{d}$ 或 $d\geqslant 4\overline{d}$

(2)如用标准偏差表示精密度，极端值(X_i)与平均值($\overline{X}$)的偏差等于或大于标准偏差的3倍时，应弃去，即：

$$极端值-平均值(不包括极端值)\geqslant 3\times 标准偏差$$

用符号表示：$|X_i-\overline{X}|\geqslant 3S$

例3-2 测水中氧含量的数值：0.34、0.22、0.42、0.38 (mg/L)。试问：0.22 mg/L的数据是否应舍弃？

解 先假设是可疑值，舍去，求其余3个数的平均值

$$\overline{X}=(0.34+0.42+0.38)/3=0.38\ (\text{mg/L})$$

与平均值的偏差：

$$|d_1|=|0.34-0.38|=0.04$$
$$|d_2|=|0.42-0.38|=0.04$$
$$|d_3|=|0.38-0.38|=0$$

平均偏差为：

$$\overline{d}=\frac{0.04+0.04+0}{3}\approx 0.03$$

$$4\overline{d}=4\times 0.03=0.12$$

$$|X-\overline{X}|=|0.22-0.38|=0.16>4\overline{d}=(0.12)(弃去)$$

3.2.3 误差的表示方法与计算

误差的大小一般用绝对误差或相对误差来表示。绝对误差与被观测对象的大小无关，相对误差与被观测对象的大小有关。

(1)绝对误差。测量值x与真值μ之间的差异称为绝对误差E_a，其单位与被测单位相同，其大小与被测量的大小无关，表达式为：

$$E_a=x-\mu \tag{3-29}$$

真值难以得到，试验结果绝对误差常用平均误差、标准误差表示。

(2)算术平均误差。算术平均误差是测量值x_i与算术平均值$\bar{x}$之偏差d_i绝对值之和的平均值，若n表示测量次数，则计算式为：

$$\delta=\frac{\sum|x_i-\bar{x}|}{n}=\frac{\sum|d_i|}{n} \tag{3-30}$$

算术平均误差可以较好地反映出各单次测试误差的平均大小，但并不能很好地反映出数据的离散程度。因为在一组测量数据中偏差彼此接近，而另一组测量数据中偏差有大、中、

小之分，二者所得算术平均误差可能相同，这样就无法分辨出测量数据的离散程度。

(3)标准误差。为消除算术平均误差的缺点，而将偏差作平方处理，这样较大的误差就会更显著地反映出来，就能更好地表示出数据的离散程度。此外标准误差是服从正态分布的一个重要数字特征，故标准误差是表示精密度的较好方法，在近代科学试验中多采用这种误差，其计算式为：

$$\sigma = \sqrt{\frac{\sum (x_i - \bar{x})^2}{n-1}} = \sqrt{\frac{\sum d_i^2}{n-1}} \tag{3-31}$$

(4)相对误差。绝对误差与真值之比即相对误差，它是无因次的。当用百分数表示时，其大小与绝对误差和被测量的大小有关。因此当测量的值很小时，其相对误差也较大，所以对相对误差的要求应从实际需要和测定工作的可能性合理考虑，其表达式为：

$$E_r = \frac{E_a}{\mu} \times 100\% = \frac{x-\mu}{\mu} \times 100\% \tag{3-32}$$

当绝对误差用平均误差、标准误差计算时，相对误差定义为：

$$\delta_{相对} = \frac{\delta}{\bar{x}} \times 100\%$$

$$\sigma_{相对} = \frac{\sigma}{\bar{x}} \times 100\% \tag{3-33}$$

测量结果的精密度可表示为 $\bar{x} \pm \sigma$(或 $\bar{x} \pm \delta$)，σ(或 δ)越小，表示测量的精密度越高。有时也用相对误差表示精密度 $\bar{x} \pm \sigma_{相对}$(或 $\bar{x} \pm \delta_{相对}$)。

3.2.4　试验数据的精确度

误差的大小反映了试验结果的优劣，标志着试验的成败，误差的成因可能来源于系统误差、随机误差或过失误差的单一方面，也可能来源于多方面的叠加综合，为此需引入精密度、正确度和准确度，以表示误差的性质。

1. 精密度

精密度是指在一定试验条件下，多次试验值的彼此符合程度，即试验数据的重现性。精密度反映了随机误差的大小，用于说明试验数据的离散程度。精密度与重复试验时单次试验值的变动有关，如果试验数据分散程度小，则说明试验精密度高，反之，则精密度低。例如，甲、乙两人对同一批合成聚酯树脂的酸价采用国标方法进行测定，得到两组测定数据如表3-9所示。

表3-9　两组测定数据　　mg/g

甲	5.30	5.32	5.32	5.34
乙	5.28	5.30	5.35	5.50

从两组试验数据的分布不难看出，甲组的数据重现性高于乙组，说明甲组数据的精密度较高。

试验数据的精密度是建立在试验数据用途的基础上的，因此精密度的要求要和试验数据的具体用途相结合。由于精密度反映了随机误差的大小，因此对于无系统误差的试验，可以通过增加试验次数的方式达到提高试验数据精密度的目的。如果试验过程足够精密，则只需少量几次试验就能够满足精密度要求。

2. 正确度

正确度是指在一定试验条件下，所有系统误差的综合。正确度反映了系统误差的大小。

由于随机误差和系统误差是两种不同性质的误差，因此对于某一组试验数据而言，精密度高并不意味着正确度也高；反之，精密度不高但试验次数相当多时，有时也会得到高的正确度。精密度、正确度与准确度的关系如图 3－6 所示。

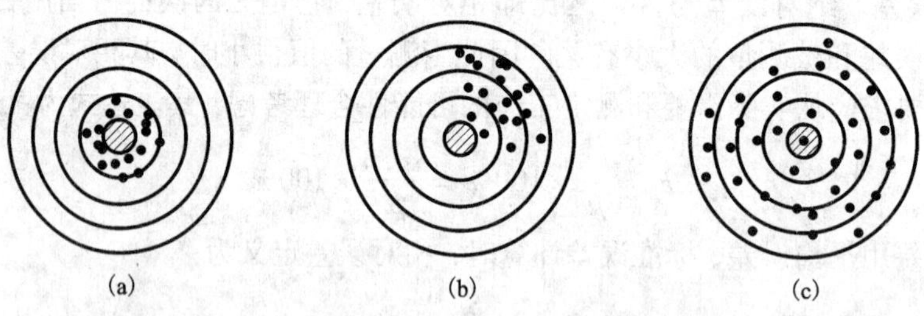

图 3－6　精密度、正确度与准确度的关系

图 3－6(a)中的精密度与正确度都高；图 3－6(b)中的精密度高、正确度低；图 3－6(c)中的精密度与正确度都不高。

3. 准确度

准确度是指在一定试验条件下，试验值与真实值的逼近程度。准确度反映系统误差和随机误差的综合。

如果图 3－6(a)、(b)、(c)的中心代表真实值，显然各分图的准确度依次降低。例如，甲、乙、丙三人对同一铁矿石中铁的含量进行测定，此铁矿石的真实含量为 54.36%。采用国标方法进行测定，得到的铁矿石含量测定数据见表 3－10。

表 3－10　铁矿石含量的测定结果　　%

测量序号	分析者		
	甲	乙	丙
1	54.30	54.40	54.36
2	54.30	54.30	54.35
3	54.28	54.25	54.34
4	54.27	54.23	54.33
平均	54.29	54.30	54.35

从三组试验数据的分布不难看出，甲的数据结果精密度很高，但平均值与真实值相差较大，说明准确度低，即分析结果存在很大的系统误差。乙的分析结果精密度不高，准确度也不高。只有丙的分析结果的精确度和准确度都较高。

4. 有效数字及其试验数据的表达

定量分析中的各种测量值，需要记录下来经过运算才能得到分析结果。应如何记录测量值，在运算中注意什么问题，是本节要讨论的内容。

1)有效数字

有效数字是能够代表一定物理量的数字，如试样的量0.28 g，试样体积20.15 mL，吸光度0.352，电位125.8 mV等，不仅说明数量的大小，而且反映了测量的精确度，称为有效数字。试验数据总是以一定位数的数字表示，这些数字都是有效数字，其末位数往往是估计出来的，具有一定的误差。例如，用分析天平测得某样品的质量是1.568 g，共有4位有效数字，其中1.56 g都是所加砝码标值直接读得的，它们都是准确的，但最后一位数字"8"是估计出来的，是可疑的或欠准确的。所以，根据测量值的记录结果便可以推知所用仪器的精度和由此造成的相对误差。

需要特别说明的是，"0"这个数字，有时算有效数字，有时候却不能算。如前面已举过的9704中的0，明显是有效数字；小数点后面末尾的0，如1.480中的0，也是有效数字；而数字最前面的零，如0.9704中最前面的那个0，却不能算有效数字。对于这一点，我们可再举一个例子，如0.312 g，还可以写作0.000312 kg，这两者所代表的是具有同一精度的同一个量，有效数字应是相等的，因而后一种写法的数字中前面的0都不能算有效数字，添上或去掉前面的0，仅仅是由于单位变化的缘故，既不反映测试结果本身大小的变化，也不反映数值精确度的变化，因而不能算有效数字。

2)测量值的记录

(1)正确记录测量值(通常称试验数据)，应保留一位可疑数字。如用万分之一的天平称量，将试样质量记为0.521 g或0.52100 g都不对，应记为0.5210 g；再如50 mL的滴定管，可以读到0.01 mL，将试液体积记为20.1 mL或20.100 mL都不对，应记为20.10 mL。此外，在使用移液管时更容易忽视有效数字，如使用25 mL的移液管，将体积记为25 mL就不对，正确的应该是25.00 mL。

(2)正确表达分析结果，因为分析结果是由试验数据计算得来的，所以分析结果的有效数字位数是由试验数据的有效数字位数决定的。在常规分析中，如滴定法和重量法，一般试验数据为4位。涉及的计算为乘除法，根据有效数字运算规则可知，分析结果也应是4位。对于其他分析方法，应根据具体情况而定。

(3)误差和偏差(包括标准偏差)的计算涉及减法，有效数字一般为一位或两位。在使用计算器时，要注意运算结果应有几位有效数字，不能不假思索地把所有显示数字全部列出。

目前在选矿试验和设计工作中，不少人习惯于采用四位有效数字，如$\varepsilon=86.15\%$等，在大多数情况下，这是不必要的。因为选矿工艺数据的误差很少是小于1%的，相应地，有效数字最多只能取3位。就以回收率为例，有经验的选矿工作者，其绝对误差能控制到超过1%～2%都是困难的，即使写成四位，如86.15%，大家也会认识到86这个6都是不可靠的，再重复试验一次其结果可能变为84%、85%、87%或88%，小数点后的数字究竟是多少，根本不会有人关心。实际上若严格按照数学规则(只允许最末尾一位数字是欠准的)，在上述情况下只能取两位，即只能写成86%，但考虑到编制金属平衡时会碰到一些产品的回收率只有百分之几，若小数点后的数字都按四舍五入的方法去掉，就变成只剩下一位数字。这样，对于回收率在10%以上的数据，就有三位有效数字，对于回收率为 1%～10% 的数据，也有二位有效数字，均大体符合数据本身的精确度。

至于现场生产统计，那是另外一种情况。在现场生产中，大家关心的主要不是单班、单日的生产指标，而是日、季、年的统计指标。一个月有 90 个班，因而月统计指标的误差仅为单班指标误差的 $1/\sqrt{90}\approx1/9.5$。一年有 990 个班（按一年工作 330 天计），年统计指标的误差是单班指标的 $1/\sqrt{990}\approx1/31$。这就意味着，统计指标比单班指标准确得多。相应地，有效数字也可多取 1～2 位。换句话说，在现场生产统计中，有效数字完全可以取到 4 位。考虑到计算过程中误差会累计，某些中间数据还可以取 5 位，留到最后再按四舍五入的方法去最末一位而保留 4 位。

3.3　试验数据的处理

一般情况下，由试验直接测得的大量数据是说明不了什么问题的，研究人员需要对试验数据进行整理、计算与分析，找出测量对象各变量之间的定量的内在规律，消除实验误差，科学地评价试验结果，从而指导生产与设计。因此，数据处理是试验工作不可缺少的一部分。整理试验数据的最初步骤和最普遍的方法是列表，然后按一定规则绘制成图，再进一步整理数据表达成数学方程式。

3.3.1　试验结果的列表

观测和试验数据，一般可分为两类：一类是自变数，一类是因变数。如在矿物加工工艺条件试验中，工艺条件是自变数，对应的工艺指标是因变数。列表法就是将一组试验数据中的自变数和因变数的各个对应数据依一定的形式和顺序一一列出来。

列表法有许多优点：①简单易操作；②不需要特殊纸张和仪表；③形式紧凑；④同一表内可表示几个变数间的关系而不混乱。

矿石可选性试验中常用的表格可按用途分为两类：一类是原始记录表，一类是试验结果表。原始记录表供试验时做原始记录用，要求表格形式具有通用性，能详细记载全部试验结果和条件，由于其内容比较庞杂，记录顺序只能按实际操作的先后顺序，不一定有规律，因而不便于观察自变数和因变数的对应关系，正式编写报告时一般还须重新整理，不能直接利用。可供参考的原始记录表的形式见表 3－11。

试验结果表由原始数据记录表汇总整理而得，可以是一组试验一张表，也可以是每说明一个问题一张表，因而有时候同一批数据可以从不同角度整理成几张表。总的原则是要突出所考察的自变数和因变数，因而一般只将所要考察的那个试验条件列在表内，其他固定不变的条件则最好以注释的形式附在表下，试验结果也应是只列出主要指标，其他原始指标均应略去，这样就可以鲜明地显示出自变数和因变数的相互关系和变化规律。表 3－12 是试验结果表格式的一个实例，但对于不同的试验并不要求采用统一格式。

表 3-11 矿物加工试验记录

试验项目：　　　　　　　　　　　　　　　　　　　　　　　　试验日期：

试验编号	产品化验编号	产品名称	质量/g	产率/%	品位/%			回收率/%			试验流程和条件

表 3-12 碳酸钠用量对选矿指标的影响

碳酸钠用量/(g·t^{-1})	产品名称	产率/%	品位/%		回收率/%		备注
	粗精矿						
	尾矿						
	原矿						
	粗精矿						
	尾矿						
	原矿						
	粗精矿						
	尾矿						
	原矿						

注：试验条件：单元试样重 500 g，磨矿细度 -0.075 mm 占 85%，采用 1 L 容积浮选机，粗选矿浆质量浓度 37.60%，粗选抑制剂 60 g/t，捕收剂 820 g/t。

列表时一般包括表的序号、名称、项目、说明及数据来源等。列表法的注意事项如下。

(1)表的序号、名称及说明。

报告中的表应按其先后顺序排出序号，并写出简明扼要的名称，一看就知其内容。如果过简而不足以说明原意时，可在名称下方或表的下方附以说明。表内数据要注明来源。

(2)项目。

表中每一行和每一列的第一栏要详细写出名称及单位，并尽量用符号代表，表内主项一般代表自变量(试验测定数据)，副项代表因变量。

(3)数据书写规则。

①数据为零时记为“0”，数据空缺记为“—”。

②同一竖行的数值，小数点要上下对齐。

③当数值过大或过小时，可用指数表示，即 10^n 或 10^{-n}(n 为整数)。如 0.010 kg/t 宜改

为 10 g/t, 0.0002 mol/L 应写成 2×10^{-4} mol/L。

④表内所有数值，有效数字位数应取舍适当，要与试验的准确度相对应。

3.3.2 试验结果的图示

用图形表示试验结果，可以更加简明直观、更加突出而清晰地显示出自变数和因变数之间的相互关系和变化规律，缺点是不可能将有关数据全部绘入图中，因而在原始记录和原始报告中总是图表并用，只是在以论文形式发表的报告中才有时只用图而不用表。

矿物加工工程研究中常用的图示法有两类，一类是以工艺条件为横坐标，工艺指标为纵坐标，绘制(工艺指标) =f(工艺条件)的关系曲线，如图 3-7(a)所示；另一类纵坐标和横坐标均为工艺指标，如 $\varepsilon=f(\gamma)$、$\beta=f(\varepsilon_b)$ 等，如图 3-7(b)所示。前者用于直接根据工艺指标选择最佳工艺条件，后者可以比较方便地判断产品的合理截取量。图 3-7(a)和图 3-7(b)是某弱磁性矿石用强磁场磁力分析仪磁析结果的两种图示法。

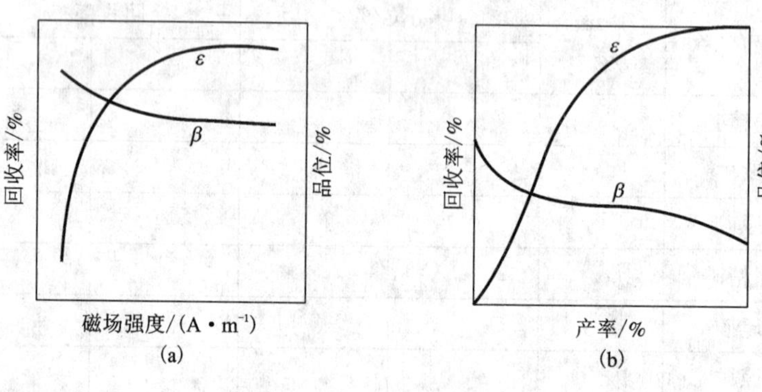

图 3-7 磁性分析结果

作图时应注意以下几点。

(1)选择图纸和坐标分度。根据要求可选直角坐标、对数坐标和三角坐标纸，原始图的大小应与有效数字相适应，有效数字最后一位在坐标纸上应为最小格间的估计值。坐标比例的选取应以便于读数为原则，常用的比例为“1:1”“1:2”“1:5”(包括“1:0.1”“1:10”…)，即每厘米代表“1、2、5”倍率单位的物理量。切勿采用复杂的比例关系，如“1:3”“1:7”“1:9”等，这样不但不易绘图，而且读数困难。

坐标分度是沿 x 轴、y 轴或三角坐标的三个边规定坐标纸所代表的数值大小。坐标分度值不一定从零起，尤其是直角坐标。在符合试验结果的精度下，可用低于最低值的某一整数做起点，高于最高值的某一整数做终点，以便做出的图形能占满全幅坐标纸并稍有余地，且能明显地表达其变化规律，如图 3-8(b)所示。

作曲线图时最重要的问题是选择坐标分度值(比例尺)。坐标分度值的选择要考虑测量误差，如果选择不当，就会导致图形失真，从而导致错误的结论。

如根据同一个表中的试验数据，就可能做出图 3-9(a)与 3-9(b)的两种曲线图形。从图 3-9(a)中似乎可以看出自变量 x 对所研究的函数 y 没有什么影响(因为函数 y 的图形是水平直线)。然而由图 3-9(b)又似乎可以得出当自变量 x 等于 3 时，函数 y 具有最大值的结论。

在已知 x 和 y 的测量误差的条件下，由同一组试验数据得出的函数关系是不随坐标比例

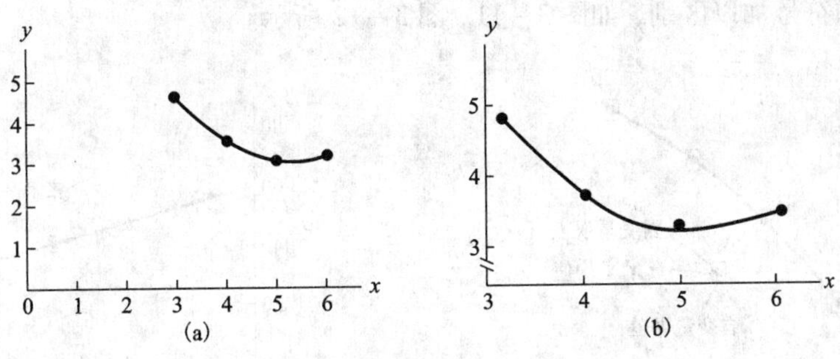

图 3-8 分度对曲线位置的影响

(a)分度从零开始;(b)扩大必要部分的分度

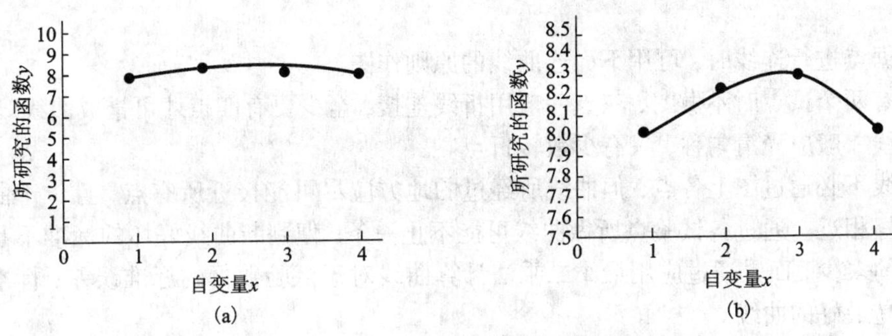

图 3-9 所选择比例尺对函数关系的影响

尺的选择而改变的。图 3-10 是考虑到 x、y 的测量误差($x\pm0.05$, $y\pm0.2$)后做出的曲线。图 3-10(a)中当 $1\leqslant x\leqslant4$ 时, $y=8.15$ 的水平线穿过所有的小矩形,所以图 3-10(a)是函数 y 的真实图形。而图 3-10(b)的图形则不然,这是因为表示 y 真值范围的矩形太长,将这么长的矩形作为连接成光滑曲线的"点"是不合适的。

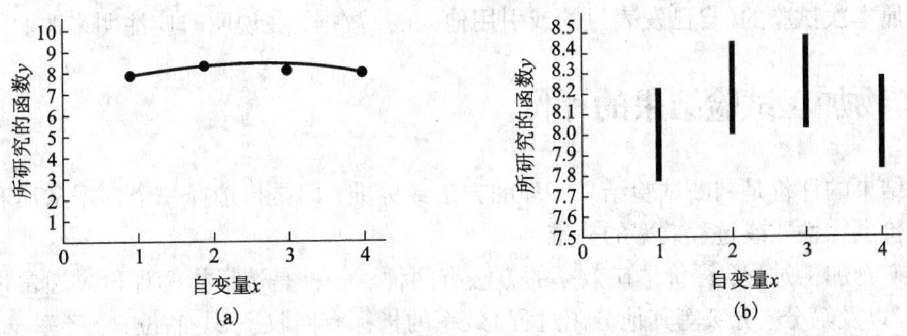

图 3-10 考虑到误差,通过点做出的曲线

(2)根据数据描点并连线。将各试验点描在坐标纸上时,一般用圆点或圆圈等表示。如欲从试验点表示误差时,可用矩形表示,矩形中心线代表算术平均值,矩形竖直的两边代表自变量的误差,水平的上下两边代表因变量的误差。如果自变量和因变量的误差相等时,可用圆圈代表,圆的中心是算术平均值,半径值代表误差。若在同一图上表示不同性能曲线时，应以不同的符号加以区别，如图 3－11、图 3－12 所示。

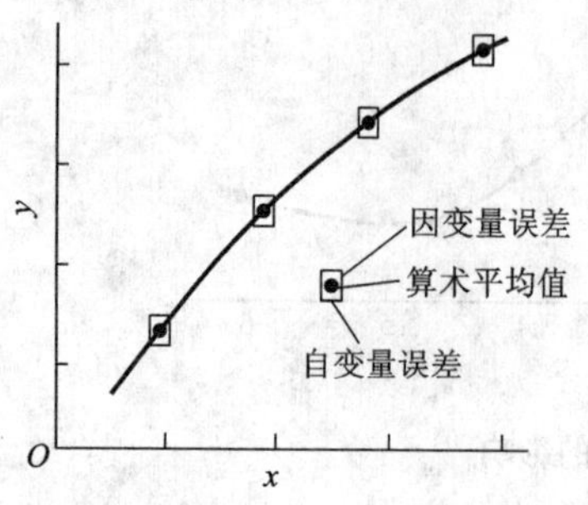

图 3－11　自变量、因变量均有误差时点的描法

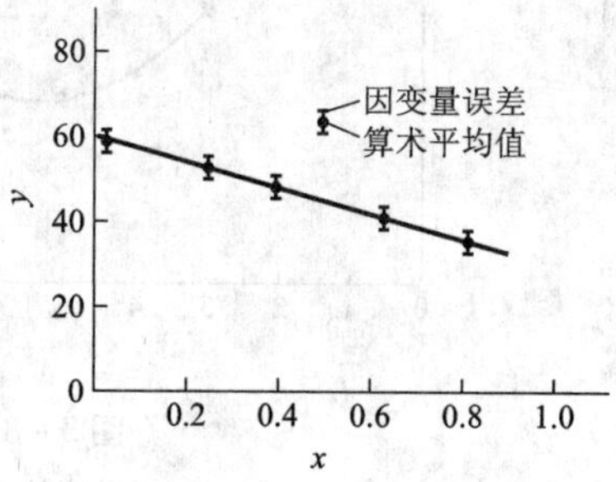

图 3－12　自变量无误差，因变量有误差时点的描法

对数据点进行连线时，可用下面连曲线的原则作图。

①只有两个试点时不做图，三点一般用折线连接，至少要有四点才可描成曲线。

②曲线一般应光滑匀称，只有少数转折点。

③曲线不必通过图上各点，但曲线所经过的地方应尽可能接近所有点，且位于曲线两边的点数最好相近。通过各试验点所做曲线可能不止一条，但判断曲线好坏的标准不是按曲线通过点数的多少，而是通过应用最小二乘法计算曲线对于试验数据的标准误差，标准误差小的曲线就是最好的曲线。

④遇有曲线难以通过的奇异点时，应补做试验加以校核，若校核试验的试点移至曲线附近，即表明原来的试验结果有问题，因而可将原来的数据舍去而改用新的数据；若校核性试验结果同原试验结果接近，说明曲线确实在此处有较大转折，便应如实地将此绘出，而不应片面地追求光滑匀称。

(3)标题与注释。为图形拟定标题非常重要，图形标题所代表的意义应尽可能全面，它应当说明试验条件，必要时还应当给出所研究的规律性的一般特征，如能在图形中做一些简要的说明，则可为读者节省阅读时间，凡图形中有说明材料，在行文中可以略去。图形中的数据如不属本次试验的(自己发表过的或引用他人的)数据，在说明时应注明来源。

3.4　矿物加工试验结果的评价

试验结果的评价是判断试验结果好坏的方法或标准，即是指选择一个判据从质和量等方面作为评价事物性质或过程效率的标准。

对于矿物加工过程，评价选矿效率的方法有两种。一种是选择指标评价。通常用以判断选别过程(以及筛分、分级等其他分离过程)效率的指标有回收率 ε、品位 β、产率 γ、金属量 P、富矿比和选矿比等。这些指标都不能同时从数量和质量两个方面反映选矿过程的效率。例如，回收率和金属量是数量指标，品位和富矿比是质量指标，产率和选矿比若不同其他指标联用则根本不能说明问题。因而在实际工作中通常是成对地联用其中两个指标，即一个数量指标和一个质量指标。

为了比较不同的选矿方案(方法、流程、条件)，只要原矿品位相近，一般都是用品位和回收率这一对指标作判据；若原矿品位相差很远，就要考虑用富矿比代替精矿品位作质量指标。选煤工业上还常用产率作数量指标，其前提是各种原煤“含煤量”均相差不大，对精煤质量要求也大体相同，因而产率高就意味着损失少。至于其他判据，如金属量主要用于现场生产核算，在选矿试验时有时会用来代替回收率作为数量指标。选矿比则是辅助指标，选矿试验中不常使用。

用一对指标作判据，常会出现不易分辨的情况。例如，两个试验，一个品位较高而回收率较低，另一个品位较低而回收率较高，就不易判断究竟是哪一个试验的结果较好。因而长期以来，有不少人致力于寻找一个综合指标来代替用一对指标作判据的方法，但在选矿工艺上碰到的各种具体情况，对分离效率的数量方面和质量方面的要求的侧重程度往往不同，实际上无法找到一个公式能“灵活地”反映这种不同要求。因而只能是在不同情况下选择不同的判据，并在利用综合指标作为主要判据的时候，同时利用各个单独的质量指标和数量指标作辅助判据。

另一个评价选矿效率的方法，是图解的方法。图解法的实质，也是利用一对指标作判据，当一个指标相同时，可利用图中曲线推断另一个指标的高低，因而不会出现不好比较的情况。缺点是连成曲线往往需要较多的原始数据，相应地试验工作量较大，因而不是在任何情况下都可采用。

1．分离效率的计算

使用分离效率，是为了把筛分效率、分级效率、选矿效率等分离过程的效率，统一在一起进行讨论。

筛分和分级，是按矿粒粒度分离的过程，选矿则是按矿物分离的过程。分离效率，应反映分离的完全程度。

最常用的指标，回收率ε和品位β(对筛分和分级过程，则为某指定粒级的含量，下同)的优点是，物理意义最清晰，直接回答了生产上最关心的两个问题，即资源的利用程度和产品质量。缺点是不易进行综合比较，特别是不适于用来比较不同性质原矿的选矿效率。例如，两个厂矿，若一个原矿品位很高，而另一个原矿品位很低，即使它们的金属回收率和精矿品位指标完全相同，也不能认为这两个厂矿的选矿效率是相等的，因而ε和β这两个指标即使作为单纯的数量指标和质量指标，也必须要修正，才能作为比较通用的相对判据。

分离效率公式的发展，实际主要包含了以下两方面的工作：①对数量指标ε和质量指标β进行修正，使它们在矿石性质不同的情况下也能用作比较性判据；②设法将数量指标和质量指标综合成一个单一的指标，使其能同时反映分离过程的量效率和质效率，通常所说的“选矿效率”主要是指此类综合指标。

一般认为，一个比较理想的分离效率指标，应能满足以下几项基本要求。

(1)它最好是相对指标，即实际分离结果与理论上可以达到的最高指标的比值，以便能正确地反映出所研究的分离过程究竟在多大程度上完成了所应能完成的分离任务，而不致与矿石的可选性相混淆。

(2)分离效率的取值范围，最好是从0到100%，对于没有分离作用的缩分分样过程，效率指标的数值应为0。分离效率的最大值，则应与ε和β均等于100%的场合相对应(此处β对分离过程是指小于或大于给定分离粒度的物料在相应产品中的含量，对选矿过程则是指有用矿物的含量)。

(3)最好能同时从质和量两个方面反映分离效率，而不过分偏重其中任一方面。

(4)最好具有单值性，例如，对于 A、B 两种成分的分离过程，按成分 A 计算的分离效率最好与按成分 B 计算值具有相同的值。

(5)有明确的物理意义。

(6)尽可能简单。

为了避免分别对各种计算选矿效率的公式进行烦琐而重复的推导，下面以上述几项基本要求为思路，说明一些主要分选效率公式的特点和物理意义。当然，这样做的结果是某些公式的推导方式与原作者给出的不同。

1)质效率

已如前述，最基本的质效率指标是 β。

对筛分、分级过程而言，β 一般是指细产品中小于分离粒度的细粒级的含量。显然，对于筛分过程，若筛网完好无缺，筛下产品中原则上不应含有粗粒级，因而一般可认为 β 总能等于100%。换句话说，对于筛分过程，质效率一般是不必考虑的。而对于分级过程，溢流中不可能不混入粗粒，β 也就不会等于100%，因而在评价分级过程的效率时，不仅要从数量上考虑，而且必须同时从质量上考虑。在实践中筛分和分级同属分粒过程，所用的效率公式却不同，其原因就在这里。

对选矿过程，习惯上 β 是指精矿中有用元素(如铜、铅、铁、锡等)或化合物(如 CaF_2、WO_3等)的含量。但按选矿本身的定义(按矿物分离)，应该是指精矿中有用矿物的含量。习惯上仍用 β 表示精矿中有用元素或化合物的含量，则应根据对效率指标的第一条基本要求进行一些修正。例如，一种黄铜矿矿石，理论上可能达到的最高精矿品位，是纯黄铜矿含铜量，即 $\beta_{max}=34.5\%$，若实际精矿品位达到25%，已比较满意；而辉铜矿石，理论最高品位应是辉铜矿纯矿物的含铜量，即 $\beta_{max}=79.8\%$，若实际精矿只有25%，选矿效率就太低了，表明在此情况下用 β 作为度量分离过程质效率的判据，是不理想的，因而有人建议用实际精矿品位同理论最高品位的比值

$$\frac{\beta}{\beta_{max}}\times 100\% \tag{3-34}$$

作为质效率指标，显然，这个比值就是精矿中有用矿物的含量。

再考虑对效率指标的第二项基本要求。若原矿品位为 α，则即使是一个简单的分样过程，毫无分选作用，精矿品位 β 也不会等于0，而是等于 α，但这显然不能看作是选矿的效率，因而有人建议以 $(\beta-\alpha)$ 代替 β 度量分离过程的质效率。这时，对于分样过程，$\beta=\alpha$，$\beta-\alpha=0$。也就是说，若以 $(\beta-\alpha)$ 作质效率指标，就能达到使分样过程的效率指标值为0，从而满足前述第二项基本要求。

若兼顾第一和第二项基本要求，则质效率公式应写成：

$$\frac{(\beta-\alpha)}{(\beta_{max}-\alpha)}\cdot 100(\%) \tag{3-35}$$

2)量效率

最常用的量效率指标就是回收率 ε，其计算公式如下：

$$\varepsilon=\frac{\beta(\alpha-\vartheta)}{\alpha(\beta-\vartheta)}\cdot 100(\%) \tag{3-36}$$

式中：对选矿过程，α、β、ϑ 分别代表原矿、精矿、尾矿的品位；对分粒过程，则分别代表原

矿、细产品(筛下产品或分级溢流)、粗产品(筛上产品或沉砂)中细粒级的含量。

已如前述，对于筛分作业，筛下产品的质量β可认为是不成问题的，因而可直接用量效率公式度量筛分效率。由于$\beta=100\%$，因而通用的筛分效率公式是：

$$\varepsilon=\frac{100(\alpha-\vartheta)}{\alpha(100-\vartheta)}\cdot 100(\%) \tag{3-37}$$

也有人直接用量效率公式度量分级效率，显然，这是不理想的，因为对于分级作业，溢流中总会有粗粒混杂，溢流质量β是衡量分级效果的一项重要指标，不能不考虑。

3)综合效率

几十年来，不断地有人提出不同的分离效率公式，也不断地有人对已提出的众多公式进行分类和评述，对此大家可自行参看有关的专门著作，此处仅介绍几个最常用的公式，即以汉考克公式为代表的第一类综合效率公式，以及弗来敏—斯蒂芬斯和道格拉斯公式为代表的第二类综合效率公式。

(1)第一类综合效率公式。

推导此类综合效率公式的基本指导思想为，若能综合考虑不同成分在不同产品中的分布率，例如，不仅考虑有用成分在精矿中的回收率，而且考虑无用成分在精矿中的混杂率，设法从“有效回收率”中扣除“无效回收率”的影响，即可使所得综合算式既反映过程的量效率，又反映过程的质效率。

①汉考克-卢伊肯公式。

用$(\varepsilon-\gamma)$代替ε，仅仅是满足了对分离效率指标的第二项基本要求，若再考虑第一项要求，则应改写成下列形式：

$$E_{汉}=\frac{\varepsilon-\gamma}{\varepsilon_{max}-\gamma_{opt}}\cdot 100\% \tag{3-38}$$

式中：ε_{max}为理论最高回收率；γ_{opt}为理论最佳精矿产率。

因而$E_{汉}$可看作是实际分离效果与理论最好分离效果的比值，是一个可用于比较不同性质原矿分离效果的相对指标。

汉考克公式是在1918年由汉考克首先提出，通过变换后可得出不同的表现形式。几十年来，至少有十个学者提出同一公式，只是由于推导时的出发点或最终表现形式不同，而曾冠予不同的名称，为了避免将同一公式的不同表现形式误认作不同的计算公式，下面将该式的各种常见形式均作概括介绍。

对于分级作业，$\gamma_{opt}=\alpha$，故上式可改写为：

$$E=\frac{\varepsilon-\gamma}{100-\alpha}\cdot 100\% \tag{3-39}$$

也可用$\gamma\beta/\alpha$取代前式中ε，用$\gamma_{opt}\beta_{max}/\alpha$取代前式中$\varepsilon_{max}$，得

$$E=\frac{\gamma}{\gamma_{opt}}\cdot\frac{\beta-\alpha}{\beta_{max}-\alpha}\cdot 100\%=\frac{\gamma}{\alpha}\cdot\frac{\beta-\alpha}{100-\alpha}\cdot 100\% \tag{3-40}$$

若以α、β、ϑ代换γ，则得

$$E=\frac{(\alpha-\vartheta)(\beta-\alpha)}{\alpha(\beta-\vartheta)(100-\alpha)}\cdot 10000\% \tag{3-41}$$

以上各式中α、β、ϑ、γ、ε等均以百分数表示。

对于选矿—矿物分离作业，上述各式在原则上可以利用，但各式中含量指标α、β、ϑ等

均应为相应产品中有用矿物的含量，而不是有用元素（或化合物）的含量。由于实际生产或试验工作中获得的品位数据一般均为元素（或化合物）含量，故在利用上述各式时应预先将化验品位换算为矿物含量。由于任一产品中

$$有用矿物含量=\frac{该产品中有用元素（或化合物）的含量}{纯有用矿物中有用元素（或化合物）的含量}\times 100\%$$

故若以 β_m 或 β_{max} 表示纯矿物中有用元素（或化合物）含量，则只要将上述各式中含量指标均除以 $\beta_m/100$，即可直接按化验品位计算 $E_{汉}$。

此时，式（3-39）将变换成：

$$E=\frac{\varepsilon-\gamma}{100-\dfrac{100\alpha}{\beta_m}}\cdot 100\%=\frac{\varepsilon-\gamma}{1-\dfrac{\alpha}{\beta_m}}\% \tag{3-42}$$

式（3-40）将变换成：

$$E=\frac{\gamma}{\dfrac{100\alpha}{\beta_m}}\cdot\frac{\left(\dfrac{100\beta}{\beta_m}-\dfrac{100\alpha}{\beta_m}\right)}{\left(\dfrac{100\beta_m}{\beta_m}-\dfrac{100\alpha}{\beta_m}\right)}\cdot 100\%=\frac{\gamma}{\alpha}\cdot\frac{(\beta-\alpha)}{(1-\alpha/\beta_m)}\% \tag{3-43}$$

需要注意的是，对分级作业，$\beta_{max}=100\%$，而此处 $\beta_{max}=\beta_m$。

式（3-41）则将变换成：

$$E=\frac{(\alpha-\vartheta)(\beta-\alpha)}{\alpha(\beta-\vartheta)(1-\alpha/\beta_m)}\cdot 100\% \tag{3-44}$$

汉考克公式还可以从另一物理概念导出，现先定义几个名词：

ε_{ij} 为成分 i 在产品 j 中的分布率。

对于二成分体系，可用下标 1 表示有用成分，2 代表无用成分，Ⅰ代表精矿、Ⅱ代表尾矿，而 $\varepsilon_{1Ⅰ}$ 为有用成分在精矿中的分布率，即"回收率"；$\varepsilon_{2Ⅰ}$ 为无用成分在精矿中的分布率，即"混杂率"；$\varepsilon_{1Ⅱ}$ 为有用成分在尾矿中的分布率，即"损失率"；$\varepsilon_{2Ⅱ}$ 为无用成分在尾矿中的分布率，即"排弃率"。

于是可利用下式定义选矿效率：

$$E=\varepsilon_{1Ⅰ}\varepsilon_{2Ⅱ}-\varepsilon_{2Ⅰ}\varepsilon_{1Ⅱ} \tag{3-45}$$

E 和 ε_{ij} 均以分数表示，若以百分数表示，则应写作：

$$E=\frac{1}{100}(\varepsilon_{1Ⅰ}\varepsilon_{2Ⅱ}-\varepsilon_{2Ⅰ}\varepsilon_{1Ⅱ}) \tag{3-46}$$

由于 $\varepsilon_{2Ⅱ}=100-\varepsilon_{2Ⅰ}$，$\varepsilon_{1Ⅱ}=100-\varepsilon_{1Ⅰ}$，故可变换成：

$$E=\varepsilon_{1Ⅰ}-\varepsilon_{2Ⅰ} \tag{3-47}$$

若用 $(100-\varepsilon_{2Ⅱ})$ 代换 $\varepsilon_{2Ⅰ}$，则得

$$E=\varepsilon_{1Ⅰ}+\varepsilon_{2Ⅱ}-100 \tag{3-48}$$

前两式均可理解为从有效分布率中扣除有害分布率，后式则可看作两个有效分布率之和，但结果是一样的。

若以 α_0、β_0、ϑ_0 分别代表原、精、尾矿中有用矿物的含量，$(100-\alpha_0)\times(100-\beta_0)\times(100-\vartheta_0)$ 即分别为原、精、尾矿中无用矿物的含量，式（3-47）可写成：

$$E=\frac{\gamma\beta_0}{\alpha_0}-\frac{\gamma(100-\beta_0)}{(100-\alpha_0)}=\frac{\gamma(\beta_0-\alpha_0)}{\alpha_0(100-\alpha_0)}\cdot 100\%$$

表明以上各式同汉考克公式的内容是完全一致的，只是表现形式不同。

②代蒙特公式。

$$E=\frac{\sum_{i=1}^{n}\varepsilon_i}{n} \tag{3-49}$$

即以各个成分在同名产品中回收率的平均值作为选矿效率指标，如对于铅锌分离作业，即为铅精矿中铅回收率与锌精矿中锌回收率的平均值。显然，此式可用于多金属矿石。

由公式的组成可以看出，汉考克公式和代蒙特公式均具有单值性。

③行列式表达法。

分离效率若写成下列形式：

$$E=\varepsilon_{1\mathrm{I}}\varepsilon_{2\mathrm{II}}-\varepsilon_{2\mathrm{I}}\varepsilon_{1\mathrm{II}}$$

就可变换成用行列式表达：

$$E=\begin{bmatrix}\varepsilon_{1\mathrm{I}} & \varepsilon_{1\mathrm{II}}\\ \varepsilon_{2\mathrm{I}} & \varepsilon_{2\mathrm{II}}\end{bmatrix} \tag{3-50}$$

改写成行列式的主要好处是易于推广到多组分体系——多金属矿石。例如，若将含铅、锌、脉石（分别以足标1、2、3表示）三组分的矿石，分离成铅精矿、锌精矿、尾矿三产品（分别以足标Ⅰ、Ⅱ、Ⅲ代表），则其分离效率可用下式表达：

$$E=\begin{bmatrix}\varepsilon_{1\mathrm{I}} & \varepsilon_{1\mathrm{II}} & \varepsilon_{1\mathrm{III}}\\ \varepsilon_{2\mathrm{I}} & \varepsilon_{2\mathrm{II}} & \varepsilon_{2\mathrm{III}}\\ \varepsilon_{3\mathrm{I}} & \varepsilon_{3\mathrm{II}} & \varepsilon_{3\mathrm{III}}\end{bmatrix} \tag{3-51}$$

(2)第二类综合效率公式。

第二类综合效率计算公式，是将质效率同量效率的乘积作为综合效率，常见的有：

①弗来敏—斯蒂芬斯公式：

$$E=\varepsilon\frac{(\beta-\alpha)}{(\beta_{\max}-\alpha)}\times 100\% \tag{3-52}$$

或写成：

$$E=\frac{100\beta(\alpha-\vartheta)(\beta-\alpha)}{\alpha(\beta-\vartheta)(\beta_{\max}-\alpha)}\times 100\% \tag{3-53}$$

②道格拉斯公式：

$$E=\frac{(\varepsilon-\gamma)(\beta-\alpha)}{(100-\gamma)(\beta_{\max}-\alpha)}\cdot 100\% \tag{3-54}$$

或写成：

$$E=\frac{(\varepsilon-\gamma)(\beta_0-\alpha_0)}{(100-\gamma)(100-\alpha_0)}\cdot 100\% \tag{3-55}$$

对于单一有用矿物的矿石，$\beta_{\max}=\beta_m$，此处$\beta_{\max}$为理论最高精矿品位，β_m为纯矿物品位。

4）比较和选择

下面我们将从理论和实践效果两个方面对两类分选效率判据做比较，说明其特点和应用范围。

现以$E_{汉}$代表第一类判据，$E_{弗}$代表第二类判据，若将两式写成$E=f(\varepsilon、\alpha、\beta)$的形式，则为：

$$E_{汉}=\frac{\varepsilon(\beta-\alpha)}{\beta(100-\alpha)}\cdot 100\%=\frac{100\varepsilon}{100-\alpha}-\frac{100\varepsilon\alpha}{100-\alpha}\beta^{-1} \tag{3-56}$$

$$E_{弗}=\varepsilon\frac{(\beta-\alpha)}{100-\alpha}=\frac{\varepsilon}{100-\alpha}\beta-\frac{\varepsilon\alpha}{100-\alpha} \tag{3-57}$$

说明 $E_{汉}$ 和 $E_{弗}$ 同 ε 的函数均为线性函数，$E_{弗}$ 同 β 的函数也是线性函数，$E_{汉}$ 同 β 的函数则为双曲线函数。

为了进一步了解 β 的变化对 E 的影响，可将 E 对 β 取偏导数：

$$\frac{\partial E_{汉}}{\partial\beta}=\frac{100\varepsilon\alpha}{100-\alpha}\beta^{-2}=\frac{100\varepsilon\frac{\alpha}{\beta}}{100-\alpha}\beta^{-1}\times 100\% \tag{3-58}$$

$$\frac{\partial E_{弗}}{\partial\beta}=\frac{\varepsilon}{100-\alpha}\times 100\% \tag{3-59}$$

说明当 α、ε 不变而仅 β 变化时，$E_{弗}$ 的变化率与 β 本身的数值无关，$E_{汉}$ 的变化率则与 β^2 成反比，β 减小时 β 对 $E_{汉}$ 的影响将急剧增大，β 增大时 β 对 $E_{汉}$ 的影响急剧减小。

同样，为了了解 ε 对 E 的影响，可将 E 对 ε 求偏导数，则：

$$\frac{\partial E_{汉}}{\partial\varepsilon}=\frac{100(\beta-\alpha)}{\beta(100-\alpha)}=\frac{100(1-\frac{\alpha}{\beta})}{(100-\alpha)}\times 100\% \tag{3-60}$$

$$\frac{\partial E_{弗}}{\partial\varepsilon}=\frac{\beta-\alpha}{100-\alpha}\times 100\% \tag{3-61}$$

说明当 α、β 不变而仅 ε 变化时，$E_{汉}$ 和 $E_{弗}$ 的变化率均为常数，但 $\frac{\partial E_{弗}}{\partial\varepsilon}$ 是 $\frac{\partial E_{汉}}{\partial\varepsilon}$ 的 $\frac{100}{\beta}$ 倍。β 很小时，$E_{弗}$ 因 ε 引起的变化率将明显地小于 $E_{汉}$，表现出此时 $E_{弗}$ 明显地偏重 β 而忽视 ε。

以上各式还表明，富矿比对各项变化率有影响，β/α 或 $\beta-\alpha$ 增大时，$\frac{\partial E_{汉}}{\partial\varepsilon}$ 和 $\frac{\partial E_{弗}}{\partial\varepsilon}$ 均增大，与此同时，$\partial E_{汉}/\partial\beta$ 却减小，因而此时 $E_{汉}$ 将偏重 ε 而忽视 β。

下面再利用实例做进一步说明。如表 3－13 所示，在表中列举了 9 个实例，代表了 4 类情况。

第一组三个实例代表 α、β 以及富矿比都很小的情况，如有色金属和稀有金属矿石的粗选和预选作业。

第二组实例代表 α 很小 β 很大因而富矿比也很大的情况，如有色金属矿和稀有金属矿在选矿全流程的总指标。

第三组代表 α 较大而富矿比不大的情况，如黑色金属以及某些非金属矿产。

第四组代表 α 大而富矿比很小的情况，如富铁矿的选矿，高品位精矿的再精选，溢流的控制分级等。

先看第一组数据。1－1 中 ε 为 76.0%，比 1－2 中 ε 78.0% 略低，但富矿比 $\beta/\alpha=3.3$，比 1－2 中 2.0 显然较高，应认为效率较高，现 1－1 中 $E_{汉}$、$E_{弗}$ 均比 1－2 高，说明两类判据对 β 都是敏感的。1－3 中富矿比与 1－2 相同，但 ε 提高到 98.0%，应认为效率相当高，现 $E_{汉}$ 由 1－2 中的 39.3% 提高到 49.4%，接近 1－1 中的 53.6%，基本合理。而 $E_{弗}$ 却仅有 0.75%，接近 1－2 中的 0.60%，显著低于 1－1 中的 1.36%（原因是 $\frac{\partial E_{弗}}{\partial\varepsilon}$ 太小，仅 0.008%～

0.018%)，表明此时$E_{弗}$对ε不敏感，不及$E_{汉}$合理。

表 3-13 用于二类综合效率公式比较的实例

序号	原矿品位 $\alpha'/\%$	精矿品位 $\beta'/\%$	原矿中有用矿物含量 $\alpha/\%$	精矿中有用矿物含量 $\beta/\%$	精矿产率 γ /%	回收率 $\varepsilon/\%$	$E_{汉}$ /%	$\frac{\partial E_{汉}}{\partial \varepsilon}$ /%	$\frac{\partial E_{汉}}{\partial \beta}$ /%	$E_{弗}$ /%	$\frac{\partial E_{弗}}{\partial \varepsilon}$ /%	$\frac{\partial E_{弗}}{\partial \beta}$ /%	$E_{道}$ /%	纯矿物品位 $\beta_m/\%$
1-1	0.6	2.0	0.76	2.54	22.8	76.0	53.6	0.71	9.0	1.36	0.018	0.77	1.23	
1-2	0.6	1.2	0.76	1.52	39.0	78.0	39.3	0.50	25.9	0.60	0.008	0.79	0.49	
1-3	0.6	1.2	0.76	1.52	49.0	98.0	49.4	0.50	32.5	0.75	0.008	0.99	0.74	SnO_2 78.6
2-1	0.2	66.0	0.254	71.2	0.16	44.8	44.8	1.0	0.002	31.9	0.71	0.45	31.7	
2-2	0.2	40.0	0.254	50.9	0.24	48.0	47.9	1.0	0.005	24.4	0.51	0.48	24.3	
3-1	30.0	56.0	42.9	80.0	38.6	72.0	58.6	0.81	0.85	46.8	0.65	1.26	35.4	
3-2	30.0	40.0	42.9	57.1	57.0	76.0	33.3	0.44	1.75	19.0	0.25	1.33	11.1	
4-1	60.0	62.0	85.7	88.6	92.9	96.0	21.7	0.23	8.2	19.2	0.20	6.7	8.7	Fe_2O_3 70.0
4-2	60.0	65.0	85.7	92.3	84.9	92.0	49.7	0.54	7.0	46.0	0.50	6.4	23.5	

注：α'、β'表示化验品位，$\alpha=\alpha'\cdot 100/\beta_m$；$\beta=\beta'\cdot 100/\beta_m$。

第二组实例，说明当原矿品位低而精矿品位高时，$E_{汉}$对ε不敏感（$\frac{\partial E_{弗}}{\partial \varepsilon}$小到只有0.002%～0.005%），只有$E_{弗}$能兼顾$\beta$和$\varepsilon$。

第三组实例表明，α较大而富矿比较小时，$E_{汉}$和$E_{弗}$都能兼顾β和ε，$\frac{\partial E}{\partial \beta}$和$\frac{\partial E}{\partial \varepsilon}$的数值都比较合理。第四组实例则表明，$\alpha$大而富矿比很小时，$E_{汉}$和$E_{弗}$都是偏重$\beta$，这也是合理的，因为此时理应强调质量。

因此，得出最终结论为：

①α、β以及富矿比均不大的低品位矿石粗选和预选作业应采用第一类判据。

②α低而β高时，应采用第二类判据，如有色金属矿石和稀有金属矿石。

③α高因而β/α不会很大时两类判据均可使用，如黑色金属矿石等。

以上原则同样适用于分级作业。

还需要说明的是，在第二类判据中，$E_{道}$同$E_{弗}$的变化规律是一致的。缺点是比$E_{弗}$稍复杂，好处是$E_{弗}$没有单值性而$E_{道}$有单值性，因而更合理些。以上以$E_{弗}$为例，是因为对$E_{弗}$求偏导数较简单，便于分析问题。

2. 图解法

用曲线图解方法评价试验结果的好坏，可以更直观地表示出分选过程效率的高低。

在一般情况下，其方法是将每个对比方案，按分批截取精矿的方法进行试验，然后绘制以横坐标为精矿产率，纵坐标为回收率的$e=f(\gamma)$关系曲线，或绘制以横坐标为品位，纵坐标为回收率的$\varepsilon=f(\beta)$关系曲线。此时哪一个方案的曲线位置较高，其分选效率必然是较优的如图3-13、图3-14所示。这种曲线适用于重选、浮选、磁选、电选等可选性试验。

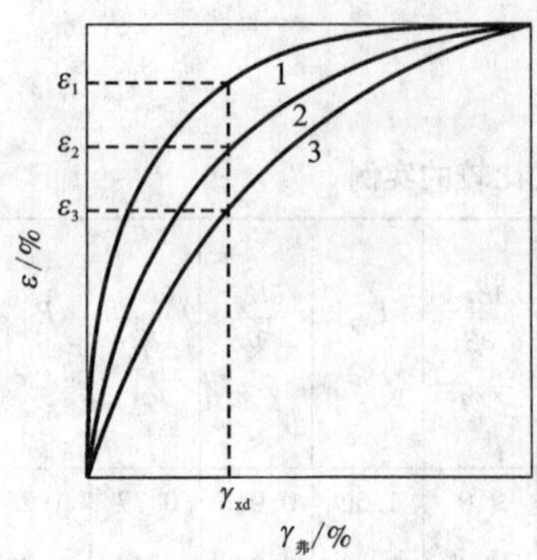

图 3-13　$\varepsilon=f(\gamma)$ 关系曲线

1—方案 1；2—方案 2；3—方案 3

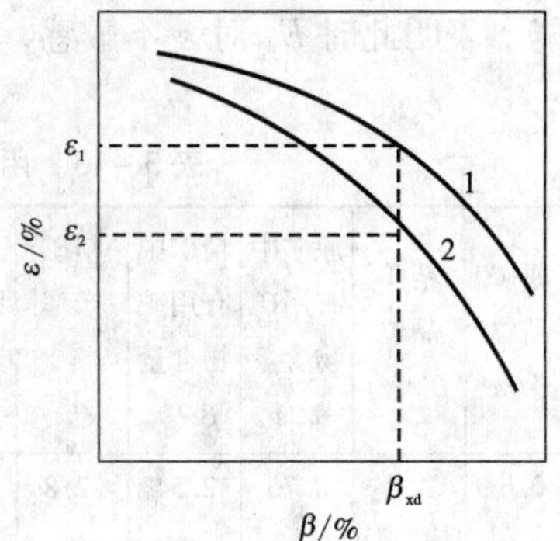

图 3-14　$\varepsilon=f(\beta)$ 关系曲线

1—方案 1；2—方案 2

用图解法评价选矿效率比用分选效率指标要确切可靠得多，但制作曲线图需要较多的原始数据，工作量大，比较麻烦。因而目前只是作为一种辅助的方法使用，在大多数情况下仍然是利用各种数字指标作判据。

习　题

1. 什么是正交试验设计？正交表有什么特性？

2. 正交试验设计在数据处理时分别需要做何种检验？

3. 什么是极差？极差分析的实质是什么？有什么优缺点？

4. 用 $L_8(2^7)$ 正交表进行 A、B、C、D 4 因素 2 水平试验，试验结果为：

试验号	1	2	3	4	5	6	7	8
指标 y/%	86	95	91	94	91	96	83	88

试计算极差值，确定各因素对试验指标影响的主次以及最优组合条件。

5. 什么是方差？方差分析有什么特点？

6. 采用 3 因素 3 水平正交试验设计研究某氧化剂转化率的试验，试验结果见下表。试对该试验结果分别进行极差分析和方差分析，确定各因子对转化率影响的显著程度并找出最优试验条件。

试验号	A 温度/℃	B 时间/min	C 试剂用量/倍	y 转化率/%
1	50	30	112	51
2	50	45	116	71
3	50	60	210	58
4	65	30	116	82
5	65	45	210	69
6	65	60	112	59
7	80	30	210	77
8	80	45	112	85
9	80	60	116	84

7. 误差分析的意义是什么？

8. 误差有几种类型？总结系统误差与随机误差的异同点。

9. 试验数据的准确度和精密度如何表示？它们之间有什么关系？

10. 试验数据处理有几种表示方法？各有什么优缺点？

11. 什么叫有效数字？可疑观测值的取舍有哪些方法？

12. 在万能测长仪上，测量某一被测件的长度为 50 mm，已知其最大绝对误差为 1 μm，试问该被测件的真实长度为多少？

13. 在测量某一长度时，读数值为 2.31 m，其最大绝对误差为 20 μm，试求其最大相对误差。

14. 测量某物体质量共 8 次，测得数据(单位为 g)为：23.145，23.137，23.151，23.134，23.139，23.148，23.147，23.140。试求其算术平均值及其标准误差。

第4章　矿物加工研究试样的采取和制备

本章内容提要：主要介绍了矿物加工工程的基础理论研究和应用研究中不同试样的采取及制备方法。在基础理论研究方面，介绍了纯矿物试样的采取和制备，以及典型的人工合成矿物的制备方法。在应用研究方面，首先分别介绍了矿床采样和选矿厂采样，包括矿床采样的试样代表性和重量要求，采样设计和采样方法；然后介绍了选矿厂静置料堆和流动物料的取样方法；最后介绍了取样误差的确定，试样最小必需量的计算，以及试样的缩分流程、制备工序。

4.1　基础研究试样的采取和制备

矿物加工研究所需的试样，根据研究目的的不同而不同。在进行基础理论研究时，试样一般采用天然的纯矿物试样或化学纯试剂合成的人工合成试样。利用人工合成试样的好处是完全没有杂质，可以尽量地减少影响研究过程的变数，更容易揭示事物的本质。但人工合成试样也存在一些缺点：如粒度比较细，其粒度大小难以满足研究的需要，合成的晶体与天然矿物有一定的差别，和浮选实际情况相差较远。因此，在基础理论研究中人工合成试样的应用相对有限，目前绝大多数的研究仍然以天然纯矿物试样为主。

4.1.1　纯矿物试样的采取和制备

纯矿物试样的采取一般是从原矿矿石中拣选品位最富的矿块，用铁锤或破碎机破碎，然后用镊子或戴上医用指套的手指进行挑选，再根据矿物特性，采用对矿物表面性质或对矿物可浮性没有影响的方法，如摇床重选、磁选和电选等进一步剔除矿物中的杂质，选出高纯度的试样。然后将高纯度的试样用研钵或瓷球磨机进行磨碎，根据需要将试样粒度控制在0.2 mm或0.15 mm以下，用淘析法或湿式筛分分级法脱泥，再置于滤纸上晾干，最后进行筛分分级。若试样量较多，通常只用一个粒级进行试验，如 $-100 \sim +75$ μm。若用两种矿物组成人工混合矿进行分离试验，则应让两种矿物具有不同的粒度，以便在浮选分离试验中用筛分法求出精矿和尾矿的品位和回收率。干燥后的试样要储存在带盖的塑料瓶中。

纯矿物试样的制备通常有两种形式：一种是用抛光的大块矿物标本表面作试样，如作电极或作接触角测量用；另一种是用磨好并分成特定粒级的矿粒作试样，如用于研究药剂与矿物的作用、纯矿物的可浮性试验等。

制备大块纯矿物标本的方法与制备岩矿鉴定标本的方法相同，但矿物加工所用标本在抛光时切忌油的污染，并应尽可能避免磨料和其他杂质的污染。为除去原来存在表面上的杂质，或除去破碎和筛分等产生的污染，或为除去有色金属硫化矿矿物表面的氧化物，通常还要对纯矿物进行化学处理。不同矿石的处理方法列举如下。

白钨矿：白钨矿精矿经重选和磁选纯化后，用稀盐酸浸洗以除去矿样中可能存在的方解石，最后反复用蒸馏水清洗至矿样表面无 Cl^- 为止。

锡石：从矿石中拣选的纯矿物用重选和磁选的方法选出杂质后，将其精矿湿磨并脱泥，再用两倍于试样量的热盐酸浸洗以除去铁离子或铁的氧化薄膜，最后反复用蒸馏水清洗。除用热盐酸浸洗外，还可选用强碱或氢氟酸处理。锡石纯矿物的最终产品纯度(SnO_2含量)可达97.5%以上。

方铅矿：将矿样磨至 -0.3 mm，用摇床和电选机提纯后，进一步用玛瑙磨机磨矿，筛分出0.106～0.045 mm粒级的矿样储存。试验使用前将储存的矿样用脱氧的硫化钠或亚硫酸钠溶液硫化，容器密封后翻滚16 h(2 r/min)，再用0.1 mol/L的硫化钠溶液(pH=8)以80 mL/min的流速淋洗试样60 min，然后用脱氧水(pH=10)以10 mL/min的流速淋洗试样60 min，用此法制备的试样与脱氧的黄药溶液不发生作用。

辉钼矿：用0.1 mol/L的氢氧化钾浸洗天然辉钼矿以除去表面氧化膜，用氢氟酸浸洗矿样除去硅，再用异辛烷除去矿样中的有机杂质，最后反复用蒸馏水清洗。

石英：将高品位石英破碎后选出 -0.85～+0.60 mm粒级，用强磁选机除铁，再用两倍于试样量的热浓盐酸浸洗，然后用蒸馏水反复清洗。洗净后的石英砂在瓷砾磨机中湿磨，用淘析法脱除 -0.019 mm粒级，再用盐酸和蒸馏水清洗，最终得到产品纯度达99.8% SiO_2的试样。

纯矿物试样的制备、清洗和储存方法会强烈地影响纯矿物的表面性质。因此在制备纯矿物时应注意：磨矿须在比矿物更硬的材料制成的设备中进行。由于硝酸根离子不会吸附在矿物表面，因此尽可能选用稀硝酸或高氯酸浸洗纯矿物，这样矿物被污染的程度最低。盐酸和氢氟酸作用太强，应尽量避免用它们清洗纯矿物表面。纯矿物试样易在水介质中老化而影响其表面性质，因此试样须在接近零电点的pH下进行搅拌，该pH下离子的选择性溶解最小。

4.1.2 人工合成矿物的制备

人工合成矿物是一个相对复杂的过程，与天然纯矿物制备过程最大的不同之处是人工合成后的矿物要用X射线衍射仪、扫描电镜等仪器设备对合成产物进行鉴定，以确定其是否为所需矿物。人工合成矿物作为试样，在矿物加工研究中应用已经逐渐减少，其合成制备的方法，根据所需矿物的种类不同而存在较大差别甚至完全不同，下面是两种典型矿物的人工合成制备方法。

硅灰石：用分析纯 SiO_2和 CaO，按 $CaSiO_3$化学计量配比称量和混合，将充分研磨了的原料放入炉中，在空气中800℃预烧8 h，再次研磨后成型，于空气中1160℃烧结48 h，然后自然冷却至室温，即获得常压高温合成产物硅灰石。将该产物通过扫描电镜、X射线衍射仪等设备进一步分析，以确定合成产物的准确度。

黑锰矿：向已注入1000 mL二次蒸馏水的烧瓶中加入33.8 g硫酸锰，摇动烧瓶使其溶解，加入154.3 g氢氧化钾，用玻璃棒搅拌，产生淡红色乳浊物并发生沉淀。使其冷却到0～5℃，同时通入氧气。经过12 h后沉淀物变为暗褐色，停止通氧。45 d后用倾泄法将烧瓶上部强碱性溶液倒出，用蒸馏水冲洗沉淀物3～4次后过滤，晾干，即得到人工合成的黑锰矿。

4.2 应用研究试样的采取和制备

矿物加工的应用研究是用取自矿床的矿石进行试验。但实践中不可能将矿床的全部矿石用来试验，而只能从中采取少量具有代表性的样品作为研究对象，通过样品，了解整体。因而矿物加工研究中第一项具体工作就是采样。

矿物加工应用研究所用的原矿试样一般直接取自矿床，所用的选矿试样(包括各种中间产品和尾矿的试样)则通常取自选矿厂的生产现场。矿床采样工作比选矿厂取样工作难度大，所以矿床采样工作应在选矿人员和地质人员的密切配合下进行。通常应由研究、设计、筹建或生产部门共同确定采样方案，由地质部门根据采样要求进行采样设计和施工。

选矿厂取样工作则相对较简单，可由选矿人员独立完成。无论是矿床采样还是选矿厂取样，都要求试样具有代表性，即采出的试样在各个方面应完全代表原物料的性质。因此，取样就是用科学的方法从大批物料中取出小部分物料的过程，这一小部分物料称作该物料的试样或样品。

4.2.1 矿床采样

1. 采样的基本要求

采样工作的基本要求是试样必须具有代表性。若试样代表性不足，试验结果就不能反映出所研究矿床的真实可选性，从而将使整个研究工作失去意义。在数量上则要求所采试样既能充分满足试验要求，又不至于因盲目要求多采而无益地加大采样工程量。

1)试样的代表性

试样的代表性主要表现在以下三个方面。

(1)试样的性质应与所研究矿体基本一致。

①试样中主要化学组分的平均含量(品位)和含量变化特征与所研究的矿体基本一致。矿石组分含量的变化可能引起质变，组分含量变化到一定程度会使矿石具有不同的工业价值和技术加工性质。这就不仅要使试样的主要化学组分的平均含量符合规定，而且还要使试样的组成能反映矿体中组分含量的变化特征。即采样时应注意使试样由矿体中具有不同组分含量的样品组成，否则即使平均含量相同，其可选性也不会相同。试样中主要有用元素含量的允许误差如表 4－1 所示。

表 4－1 试样中主要有用元素允许误差

含量 /%	允许相对误差 /%	允许绝对误差 /%	含量 /%	允许相对误差 /%	允许绝对误差 /%
>20			1～0.005		
20～10	5	1	<0.005	10～20	0.001
10～1	5～10				

②试样中主要组分的赋存状态(如矿物组成、结构构造、有用矿物嵌布特性等)与所研究矿体基本一致。主要组分的赋存状态决定着矿石的可选性，例如品位相同的金属矿石，由于

氧化率不同，其可选性不同。采样时必须对主要组分赋存状态的一些主要指标加以控制。同样，不仅要控制这些指标的平均值，而且还要反映其变化特征。

③试样的理化性质(如硬度、密度、碎散程度、含泥量等)与所研究矿体基本一致。

(2)采样方案应符合矿山生产时的实际情况。

①所选采样地段应与矿山的开采顺序相符。当矿山生产前期和后期的矿石性质差别很大时，常需分别采样。选矿厂通常主要根据前期生产的矿石性质设计，但又要能预料到开采后期可能发生的变化。因而为选矿厂设计所采取的试样，应主要安排在该矿床前期开采地段采取，同时在后期开采地段采取少量试样供对比和验证试验用。所谓前期，对有色金属矿山是指生产的前3~5年，对黑色金属矿山则是指生产的前5~10年。矿床储量小，生产年限短的矿山，则一般不必考虑分期采样问题。

②设计用选矿试验样品的采样方案，应与矿山生产时的产品方案一致。所谓矿山的产品方案，是指今后矿山生产时准备产出几种原矿石分别送选矿厂处理。若选矿试验时，矿山的产品方案已定，即可按照已定的产品方案采样；如果产品方案未定，就需要由选矿、地质、采矿人员共同商定采样方案：首先，要根据矿石的性质和过去所做的选矿试验结果，判断所研究矿床中不同工业品级、自然类型、块段的矿石是否需要采用不同的选矿方案；其次，要根据矿山开拓方案判断这些矿石是否有可能分采、分运；最后，还要根据选矿厂的建设规模和条件，判断今后是否有可能为这些矿石建设不同的选矿厂或不同的系列，以便分别采用不同的选矿方案处理。显然，只有那些在生产上需要分别处理，而又可能分采、分运、分选的品级、类型和块段，才有必要分别采样进行试验。其他则应按照矿山的开拓方案(若开拓方案未定，则按储量比例)配成组合试样进行试验。但在产品方案未定时，最好先分别采样，留待试验时再配样，以避免在矿山产品方案改变时还需重新采样。

③试样中配入的围岩和夹石的组成和性质，以及配入的比率，也都应与矿山开采时的实际情况一致。矿山开采时废石(指围岩和夹石，但不包括储量计算时已划入工业矿体的那部分夹石)的混入率，取决于矿层或矿脉的厚度，以及所采用的采矿方法。此处：

$$\text{混入率}=\frac{\text{混入废石量}}{\text{采出矿石总量(包括废石)}}\times 100\%$$

废石混入后，将造成矿石的贫化，使采出的矿石品位低于采区地质平均品位。此处：

$$\text{贫化率}=\frac{\text{采区矿石地质品位}-\text{采出矿石品位}}{\text{采区矿石地质品位}-\text{废石品位}}\times 100\%$$

不同矿山矿石的贫化率数值由矿山设计部门确定，采样时可根据已定的混入率或贫化率计算废石的配入量。

(3)要注意不同性质的试验对试样的不同要求。

①找矿勘探中的试验试样。勘探初期的矿物加工试验，是为地质部门划分矿石类型和圈定工业矿体提供依据，并对那些不同品级和类型的矿石是否能采用统一的选矿原则流程做出初步估计。本阶段通常对不同工业品级(如贫矿、富矿、表外矿等)和自然类型(如硫化矿、氧化矿、混合矿等)的矿石分别采样进行试验研究。当围岩和夹石中含有可供综合利用的贵重及稀有元素时，应单独采样并进行加工试验。所有这些分别采取的试样统称类型样。勘探后期，需要最终确定不同类型的矿石是采用同一原则流程还是采用不同的原则流程，并据此确定矿山产品方案，因此要采取混合试样，即将不同类型的矿石按一定比例配成混合试样。

②实验室试验、中间试验和工业试验的试样。一般来说，规模不大的中间试验试样应与实验室试验试样基本一致，若有可能，最好同时采取，以保持其性质一致。工业试验以及规模较大的中间试验试样，一般不可能与实验室试样同时采取，只能选择在矿石的组成和赋存状态及变化特征代表性较好的地段采取。

此外，还要注意不同试验的粒度要求。实验室试验的试样粒度一般较小，工业试验的试样则希望能保持采出时的原始粒度。

2）试样的质量

矿物加工应用研究需要的试样质量，主要与入选粒度、试验设备规格、选矿方法以及试验工作量等有关，而试验工作量则又取决于矿石性质的复杂程度和研究人员的经验和水平。

浮选试验的工作量主要用在寻找最优浮选工艺条件上，因此可根据选别循环次数和每个循环所需考察工艺因素的数目来估算试验工作量。如果是单金属矿石，采用单一的流程方案，则包括预先试验、条件试验和实验室流程试验，单元试验的个数一般不会超过 100 个。若所用浮选机规格为 3 L，则每一单元试验用样量一般为 1 kg，100 个试验即需 100 kg 试样。若改用 1.5 L 的浮选槽（目前不倾向于采用更小号的浮选槽），试样量则可减半，反之，对于低品位的稀有金属矿石，为了保证获得的精矿量能够满足化验分析所需，则每份试样量常要增加到 3 kg，总试样量也相应增加。而如果是多金属矿石，或者采用多个流程方案时，工作量则会有相当程度的增加。在所有情况下，都要考虑备样。因此单金属矿石浮选试验试样量需 200 ~ 300 kg，而多金属矿石一般需 500 ~ 1000 kg。

重选试验主要工作是流程试验。每一次流程试验用样量与入选粒度、设备规格和流程的复杂程度有关。用小规格的实验室型设备时，每一次流程试验需试样 50 ~ 200 kg；用半工业设备时，每次流程试验用样至少为 500 kg，流程复杂时，可达 1 ~ 2 t。若所得重选粗精矿尚需采用各种联合流程进行精选试验，则还必须保证所得粗精矿质量足以满足下一步试验的需要。若需做粒度分析和重介质选矿试验等，则可根据最小质量公式单独计算其试样质量。

湿式磁选入选粒度与浮选相近，因而每一个单元试验用样量也较少，由于试验工作量一般比浮选试验小，因而所需试样总量通常也比浮选少。焙烧磁选试验用样量则与浮选试验相近。干式磁选入选粒度较粗，为了保证试样的代表性，每一单元试验所需的试样量比湿式磁选大，试验工作量则与湿式磁选相近。

实验室连选试验或中间试验用试样量可根据试验规模和试验延续时间估算。试验延续时间则与试验方案数及其复杂程度有关。试样总量一般应相当于试验设备连续运转 15 ~ 60 个班所处理的矿量。

工业试验试样量同样取决于试验规模和延续时间，试验延续时间随试验任务的不同而差别很大，没有统一的标准。

2. 采样设计

采样设计的任务是选择和布置采样点，进行配样计算，并据此分配各个采样点的采样量。

1）采样点

在地质勘探工作中，为了查明矿石的化学组分的品位，并据此计算有用组分的储量，常需系统地采取化学分析试样。为了反映矿石的品位变化，要将所取试样划分为许多小的区段，每一个小的区段组成一个化学分析单样，或简称为样品。每一个样品的化验结果即代表该区段矿石各组分的品位，因而每一个样品所代表的区段即可看作一个采样点。例如，刻槽采样时，根据矿石类型和组分分布的均匀程度，可将每0.5~3 m(常用1~2 m)长的刻槽样作为一个样品，分别化验。钻探采样时，也可将每1~1.5 m的岩心作为一个样品。

选矿试验样品的采取，是在已有地质资料的基础上选取一部分有代表性的地点作为采样点，采样方法和每点的采样长度和地质采样时不完全相同，一个采样点可不止包括一个地质化验单样。在有关地质采样方面的规程和报告中，谈到采样点数目时，有时是按地质化验单样计，有时则是按采样地点计，应注意区别。

2)采样点的布置

采样点的布置应在对矿床地质综合研究的基础上，主要根据对试样代表性的要求确定。

(1)应选择能充分代表所研究的某部分矿石的特征且原有勘探工程质量较好的地点作为采样点，但也要照顾到施工运输条件。

(2)应充分利用已有勘探工程(坑道或钻孔岩心)采样，尽量避免开凿专门的采样工程。

(3)应选择矿石工业品级和自然类型最多，最完全的勘探工程作为采样工程，这样就可以在较少的采样工程内布置较多数量的采样点，减少采样工程量。

(4)采样点应大致均匀地分布在矿体的各部位，不能过于集中。沿矿体走向在两端和中部都应有采样点，沿倾斜方向在地表、浅部和深部也都应有采样点。但矿体甚大时，应考虑分期采样问题，即采样点应主要布置在前期开采的地段。

(5)采样点的数目应尽可能多一些，但也要照顾到施工条件，一个工业品级或自然类型的试样，采样点不能少于3~5个。

3)配样计算

前面已经讲过，将各类型样配成组合样时，组合试样中各工业品级和自然类型矿石的比例应与矿山生产时的出矿比例基本一致，矿山开拓方案未定时，则可先按储量比例配矿。采样设计时，就应根据所要求的配样比例计算和分配各个类型的采样数量。

由于每个类型样均包括几个采样点，因而计算各个类型样的采样数量后还要计算和分配各个采样点的采样量。各点样品的配入重量原则上应与该点所代表的矿量成比例。在实践中往往是直接根据矿体中矿石的品位变化特征，按地质样品中各个品位区间的试样长度占全部样品总长度的百分比分配采样量。

例如，某矿体在地质勘探中是用穿脉坑道，刻槽总长为100 m，每2 m作为一个化学分析单样，故共有50个样品，化验结果表明，有用组分品位变化特征如下：品位为0.2%~0.4%的样品6个，样槽共长12 m；0.4%~0.6%的14个，样槽共长28 m；0.6%~0.8%的20个，样槽共长40 m；大于0.8%的10个，样槽共长20 m。由此计算各个品位区间样槽长度百分比分别为12%、28%、40%和20%，这就是采样时对各品位区间试样量的配比要求。

由于选矿试验样品采样点的数目远小于地质化验单样的数目，因而按理论计算比例配出的试样的平均品位不可能与地质平均品位完全吻合，而必须根据各点的实际采样结果重新计算和调配，品位偏高时可多配些低品位样，品位偏低时可多配一些高品位样，但这时应特别注意避免因片面追求品位的代表性而破坏其他性质的代表性。对矿石可选性而言，最重要的往往不是矿石的品位而是其赋存状态。例如，某铜锌黄铁矿选矿试样，由于受勘探工程客观条件的限制，所选的采样点不够理想，配出的试样的锌品位偏低，不得不从另一处采一含锌高的样品配入，使试样中锌的平均品位达到了设计要求。但试验后发现，浮选指标与过去试验结果存在较大差异。经查核，试样中锌的品位虽然符合要求，但其氧化率特别是可溶性氧化锌的含量严重偏低，结果不得不将该试样报废，返工重采。

3. 采样方法

矿物加工试验试样的采取方法主要有刻槽法、剥层法、爆破法以及钻孔岩心劈取法等。

1)刻槽法

刻槽采样法的实质是在矿体上开凿一定规格的槽子，将从槽中凿下的全部矿石作为样品。断面规格较小时，完全用人工凿取，规格较大时，可先用浅孔爆破崩矿，然后再用人工修整，使之达到设计要求的规格形状。

刻槽的基本原则是样槽应沿矿体质量变化最大的方向，通常就是厚度方向布置，并应尽可能使样槽通过矿体的全部厚度，如图4-1(a)所示。

在地表探槽中采样时，样槽通常布置在槽底，有时也布置在壁上。

在穿脉坑道中采样时，样槽通常布置在坑道的一壁，若矿体品位和特征变化很大，则须在两壁同时刻槽。选矿试样应尽量利用穿脉坑道采取。

在沿脉坑道中采样时，最好在掘进过程中从掌子面上刻槽采样。由于选矿试样常是利用已有勘探坑道采取，故此时只能在坑道的两壁和顶板每隔一定距离布置拱形样槽，或沿螺旋线连续刻槽，如图4-1(b)所示，一般均不取底板。若矿脉比较薄，则矿体将主要暴露在顶板，这时只能从顶板上采样。

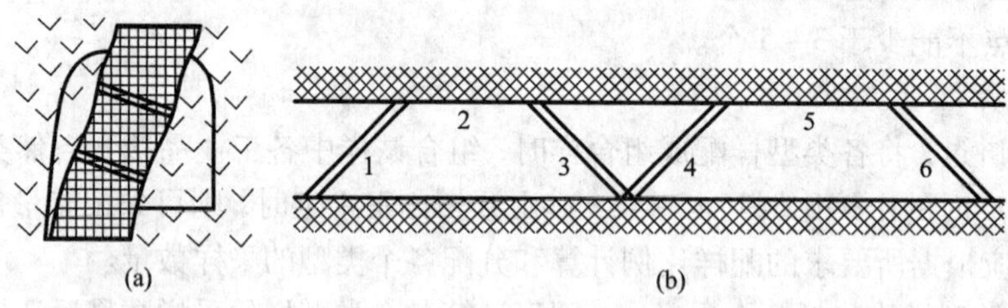

图4-1 刻槽采样法

(a)平行刻槽；(b)螺旋刻槽

在浅井中采样时，样槽也是布置在浅井的一壁或两对壁。

样槽断面形状有矩形和三角形两种，但常用矩形，因为三角形断面施工比较麻烦。

样槽断面尺寸。在地质勘探工作中，化学分析试样的样槽尺寸主要取决于如何保证试样的代表性，一般不会出现样品质量不够化验的情况。因而可根据矿床地质特征，如矿化均匀程度、矿体厚度、矿物颗粒大小等因素，参照经验选用一定的数值。在有关的手册中，常列有参考数字可以查阅。例如，对于铁、铜、铅、锌、钨、锡等常见金属矿床，刻槽断面尺寸一般为5 cm×2 cm至10 cm×5 cm。采取可选性试样时，若刻槽总长度不大，或所要求采取的试样量较大，采用上述小断面刻槽采得的试样质量常常不足，此时应主要根据所需试样量来计算和设计样槽断面，而不能机械地使用手册上的数字。要求试样粒度较大时，断面尺寸的选择还应考虑到凿下的样品粒度能否符合要求。

祁东铁矿某地表赤铁矿试样就是一个小断面刻槽采样的例子。采样的目的是进行实验室选矿试验，要求的采样量是1500 kg，布置在14个地表探槽中，用矩形断面连续刻槽采样。由于刻槽总长度达一千多米，因而根据所需试样量算出的断面尺寸并不大，一般与地质化验样样槽尺寸相近，为5 cm×3 cm，个别为20 cm×10 cm。

云锡某网状脉锡矿试样则是一个用大断面刻槽采样的实例。所采取的是选矿厂设计前(以重选为主)选矿流程试验样品，因而所需试样量较大。上部试样和下部试样的采样质量均达十多吨。上部试样布置了5个采样点，下部试样则有4个采样点，位于地下坑道内。要求试样最大粒度为200 mm。设计采用单壁大型刻槽采样，先用浅孔崩矿，再用人工修整。各点的取样规格和质量均列于表4-2中。

表4-2 单壁大型刻槽采样实例

试样名称	采样点	设计				实际			
		采样规格/m			质量/kg	采样规格/m			质量/kg
		长	宽	深		长	宽	深	
上部试样	1	10	0.50	0.40	4586	8.92	0.60	0.41	5609
	2	7	0.65	0.40	4173	7.13	0.67	0.41	4362
	3	10	0.40	0.40	3669	10.06	0.44	0.40	4906
	4	10	0.40	0.40	3669	10.13	0.43	0.37	3832
	5	10	0.40	0.40	3669	9.20	0.42	0.38	3578
	小计				19766				22287
下部试样	6	6	0.50	0.40	2820	6.03	0.54	0.40	4113
	7	7	0.50	0.40	3290	7.03	0.53	0.40	3923
	8	7	0.50	0.40	3290	6.78	0.53	0.36	4127
	9	7	0.50	0.40	3290	7.01	0.42	0.50	4135
	小计				12690				16298

由以上两例可知，用刻槽法可取得的样品质量取决于采样点的数目以及各点样槽规格。若矿床地质条件和勘探工程的实际情况允许选用较多的采样点以及样槽甚长时，样槽断面并不需要很大即可满足对样品质量的要求，反之，则必须采用大断面刻槽。实际上经常由于采样总长度有限而使刻槽采样法一般只能用于采取实验室试验样品，样品数量很大时需改用其他方法。可以认为在采样总长度受到限制时，不得不大幅度增加样槽断面尺寸，断面宽度增加与矿体暴露面同宽时，即转化为剥层法。当深度再增加到一定程度，即为爆破法。

2)剥层法

剥层法，或称全面剥层法，是在矿体出露部分整个地剥下一薄层矿石作为样品，可用于矿层薄以及分布不均匀的矿床的采样，剥层深度一般为10~20 cm。

3)爆破法

爆破采样法一般是在勘探坑道内穿脉的两壁和顶板上(通常不取底板，必须采取时应预先仔细清理)，按照预定的规格打眼放炮爆破，然后将爆破下的矿石全部或缩分出一部分作为样品。此法用于所要求采样量很大以及矿石品位分布不均匀的情况。采样规格视具体情况而定，但深度多数为0.5~1.0 m，长和宽则为1 m左右。例如，广西某锡石多金属硫化矿某选矿试样就是在穿脉坑道内用爆破法采取，共布置了8个采样点，采样规格为长×宽×深=

1 m×1 m×0.5 m，矿石体重 2.9 t/m^3，实际采得质量为 13 t 左右。

若在掘进坑道（为采取可选性试样而专门开凿的采样坑道或生产坑道）内采样，则可将一定进尺范围的全部矿石缩取其中一部分矿石作为样品，故又称为全巷采样法。实际就是在掌子面上爆破取样。在穿脉坑道中应连续采样，在沿脉坑道中则按一定的间距采样。需要注意的是，在 4.2.1 和 4.2.2 的打眼放炮前，要分段在掌子面上先用刻槽法采取化学分析试样，各段坑道内爆破下来的样品也要先分别堆存，然后根据刻槽样品分析结果，结合矿石类型选定采样区段，再将选定区段的样品加工，按比例缩取部分矿石，混合成为样品。此法仅用于采取工业试验样品。但砂矿床从浅井中全巷采样的方法也属于这个类型，其具体做法是，在开凿浅井时，把每掘进 1 m 或 0.5 m 的全部矿砂取出，在铁板上或胶布上进行缩分，得出样品。由于砂矿床浅井的开凿比较容易，因而此法不限于用来采取工业试验样品。

4）岩心劈取法

当用钻探为主要勘探手段时，试验样品可从岩心钻的钻孔岩心中劈取。劈取时是沿岩心的中心线垂直劈取 1/2 或 1/4 作为样品，所取岩心应穿过矿体的全部厚度，并包括必须采取的围岩和夹石。由于地质勘探时已劈取一半岩心作为化验样品，取可选性研究试样时往往只能从剩下的一半中再劈取一半。劈取时要注意使两半矿化贫富相似，不能一半贫一半富。若必须将剩余岩心全部动用，则应经勘探、设计、试验以及生产单位共同协商同意后才能动用，因为岩心是代表矿床地质特征的原始资料，不能轻易毁掉。有时为了避免动用保留岩心，亦可将原岩心化验样品在加工过程中缩分剩余之副样供选矿试验用，但应尽量利用粗碎后缩分的副样，而不要用粉样。

岩心劈取法能取得的试样量有限，一般只能满足实验室试验的需要。全部用钻探法勘探的矿区，若收集的岩心不能满足试验的需要，则尚需为采样掘进专门的坑道，这种坑道一般应垂直于矿体走向。

在各类金属矿床中，铁矿床多半矿体较大，形状较简单，矿化较连续，分布较均匀，因而采用钻探作为主要的勘探手段的较多，相应的采样方法也是以岩心劈取法为主。例如，祁东铁矿选矿试验样品，除地表试样是在探槽中用刻槽法采取以外，其余基本都是岩心试样。

采样施工注意事项如下。

（1）坑道采样时，不论采用何种采样方法，均应事先清理工作现场，并检查采样工作面矿体上有无风化现象。矿体表面有风化壳时应预先剥去。易氧化的矿石，应尽量避免在探槽或老窿中采样。

（2）在采样、加工、运输过程中，都要注意防止样品的散失和污染，特别是要防止油质污染。对于易氧化变质的矿石，要注意防止水浸和雨淋。

（3）不同采样点采出的试样，应分装分运，包装箱要结实，做到不漏不潮，每个试样箱内外都要有说明卡片，最后还必须填写采样说明书，连同样品一起送去试验单位。

（4）在未采过化学分析试样的专门工程中采取选矿试样时，要先采取化学分析试样，并进行地质素描，在肯定了该点的代表性后再采取选矿试样。在已采过化学分析试样的原有勘探工程中采样时，也应将采得的样品在当地取样化验，检验品位是否符合采样设计要求。

（5）在采取选矿试样的同时，还要按矿石类型各取一套有代表性的矿石和围岩鉴定标本，与选矿试样同时交试验单位。标本规格一般为 100 mm×70 mm 左右，每套标本的总数应不少于 30 块。

岩矿鉴定标本可不在选矿试样的采样点上采取，而是在现有坑道内系统地按一定间距采取。如前面谈到过的某锡石多金属硫化矿选矿试样，其岩矿鉴定标本就是在采样坑道内系统地按每 5 m 取一块，共取标本 61 块。

(6)地质、采矿部门尚需采取物理、机械性质试样时，可同时采取。

4.2.2 选矿厂取样

选矿厂取样主要指选矿试验试样的采取。不同的取样对象，需要采用不同的取样方法。

1. 静置料堆的取样

静置料堆一般指块状料堆和细磨料堆两类，前者指矿石堆(贮矿堆)或废石堆；后者是指老尾矿坝、中矿料堆等。

1)块状料堆的取样

矿石堆或废石堆是在生产过程中逐渐堆积起来的，沿料堆的长、宽、深以及物料的性质都是变化的，加上物料块度大，不便掘取，因而取样工作比较麻烦。可供选择的方法是舀取法和探井法。

(1)舀取法(挖取法)。

舀取法的实质是在料堆表面一定地点挖坑舀取样品。影响舀取法取样精度的主要因素为：取样网密度或取样点的个数，每点的取样量，物料的组成沿料堆厚度方向分布的均匀程度。

显然，当物料沿长度方向逐渐堆积时，通过合理地布置取样点即可保证总样的代表性；反之，当物料在一定地点沿高度方向逐渐堆积时，沿高度方向物料组成和性质可能变化很大，此时采用表层舀取法试样代表性将很差，只有增大取样坑的深度，或改用探井法。但不论采用哪一种方法，工作量都将很大。

(2)探井法。

探井法是在料堆上一定地点挖掘浅井，然后从挖掘出来的物料中缩取一部分作为试样，其做法与砂矿床用的浅井取样法类似，但此处取样对象是松散物料，在挖井时井壁必须支护，因而费用较大，非必要时一般不用。

探井法的主要优点是可沿料堆全厚取样，但由于工程量大，取样点的数目不能很多，因而沿长度方向和宽度方向的代表性不及舀取法。为此，在用探井法取样时，取样点的选择必须慎重，应了解料堆堆积的历史资料，估计料堆组成的变化情况，必要时还可先用舀取法采取少量试样进行化学分析，作为选择取样点的依据。

2)细磨料堆的取样

常用的取样方法是钻孔取样，可以是机械钻，也可以是人工钻。最常见的实例是老尾矿坝的取样。取样的精确度主要取决于取样网的密度。一般可沿整个尾矿场表面均匀布点，然后沿全深钻孔取样。若待处理的老尾矿数量很大，可考虑首先在近期要处理的地点取样。各点的样品应先分别缩取化学分析样，然后再根据取样要求配成选矿试样。

2. 流动物料的取样

流动物料是指运输过程中的物料，包括用矿车运输的原矿、胶带运输机以及其他运输机械上的料流、给矿机和溜槽中的料流以及流动中的矿浆。

最常用、最精确的采取流动物料试样的方法是横向截流法，即每隔一定时间，垂直于料流运动方向，截取少量物料作为样品，然后将一定时间内截取的许多小份单样累积起来作为总样供试验用。取样精确度主要取决于料流组成的变化程度和取样频率。

1）抽车取样

该方法适用于原矿石是由小矿车运输到选矿厂的情况。一般每隔5车、10车或20车抽取一车矿石作为试样，间隔大小取决于取样期间来矿的总车数。而在较小程度上取决于所需的试样量，因为即使所需试样量不多，抽取的车数也不能太少，抽车数太少代表性将不好。抽车法取得的试样量超过需要量时，可进一步用抽铲法或堆锥四分法缩取。

对原矿抽车取样实质上是从矿床取样，抽车只是一种缩分方法。取样的代表性不仅取决于抽车法操作，而且取决于自矿山运来的矿石本身是否能代表所研究的矿床或矿体。因而在取样前必须同矿山地质部门联系，不能盲目从事。

同后述几种方法相比，抽车法工作量较大（主要是抽出后试样的缩分工作量较大），抽取频率较小时，代表性较差，但能保持矿山采出时的原始粒度。

2）胶带运输机上取样

选矿厂对于松散物料，如原矿石，多在胶带运输机上取样。常见的人工取样是在一定的长度上，每隔一段时间，垂直于物料流的方向，沿料层全宽与全厚均匀刮取一份物料作为试样，刮取间隔时间为15~30 min，取样总时间为一个班至几个班。

3）矿浆取样

矿浆取样包括原矿、精矿、尾矿及中间产品。试样可用人工截取，也可用机械取样器采取。最常用的人工取样工具为取样壶或取样勺，如图4-2所示。这类容器截取量较小而容积较大，因而在截取时允许停留时间较长而不易将矿浆溢出。当取样量较大时，也可直接用各种敞口的大桶截取，但所用的桶应尽可能深一些，决不允许已接入桶中的试样重新被液流冲出，那样会破坏试样的代表性。

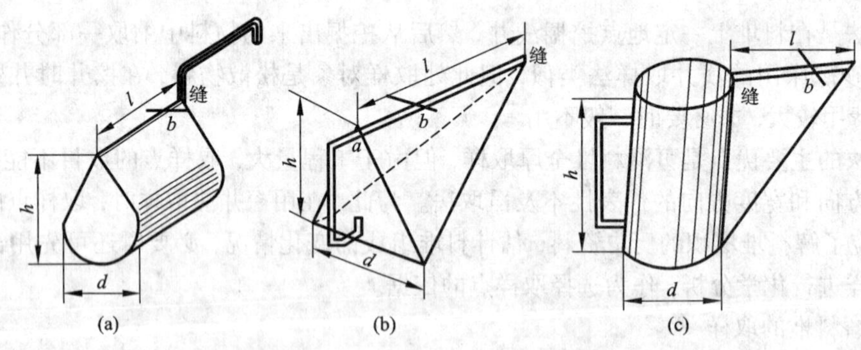

图4-2　人工取样壶和取样勺

取样时要沿料流全厚与全宽截取试样，取样点要选取在矿浆转运处，如溢流堰口、溜槽口、管道口。而不要直接在溜槽、管道或贮存容器中取样。

取样时应将取样勺口长度方向顺着料流，以便保证料流中整个厚度的物料都能截取到；然后使取样勺垂直于料流运动方向均速往复截取几次，以保证料流中整个宽度的物料都能均匀地被截取。

取样间隔一般为15~30 min，取样总时间至少为一个班。在采取大量代表性试样时，为了能反映三个班组的波动，取样总时间应不少于三个班。若物料在贮存过程中容易氧化，且对试验有影响，取样时间最好缩短。因而对容易氧化的硫化矿的浮选试验中，一般不宜采用矿浆试样作为长期研究的试样。在现场实验室，为了考察和改进现有生产而必须采取矿浆试样做浮选试验时，只能是随取随用，并且只能采用湿法缩分，而不允许将试样烤干。

所有为选矿试验单独采取的试样，均应与当班的生产检查样对照，核对其代表性是否充分。

4.2.3 试样制备

1. 试样最小必需量的确定

矿物加工研究试样的类型均是散粒物料，待取样的散粒物料的组成和性质常随空间（对料堆）和时间（对料流）变动，为了获得能代表其平均组成和性质的试样，须从多点（对料堆）或反复多次地（对料流）采集单样，再将多个单样组合成总样。显然，总样的代表性不仅与单样的代表性有关，而且与单样的个数有关。

试样最小必需量，即试样最小必需质量，是指为保证一定粒度散粒物料试样代表性所必需取用的最小试样量。须注意的是，对取样过程，它指的是总样（平均试样）而不是单样的质量；对在后面将要讨论的缩分过程，是指每一份试验样和检测样。

用于确定试样最小必需量的公式有两类，一类是经验公式，另一类是取样模型。为了保证样品的代表性，公式均考虑了待取样的物料和样品都必须保证有足够的颗粒数；所需的颗粒数与物料的性质和允许误差的关系。

1）经验公式

长期以来，人们习惯采用下列经验公式计算为保证试样的代表性所必需的最小试样量：

$$M_s = kd^\alpha \tag{4-1}$$

或写成：

$$q = kd^\alpha \tag{4-2}$$

式中：M_s 为试样最小质量，kg（按国际单位制）；q 为试样最小质量，kg（按工程单位制）；d 为试样中最大块的粒度，mm；α 为表示 M_s 同 d 之间函数关系特征的参数；k 为经验系数，与矿石性质有关。

α 值理论上应为3，实际取值范围为1～3。α 小于3代表着一种妥协，原因是粒度很大时，如果取 $\alpha=3$，则算出的试样必需量将很大，为此会耗费过多的人力和财力。矿物加工工艺上最常用的 α 值为2。

决定 k 的因素有：

（1）矿石中有用矿物分布的均匀程度，分布愈不均匀，k 愈大。

（2）矿石中有用矿物颗粒的嵌布粒度，嵌布粒度愈粗，k 愈大。

（3）矿石中有用矿物含量愈高，k 愈大。

（4）有用矿物密度愈大，k 愈大。

（5）试样品位允许误差愈小，k 愈大。

具体矿产的 k，可借助于类比或通过试验确定。

（1）类比法。根据矿床类型并具体考虑上述五个影响因素，与已知 k 的同类矿床对比。例如，铁锰矿石有用矿物含量通常较高，分布也比较均匀，故 k 一般为0.1～0.2。钨、锡、铜、铅锌和钼矿床有用矿物品位一般不高，且大多分布不均匀，故 k 为0.1～0.5。金矿床 k 一般为0.2～1，金颗粒 <0.1 mm 时 k 为0.2，金颗粒为0.1～0.6 mm 时 k 为0.4，金颗粒 >0.6 mm 时 k 为0.8～1。

(2) k 值试验。其基本原则是平行取几份试样，按照不同的 k 值破碎缩分，分别计算误差，选择其品位误差不超过允许范围的最小 k 值，作为该矿产 k 值。例如，可以取几份具有同一最大粒度的平行试样，缩分至不同质量，比较其品位误差，选择误差尚在允许范围内的最小质量，按 $k=M_s/d^2$ 算出 k 值，这就是"不同质量法"；也可取几份平行试样，破碎至不同粒度后，分别缩分至同一质量，对比其误差，找出允许的最大粒度，再反算出 k 值，这就是"不同粒度法"。

2）取样模型

对散粒物料的取样是一个随机过程，由于取样误差是衡量样品代表性的尺度，因而取样理论的核心就是研究这一随机过程的数值误差。

样品的误差可能来源于试样采取和制备的全过程。为了得到代表物料总体特征的测定值，通常经历下列过程：采取单样→配置总样→缩取检验样→检测。每一步均可带来误差。因而样品检测值误差按其来源首先可分解为检测误差和样品误差两部分，后者又是由取样误差和制样误差二者构成。取样误差中最重要的是单样采取误差，它可以由取样操作误差造成，也可以由物料流量或性质的波动引起。物料性质波动可以是长期性或周期性的，也可以是短暂的、随机性的。随机误差通常是不可避免的，但却可借助于统计学的基本知识和方法，也仅仅是针对随机误差而言的。反之，非随机性的变差，尽管有时也可识别，但却无法进行统计推断，也难以依靠增加取样频率的办法来消除其影响，因而在取样过程中必须尽量避免。

从取样误差角度，研究者曾建立过一批取样模型用于确定试样的最小质量，应用得最广泛的是由 Pierre Gy 提出的概率模型。该取样模型是1953年 Pierre Gy 依据对取样误差的系统分析建立的。Pierre Gy 以对取样基本误差的估计为基础提出了确定试样最小必需量的方法。即必须选用合适的操作方法尽可能地缩减取样误差和样品制备误差，特别是那些非随机性误差，否则，根据样品检测值估计的标志物料特征的含量指标（如品位，以下简称标志含量）可能显著地偏离总体均值，或者说其误差可能会超过允许范围，从而使样品失去代表性。

组成散粒物料的基本单元，是各个单个颗粒或碎块，为了简单起见，以下统称为单颗粒。Pierre Gy 认为，各个单颗粒的组成和结构的不均一性，是影响取样基本误差的最重要因素。按概率模型，每个单颗粒的特征可用两个参数说明。标志其性质特征的标志含量 α_i 和标志其数值特征的质量（或重量）M_i，而总体 L 的平均标志含量 α_i 可按下式计算：

$$\alpha_L = \sum_i \alpha_i M_i / \sum_i M_i \tag{4-3}$$

样品（总样）S 的标志含量 α_s 的基本误差，将取决于物料性质的不均匀性和取样概率 P，若用 α_s 的相对标准误差 $\sigma(\alpha_s)/\alpha_s$ 表示取样基本误差 $\sigma(EF)$，则其方差值可按下式计算：

$$\sigma^2(EF) = \frac{\sigma^2(\alpha_s)}{\alpha_s^2} = \frac{1-P}{P\alpha_l^2 M_l^{\ 2}} \sum_i (\alpha_i - \alpha_l)^2 M_i^2 \tag{4-4}$$

式中：α_L 和 α_s 为总体和样品的标志含量；α_i 为第 i 个单颗粒 F_i 的标志含量；M_i 为第 i 个单颗粒 F_i 的质量；P 为单颗粒的取样概率；$P=M_s/M_l$；M_l 和 M_s 为总体和样品的质量；$i=1, 2, 3, \cdots, N_F$；N_F 为物料中单颗粒的总数。

此处样品一词指的是总样。实际取样过程中，往往是先取多份单样，然后将单样配成总样。试样最小必需量，也是指所必需的最小总样量。

按单颗粒逐个统计的工作量显然太大。实际上可以接受的替代办法是用粒度分析加密度(比重)分析的方法将物料分组，然后按组统计。具体地说，就是先将物料分为若干粒级(用下标 j 表示粒级序号)，再将各粒级进一步分成不同的密度级(用下标 k 表示其级序)，然后假设用平均颗粒代表粒级 j 密度级 k 中的全部单颗粒进行统计。F_{jk} 的定义可从下式中看出：

$$M_{F_{jk}} = \frac{M_{jk}}{N_{jk}} = V_j\rho_{jk} = fd_j^{\ 3}\rho_{jk} \tag{4-5}$$

式中：$M_{F_{jk}}$ 为代表粒级 j 所属密度级 k 中全部单粒特征的“平均颗粒”F_{jk} 的质量；M_{jk} 为该级的总质量；N_{jk} 为该级单颗粒粒数；ρ_{jk} 为该级单颗粒的平均密度；V_j 为该级单颗粒的平均体积；d_j 为粒级 j 中单颗粒的平均直径；j 为形状系数，一般为 0.5 左右。

换言之，这里是假定同一粒级的单颗粒的体积相同，同一粒级中属于同一密度级的单颗粒的密度也相同。于是将均方公式改写为：

$$\sigma^2(EF) = \frac{1-P}{P\alpha_l^2 M_l^2}\sum_j\sum_k(\alpha_{jk}-\alpha_l)^2 N_{jk}M_{F_{jk}} \tag{4-6}$$

和

$$\sigma^2(EF) = \frac{1-P}{P\alpha_l^2 M_l^2}\sum_j V_j\sum_k\rho_{jk}(\alpha_{jk}-\alpha_l)^2 M_{jk} \tag{4-7}$$

或

$$\sigma^2(EF) = \frac{1-P}{PM_l}Z = \left[\frac{1}{M_s}-\frac{1}{M_l}\right]Z \tag{4-8}$$

此处

$$Z = \frac{1}{\alpha_l^2 M_l}\sum_j V_j\sum_k\rho_{jk}(\alpha_{jk}-\alpha_l)^2 M_{jk} \tag{4-9}$$

是表示物料组成和结构不均一性的参数，为无量纲的量。

式(4-6)、式(4-7)和式(4-8)是估计取样基本误差或反过来根据允许误差求试样必须量的基本公式。

为了避免繁杂的粒度—密度分析工作，Pierre Gy 在总结矿物原料取样大量实例经验的基础上，又提出了一个简化公式，用来估计参数 Z：

$$Z = fglpd_{95}^3 = Cd_{95}^3 \tag{4-10}$$

相应地，基本误差的表达式可简化为：

$$\sigma^2(EF) = \left[\frac{1}{M_s}-\frac{1}{M_l}\right]Cd_{95}^3 \tag{4-11}$$

式中：C 为 Pierre Gy 取样系数；d_{95} 为物料标称粒度，表示质量分数为 95% 的颗粒小于此粒度。

在 Pierre Gy 公式中，f、g、l 和 p 四个系数的具体含义和取值如表 4-3 所示。

表 4-3 Pierre Gy 公式中各系数的含义和取值

(1)颗粒形状系数 f($f=V_F/d_F^3$, V_F 和 d_F 为颗粒体积和直径)一般为 0.3~0.7, 可近似地取 0.5

(2)颗粒粒度分布系数 g

d_{95}/d_5	>4	4~2	2~1	1
g	0.25	0.5	0.75	1

d_{95}, d_5 为小于该粒度物料的质量分数, 分别为 95%, 5%

(3)矿物颗粒单体解离系数 l($l=\sqrt{d_l/d_{95}}$)

d_{95}/d_l	1	2	5	10	20	50	100	200	500	1000
l	1	0.71	0.45	0.32	0.22	0.14	0.10	0.07	0.05	0.03

d_l 为单体解离粒度

(4)表征矿物组成的系数 p, 可按下式计算:

$$p=\frac{1-\alpha_M}{\alpha_M}[(1-\alpha_M)\rho_M+\alpha_M\rho_R]$$

式中: α_M 为物料中目的矿物含量; ρ_M 为目的矿物的密度; ρ_R 为其余矿物(基质)的平均密度

Pierre Gy 在推导此简化公式时做了下列假设。

(1)单颗粒的标志含量主要与密度有关, 因而可以近似地认为, 不论属于哪一种粒级, 密度相同的级别中的单颗粒的标志含量均相同, 或者说不论 j 取何值, α_{ik} 均可用 α_k 取代。

(2)类似地, 任一粒级 j 所占的质量分数, 即质量比 M_{jk}/M_k, 均可近似地用 M_i/M_L 取代, 而与密度无关, 或者说与 k 为何值无关。

依靠这两种假设, 就免去了逐级累计, 引用了以上四个反映各种分布特性的参数。

当缩减比 M_L/M_S 大于 10 时可近似地写作:

$$\sigma^2(EF)=\frac{Cd_{95}^3}{M_s} \tag{4-12}$$

利用上述公式和表时需注意下列各点:

(1) p 的量纲与密度相同, 而 f、g 和 l 都是无量纲的量, 因而 Pierre Gy 取样系数 C 的量纲也与密度相同, 采用国际单位制时 C 的数值是用 CGS 制时的 1000 倍。

(2) σ 和 α 等一律用分数表示, 例如 20% 应写成 0.2, 然后才能代入式中运算。

(3)若先确定允许误差, 据此反算试样最小质量, 为保证取样误差以 95% 的概率小于允许误差, 应使 2σ 相当于允许误差。例如若允许误差为 6%, σ 的值就是 $0.06\times\frac{1}{2}=0.03$。

(4)以上各式考虑的都只限于取样基本误差 EF, 因为它是取样过程中唯一不可避免的, 反映物料性质随机波动特性的误差。反映物料短期或小范围波动的另一误差分量——偏析误差 ES 也很重要, 但一般小于基本误差。为安全计, 亦可将 Pierre Gy 公式算出的试样量加大为之前的 2 倍, 作为必需的试样量。

Pierre Gy 还根据算式设计了各种计算工具, 包括计算卡(1955, 法文和德文), 滑盘式圆形诺模图(1956, 法文、英文和德文), 以及计算尺(1965, 法文和英文)。圆形诺模图和计算尺都是按简式(4-12)制成的。计算尺标志含量 α 有三种刻度(诺模图上没有煤的刻度)。

(1)矿石, 不包括金和煤, 百分含量。

(2)金，以每吨中克数表示；

(3)煤，以灰分表示。

同过去习惯采用的经验公式 $q=kd^{\alpha}$ 相比，Pierre Gy 模型有明确的理论依据，取样系数容易确定，且考虑问题比较周全。例如，经验公式没有考虑取样缩减比和物料粒级宽窄等对取样误差的影响。

2. 试样缩分流程的编制

矿物加工研究由一系列的分析、鉴定和试验组成。研究前要将取来的原始试样的总样破碎、缩分成许多单份试样，供这些分析、鉴定和试验项目使用，这项工作就称为试样的制备或加工。制备的这些单份检测样和实验样，不仅在数量上和粒度上应满足各项具体检测和实验工作的要求，而且必须在物质组成特性方面仍能代表整个原始试样。

反映研究前试样破碎和缩分等整个程序的流程，地质部门一般称为样品加工程序图，矿物加工试验单位目前一般简称为试样缩分流程。

编制试样缩分流程须注意以下几点。

(1)根据试验目的确定所需单份检测样和实验样的种类、数量、粒度等，以便所制备的试样能满足全部检测和实验项目的需要，而不至于遗漏或弄错。

(2)按照试样最小质量公式，计算在不同粒度下为保证试样的代表性所需的最小质量，并据此确定何种情况下可以直接缩分，以及在何种情况下需破碎到较小后才能缩分。

(3)尽可能在较粗粒度下分出储备试样，以便在需要的情况下尚有可能再次制备出各种粒度的试样，并避免试样在储存过程中氧化变质。

上节中已专门讨论了试样最小质量的确定方法问题，此处仅对各项检测和实验试样的粒度要求作简单说明，然后通过一个实例介绍编制试样缩分流程的基本方法。

矿物加工研究前需要准备的样品只有两大类，一类是物质组成特征研究试样，一类是矿物加工工艺试验样品。

研究矿石中矿物嵌布特性用的岩矿鉴定标本，一般直接取自矿床，若因故未取，则只能从送来的原始试样中拣取。供显微镜定量、光谱分析、化学分析、试金分析和物相分析等用的试样，则从破碎到小于1~3 mm的样品中缩取。洗矿和预选试样，可以直接从原始试样中缩取。

重选试样的粒度，取决于预定的入选粒度。若入选粒度不能预先确定，则可根据矿石中有用矿物的嵌布粒度，估计入选粒度的可能取值范围，制备几种不同粒度上限的试样，供选矿试验做方案对比用。

实验室浮选试验和湿式磁选试样，均破碎到实验室磨矿机的给矿粒度，即一般小于1~3 mm。对于易氧化的硫化矿浮选试样，不能在一开始时就将所需的试样全部破碎到小于1~3 mm，而只能是随着试验的进行，一次准备一批供短时间内用的试样，其余则应在较粗粒度下保存。必要时还需要定期检查其氧化率的变化情况。

试样缩分流程示例：图4-3为某粗细不均匀嵌布白钨矿的试样缩分流程。原始质量 $Q_0=2000$ kg，原始粒度 $d_0=50$ mm。原矿品位 $\alpha=0.5\%$ WO_3，相当于0.653% $CaWO_3$。白钨矿基本完全单体解离粒度 $d_l=0.4$ mm。可能采用的选矿方法有重选和浮选。利用式(4-1)计算试样最小质量，取 $k=0.2$。

物质组成研究试样按一般要求准备，除大块的岩矿鉴定标本是从原样中拣取以外，其余分析试样均从破碎到 -2 mm 的产品中缩取，其中光谱分析、化学分析、试金分析试样需磨细到 -0.1 mm。所有的分析试样都要保留副样。原矿粒度分析和预选试样从未破碎的原样中直接缩取。

由原矿中有用矿物嵌布特性资料判断，本试样破碎至 12 mm 左右即有可能使部分有用矿物单体解离。因而重选的入选粒度估计为 12 ~ 16 mm，决定制备两种不同粒度上限的试样供试验对比，即图中的试样Ⅱ(0 ~ 12 mm)和试样Ⅲ(0 ~ 6 mm)；另准备一部分 0 ~ 2 mm 的试样(Ⅳ)供直接浮选方案用。须注意的是，这三种试样虽然粒度不同，但都是从原矿中直接缩取的，因而能代表原矿，平行用于不同方案的对比试验，绝不可用由 -12 mm 试样筛成的 12 ~ 0、6 ~ 2、2 ~ 0 mm 三个不同粒级来代替上述三种试样，因为这三种粒级的物料都只能代表原矿中的一个组成部分，而不能代表整个原矿的性质。

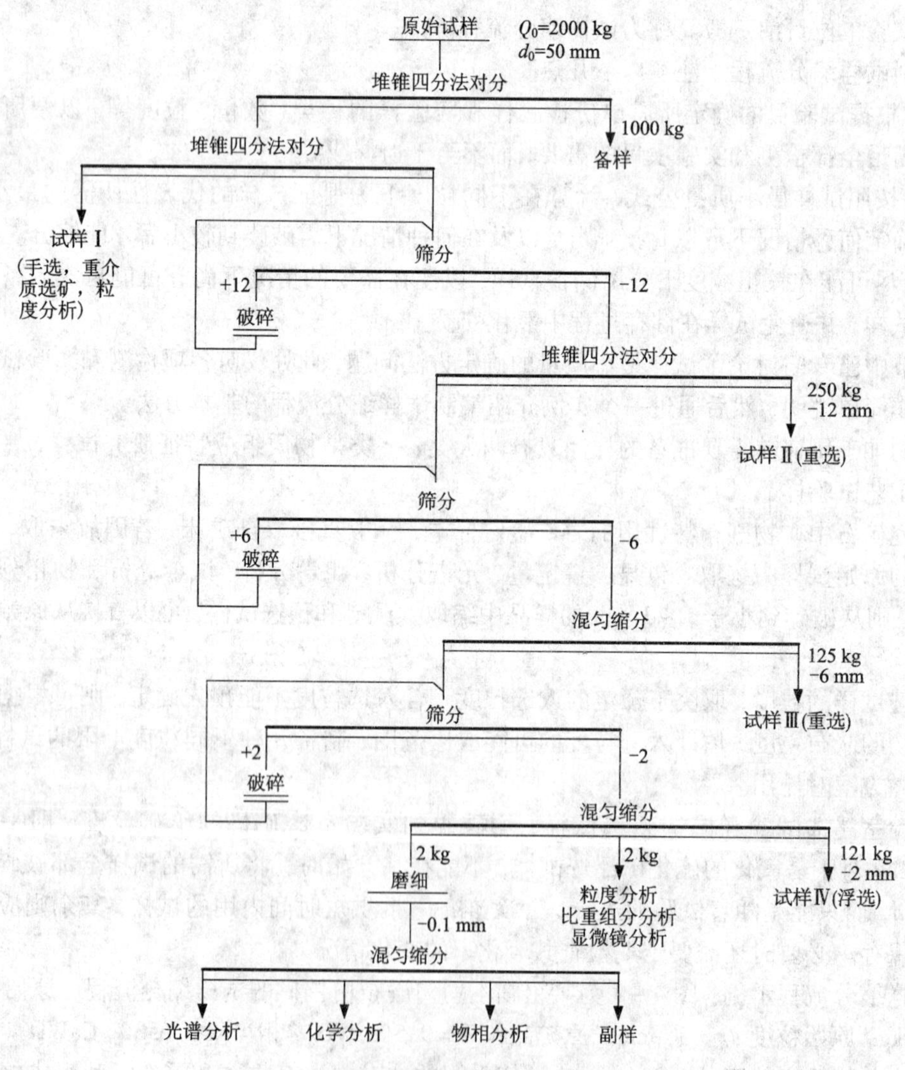

图 4 - 3　粗粒嵌布矿石试样缩分流程示例

在原始粒度 $d_0=50$ mm 下，为了保证试样的代表性，试样最小质量应为：

$$q_0=kd_0^2=0.2\times50^2=500(\mathrm{kg})$$

现原始质量 $Q_0=2000$ kg，故可直接对分两次。第一次分出 1000 kg 为备样，第二次分出 500 kg 供粒度分析或手选和重介质选矿试验用，其余 500 kg 用以制备其他试样。

现在利用式(4－11)按 Pierre Gy 模型反算缩分误差。

已知：$M_l=2000(\mathrm{kg})$；$M_s=500(\mathrm{kg})$；

$d_l=0.4\times10^{-3}(\mathrm{m})$；$d_{95}=50\times10^{-3}(\mathrm{m})$；

$\rho_M=6\times10^3(\mathrm{kg/m^3})$；$\rho_R=2.75\times10^3(\mathrm{kg/m^3})$；

$\alpha_M=0.00653(0.653\%)\mathrm{CaWO_3}$

由表查得：$f=0.5$；$g=0.25$；$l=0.09$；

$$p=\frac{1-0.00653}{0.00653}\times[(1-0.00653)\times6\times10^3+0.00653\times2.75\times10^3]$$

$$=910\times10^3(\mathrm{kg/m^3})$$

代入式(4－10)中计算 Pierre Gy 取样系数 C：

$$C=0.5\times0.25\times0.09\times910\times10^3=10.2\times10^3(\mathrm{kg/m^3})$$

再将 C 值代入式(4－11)中就可算出用试样品位相对误差表示的取样基本误差：

$$\sigma^2(EF)=\frac{\sigma^2(\alpha_S)}{\alpha_S^2}=(\frac{1}{500}-\frac{1}{2000})\times10.2\times10^3\times0.05^3=0.002$$

$$\sigma(EF)=0.045(4.5\%)$$

表明试样品位 α_S 将以 95% 的概率波动于下列区间内：

$$\alpha_S=\alpha(1+2\sigma)=0.005\times(1\pm0.09)=0.005\pm0.0045$$

化成百分数后为：

$$\alpha_S=(0.50\pm0.045)\%\mathrm{WO_3}$$

显然，此处误差偏大。主要因为用经验公式确定试样量，粒度不能太大，否则取样误差偏大。

岩矿鉴定结果表明，入选粒度不会大于 12 mm，因而可将此 500 kg 试样直接破碎到小于 12 mm，在此粒度下，试样最小质量为：

$$q_2=kd_2^2=0.2\times12^2=28.8(\mathrm{kg})$$

说明当试样破碎到 －12 mm 时，为保证试样的代表性所需的试样质量已不大，已小于重选试验的实际需要量。流程图中试验Ⅱ和试验Ⅲ的质量，都是根据试验的需要确定的，远大于为保证代表性所必需的最小质量。

浮选试样的粒度上限 $d_4=2$ mm，必需的最小质量：

$$q_4=kd_4^2=0.2\times2^2=0.8(\mathrm{kg})$$

实际取 1 kg 1 份。

化学分析等分析试样所需质量均远小于 0.8 kg，故必须细磨后再缩取。此外，分析操作本身一般也要求将试样细磨至 －0.1 mm 左右。

细粒嵌布矿石的试样缩分流程比较简单。例如，对于只准备进行浮选和湿式磁选试验的试样，除物质组成研究试样以外，一般只需要制备一种粒度的选矿试样，即符合实验室磨矿机给矿粒度的试样，只是备样仍希望在较粗粒时分出。

需要洗矿或预选的矿石，其试样缩分流程比较复杂。已确定需要洗矿的含泥矿石，一般在试样制备过程中需先洗矿。原因是含泥矿石黏度大，破碎和缩分都很困难。洗出的矿泥，若经化验证明可以废弃，即可单独储存，不再送下一步加工和试验。否则，必须同其他洗矿产品一起，分别按试验流程加工。

需要预选(手选或重介质选矿)丢废石的矿石，也必须首先预选，然后将丢去废石后的"合格矿石"按一般缩分流程加工。围岩可根据化验结果决定废弃还是需进一步加工试验。预选时洗出的矿泥或细粒不能丢弃，而必须并入到流程中的相应产品里去，必要时也可单独试验研究。

3. 试样制备方法

试样制备一般包括四道工序，即筛分、破碎、混匀、缩分。为了保证试样的代表性，必须严格而准确地进行每一项操作，绝不允许粗心大意。

1)筛分

破碎前，往往要先进行预先筛分，以减少破碎工作量，破碎后还要检查筛分，将不合格的粗粒返回。对于粗碎作业，若试样中细粒不多，而破碎设备生产能力较大，就不必预先筛分。

粗粒筛分可用手筛，细粒筛分则常用机械振动筛。筛孔尺寸应尽可能与该类矿石生产习惯一致。一般应备有筛孔尺寸为 150 mm、100 mm、70 mm、50 mm、35 mm、25 mm、18 mm、12 mm、6 mm、3 mm、2 mm、1 mm 的一整套筛子，供实验选用。

2)破碎

实验室内第一、第二段破碎一般选用颚式破碎机。第一段的破碎机规格可为 150 mm × 100(125)mm 或 200 mm × 150 mm，相应的最大给矿粒度分别为 100 mm 和 140 mm。不能给入破碎机的大块可用手拣出或筛子预先隔除，放在铁板上用人工锤碎。第二段颚式破碎机的规格一般为 100 mm × 60 mm，排矿粒度可控制到小于 6 ~ 10 mm。一般只有设备工作情况允许，总是希望利用颚式破碎机尽可能破碎得小一些，以减轻下一段对辊机的负荷，因为对辊机生产能力通常较低，往往是整个加工操作中最费时间的一道工序。第三段破碎(有时还有第四段破碎)通常均用对辊机，其规格一般为 ϕ200 mm × 75 mm 或 ϕ200 mm × 125 mm，需经反复闭路操作，才能将最终粒度控制到小于 1 ~ 3 mm。为制备分析试样，可利用盘磨机，常用的规格有 150 mm、175 mm、250 mm 等，也可用普通的实验室球磨机。必须避免铁质污染时，应改用瓷球磨或玛瑙研钵等非铁器械。

3)混匀

在试样缩分工作中，混匀操作是很关键的一环，只有混匀了，才能分得匀。常用的混匀方法有以下三种。

(1)移锥法。即利用铁铲将试样反复堆锥。堆锥时，试样必须从锥心给下，以便使试样能从锥顶大致等量地流向四周。铲取矿石时，则应沿锥底四周逐渐转移铲样的位置。如此反复堆锥 3 ~ 5 次，即可将试样混匀。

(2)环锥法。与移锥法类似，但第一个圆锥堆成后，不是直接把它移向第二堆，而是将其由中心向四周耙(或铲取)成一个环形料堆，然后再沿环周铲样，堆成第二个圆锥，一般也至少要堆锥三次，才能将试样混匀。

(3)翻滚法。此法仅适用于处理少量细粒物料，如磨细的分析试样。具体做法是将试样置于胶布或漆布上，轮流地提起布的每一角或相对的两角，使试样翻滚而达到混匀的目的。但翻滚的次数必须相当多否则不易混匀。若矿石中有用成分颗粒比重很大而含量很低(如黄金)，则有用成分在翻滚过程中将富集到试样的底层，这在下一步操作时必须注意。

4)缩分

试样的缩分，必须在充分混匀后再进行，常用的方法有下列几种。

(1)四分法对分。将试样混匀并堆成圆锥后，压平成饼状，然后用专用的十字板或普通木板、铁板等将其中心十字线分割成4份，取其中互为对角的2份并作1份，因而虽称为“四分法”，实际却仅将试样一分为二，而不是一分为四，如图4－4所示。

(2)多槽分样器(二分器)分样。这种分样器通常用白铁皮制成，其主体部分是由多个向相反方向倾斜的料槽交叉排列组成，料槽倾角一般为50°左右，斜槽的总数不定，但一般为10～20，太少即不易分匀。此法主要用于缩分中等粒度的试样，缩分精度比堆锥四分法好，也可用于缩分矿浆试样，其外形图如图4－5所示。

图4－4　四分法缩分示意图

图4－5　多槽分样器

(3)方格法。将试样混匀后摊平为一薄层，划分为许多小方格，然后用平底铲逐格取样。为了保证试样的精确度，必须注意以下三点：一是方格要划匀；二是每格取样量要大致相等；三是每铲都要铲到底。此法主要用于细粒物料的缩分，可一批连续分出多份小份试样，因而常用于浮选、湿式磁选和分析试样的缩取操作。

(4)割环法。浮选和湿式磁选等入选粒度较小的小份试样，除了用方格法以外，还有人习惯用于割环法缩取。其具体做法是：将用移锥法或环锥法混匀的试样，耙成圆环，然后沿环周依次连续割取小份试样。割取时应注意以下两点：一是每一个单份试样均应取自环周上相对(即相距180°角)的两处；二是铲样时每铲均应从上到下、从外到里铲到底，而不能只是铲顶层而不铲底层，或只铲外缘而不铲内缘。为此目的，环周应尽可能大一些，而环带应尽可能窄一些，样铲的尺寸也应选择恰当，争取做到恰好每两铲即可组成一份试样。

同方格法相比，割环法分样速度较快，但每一单份试样仅取自两个取样点，而不像方格法那样取自许多点，因而对混样的均匀程度的要求就更高。有用矿物颗粒比重大、嵌布粒度粗时不宜采用此法。

(5)矿浆缩分。矿浆的缩分除了可采用多槽分样器外，还可利用各种专门制造的矿浆缩分机。图4－6为一种矿浆缩分机的示意图。原始矿浆经漏斗2注入密闭搅拌桶1中，桶壁装有稳流板3，矿浆由装在轴4上的搅拌器5搅动。调浆时排矿孔中插有隔膜6，待矿浆搅拌均匀后再将隔膜打开，利用旋转的导管7，经管嘴8，将矿浆分配到8个扇形分样室9中，再经过排矿管10给往相应的容器或设备中。整个缩分机装在框架11上，各个旋转部件(4、5、

7、8)均由电动机12带动。

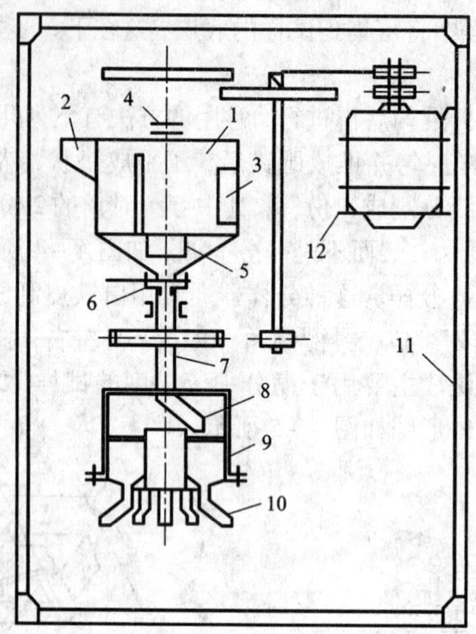

图4－6 矿浆缩分机

另外，固体矿物原料，特别是块状试样的采取和加工，是一项劳动量很大而又极易产生误差的工作。为了减轻体力劳动，提高试验和现场生产检查工作的精度，必须积极实现现场取样和加工的自动化和联动化。在专业研究机构的选矿实验室内，均应设置可连续加工试样的联动破碎缩分装置；在生产现场，应设置各种可自动控制的取样、缩分和样品加工装置。

习 题

1. 简述矿物加工研究中所用的试样的种类和特点。
2. 在矿床采样时如何保证采取的试样具有代表性?
3. 简述矿物加工应用研究中试样的采样方法及其特点。
4. 简述试样制备加工的流程。

第5章 矿物加工试样的工艺矿物学研究

本章内容提要： 介绍了矿物加工工艺矿物学的研究内容，主要阐述矿石的物质组成研究方法、矿石中元素赋存状态、矿物嵌布特性与可选性的关系和矿物的解离与矿物加工产品考查的关系等。最后用不同矿石类型的案例，论述了根据矿石性质应如何拟定试验方案。对文中涉及的具体试验方法和步骤，需学习有关晶体光学、测试技术等内容。

工艺矿物学属应用矿物学的范畴，它是将矿物学与工艺学结合的一门边缘学科，与矿物加工工艺相结合的矿物学研究称为矿物加工(选矿)工艺矿物学。对矿物加工试样的工艺矿物学研究是矿石可行性研究的基础，是正确选择和制订合理的矿物加工工艺方案，检查和改善流程结构，预测和评价技术经济指标，以及配合矿物加工工程理论研究的依据。随着全球资源的减少，难选矿种增多，矿物加工领域对工艺矿物学研究成果的依赖性愈显突出，对矿物加工试样的工艺矿物学研究有着其他学科难以替代的作用。

5.1 矿物加工工艺矿物学的研究内容

矿物加工工艺矿物学的研究内容取决于具体矿石的性质和选矿研究工作的深度，一般包括以下几个方面。

(1)化学组成的研究。研究矿石中所含化学元素的种类、含量及相互结合情况。

(2)矿物组成的研究。研究矿石中所含的各种矿物的种类和含量，有用元素和有害元素在矿石中的分布、赋存状态。

(3)矿石结构构造、有用矿物的嵌布粒度及其共生关系的研究。研究矿物在矿石中的几何形态、不同矿物间的相互结合关系以及矿石中有用矿物和脉石矿物相互嵌镶的粒度关系。因为矿石的结构构造直接反映了矿石破碎磨矿和矿物解离的难易程度，而矿物嵌布粒度不同对于选矿流程的拟定和矿石可选性具有重要影响。

(4)粒度组成、选矿产物单体解离度及其连生体特性的研究。

(5)矿石及其组成矿物的物理化学性质以及其他性质的研究。其内容主要有密度、磁性、电性、形状、颜色、光泽、发光性、放射性、硬度、脆性、湿度、氧化程度、吸附能力、溶解度、酸碱度、泥化程度、摩擦角、堆积角、可磨度、润湿性、晶体构造等。

矿物加工工艺矿物学的研究对象包括矿物原料(矿石)及其加工产品。前者一般在试验研究工作开始前就要进行，而后者在试验过程中根据具体需要逐步去做。二者的研究方法大致相同，但原料试样的研究内容要求比较全面、详尽，而矿物加工产品的考察通常仅根据需要选做某些项目。

5.2 矿石的物质组成研究

矿石的物质组成研究包括矿石的化学组成研究和矿物组成研究，其方法可分为元素分析和矿物分析两大类。在实际工作中经常借助于粒度分析(筛析、水析)、重选(摇床、溜槽、重液分离、离心分离等)、浮选、电磁分离、静电分离、手选等方法预先将物料分类，然后进行分析研究。近年来也用电磁重液法、超声波分离法等新的分离方法和设备，解决一些过去难以分离的矿物试样的分离问题。

5.2.1 元素分析

元素分析的目的是为了研究矿石的化学组成，查明矿石中所含元素的种类、含量，分清主要元素、次要元素和有益、有害元素。元素分析通常采用光谱分析、化学分析等方法。

1. 光谱分析

光谱分析是根据矿石中的各种元素经过某种能源的作用发射不同波长的光谱线，通过摄谱仪记录，与已知含量的谱线比较而得知矿石中含有哪些元素的分析方法。

光谱分析能迅速而全面地查明矿石中所含元素的种类及其大致含量范围，不至于遗漏某些稀有、稀散和微量元素。因而矿物加工试验常用此法对原矿或产品进行普查，查明了含有哪些元素之后，再进行定量的化学分析。这对于考虑矿物加工过程中综合回收及正确评价矿石质量是非常重要的。

光谱分析的特点是灵敏度高，测定迅速，所需用的试样量少(几毫克到几十毫克)，但精确定量时操作比较复杂，一般只进行元素定性及半定量。

有些元素，如卤素和S、Ra、Ac、Po等，光谱法不能测定，还有一些元素，如B、As、Hg、Sb、K、Na等，光谱操作较特殊。因此有时也先不做光谱分析，而直接用化学分析方法测定。

2. 化学分析

化学分析方法能准确地定量分析矿石中各种元素的含量，据此决定哪几种元素在选矿工艺中必须考虑回收，哪几种元素为有害杂质需将其分离。根据研究目的的不同分为化学全分析和化学多元素分析。

化学全分析是为了了解矿石中所含全部物质成分的含量，除痕量元素外，其他所有元素都作为化学全分析的项，分析总和应接近100%。

化学多元素分析是对矿石中所含多个重要和较重要的元素的定量化学分析，不仅包括有益和有害元素，还包括造渣元素。如单一铁矿石可分析全铁、可溶铁、FeO、S、P、Mn、SiO_2、Al_2O_3、CaO、MgO等。

金、银等贵金属需要用类似火法冶金的方法进行分析，所以称为试金分析，实际上也可看作是化学分析的一个内容，其结果一般合并列入原矿的化学全分析或多元素分析表内。

性质不明的新矿床，才需要对原矿进行一次化学全分析。单元试验的产品，只对主要元素进行化学分析。试验最终产品(主要指精矿或需要进一步研究的中矿和尾矿)，根据需要，一般要做多元素分析。

下面以某铜矿为例，说明应用光谱分析和化学分析结果分析矿石的可选性。表5-1和表5-2分别为该铜矿样光谱分析和化学多元素分析结果。

由表5－1所列光谱分析结果看出，矿石中主要有用成分为铜和锌，有可能综合利用的还有铅和银，钴需要进一步进行化学分析，铁要在了解了它的存在形态之后才能知道是否可以利用。此外，还可以看出，矿石中的主要脉石成分为硅铝酸盐，碱性的钙镁化合物不多，由此确定下一步化学分析的对象为：①有可能利用的金属 Cu、Zn、Pb、Ag、Fe、Co；②主要脉石成分 SiO_2、Al_2O_3、CaO、MgO；③光谱分析中未测定的重要元素有 S、P、Bi、Au 等。

由表5－2为该矿样的化学多元素分析结果，据此可以进一步确定：①主要有用成分为铜；②选矿过程中可以综合回收的为黄铁矿；③金、银和钴含量较低，在选矿过程中不易单独回收，但有可能富集到选矿产品里，在冶炼过程中回收；④铅含量很低，可不考虑，锌虽然含量也较低，但由于可能进入铜精矿中成为有害于冶炼的杂质，因而在选矿过程中仍需注意；⑤脉石以石英为主。

表5－1 某铜矿样光谱分析结果

元素	含量	元素	含量	元素	含量	元素	含量
铝	百分之几	钴	万分之几	锡	无	钙	千分之几
铍	无	硅	百分之几	银	有	锶	无
钒	无	镁	千分之几	铅	千分之几	钡	无
钨	无	锰	无	锑	无	钾	
镓	无	铜	百分之几	钛	无	钠	千分之几
锗	无	钼	痕量	铬	无	锂	无
铁	百分之几	砷	无	锌	百分之几	铋	
镉	无	镍	无	锆	无		

表5－2 某铜矿样化学多元素分析结果

分析项目	Cu	Pb	Zn	Fe	Co	Bi	S	P	SiO_2	Al_2O_3	CaO	MgO	Au	Ag
含量/%	1.52	0.055	0.68	13.50	0.01	0.007	9.50	0.02	60.66	7.28	0.60	2.38	0.5①	24.5①

注：①金和银的含量单位为 g/t。

5.2.2 矿物分析

光谱分析和化学分析只能查明矿石中所含元素的种类和含量，矿物分析则可进一步查明矿石中各种元素呈何种矿物存在，以及各种矿物的含量、嵌布粒度特性和相互间的共生关系。其研究方法通常为物相分析、岩矿鉴定和现代化的仪器分析。

1. 物相分析

物相分析的原理是，矿石中的矿物在溶剂中的溶解度和溶解速度不同，采用不同浓度的溶剂在不同条件下处理矿样。即可使矿石中矿物分离，从而测出试样中某种元素存在矿物形式和含量。

一般可对如下元素进行物相分析：铜、铅、锌、锰、铁、钨、锡、锑、钴、镍、钛、铝、砷、汞、硅、硫、磷、钼、锗、铟、铍、铀、镉等。

表5－3是某矿石中铁物相分析结果，表明矿石中约有20%铁存在于磁铁矿中，可用磁选方法回收。

表 5-3 某矿石中铁物相分析结果 %

铁物相	硫化铁	磁性铁	硅酸盐等	总铁
铁含量	0.35	1.40	5.07	6.82
铁分布率	5.13	20.53	74.34	100.0

当研究的矿石性质复杂，由于有的元素物相分析方法还不够成熟或处在继续研究和发展中，必须综合分析由物相分析、岩矿鉴定或其他分析方法所得资料，才能得出正确的结论。例如某铁矿石中矿物组成比较复杂，除含有磁铁矿、赤铁矿外，还含有黄铁矿、褐铁矿、硅酸铁或硫化铁，由于铁矿物对溶剂的溶解度相近，分离很不理想，结果有时偏低有时偏高(如菱铁矿往往偏高，硅酸铁有时偏低)。在这种情况下，就必须综合分析元素分析、物相分析、岩矿鉴定、磁性分析等资料，才能最终判定铁矿物的存在形态，并据此拟定正确合理的试验方案。

2. 岩矿鉴定

化学物相分析与岩矿鉴定相比操作较快，定量准确，但不能将所有矿物一一区分，更重要的是无法测定这些矿物在矿石中的空间分布以及嵌布、嵌镶关系。通过岩矿鉴定可以确切地知道有益和有害元素赋存状态，查清矿石中矿物的种类、含量、嵌布粒度特性和嵌镶关系，测定选矿产品中有用矿物单体解离度。

岩矿鉴定测定的常用方法包括肉眼和显微镜鉴定等。常用的显微镜有实体显微镜(双目显微镜)、偏光显微镜和反光显微镜等。

(1)实体显微镜。

实体显微镜只有放大作用，是肉眼观察的简单延续，用于在自然光下对矿物颗粒放大，观察矿物表面特征。观察时，先把矿石碎屑在玻璃板上摊成一个薄层，然后直接观察，并根据矿物的形态、颜色、光泽和解理等特征鉴别矿物。这种显微镜的分辨能力较低，但观察范围大，能看到矿物的立体形象，可初步观察矿物的种类、粒度和矿物颗粒间的相互关系，估定矿物的含量。此法适用于粒度较粗的矿物鉴定和选矿产品检查等。

(2)透明矿物的偏光显微镜法。

偏光显微镜法，是以偏振光为光源，通过观察偏振光透过矿物薄片所产生的光学性质来鉴定透明矿物及部分半透明矿物。此法是运用晶体光学原理和方法，将矿物岩石磨制成厚度为0.03 mm 的薄片，在偏光显微镜下，根据矿物的晶形及其晶体光学性质(如折射率、解理、颜色、多色性、突起、消光现象，干涉色、延性、双晶、干涉图等)鉴定矿物。

(3)不透明矿物反光显微镜法。

反光显微镜也是以偏振光为光源，通过观察抛光的矿物表面对偏振光所产生的反射现象来鉴定不透明矿物或半透明矿物。反光显微镜也称矿相显微镜法，该方法是将不透明矿物磨成光片置于反光显微镜下，根据矿物在显微镜下的光学性质(晶形、反射色、反射率、内反射、双反射、硬度、偏光性和偏光色等)鉴定矿物。反光显微镜还可观察矿物结构特征、磁性、导电性、脆性与塑性以及浸蚀鉴定特征等。大部分有用矿物属于不透明矿物，主要通过运用这种显微镜进行鉴定。

在显微镜下测定矿石中矿物含量的方法主要有面积法、直线法和计点法三种，即具体测定统计待测矿物所占面积(格子)、线长、点子数的百分率，三种方法的工作量都比较大。选矿试验中若对精确度要求不高，也可采用估计法，即直接估计每个视野中各矿物的相对含量百分比，此时最好采用十字丝或网格目镜，以便易于按格估计。经过多次对比观察积累经验后，估计法亦可得到相当准确的结果。

应用上述各种方法都是首先得出待测矿物的体积百分数，乘以各矿物的密度即可算出该样品的矿物含量百分数。

有关显微镜的构造和使用、薄片和磨光片的制备以及具体的测试技术等，可参考有关地质和矿石学方面的书籍。

3. 矿物分析的现代测试技术

矿物分析，除了采用化学物相分析及岩矿鉴定外，还可以用现代测试技术快速确定矿石中主要的矿物组成，即利用X-射线粉末衍射(XRD)分析技术。关于XRD测试技术的原理，详见14.1节。

X-射线粉末衍射仪进行矿石中主要矿物的组成检测时，不需要磨制光片或薄片，只需把均匀缩分的样品，磨到-0.074 mm以下，送到有关单位的测试中心，在X-射线粉末衍射仪上进行分析，1~3天就可以得出结果。XRD物相分析对非金属矿、黑色金属等矿石的物相鉴定非常有效。硅灰石矿、膨润土矿、白云母矿、海泡石、高岭石等非金属矿，可以用XRD确定他们的物相(矿物)组成和含量。又如对某些铁矿矿石，根据XRD图谱，可以确定铁矿物是赤铁矿还是磁铁矿、褐铁矿或菱铁矿，同时根据衍射强度可以进行矿物组成的半定量分析。但是值得注意是，由于XRD的精度所限，对含量小于2%的矿物，有时不能检出。因此对品位低的有色金属、稀土元素等矿石，必须配合岩矿鉴定、成分分析等手段综合分析。

5.2.3 矿石物质组成研究中的某些特殊方法的应用

对于矿石中元素赋存状态比较简单的情况，一般采用光谱分析、化学分析、物相分析、显微镜等方法进行矿物物质组成研究即可。对于矿石中元素赋存状态比较复杂，如呈类质同象或吸附状态存在；矿物粒度极细，如稀土矿物；矿石中微量和分散元素分析，如有些闪锌矿中锗、铁矿中镓等，则需要采用某些特殊的方法，如选择性溶解法，微区分析技术(或称为显微物理分析技术)等。

1. 选择性溶解法

选择性溶解法就是选择合适的溶剂，在一定条件下，有目的地溶解矿石中某些组分，保留另一些组分，并通过对所处理产品的分析、鉴定，查清矿石中元素的赋存状态。这种方法一般用于其他方法难以解决的细粒、微量、嵌布关系复杂的矿石中元素赋存状态的研究。

选择性溶解一般用酸、碱浸出法和无机盐或有机酸浸出法。以类质同象或微细包裹体形式存在于载体矿物中的有用元素，可用酸或碱浸出。如果元素呈离子吸附状态存在，用盐或稀酸处理就可以了。

选择性溶解法亦包括化学物相分析、淋洗、浸出试验等。该法最大缺点是难于选择专用性的溶剂，故常需进行条件试验，测定溶解系数校正。

2. 矿石微区成分分析

微区分析技术也称为显微物理分析技术，主要采用先进的测试仪器，如电子探针X射线显微分析仪、俄歇电子能谱分析、激光显微光谱分析仪、离子显微探针分析仪(除测定化学成分外，还可测定同位素比值）、扫描电子显微镜（除可测定矿物化学成分的相对含量外，还可观察细微矿物的超显微形态特征）等，在光片上直接对复杂、细微矿物及其微区进行分析测定。有关这些仪器具体的测试技术的原理等将在14章进行介绍，这里只简单介绍各种仪器主要能解决的问题。

（1）电子探针X射线微区分析。

采用电子探针鉴定矿物主要是测定矿物成分、确定矿物名称，同时还可以研究元素在矿物中的分布状态。

（2）激光显微光谱分析。

激光显微光谱法，是将光谱化学成分分析与显微分析相结合的一种方法。可用于样品的微区选择分析及矿物光片、薄片上某一个颗粒的化学组分分析，对研究微粒微量矿物的成分、元素的赋存状态等具有重要作用。

（3）离子显微探针质谱分析。

离子探针和电子探针分析的原理相近，因其灵敏度较电子探针提高一万倍左右，可以分析含量更低、粒度更小的矿物。

（4）俄歇电子能谱表面微区分析。

俄歇电子能谱仪是常用于样品表面微区成分分析、样品纵剖面的成分及元素结合状态分析的有效工具。俄歇电子能谱仪探测的深度仅1 nm，它比电子探针所探测的深度要小1000倍，常与扫描电镜或光电子能谱仪配套使用。

（5）扫描电子显微分析。

扫描电子显微镜是兼具电子显微镜、电子探针仪和电子衍射仪性能的一种分析仪器。它利用高能电子束轰击样品后产生的二次电子、背散射电子、吸收电子和透射电子等作为成像信息，可以对样品微观表面形态和结构进行观察、研究。利用所产生的特征X射线，通过能谱仪分析其能量或波长，可以测试矿物或材料的化学成分及其相对含量。

5.3 矿石中元素赋存状态与可选性的关系

人类对矿石的利用，除个别情况外，多数是从矿石中获取某种有用元素，直接将矿物拿来使用的情况很少。因此为了使有用元素能够被充分合理的利用，必须掌握有用元素和有害元素在矿石中的存在形式，以及它们在各组成矿物中的分配比例，只有这样，才能有针对性地富集或舍弃。即矿石中有用和有害元素的赋存状态是拟定矿物加工试验方案的重要依据。

5.3.1 元素在矿石中的存在形式

有用和有害元素在矿石中的赋存状态主要有三种形式：①独立矿物；②类质同象；③吸附形式。

1. 独立矿物形式

指有用和有害元素组成独立矿物存在于矿石中，包括以下三种情况。

（1）同种元素自相结合成自然元素矿物，称为单质矿物。常见单质矿物如自然金、自然银、自然铜等。

（2）呈化合物形式存在于矿石中。两种或两种以上元素互相结合而成的矿物赋存于矿石中，这是金属元素赋存的主要形式，是矿物加工技术的主要处理对象，如铁和氧组成磁铁矿和赤铁矿；铅和硫组成的方铅矿；铜、铁、硫组成的黄铜矿等。同一元素可以以一种矿物形式存在，也可以不同矿物形式存在。如，存在于矿石中的含铁元素的独立矿物有：赤铁矿、钛铁矿、纤铁矿、针铁矿、镜铁矿、菱铁矿、黄铁矿、磁黄铁矿等铁的氧化矿物、氢氧化物、碳酸盐和硫化物矿物等。

当这种形式的矿物以微细包裹体状态赋存在矿石中时，对矿物加工工艺有直接影响。我国某地发现的含钴黄铁矿－磁黄铁矿型钴矿床，其中的钴则是以微细包裹体状态存在。矿石中的组成矿物有：黄铁矿、磁黄铁矿、磁铁矿、白云石、方解石、辉钴矿。对钴进行的单矿物分析结果如表5－4所示。

由表5－4可知，除辉钴矿外，主要含钴矿物为胶状黄铁矿，其次是结晶黄铁矿、磁黄铁矿。矿床中75.34%到85.41%的钴存在于黄铁矿中。因此该矿床中以微细包裹体状态存在于胶状黄铁矿中的钴，只能先利用矿物加工方法富集在黄铁矿中，再通过冶炼回收。

表5－4 某地含钴矿床中单矿物分析结果 w %

矿物名称	试样1	试样2	试样3	备 注
	Co	Co	Co	
结晶状黄铁矿	0.98	0.87	0.99	晶形完好
胶状黄铁矿	1.06	1.20	1.26	晶形不好，小晶粒集合体
磁黄铁矿	0.80	1.11	0.52	
磁铁矿	0.62	0.18	0.40	
白云石、方解石	0.004	0.003	0.0015	两种矿物一起分析
辉钴矿	29.82			

(3)呈胶状沉积的细分散状态存在于矿石中。如褐铁矿、硬锰矿等胶体矿物。由于原生矿物在风化作用下被磨蚀或分解成胶体微粒、离子和分子，这些物质进一步饱和聚集形成胶体溶液；胶体溶液在迁移过程中或汇聚于水盆地后，或因不同电荷质点发生电性中和而沉积，或因水分蒸发而凝聚，从而形成各种胶体矿物。胶体矿物的特点是无规则几何外形、非晶质的，且成分复杂、可变。这类矿物也可通过机械选矿方法进行富集。

2. 类质同象形式

化学成分不同，但互相类似而结晶构造相同的物质，在结晶过程中，构造单位(原子、离子、分子)可以互相替换，而不破坏其结晶构造的现象，叫类质同象。如钨锰铁矿，其中锰和铁离子可以互相替换，而不破坏其结晶构造，所以 Fe^{2+} 和 Mn^{2+} 是类质同象矿物的形式存在于矿石中。在晶体中，质点间互相替换的程度是不同的，有时可以无限地替换，例如钨铁矿($FeWO_4$)中的 Fe^{2+} 可被 Mn^{2+} 顶替，若替换一部分则为(Fe, Mn)WO_4，如继续，Mn^{2+} 超过 Fe^{2+} 时，则为(Mn, Fe)WO_4，直到完全顶替，成为钨锰矿($MnWO_4$)。这种可以无限制替换的类质同象称为完全类质同象。有些矿物，晶体中一种质点被另一种质点替换，只能在一定范围内进行，例如闪锌矿中的 Zn^{2+} 可被 Fe^{2+} 顶替，但一般不超过20%，这种有限制替换的类质同象，称为不完全类质同象。

某些稀有元素，尤其是分散元素，本身不形成独立矿物，只能以类质同象混入物的状态分散在其他矿物(载体矿物)中，如闪锌矿中的镓和铟，辉钼矿中的铼。

3. 吸附形式

某些元素以离子状态被另一些带异性电荷的物质所吸附，而存在于矿石或风化壳中，如有用元素以这种形式存在，则用一般的物相分析和岩矿鉴定方法查定是无能为力的。因此，当一般的岩矿鉴定查不到有用元素的赋存状态时，就应送去作 X 射线或差热分析或电子探针等专门的分析，才能确定元素是呈类质同象还是呈吸附状态。例如我国某花岗岩风化壳，化学分析发现有品位高于工业要求的稀土元素，但通过物相分析和岩矿鉴定等，都未找到独立或类质同象的矿物，因而未找到分离方法。后来经过专门分析深入查定，终于发现了这些元素呈离子形式被高岭石、白云母等矿物吸附。

5.3.2 元素赋存状态与可选性的关系

元素的赋存状态不同，处理方法和难易程度都不一样。构成独立矿物的有用元素，当结晶粒度大于 0.02 mm 时，基本可用现行的机械分选手段予以有效地回收；粒度 10 μm 以下，一般难以用现有的机械选矿方法回收，对于这种极其细微的独立矿物可以通过火法冶金改变其结晶状态，或者用湿法冶金方法处理。至于以类质同象方式存在于载体矿物中的有用元素，通常采取的办法是选取载体矿物，然后从载体矿物的精矿中去回收。离子吸附状态存在的元素，一般不列入选矿工艺加工对象中，而要单独采用一些特殊手段来解决。

5.4 矿物嵌布特性

矿石是多种矿物的集合体。由于矿石形成条件、形成作用和形成过程的不同，各种矿物在矿石中存在的形态多种多样。为了描述矿物在矿石中的几何形态和结合关系，常用“矿石构造”和“矿石结构”来表述。矿石构造是指矿石中矿物集合体的形状、大小和空间上的分布特征；矿石结构是指矿物在矿石中的结晶程度、矿物颗粒的形状、大小和空间上的分布特征。

矿物加工分选工艺中一个最重要的基本环节，是要使矿石中的各种矿物，在机械粉碎时各自解离成单一的矿物颗粒。矿石的结构、构造特点对矿物解离具有重要影响，而其中有用矿物的颗粒大小、形状及其与脉石矿物的结合关系以及空间分布特征(如分散、集结、均匀程度)等，即有用矿物嵌布特征尤为重要，因为它们直接决定着粉碎时有用矿物单体解离的难易程度以及连生体的特性。在嵌布特征所阐明的空间几何特征中，又以矿物颗粒大小对可选性的影响最大。这一节只讨论矿石中有用矿物颗粒的粒度和粒度分布特性与可选性的关系。有关矿石构造形态及结构类型的影响参考相关工艺矿物学书籍。

5.4.1 嵌布特征概念

嵌布特征是指矿石中有用矿物的颗粒大小、形状与脉石矿物的结合关系以及空间分布特点。嵌布特征中几个具体概念如下：

(1)矿物颗粒大小。从传统地质观点来看，颗粒大小是指一个单体的矿物颗粒，或者说具有一个结晶中心的单体矿物所占据的空间。而嵌布特征反映的矿物颗粒，是按照单矿物的观点来划分的。凡属相同的矿物聚合一起所占据的空间，均划归到一个颗粒之中。故此，这个颗粒范围内的矿物，可能是一个单体的矿物，也可能是若干个同种矿物单体的集合。

(2)形状。主要有粒状和非粒状两大类。非粒状又可进一步细分为不规则颗粒、长条形(针状、柱状)和薄层状颗粒等。

(3)结合关系。一般可以概括为两类。一类是结合面光滑平直，自形晶、粒状结构的矿物往往呈现为这种结合关系，如区域沉积变质铁矿中的磁铁矿(赤铁矿)和石英之间即属于这种结合关系；另一类是不规则的结合面，典型代表有锯齿状、放射状、港湾状等。交代作用形成的有色金属矿石，矿物间绝大多数呈现为这种不规则的界面结合。

(4)空间分布。是指矿石中有用矿物分布的均匀程度。这种均匀程度可用矿物在矿石中的分散与集结及其稠密度来说明。相邻2个包体中心间的平均距离与包体的平均直径之比，称之为该矿物包体的稠密度。实际考察中，根据比值可将矿物包体的稠密度划分为：单一包体(比值大于30)、极稀疏包体(比值10~30)、稀疏包体(比值4~10)、密的包体(比值2~4)、稠密的包体(比值1.5~2)和极稠密的包体(比值1~1.5)等6种类型。

综上所述，矿物的嵌布特征比较集中而全面地体现了矿物形态对选矿工艺的影响，特别是对碎矿磨矿的作用。在嵌布特征中，由于矿物颗粒大小对选矿影响最大，在一些非工艺矿物学论著中，以嵌布颗粒大小来代表嵌布特征。

5.4.2 矿物嵌布粒度与可选性的关系

矿物粒度的分类原则及划分的嵌布类型还很不统一，但是在矿物加工工艺上，为了说明有用矿物粒度与破碎、磨碎和选别方法的重要关系，常采用粗粒嵌布、细粒嵌布、微粒和次显微粒嵌布等概念，至于怎样算粗，怎样算细，这完全是一个相对的概念，它与采用的选矿方法、选矿设备、矿物种类等有着密切关系。一般可大致划分如下：

(1)粗粒嵌布。矿物颗粒的尺寸为20~2 mm，亦可用肉眼看出或测定。这类矿石可用重介质选矿、跳汰或干式磁选法来选别。

(2)中粒嵌布。矿物颗粒的尺寸为2~0.2 mm，可在放大镜的帮助下用肉眼观察或测量。这类矿石可用摇床、磁选、电选、重介质选矿，表层浮选等方法选别。

(3)细粒嵌布。矿物颗粒尺寸为0.2~0.02 mm，需要在放大镜或显微镜下才能辨认，并且只有在显微镜下才能测定其尺寸。这类矿石可用摇床、溜槽、浮选、湿式磁选、电选等。矿石性质复杂时，需借助于冶金或化学的方法处理。

(4)微粒嵌布。矿物颗粒尺寸为20~2 μm，只能在显微镜下观测。这类矿石可用浮选、水冶等方法处理。

(5)次显微(亚微观的)嵌布。矿物颗粒尺寸为2~0.2 μm，需采用特殊方法(如电子显微镜)观测。这类矿石可用水冶方法处理。

(6)胶体分散。矿物颗粒尺寸在0.2 μm以下。需采用特殊方法(如电子显微镜)观测。这类矿石一般可用湿法或火法冶金处理。

有用矿物嵌布粒度大小不均的，可称为粗细不等粒嵌布，细微粒不等粒嵌布等。

5.4.3 嵌布粒度分布特性与可选性的关系

嵌布粒度特性，是指矿石中矿物颗粒的粒度分布特性。实践中可能遇到的矿石嵌布粒度特性大致可分为以下四种类型。

(1)有用矿物颗粒具有大致相近的粒度(如图5-1中曲线1)，可称为等粒嵌布矿石，这类矿石最简单，选别前可将矿石一直磨细到有用矿物颗粒基本完全解离为止，然后进行选别，其选别方法和难易程度则主要取决于矿物颗粒粒度。

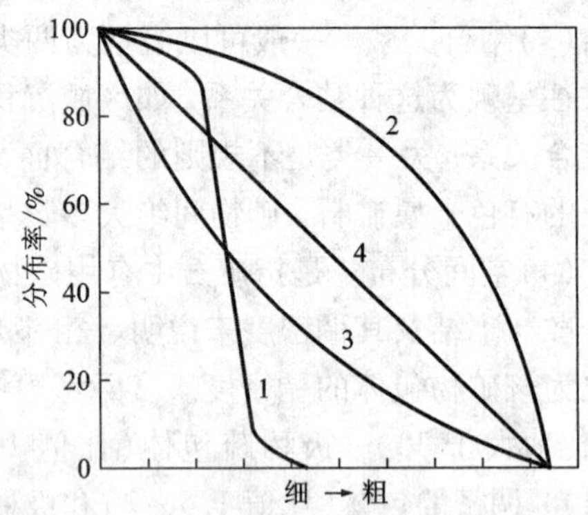

图5-1 矿物嵌布粒度特性曲线

(2)粗粒占优势的矿石，即以粗粒为主的不等粒嵌布矿石(如图5-1中曲线2)，一般应采用阶段破碎磨碎、阶段选别流程。

(3)细粒占优势的矿石，即以细粒为主的不等粒嵌布矿石(如图5-1中曲线3)，一般须通过技术经济比较之后，才能决定是否需要采用阶段破碎磨碎、阶段选别流程。

(4) 有用矿物颗粒平均分布在各个粒级中，即所谓极不等粒嵌布矿石(如图5-1中曲线4)，这种矿石最难选，常需采用多段破碎磨碎、多段选别的流程。

由上可见，矿石中有用矿物颗粒的粒度和粒度分布特性，决定着选矿方法和选矿流程的选择，以及可能达到的选别指标，因而在矿石可选性研究工作中，矿石嵌布特性的研究通常具有极重要的意义。

5.5 矿物的单体解离

块状矿石经破碎、磨矿成细粒或微细粒状产品后，其中的颗粒，有的仅含有1种矿物，有的则是2种或几种矿物共存。前者称之为从矿石中解离出的单体(颗粒)，后者称为矿物的连生体(颗粒)。

5.5.1 矿物的解离方式与连生体类型

1. 解离方式

矿石由各种组成矿物在外力作用下演变为单体的过程，称之为矿物解离，主要有粉碎解离和脱离解离。粉碎解离是指各种组成矿物，被碎、磨成粒度小于其组成矿物晶体(工艺)粒度的细粒时，由于颗粒体积减小使各组成矿物分别部分地解离成单体，该种解离方式的颗粒破碎面是穿切界面而过，不同矿物间的结合力未遭破坏。脱离解离是外力作用下产生的各组成矿物沿共用边界相互分离。脱离解离由于只需耗费不多的能量即可实现矿物解离，所以是矿物工程期望的理想解离方式。然而，实际碎、磨过程中的矿物解离往往是两种方式并存，并以粉碎解离为主。

2. 连生体类型

连生体是粉碎颗粒中比单体复杂的一种矿物存在状态。连生体的研究一般包括有：连生体的矿物组成(两相、三相或多相)，各组成矿物的含量比，各类连生体的粒度范围及粒级含量，各组成矿物的相对粒度大小，连生体中组成矿物的共生形式等。这其中的矿物共生形式，因不易量化和对分选作业的广泛影响而成为研究的重要内容。

高登基于连生体的分选性质和组成矿物解离难易，将含有2种矿物的连生体分为毗邻型、细脉型、壳层型和包裹型4种不同的类型，如图5-2所示。

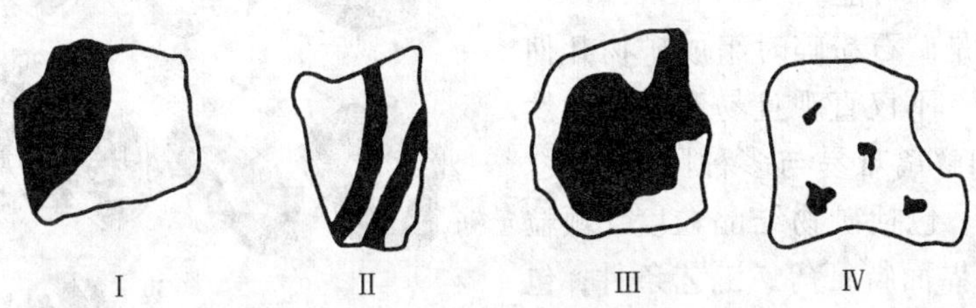

图5-2 高登分类的连生体类型

Ⅰ—毗邻型；Ⅱ—细脉型；Ⅲ—壳层型；Ⅳ—包裹型

(1)毗邻型。指组成矿物连生边界平直，舒缓，边界线呈线性弯曲状。这类连生体只要再稍加粉碎，就会有矿物单体解离出来。

(2)细脉型。指一种矿物(常为有用矿物)呈脉状贯穿于含量较高的另一种矿物(多为脉石矿物)中。只有当粉碎颗粒粒度明显小于脉状矿物的脉宽时，该脉状矿物才有可能从连生体中解离出来。连生体的分选性质则与那种高含量的矿物相近。

(3)壳层型。指在连生颗粒矿物中，含量较低的矿物以厚薄不一的似壳层状环绕在主体矿物外周边。中间的主体矿物大多只能局部地为外壳层所覆盖。一般情况下，组成矿物软硬差别大的矿石，易于在碎、磨作业时产生这类连生体。比如覆盖于黄铁矿外周边的辉铜矿(或斑铜矿、方铅矿等)。这类连生体受到进一步粉碎时，它的二次磨矿产物常含有边缘相矿物的细粒单体、粗粒连生体以及中间主体矿物的粗粒单体等。在矿物工程中，它属于难处理的那种碎、磨产品。

(4)包裹型。指一种矿物(多为有用矿物)以微包体形式嵌镶于另一种(载体)矿物中，包体粒径一般5 μm以下，含量常不及总量的1/20。它是尾矿中金属流失的重要原因。常见的例子有：硅酸盐矿物中的黄铜矿(或黝铜矿)、磁黄铁矿中的镍黄铁矿等。

阿姆斯蒂茨将连生体细划成三类九式，如图5-3所示。

(1)1a 等粒毗邻连生。是连生体中矿物结合关系最简单的一类。颗粒中不同的两种矿物不仅体积大小相当，且共用边界单一而少有变化，属于二次磨矿时组成矿物易于解离的连生体。

(2)1b 斑点状或港湾状连生。连生矿物共用界面起伏弯曲似港湾状，或当一种矿物呈岛状置于另种矿物中成斑点状。属磨矿产物中常见连生体。只要再稍加粉碎即会有新的单体产生。

(3)1c 文象状或蠕虫状连生体。通常不可能完全解离。

(4)1d 浸染状或乳滴状连生体。完全解离困难或不可能。

(5)2a 皮膜状、反应边状或环状连生体。由于交代、表面氧化、浸染等原因，形成的一种连生体类型。在这种连生体中，一种矿物环绕另一种矿物表面呈薄膜状态存在。完全解离很困难。

(6)2b 同心圆(环)状、球粒状、复皮壳状连生体。解离非常困难。

(7)3a 脉状、缝状、夹心状连生体铁矿连生体。完全解离比较容易。

(8)3b 层状、片状、聚片状连生体。这类连生体的解离性是变化的。

(9)3c 网状、盒状、格子状连生体。较少见。解离困难或不可能。

矿物解离，是矿石粉碎时组成矿物几何存在方式的改变，不仅直观且易于量化。然而单体的产生和解离难易与多种因素有关。例如，矿石结构，包括矿物结晶粒度、颗粒形状、颗粒间的界面特征等；工艺条件，包括磨矿细度、磨矿方法、分选方法等。

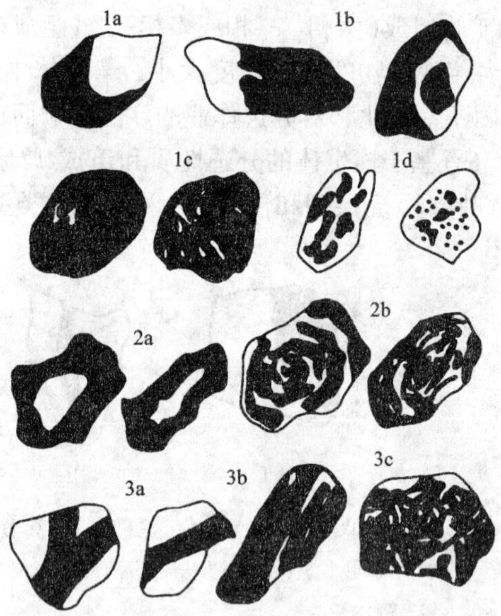

图 5-3　阿姆斯蒂茨分类的连生体类型

5.5.2　矿物单体解离度及其测定

矿石中有用矿物的单体解离，是选厂粉碎作业的一项基本目标，是确定最佳磨矿细度的重要依据。物料在可选粒度范围内解离程度，直接影响分选效果。且用于该项作业的能耗占到选厂全部作业的50% ~85%。因此，对矿物的单体解离及时做出正确的预测和查定，是矿物加工过程中最重要的任务之一。

一般把产物中某种矿物的单体含量(q_m)与该矿物总含量(q_m+q_l)比值的百分数，称之为所求矿物的单体解离度(degree of liberation)。

$$\overline{L_0}=\frac{q_m}{q_m+q_l}\times 100\% \tag{5-1}$$

式中：$\overline{L_0}$为矿石碎、磨产品中某种矿物的单体解离度；q_m 为矿石碎、磨产品中某种矿物的单体含量；q_l 为矿石碎、磨产品中某种矿物在其自身连生体中的含量。

矿物单体解离度的测定，根据采用的测试技术不同可分为：矿物分离测量法和矿物显微图像测量法。

矿物分离测量法，是利用产物中矿物间性质(密度、磁性、可浮性等)的差别，将产物按其组分含量的不同分为一系列组分含量级别。具有比重差异的矿物组分，常用的分析手段是重液和重介质沉浮分离，有时也采用上升水流管或磁流体静力分离技术。若产物中矿物组分磁性差异明显，则采用磁力分离技术。而对于某些特定产物，也可采用浮选或浸出技术进行分析。分离测量法通常比较简单、易行，但由于对颗粒的矿物解离只能提供一个模糊、近似的结论，因而使用的普遍性较差。

矿物显微图像测量法，是目前矿物单体解离度测定普遍采用的方法。它是将产物制作成可供放大后观测的样品，通过对其放大图像相关参数的测量，了解矿物的解离状况。按照所用测试仪器的不同，将显微图像测量法分为实体显微镜测定法、反光显微镜测定法和图像分析仪测定法。这其中实体显微镜测定法操作简单、测量精度高，只是对矿物分辨能力差致使应用范围有限。反光显微镜测定法实用效果更好。图像分析仪测量法，极大地提高了对矿物平面图像参数的测量速度和精度，同时还能实现对多种一维与二维参数值的测量。不足之处是设备成本高，操作难度较大。

5.5.3 矿物加工产品的考察

在矿物加工试验和生产过程中，不同工艺段会得到不同的产品，如磨矿产品、精矿产品、中矿产品、尾矿产品。为了满足各工艺段对产品的要求，都要对各种产品进行考察分析。不同工艺段的产品考察的内容和目的不同。

1. 磨矿产品

考察磨矿产品中各种有用矿物的单体解离情况、磨矿产品的粒度特性以及各个化学组分和矿物组分在各粒级中的分布情况。

2. 精矿产品

(1)研究精矿中杂质的存在形态，查明精矿质量不高的原因。考察多金属的粗精矿，可为下一步分离提供依据。例如某黑钨精矿含钙超过一级一类产品要求值0.68% ~0.77%，查明主要是白钨含钙所引起，通过浮选白钨后，黑钨矿含钙可降至标准以内。

(2)查明各种稀贵和分散金属在精矿中的分布情况，为冶炼和化学处理提供依据。如某多金属矿石中含有镉和银，通过考察，查明镉主要富集在锌精矿内，银主要富集在铜精矿中，据此可采用适当的化学处理方法加以回收。

3. 中矿产品

(1)考察中矿矿物组成及共生关系，确定中矿处理的方法。

(2)检查中矿单体解离情况。如大部分解离，则中矿返回流程再选。反之，则应再磨再选(中矿单独处理)。

4. 尾矿产品

考察尾矿中有用成分存在形态和粒度分布，了解有用成分损失的原因。

矿物加工产品的考察方法为，将产品筛析和水析，根据需要，分别测定各粒级的化学组成和矿物组成，测定各种矿物颗粒的单体解离度，并考察其中连生体的连生特性。

表5 -5为某铜矿选矿厂的尾矿水析各级别化学分析和物相分析结果。由表中数据可以看出，铜品位最高的粒级是 -10 μm，但该粒级产率并不大，因而铜在其中的分布率亦不大；铜品位占第二位的为 +53 μm 级别，该粒级产率较大，因而算得的分布率达30.56%，是造成铜损失于尾矿的主要粒级之一。至于 -30 +10 μm 级别，虽然铜分布率达34.82%，但这是由于产率大所引起，铜品位却是最低的，不能把该粒级看作是造成损失的主要原因。再从物相分析结果看，细级别中次生硫化铜和氧化铜矿物比较多，粗级别中则主要是原生硫化铜矿物，说明氧化铜和次生硫化铜矿物较软，有过粉碎现象。而原生硫化铜矿物却可能还没有充分单体解离，故铜主要损失于粗级别中。这在选矿工艺上是常见的“两头难”的情况。从铜的分布率来看，主要矛盾可能还在粗级别，适当细磨后回收率可能会有所提高。

从水析和物相分析结果可知，铜主要呈粗粒的原生硫化铜矿物损失于尾矿中。为了进一步考察粗粒级的原生硫化铜矿物损失的原因，须对尾矿试样再做显微镜考察，其结果如表5 -6所示。考察结果基本上证实了原来的推断，但原因更加清楚。粗级别中铜矿物主要是连生体，表明再细磨有好处。细级别中则尚有大量单体未浮起，表明在细磨的同时必须强化药剂制度，改善细粒的浮选条件。除此以外还需注意到，连生体中铜矿物所占的比率均小，再细磨后是否能增加很多单体，还需通过实践证明。

表 5-5 某铜矿选矿厂的尾矿水析结果

粒级/μm	产率/%	铜化学分析/%		铜物相分析,铜分布率/%			
		品位	分布率	氧化铜	次生硫化铜	原生硫化铜	共计
+53	26.93	0.240	30.56	6.25	25.00	68.75	100.00
+40	8.30	0.222	8.70	3.15	22.54	74.31	100.00
+30	15.97	0.197	14.90	5.08	22.84	72.08	100.00
+10	42.03	0.175	34.82	12.57	40.00	47.43	100.00
-10	6.77	0.345	11.02	15.06	53.64	31.30	100.00
合计	100.00	0.211	100.00				

表 5-6 某铜矿选矿厂尾矿显微镜考察结果

粒级/μm		+75	-75+53	-53+30	-30+10	-10
单体黄铜矿/%		9.1	15.4	27.5	65.6	大部分
连生体	黄铜矿和黄铁矿毗连/%	51.0	30.4	27.0	8.5	个别
	黄铜矿在黄铁矿中呈包裹体/%	32.8	34.5	28.0	9.0	个别
	铜蓝和黄铁矿/%	0.5	9.5	3.5	1.0	个别
其他①/%		6.6	9.2	14.0	15.9	—
铜矿物在连生体中的粒度和分布/%	-10 μm	52.3	43.1	85.0	89.3	—
	-20+10 μm	47.7	56.9	15.0	10.7	—

注：①其他栏包括其他铜矿物(如铜蓝)的单体和其他类型的连生体。

由上可知，为了确定磨矿细度以及为了解能否进一步提高选别指标，可以通过对选矿产品(磨矿产品、精矿、中矿及尾矿)中有用矿物颗粒进行单体解离程度的考察，提供可能性依据。除此之外，根据需要可进一步研究产品中连生体的连生特性，因为连生体的特性影响产品的选矿行为和下一步处理的方法。例如，在重选和磁选过程中，连生体的选矿行为主要取决于有用矿物在连生体中所占的比率。在浮选过程中，则与有用矿物和脉石(或伴生有用矿物)的连生特征有关，若有用矿物被脉石包裹，就难浮选。若有用矿物与脉石毗连，可浮性取决于相互的比率。若有用矿物以乳浊状包裹体形式高度分散在脉石中(或反过来，杂质分散于有用矿物中)，就很难分选，因为即使细磨也难以解离。因此，研究连生体特性时，主要考察连生体类型、各类连生体的数量及连生体的结构特征即共生嵌镶关系。

5.6 根据矿石性质拟定矿物加工试验方案

5.6.1 有色金属硫化矿矿物加工试验方案示例

内蒙古乌奴格吐山铜钼矿位于内蒙古自治区呼伦贝尔新巴尔虎右旗达来东乡，距满洲里市22 km。全矿区共探明铜矿体11条，钼矿体8条，铜钼矿床规模较大。

1. 矿石性质研究资料的分析

乌奴格吐山铜钼矿矿石的多元素分析结果如表5-7所示。

表 5-7 乌奴格吐山铜钼矿矿石的多元素分析结果 %

项目	Au①	Ag②	Cu	Pb	Zn	Fe	Mo	As	MgO	CaO	SiO_2	Al_2O_3	S	C
含量	0.07	1.09	0.23	0.006	0.008	1.15	0.025	0.012	0.69	0.72	78.45	13.37	1.21	0.25

注：10^{-6}。

目的矿物铜、钼物相分析结果如表5-8所示。考虑到砷矿物对铜钼回收的影响，对砷进行了物相分析，结果列于表5-8中。铜主要以硫化物形式存在，占90.48%，钼主要以辉钼矿形式存在，占89.58%，其次是钼华，占9.35%。

表 5-8 乌奴格吐山铜钼矿砷、铜和钼物相分析结果

物相名称	含量/%	分布率/%	物相名称	含量/%	分布率/%	物相名称	含量/%	分布率/%
As/氧化物	0.003	25.00	Cu/氧化物	0.02	8.70	钼华	0.002	7.12
As/硫化物	0.009	75.00	Cu/硫化物	0.21	91.30	钼钙矿	0.001	3.56
合计	0.012	100.00	合计	0.23	100.00	钼铅矿	0.0001	0.35
						辉钼矿	0.025	88.97
						合计	0.0281	100.00

矿石中矿物种类可达10多种。金属矿物以黄铁矿为主，次为铜矿物（主要为黄铜矿、辉铜矿、铜蓝、砷黝铜矿、斑铜矿）、辉钼矿、少量方铅矿、闪锌矿、磁铁矿等。非金属矿物主要为石英，次为白云母，少量长石、伊利石、高岭土、锆石、金红石等。乌奴格吐山铜钼矿中矿物含量如表5-9所示。

表 5-9 乌奴格吐山铜钼矿中矿物组成表

矿物类别	矿物名称	含量/%
金属矿物	黄铁矿	1.74
	黄铜矿	0.34
	辉铜矿、铜蓝	0.14
	砷黝铜矿	0.01
	斑铜矿	微量
	辉钼矿	0.04
	方铅矿、闪锌矿	0.02
	磁铁矿	0.02
	合计	2.31
非金属矿物	石英、长石	70.71
	白云母	14.17
	高岭土、伊利石	12.45
	锆石、金红石及其他	0.36
	合计	97.69

主要矿物的工艺特征如下：

1）黄铁矿

黄铁矿为矿石中含量较高、分布比较普遍的金属硫化物，占矿石矿物相对含量的1.74%。黄铁矿在矿石中分布比较均匀，粒度比较粗大，以大于0.074 mm为主，占84.41%。黄铁矿由于受应力作用的影响，其颗粒表面多产生碎裂和碎粒化，形成典型的碎裂结构。黄铁矿多呈中、粗粒半自形粒状嵌布于脉石裂隙或脉石粒间中，也见有颗粒细小的黄铁矿碎粒包裹于黄铜矿中及铜的次生矿物中。黄铁矿与黄铜矿及铜的次生矿物关系较密切，显微镜下常见黄铜矿溶蚀交代黄铁矿。铜矿物集合体多沿黄铁矿粒间或裂隙分布，少量黄铁矿与辉钼矿连晶分布于脉石中。

2）铜矿物

矿石中铜矿物主要有黄铜矿、辉铜矿、铜蓝、砷黝铜矿、少量斑铜矿等，呈集合体形式分布于脉石裂隙或粒间中，少量黄铜矿、辉铜矿、铜蓝呈独立状态分布，砷黝铜矿、斑铜矿常与黄铜矿及次生铜矿物紧密共生。各类铜矿物的相对含量镜下统计结果如表5-10所示。

表5-10　铜矿物相对含量测量结果　%

铜矿物	矿石中含量	金属量	分布率
黄铜矿	0.34	0.1182	51.39
辉铜矿、铜蓝	0.14	0.1065	46.30
砷黝铜矿	0.01	0.0027	1.17
斑铜矿	微量	微量	1.14
合计	0.49	0.23	100.00

（1）铜矿物嵌布粒度。铜矿物主要呈集合体形式分布，各种铜矿物其粒度分布有很大区别，尤其是黄铜矿的粒度比其他铜矿物粒度粗，以大于0.053 mm为主（中粒级以上），辉铜矿、铜蓝的粒度较细，主要分布粒度区间为0.01~0.053 mm。铜矿物粒度分布特征测量结果如表5-11所示。

表5-11　主要铜矿物嵌布粒度测量结果

粒度区间/mm	黄铜矿分布率/%	辉铜矿分布率/%	铜蓝分布率/%	铜矿物分布率/%
>0.1	29.63	2.07		35.94
0.1~0.074	20.76	5.41		26.89
0.074~0.037	41.51	41.65	35.51	29.69
0.037~0.01	6.75	35.56	43.74	6.86
<0.01	1.35	15.31	20.75	0.62

（2）铜矿物的嵌布特征。显微镜下所检测到的铜矿物主要嵌布在脉石裂隙及脉石粒间中，少量嵌布在脉石中，少量铜矿物嵌布在黄铁矿中及黄铁矿间隙、黄铁矿与脉石粒间中。嵌存在脉石中的铜矿物一般粒度为0.01~0.037 mm，0.015 mm左右居多。黄铁矿中的铜矿

物粒度较细，以0.01 mm左右为主。从铜矿物嵌存关系测量结果看，嵌存在脉石裂隙中、脉石粒间及黄铁矿间隙、黄铁矿与脉石粒间中的铜矿物主要以铜矿物的集合体形式分布，其粒度比较粗，易于单体解离。而嵌存于脉石及黄铁矿中的铜矿物，其粒度比较细小，包裹紧密，虽然这部分铜含量少，但不易单体解离。铜矿物嵌存关系测量结果，如表5-12所示。

3)辉钼矿

(1)辉钼矿的粒度。经显微镜下实测可知，主要以中、细粒级为主，分别占32.04%和52.92%，其他粒级含量较少。辉钼矿主要嵌布在脉石矿物裂隙或粒间，而微细粒辉钼矿主要包裹于脉石矿物及石英细脉中。辉钼矿粒度分布测量结果如表5-13所示。

表5-12 铜矿物嵌布关系测量结果 %

嵌布关系	相对含量
脉石裂隙中	41.76
脉石粒间中	32.89
辉钼矿、黄铁矿与脉石粒间中	13.38
与黄铁矿连生	6.76
黄铁矿中	1.27
脉石中	3.94

表5-13 辉钼矿粒度分布测量结果 %

粒度区间/mm	辉钼矿分布率
>0.1	12.01
0.1~0.074	14.28
0.074~0.037	48.83
0.037~0.01	21.85
<0.01	3.03

(2)辉钼矿的嵌布状态。辉钼矿与脉石关系极为密切，辉钼矿主要嵌布在脉石裂隙和脉石粒间中，分别占43.68%和35.55%。与黄铜矿连生占6.87%，在黄铜矿裂隙中占1.36%。与黄铁矿连生占2.67%，脉石包裹占9.87%。脉石中包裹的辉钼矿粒度细小，多以小于0.037 mm为主，尤其是石英细脉中包裹的辉钼矿粒度以小于0.01 mm为主，这部分钼很难与脉石矿物分离。辉钼矿嵌布关系测量结果如表5-14所示。

表5-14 辉钼矿嵌布关系测量结果 %

嵌布关系	相对含量
脉石裂隙中	43.68
脉石粒间中	35.55
与黄铜矿连生	6.87
黄铜矿裂隙中	1.36
与黄铁矿连生	2.67
脉石中	9.87

矿石主要结构为：半自形晶粒状结构、他形晶粒状结构、填隙结构、交代残余结构、碎裂结构、交代溶蚀结构、弯曲结构、环带结构。主要构造为：浸染状构造、脉状构造、网脉状构造、斑杂状构造。

2. 试验方案选择

铜钼矿采用浮选分离，根据嵌布粒度和嵌布关系研究表明，部分铜、钼矿物粒度很细。因此对原矿-0.074 mm占65%产品进行铜、钼矿物单体解离度考察，考察结果分别见表5-15和表5-16。可以看出铜矿物虽多数呈单体状态，但还有12.41%、6.28%的铜矿物与脉石、黄铁矿连生，脉石包裹占2.54%。钼矿物有7.69%被脉石包裹，在镜下观察到被脉石包裹的辉钼矿粒度细小，不易单体解离。因此决定该铜钼矿分选采用二段磨矿工艺。

表 5-15　铜矿物单体解离度统计结果　%

连生关系	相对含量
单体	75.63
与脉石连生	12.41
与黄铁矿连生	6.28
与钼矿物连生	2.16
黄铁矿中	0.98
脉石中	2.54
合计	100.00

表 5-16　钼矿物单体解离度统计结果　%

连生关系	相对含量
单体	77.63
与脉石连生	10.45
与黄铜矿连生	3.21
与黄铁矿连生	1.02
脉石中	7.69
合计	100.00

5.6.2　有色金属氧化矿矿物加工试验方案示例

某氧化铜矿物加工试验方案如下。

1. 矿石性质研究资料的分析

该矿包括松散状含铜黄铁矿矿石和浸染状高岭土含铜矿石两种类型，总的属于高硫低铜矿石。矿石氧化率高，风化严重，含可溶性盐类多，属难选矿石。

由表 5-17 化学多元素分析结果可知，矿石中具有回收价值的元素有铜和硫，金、银可能富集于铜精矿中，不必单独回收，所含稀散元素品位不高，赋存状态未查清，故暂未考虑回收。CaO、MgO、Al_2O_3、SiO_2等是组成脉石矿物的主要成分。

由表 5-18 和 5-19 的物相分析结果可知，矿石中的铜主要为氧化铜，占总铜的 60% 以上，其矿物种类尚未查清。硫化铜主要为次生硫化铜，占总铜 30% 以上。铁主要呈黄铁矿存在。因此主要选别对象为氧化铜矿和黄铁矿，其次为次生硫化铜矿。

表 5-17　某氧化铜矿化学多元素分析结果　%

项目	Cu	S	Fe	Co	Ni	Mn	Pb	Zn	Ge	Ga
含量	0.574	31.22	31.05	0.0024	0.00105	0.087	0.109	0.168	0.0016	0.0019
项目	Se	Bi	Cd	Ti	CaO	MgO	Al_2O_3	SiO_2	Au	Ag
含量	0.0027	0.025	微	0.119	5.59	3.91	2.55	10.41	0.75×10^{-5}	29.84×10^{-3}

表 5-18　铜物相分析结果　%

硫化铜				氧化铜						总计	
原生		次生		水溶铜		氧化铜		结合铜		硫化铜	氧化铜
含量	占全铜	含量	占全铜	含量	占全铜	含量	占全铜	含量	占全铜	含量	占全铜
0.04	6.94	0.174	30.21	0.188	32.64	0.117	20.31	0.057	9.9	37.15	62.85

注：分析粒度 2～0 mm。

表 5-19 铁物相分析结果 %

Fe_3O_4之Fe		Fe_2O_3FeO之Fe		FeS_2之Fe		Fe_nS_{n+1}之Fe		TFe	
含量	占总铁	含量	占总铁	含量	占总铁	含量	占总铁	含量	占总铁
微	—	3.12	10.24	27.36	89.76	微	—	30.48	100.00

从岩矿鉴定结果可进一步了解，此氧化铜矿石处于硫化矿床的氧化带，矿石和脉石均大部分风化呈粉末松散状，这将对选矿不利。

两种类型矿石的特征如下。

(1)黄铁矿型矿石：矿石呈他形、半自形、粒状结构，块状及松散状构造。金属矿物以黄铁矿为主，次为铜矿物。在铜矿物中，又以氧化铜为主，其矿物组成尚不清楚，次为次生硫化铜(辉铜矿)并有微量的黝铜矿及铜蓝，铜矿物嵌布粒度极细，在0.005~0.01 mm之间，少数为0.1 mm左右。黄铁矿的粒度较粗，在0.01~0.2 mm之间。脉石矿物主要为方解石，其次为石英和白云石。

(2)浸染型矿石：矿石呈细脉浸染状结构，金属矿物主要为黄铁矿，其嵌布粒度在0.01~0.1 mm之间，个别为2 mm，次为铜矿物。铜矿物中主要是氧化铜，次为黄铜矿、斑铜矿和铜蓝，铜矿物之嵌布粒度多在0.01至0.08 mm之间，少数在0.003至0.005 mm之间。脉石矿物主要为高岭土，其次为方解石和石英。

从上述结果可知，黄铁矿单体解离将比铜矿物好些。由于风化严重，可浮性都不好。

由于矿石氧化和风化严重，为查明铜矿物在介质中的可溶性和矿浆中的离子组成，进行了可溶性盐类和铜的测定。

(1)可溶性盐类的测定：将原矿样干磨至-0.074 mm，在液:固=3:1的条件下，搅拌1 h，然后过滤，分析滤液，得出测定结果，如表5-20所示。由此可知，可溶性盐类多，主要呈硫酸盐形式存在。

(2)原矿不同粒度下水溶铜测定：从水溶铜(表5-21)和可溶性盐类测定来看，该铜矿在水中的溶解随粒度而变，在粗粒时，极易溶于水或稀酸。

表 5-20 某氧化铜矿石可溶性盐测定结果

项目	Cu^{2+}	Fe^{2+}	Fe^{3+}	Ca^{2+}	Mg^{2+}	Al^{3+}	HCO_3^-	SiO_3^{2-}	SO_4^{2-}	Mn^{2+}	Pb^{2+}	Zn^{2+}	pH
含量/($mg \cdot L^{-1}$)	微	0.08	0.06	266.82	11.40	无	40.35	3.78	1115.0	9.6	无	1.0	>7

表 5-21 某氧化铜矿不同粒度下水溶铜测定结果

粒度	-0.074mm, 100%	-0.074mm, 50%	2~0 /mm	5~0 /mm	10~0 /mm	15~0 /mm
水溶铜占总铜/%	微	微	35.97	37.20	42.05	36.35
水溶液 pH	>7	5.4	4.4	4.0	3.5~4.0	3.5~4.0

从矿石性质研究结果包括水溶铜和可溶性盐类测定结果看出，此氧化铜矿为高硫低铜矿

石，氧化率高达60%，风化严重，可溶性盐类多，属于难选矿石。

2. 试验方案选择

根据矿石性质研究结果，该矿石属于难选矿石，对于此类难选矿石可供选择的主要方案有：①浮选，包括优先浮选和混合浮选；②浸出—沉淀—浮选；③浸出—浮选(浸渣浮选)。

(1)单一浮选方案。

所研究的矿石主要选别对象为氧化铜矿、次生铜矿和黄铁矿。根据国内外已有经验，一般简单氧化铜矿经硫化后有可能用黄药进行浮选。本试样采用优先浮选和混合浮选进行探索，证明采用单一浮选方案不能得到满意结果，其主要原因是矿石在粗粒情况下，大部分氧化铜可为水溶解，用单一浮选法，这部分铜损失于矿浆中；其次是由于铜矿物嵌布粒度极细，矿石严重风化，含泥和可溶性盐类多，药耗大，选择性差等。根据该矿石的特点，有可能采用选冶联合流程处理，因而对如下方案进行试验。

(2)浸出—沉淀—浮选。

当矿石含泥量较高，氧化铜矿和硫化铜矿兼有的情况下，一般采用浸出—沉淀—浮选法(即L. P. F法)。但在本试样浸出试验中，发现该矿石在粗粒情况下，大部分氧化铜矿可为水或稀酸溶解，细磨后反而不溶。其原因是该矿石中含有大量石灰岩和其他碱性脉石，这些脉石磨细后不仅对水冶不利，而且会导致已溶解的铜又重新沉淀，致使水冶和浮选均难进行；另一方面，由于原矿中黄铁矿含量高，若在浸出矿浆中直接沉淀浮选，铜硫分离比较困难，因而应采用渣液分别处理的方法比较适宜。

(3)浸出—浮选(浸渣浮选)。

此方案包括酸浸—浮选和水浸—浮选，采用这一方案比较适合该种复杂难选矿石。试验证明，由于原矿中含有大量石灰石，浸出粒度不能采用浮选粒度，应利用其风化的性质，采用粗粒浸出。浸出过程可用水浸出，也可用0.3%～1.0%的稀酸溶液，虽然两者浸出率差别较大，但最终指标却很接近。

浸出后渣液分别处理，浸液中的铜可用一般方法提取，如铁粉置换，硫化钠沉淀等方法，也可用萃取剂萃取，使其富集，直接电解，生产电铜。试验中采用脂肪酸萃取(进一步试验时采用N_{510}萃取剂，即α-羟基5仲辛基二苯甲酮肟)，取得了良好的效果。

从采用的流程和方法看，水冶—浮选联合流程是处理此矿的有效方法。水浸—浮选和酸浸—浮选法也均能获得较为满意的指标。

所推荐的处理方案浸出粒度粗，浸出时间短，无须用酸。这在今后的洗矿中浸出过程将自动进行，有利于生产，但还需通过生产实践进一步验证。

5.6.3 非金属矿矿物加工试验方案示例

以北海高岭土矿试验方案为例。

1. 矿石性质研究资料的分析

(1)矿石化学成分。

原矿多元素分析结果如表5-22所示。其中，Al_2O_3的含量较低，Fe_2O_3、K_2O含量较高，这对提取用于造纸的高岭土是十分不利的。

表 5-22 原矿多元素分析 %

样品	SiO_2	Al_2O_3	Fe_2O_3	TiO_2	K_2O	Na_2O	LOI
原矿	75.48	18.47	0.90	0.058	1.82	0.31	5.30

(2)矿石的矿物组成。

经显微镜下观察、X-射线衍射、差热分析和电子探针等综合分析，原矿中主要矿物为石英和高岭石，少量的长石和云母，微量矿物有电气石、赤铁矿、褐铁矿、金红石等。

原矿主要矿物含量及其在各粒级中的分布如表 5-23 所示。石英含量 49.5% ~52.5%，高岭石 35% ~39%，云母 7% ~8%，钾长石 4.0%，其他矿物约占 0.5%。高岭石虽然含量不高，但分布较为集中，有 88.72% 分布在 0.02 mm 粒级以下。云母的分布与高岭石类似，有 72.42% 分布在 0.02 mm 粒级以下，这对高岭石与云母的分选是不利的。

表 5-23 试样各粒级矿物组成及分布

粒级/mm	产率/%	含量/%				分布/%			
		石英	高岭石	云母	长石	石英	高岭石	云母	长石
+2.00	7.63	97	2	—	1	14.08	0.43	—	1.95
-2.00+1.00	13.97	97	1	—	2	25.44	0.39	—	7.06
-1.00+0.043	33.73	72.8	8.4	9.2	9.6	51.52	6.3	20.98	68.65
-0.043+0.020	3.66	40	40	15	5	2.79	4.16	6.60	4.69
-0.020+0.010	8.09	19	58	20	3	2.92	13.33	19.46	6.21
-0.010+0.005	10.43	8.9	69.4	19.7	2.0	1.77	20.56	24.71	5.34
-0.005+0.002	12.44	5.0	80.7	12.8	1.5	1.18	28.51	19.15	4.78
-0.002	10.23	1.5	90.6	7.4	0.5	0.29	26.32	9.10	1.33
原矿	100.00	52.5	35.0	8.0	4.0	100	100	100	100

(3)主要矿物的特征。

①高岭石。肉眼下白色粉末状，偏光镜下无色、淡黄色，局部由于铁质污染而成黄色、黄褐色，隐晶、微晶鳞片结构。扫描电镜下呈片状、叠片状，片比较规整、边缘较为平直，但不具备完整的六边形。高岭石主要分布在 -0.02 mm 以下，其中 -0.002 mm 粒级中有 26.32%。

微区电子探针成分分析表明如表 5-24 所示，即使在小于 1 μm^2 的微区内所得到的成分不全是高岭石成分，其 Al_2O_3 明显偏低，也不是水云母或伊利石，而是以高岭石为主、含有伊利石的集合体，也就是说，试样中的高岭石是一种未彻底风化的含有伊利石的过渡类型。这对于提高 Al_2O_3 含量，降低 K_2O 含量是不利的。如表 5-24 所示，Fe_2O_3 含量与 K_2O 之间存在着一定的关系，一般 K_2O 含量低，Fe_2O_3 含量也低，而 K_2O 含量高的点，Fe_2O_3 含量也较高，说明铁与其中的云母矿物有关。

表 5-24　黏土的电子探针分析　%

编号	SiO_2	Al_2O_3	Fe_2O_3	TiO_2	K_2O	SiO_2/Al_2O_3
1	43.15	33.20	0.30	0	0.66	2.20
2	51.49	40.04	0.67	0	0.73	2.31
3	47.04	34.62	1.62	0.03	3.62	2.19
4	42.63	29.56	1.49	0	5.70	2.08
5	51.13	37.09	0.71	0	1.17	2.25
6	48.41	35.92	1.07	0	1.07	2.14
7	47.07	26.97	1.00	0.09	3.16	2.65
8	44.50	32.44	0.38	0.03	0.53	2.33

表 5-25　云母电子探针分析结果　%

编号	SiO_2	Al_2O_3	K_2O	Fe_2O_3
1	48.71	30.30	12.48	4.50
2	47.42	27.35	13.39	7.82
3	57.66	23.85	9.01	4.03
4	52.93	32.84	6.64	3.58
5	56.33	33.85	3.96	1.85
6	47.01	33.51	7.35	2.85
平均	51.68	30.28	8.81	4.10

②云母。包括白云母、水白云母、伊利石，它们是风化过程中的一个系列产物，云母类矿物的变化是逐渐发生的，当白云母处在酸化时，一部分钾转入溶液，同时吸附一部分水，就形成了水白云母，随着风化进程的加深，钾离子流失，含水量增加，粒度随之变细，进一步风化就转变成了高岭石，而所谓伊利石就是呈胶体分散状的水白云母。由于伊利石粒度微细为胶体状，将会增加产品的黏度。在 +0.043 mm 粒级的样品中，主要以白云母为主，而在 -0.01 mm 粒级中，大部分都为水白云母。云母与铁矿物及铁的赋存状态关系密切，一是铁以类质同象存在于云母中，这是铁的主要存在形式。由表 5-25 中为 +0.043 mm 粒级云母片的电子探针成分分析结果表明，云母中含有较高的铁，且铁含量与 K_2O 含量密切相关，K_2O含量高，Fe_2O_3含量也高，随着风化程度的加深，白云母向水白云母转化，Fe_2O_3含量逐渐降低。因此，细粒级中的云母 K_2O、Fe_2O_3含量都比白云母的平均值低；二是在云母片间常见微细粒铁矿物和金红石，它们是由于云母在风化过程中，铁从云母中析出形成铁矿物，该部分铁矿物部分可用强磁选分离。

③铁钛矿物及铁的赋存状态。试样中独立于铁矿物的主要有赤铁矿，褐铁矿，其次为磁铁矿、黄铁矿、黄铜矿。钛矿物为金红石、板钛矿、锐钛矿。微细粒的铁、钛矿物常嵌布于云母片或云母中，部分嵌布于石英中。粒度较粗的铁、钛矿物大都以单体形式存在。物相分析表明，除独立矿物外，其余大部分铁以类质同象存在于硅酸盐中，分布率占58.73%。硅酸盐中的铁主要赋存于云母中，根据云母和高岭石为主的黏土电子探针分析结果估计，高岭石中的

Fe_2O_3 含量在0.3%以下，而云母中铁的含量随着风化程度的不同而变化，与 K_2O 含量成正比，风化程度高，K_2O 含量低，铁含量也低。由于云母总体含铁较高，高梯度磁选应该有效，而赤铁矿、褐铁矿更容易分选。因此，采用高梯度磁选除铁、除云母可取得较为理想的效果。

2. 试验方案选择

根据矿石性质研究，确定北海水洗高岭土加工工艺流程如下：制浆→螺旋分级机分级→旋流器分级→筛分除杂→高梯度磁选→卧螺分级→浓缩→漂白→洗涤→压滤脱水→降黏→化浆→干燥→成品。

(1)筛分除去粗颗粒云母。

矿石矿物分析表明，有20.98%云母分布在+0.043 mm粒级中，这部分粗粒级云母可用高频振动筛分离。北海高岭土在进入磁选机前设置325目振动筛，从筛分结果分析，筛上物大部分为云母和树根等有机物杂质，含量约为5%。这就减轻了后序高梯度磁选机的负担，又避免了因树根等杂质堵塞磁选机钢毛，影响磁选效果。

(2)高梯度磁选除去含铁云母。

矿石矿物学分析表明，铁除了以赤铁矿、褐铁矿等独立矿物存在外，58.73%铁以类质同象存在于硅酸盐中，且绝大部分存在于云母中，这就使本来没有磁性的云母变成有微弱磁性的云母。因为这些云母的磁性很弱，普通的磁选机根本不能除去。曾经用永磁除铁机(磁场强度1.3 T)对 $\phi25$ 旋流器溢流进行试验，只能吸附出少量黑色的氧化铁，主要为制浆设备磨出的单质铁。通过化学分析，试验给料和精矿 Fe_2O_3、K_2O 含量基本相同，常规磁选效果不明显。

本试验采用美国奥托昆普公司生产的500－5T超导高梯度磁选机(磁场强度5T)对 $\phi25$ 旋流器溢流进行试验，试验结果如表5－26所示。

表5－26 超导高梯度磁选结果 %

品名	产率	Al_2O_3	Fe_2O_3	K_2O	白度	黏浓度
给料	100	36.27	0.78	1.58	79.3	63.44
精矿	85.7	37.12	0.56	0.98	82.5	66.80
尾矿	14.3	35.39	1.58	3.41	68.9	—

超导高梯度磁选结果表明：超导高梯度磁选对 $\phi25$ 旋流器溢流效果明显。精矿产率85%时，Al_2O_3含量由36.27%提高到37.12%，Fe_2O_3含量由0.78%降到0.56%，铁去除率达29.0%。K_2O 含量由1.58%降低到0.98%，云母去除率达30.9%。白度由79.3%提高到82.5%，提高3.2%。磁选后提取的水洗土黏浓度从63.44%提高到66.8%，提高了3.36%。

(3)洗涤去除微细粒云母。

矿石矿物分析发现：有9.10%的云母分布在0.002 mm粒级以下。造纸土样品在烧杯分散静置3 d后发现，矿浆表面游离出浅棕黄色胶体物质，经差热定性和半定量分析，得出初步结论为高岭石56.6%，石英35.1%，云母8.3%。由于其粒子极细且呈现胶凝状态，经分析认为这种游离物质是造成高岭土黏度高的主要原因之一。用提取的水洗土样品进行洗涤前和洗涤后的分散性对比试验，试验结果如表5－27所示。结果证明，经洗涤后的水洗土样品，其流变性有很大提高，黏度有较大降低。水洗土分散浓度由70%提高到71%，pH为8.0时黏度由原来1.822 Pa·s降至1.61 Pa·s。经过检测，洗涤后的水洗土黏浓度为67.5%。虽然洗涤后的产品未能达到刮刀涂布黏浓度68%的要求，但通过后面的机械降黏和化浆时添加适量的降黏剂(分散剂、调整剂)，可使最终产品黏浓度达到69.5%以上。说明在选矿过程中加强产品洗涤将有利于水洗土的分散，并且是十分必要的。

习 题

1. 矿物加工工艺矿物学研究内容是什么？
2. 如何确定矿石的化学成分？
3. 光学显微镜研究的内容是什么？
4. 物相分析和岩矿鉴定方法有什么不同？
5. 矿石中微区成分分析方法是什么？
6. 有用和有害元素在矿石中的赋存状态有哪些？
7. 简答矿石嵌布粒度特性与可选性的关系。
8. 简答连生体类型及其与矿物选矿行为的关系。
9. 简答矿物加工产品考察内容。
10. 什么是单体解离度？简述其测定方法。

第 6 章 矿物加工研究试样工艺性质的测定

本章内容提要： 矿物加工试验研究工作中，常需测定试样(包括原矿和选别产品)的某些工艺性质。本章简单介绍了试样工艺性质的测定仪器和方法，包括粒度、比重、堆比重、摩擦角、堆积角(或安息角)、可磨度、硬度、水分、磁性、导电性，等等。

6.1 粒度分析

粒度分析是将粒度范围较宽的物料分成粗、细粒间尺寸差别较小的各个粒级，以便分别测定各粒级的特性。粒度分析是研究矿石物质组成、矿石物理化学性质，选别产物的性质以及碎矿、磨矿过程等不可缺少的工作。

粒度测定的方法很多，但没有一种粒度测定的方法可以通用于一切粒度范围。因而，对于不同的粒度范围的物料要采用不同的测定方法。目前应用的各种粒度测定方法及其使用的粒度范围可归纳如表 6－1 所示。

表 6－1 粒度测定方法及其使用的粒度范围

粒度测定方法	粒度/μm（10^{-3}　10^{-2}　10^{-1}　10^{0}　10^{1}　10^{2}　10^{3}　10^{4}）	测得的粒度性质
筛分分析	普通标准筛	粒度分布
	微细筛	
沉降分析	水析(重力)	当量粒子直径
	风析	
	离心分级	
	超离心分级	
计数法	各种光学计数法（宏观的、微观的）	统计的粒子直径分布
	光学显微镜	
	电子显微镜	
	库尔特	
	光散射法	
	光电扫描法	
比表面积法	吸附法（干、湿）	按比表面积换算的平均直径
	渗透法（层流、干、湿）	
	渗透法（分子流干）	

由表可知，粒度测定的方法不同其测定结果的表示方法也不相同，有的是粒度分布，有的是平均直径，有的是直接测量（如筛分和显微镜），有的则是根据其他参数（如在介质中的沉淀速度或表面积）进行换算，测量介质也不相同。这是由于颗粒范围很宽，决定受颗粒大小所支配的物理性质往往不一样，所以测定方法也是多样的。

为了较全面地描述物料的粒度特性，常需要同时采用几种方法相互对照，互相补充。

矿物加工试验中，经常采用的粒度分析方法是筛分分析、沉降分析、显微镜计数法和比表面积法，本书对前面3种方法进行介绍。

6.1.1 筛分分析

用一套由粗到细的标准试验筛将物料按粒度分成不同粒级的粒度分析方法，称之为筛分分析，又称筛析法。

筛析法所用设备简单，操作简单，是用得最早和应用最广泛的粒度测定方法。其适用于粒度范围为100 mm至0.02 mm物料的粒度分布测量。如采用电沉积筛（微孔筛），其筛孔尺寸可小至5 μm，甚至更小。

根据物料粒度大小不同，筛析法分粗粒物料筛析和细粒物料筛析。粒度范围为100 mm至6 mm的物料，属于粗粒物料，筛分分析采用钢板冲孔或铁丝网编成的一套筛孔大小不同的筛子进行。粒度范围为6 mm至0.02 mm的物料，属于细粒物料，筛分分析通常采用标准试验筛进行。常用的标准套筛的筛制按国际标准化组织（ISO）的标准是以1 mm筛为基筛，（$\sqrt[20]{10}=1.12=1.406$为主筛比，组成主序列$R20/3$，$\sqrt[20]{10}=1.12$为第一方案的辅助筛比，组成辅助序列$R20$，$(\sqrt[40]{10})^3$为第二方案的辅助筛比，组成辅助序列$R40/3$。

根据物料含水量不同，筛析法分干筛和湿筛。若物料含水较多，颗粒凝聚性较强时，则应当用湿法筛分（精度比干法筛分高），特别是颗粒较细的物料，若允许与水混合时，最好使用湿法。因为湿法可避免很细的颗粒附着在筛孔上面堵塞筛孔。另外，湿法可不受物料温度和大气湿度的影响。判断筛析是否完全的方法：如果一分钟内所得筛下物料量小于筛上物料量的0.1%～1%，则认为干法筛析已经完成；湿法筛析时，需要将每个粒级干燥后的筛上物料进行干筛，达到前述干筛要求，则认为筛析已经完成。而且筛析结束后，将各粒级物料用天平（精确度0.01 g）称量，各粒级总质量与原样品质量之差，不得超过原样品质量的0.5%～1%。

筛析所需的试样最小质量亦取决于样品中最大的粒度。每次给入标准筛的样品质量以25～150 g为宜，如果超过很多，则应分几次进行。直接用200目筛湿筛时，每次筛分样品量不宜超过50 g，以免损坏筛网，有过粗颗粒时，可预先用粗孔筛隔除。

筛分分析结果的精度取决于筛分试样的代表性、试样质量和筛分工作的精确性。筛分分析法测得的是颗粒的几何尺寸，数据受颗粒形状的影响较大。

为了便于分析和研究问题，需将筛析数据用表格或曲线形式表示。最常用的筛析记录表格见表6-2。表中根据各粒级的质量计算各粒级的产率，以及累计（积）产率。筛上累积产率指的是大于某一筛孔尺寸各粒级产率的总和；筛下累积产率是指小于该尺寸的粒级的总产率。在矿物加工工艺试验中，还常需将各粒级产品分别化验，然后计算金属在各粒级中的分布率。

将筛析数据整理用图形表示，称为筛析曲线，或粒度特性曲线。一般用累积曲线，即横坐标为粒度，纵坐标为累积产率。常用绘图法有三种，即简单坐标法、半对数坐标法和全对数坐标法，见图6-1。用简单坐标分度法绘制的筛析曲线的主要缺点是坐标分布疏密不均，细粒部分试点密集，粗粒部分稀疏。为了使试点在图上分布均衡，提出了半对数累积产率粒度特性曲线（粒度坐标按对数值分度）和全对数累积产率粒度特性曲线（累积产率和粒度都按对数值分度）。

简单累积粒度特性曲线在矿物加工生产考查和流程计算中得到广泛应用：①根据曲线形状可判断物料的粗细情况：当物料粗粒多时，正累积曲线呈凸形，而细粒级占多数时则呈凹形，粗细粒级大致相同时则接近一条直线；②可求出任一级别的产率；③可确定任何指定粒度的相应累积产率；或由指定的累积产率查得相应的粒度；④可找出物料最大粒度。我国通常用能使95%物料通过的方筛孔宽度作为该物料最大粒度，因此在正累积曲线上与纵坐标5%相对应的筛孔尺寸即为最大块直径。

表6-2　筛析结果表

粒级		质量/g	产率/%	
mm	网目		个别	累积
+0.85	+20	0	0	0
+0.60	+28	10	5.0	5.0
+0.425	+35	12	6.0	11.0
+0.300	+48	15	7.5	18.5
+0.212	+65	17	8.5	27.0
+0.150	+100	18	9.0	36.0
+0.106	+150	25	12.5	48.5
+0.075	+200	25	12.5	61.0
-0.075	-200	78	39.0	100.0
共计		200	100.0	

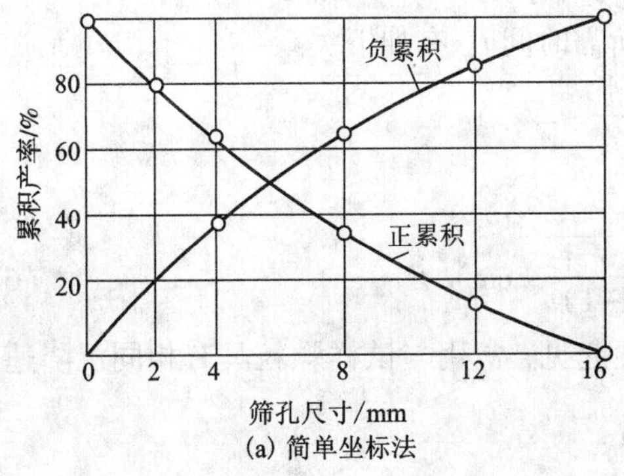

(a) 简单坐标法

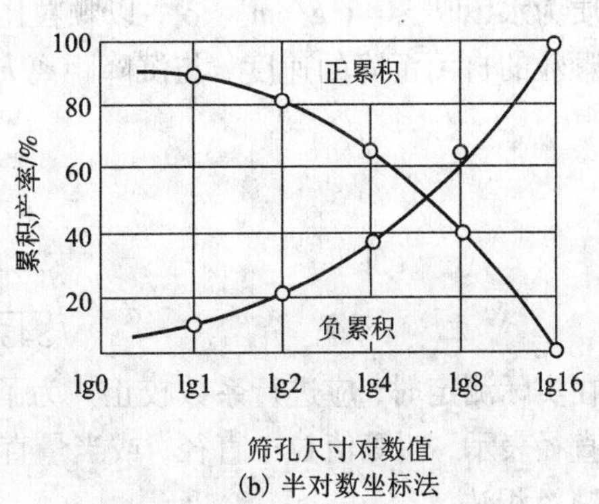

(b) 半对数坐标法

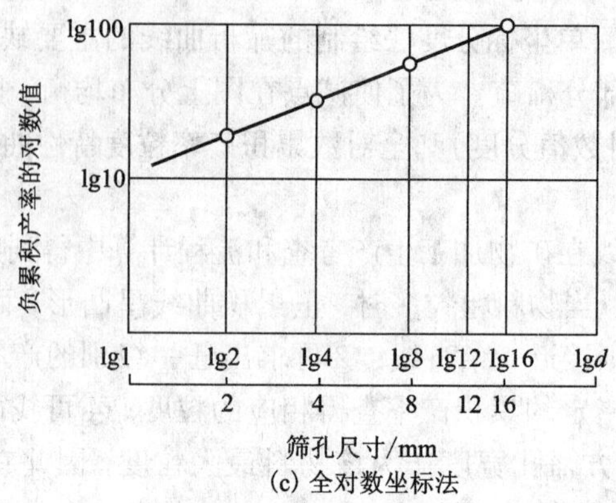

(c) 全对数坐标法

图 6-1 粒度特性曲线

6.1.2 沉降分析

沉降分析法是通过测定粒子在适当介质中的沉降速度计算颗粒尺寸的一种方法，常用的方法有沉积法、淘析法和流体分级法。由于其测定粒度范围较宽(0.02～250 μm)，测量结果重现性高，故采用较普遍。

沉降分析在稀悬浮液中进行(悬浮液浓度通常为小于1%质量浓度或小于0.1%容积浓度)以保证悬浮液中固体颗粒均能自由沉降而互不干扰，对于小于100 μm的物料可按斯托克斯公式计算其沉降速度。公式为：

$$v=\frac{(\rho_s-\rho_f)g}{18\mu}\cdot d^2 \tag{6-1}$$

式中：v 为颗粒自由沉降末速，m/s；d 为球形固体颗粒直径，m；ρ_s 为固体颗粒的密度，kg/m^3；ρ_f 为流体密度，kg/m^3；g 为重力加速度，9.81 m/s^2；μ 为流体的黏度，Pa·s。

水的黏度随温度升高而降低，在20℃时为0.001 Pa·s，温度每升高1℃，大约降低2%。

空气的黏度随温度的升高而增大，20℃时为0.000018 Pa·s，温度每升高1℃，黏度大约增大0.25%。当温度为20℃时：

$$v=5450d^2(\rho_s-\rho_f)$$

若介质为水，取 $\rho_f=1\ g/cm^3$。ρ_s，以颗粒比重 δ 表示，则 $v=5450d^2(\delta-1)$。

颗粒的自由沉降的速度 v 与沉降距离 h 和所需时间 t，有如下关系：

$$v=\frac{h}{t}$$

则：

$$d=\sqrt{\frac{h}{5450(\delta-1)t}}\ (\mathrm{cm}) \tag{6-2}$$

在实际测定时，应进行系数校正。为了简便起见，常用与试样颗粒具有相同沉降速度的球体直径表示，叫等值粒子直径，或当量直径。

1)沉积法

应用沉积法的测量仪器有沉积天平等，沉积天平的结构示意图如图6-2所示。

沉积天平由三个基本部分组成，沉降管、天平机构和自动记录仪。透明材料制成的圆筒形沉降管有时作成夹层水套式，用循环热水维持悬浮液恒温。选择一定黏度的介质，将试样配成极稀的悬浮液，搅拌均匀后倒入沉降管内。金属沉积圆盘刚好可放入沉降管的液体内。用游丝砝码平衡沉降盘的自重。天平的自动平衡装置分为光电式和电磁式两种。沉积天平法的基本原理是，让测管中的固体颗粒悬浮液在重力作用下自由沉降，由下而上地逐步沉积在秤盘上，并有自动记录装置，可记录一段时间内沉积矿粒的质量。

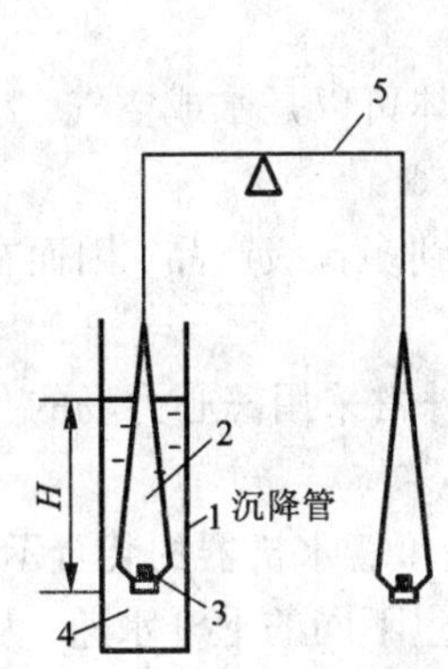

图6-2　沉积天平的结构示意图

1—沉降管；2—悬浮液；3—沉积圆盘；4—恒温水；5—天平机构

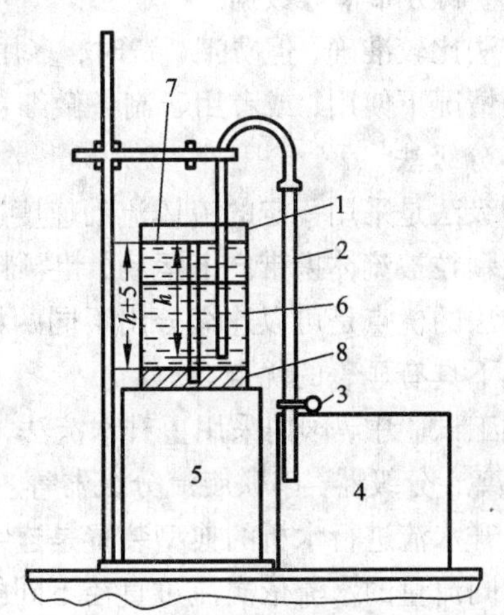

图6-3　重力沉降法装置

1—容器；2—虹吸管；3—夹子；4—溢流收集器；5—底座；6—刻度标尺；7—水平面；8—固体沉淀

2）淘析法

淘析法是一种比较简单又可靠的重力沉降法。常用的分析装置如图6-3所示。在一个容积为1~2 L的玻璃容器外面，距上口不远处从上向下标注刻度。虹吸管的短管部分插入玻璃容器内，管口距玻璃杯底部应留有5~10 mm的距离，以便为物料沉积留出足够的空间。虹吸管的另一端带有夹子，并插入溢流接收槽内。

进行粒度分析时，准确地称量50~100 g待测物料，配成液固比为6∶1~10∶1的矿浆后倒入玻璃杯内，补加液体到规定的零刻度处。补加液体必须保证矿浆的固体体积分数φ不大于3%。由该刻度到虹吸管口的距离h，就是颗粒的沉降距离。设预定的分级粒度为d，在水中的自由沉降末速为v_0，则沉降h高度所需的时间t为：

$$t = h/v_0 = 18h\mu/[d^2(\rho_1 - \rho)g] \tag{6-3}$$

式中：t为沉降时间，s；h为沉降高度，m；v_0预定分级颗粒的自由沉降末速，m/s；μ为液体的黏度，Pa·s；d为预定分级颗粒的粒度，m；ρ_1为待分析物料的密度，kg/m^3；ρ为液体的密度，kg/m^3。

为避免矿粒彼此间团聚产生误差，可在沉降时于水中加入少量分散剂（使矿浆中分散剂浓度为0.01%~0.2%），如水玻璃、焦磷酸钠或六偏磷酸钠等。为加速10 μm以下微细粒级的沉淀，可在含该产物的水中加入少许明矾。

开始沉降前，借搅拌使颗粒充分悬浮。停止搅拌后，立即开始计时。经过t时间后，打开虹吸管，吸出 h 高度内的矿浆，随同矿浆一起吸出的颗粒粒度全都小于 d。然而玻璃杯内仍有一部分粒度小于 d 的颗粒，因初始时悬浮高度小于 h 而较早地沉降下来，未能被吸出。因此，上述操作需重复数次，直到吸出的上清液几乎不含固体颗粒为止。最后留在玻璃杯内的固体，是颗粒粒度都大于 d 的产物。如需要分出多个粒级产物，则需按预定的分级粒度分别计算出相应的沉降时间 t，由细到粗依次进行上述操作。

将每次吸出的矿浆分别按粒度合并，静置沉淀，然后烘干、计量、化验，即可计算出各粒级的产率、金属分布率等数据。

这种方法比较准确，但费工、费时，多用来对其他水析方法进行校核，或者在没有连续水析仪器的情况下使用，或者用于制备微细粒级试验用样品。

3)流体分级法

流体分级法是采用一定的流体流动速度进行分级的方法，流体可以是水或空气，小于一定粒度的细颗粒被流体携带向上运动，粗颗粒向下运动。

这种方法的优点是可以连续分出不同的粒度组分，一次能得到多粒级产品，因而在试料量大的情况下具有显著的优点。

矿物加工试验中，国内采用上升水流法，即常称为水析。国外常采用离心力场的分级设备，如风力离心分级器、串联旋流分级器等。

利用上升水流进行水析的典型装置是连续水析器，图 6 - 4 是 4 管水析器的装置示意图。工作时以相同流量的水流依次流过直径不同的分级管，在其中产生不同的上升水速，从而使物料按沉降速度不同分成 5 个级别。在实际操作中，给水量 Q 取决于水析器分级管的断面面积 A 和分级临界颗粒的自由沉降末速 v_0，它们之间的关系为：

$$A = \pi D^2/4 = Q/v_0$$

在每个分级管中，自由沉降末速 v_0 大于管内上升水流速度 u_a 的颗粒即沉降下来，而 v_0 小于 u_a 的颗粒将进入下一个分级管内，依次进行分级。在每个分级管内保持悬浮的颗粒即为该次分级的临界颗粒。

由于经过每个分级管的水流的流量是相同的，各个分级管的直径 D 与管中的临界颗粒自由沉降末速的关系为：

$$D_1^2 v_{01} = D_2^2 v_{02} = D_3^2 v_{03} = D_4^2 v_{04} \tag{6-4}$$

当用斯托克斯自由沉降末速公式计算颗粒的沉降末速时，各个管中分级临界颗粒的粒度 d 与分级管直径 D 的关系为：

$$D_1 d_1 = D_2 d_2 = D_3 d_3 = D_4 d_4 \tag{6-5}$$

在实际操作中，每次水析用物料为 50 g 左右，装入带搅拌器的玻璃杯内。给料前将各分级管和连接胶管都充满水，打开管夹使矿浆流入各分级管内。在一般情况下，给料时间约为 1.5 h，2 h 后停止搅拌，待最末一级管中流出的溢流水清澈时停止给水。然后用夹子夹住各分级管下端的软胶管，按粗细顺序将各级产物清洗出来，再进行烘干、计量、化验。

这种水析方法一次可获得多级产品，操作简便，只需要保持水的流量恒定不变，所得结果也比较准确，但水析一个样品一般需要 8 h 左右。

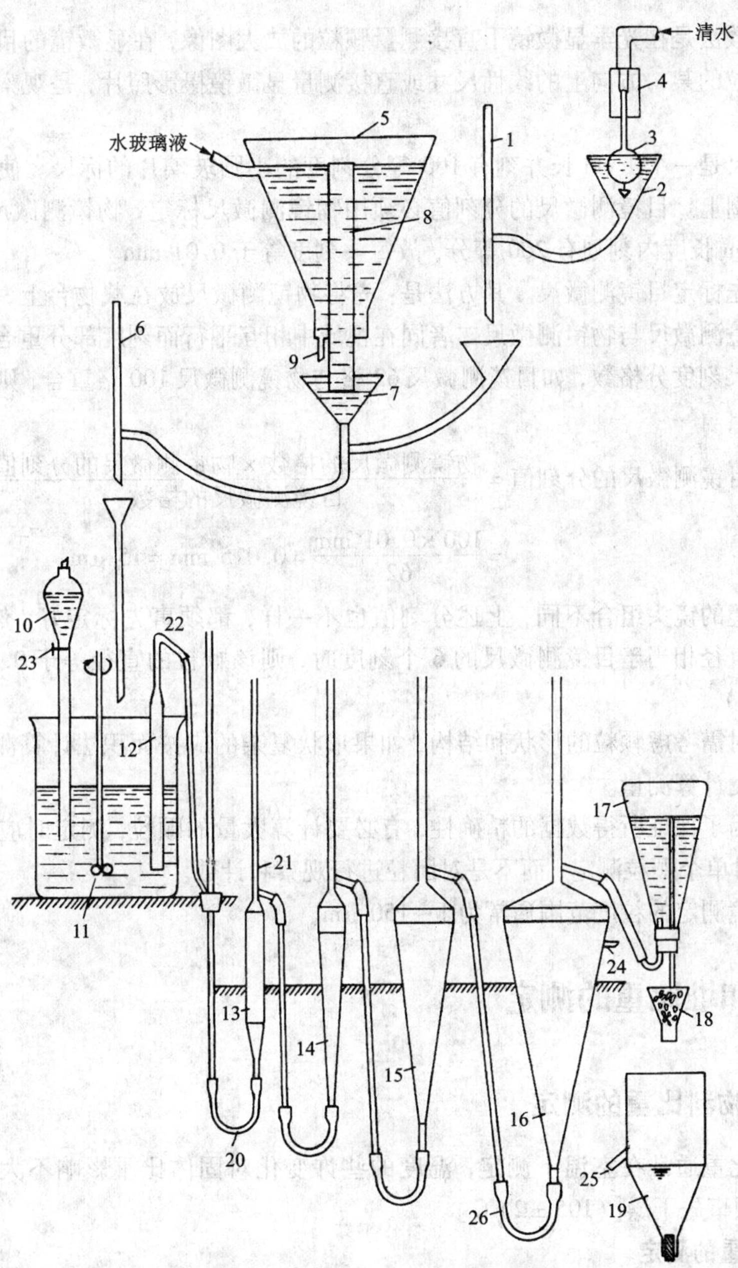

图6-4 连续水析器装置示意图

1—清水滴管；2、7—漏斗；3—浮标；4—水阀；5—盛分散剂的锥瓶；6—分散剂调节滴管；8—进气中心管；9—分散剂溶液排放管；10—盛料锥形漏斗；11—搅拌器；12—吸浆管；13～16—分级管；17—调节液面的锥瓶；18—添加絮凝剂的漏斗；19—接收最细粒级的锥瓶；20、26—乳胶管；21—气泡排放管；22—虹吸管；23—矿浆排放阀；24、25—溢流管

6.1.3 显微镜计数法

显微镜计数法是在光学显微镜下直接测量颗粒的放大图像，在显微镜的目镜中安装测微尺直接测量颗粒的某一方向上的线性尺寸或直接测量显微镜摄影照片，是观察和测量单个颗粒仅有的方法。

目镜测微尺是一个 1 cm 长并刻有 100 等分刻度的小圆玻璃片的标尺。使用时它被装在目镜的视域光圈上。目镜测微尺的分刻值必须用物镜测微尺标定，物镜测微尺(或称载物台测微尺)在 2 mm 长度内刻划有 200 等分，故每一刻度等于 0.01 mm。

测定前事先标定目镜测微尺。其方法是：先将物镜测微尺放在载物台上，调节焦距使视域清晰并使目镜测微尺与物镜测微尺二者同在视域中相互平行而刻度部分重合，此时便分别读取两个测微尺刻度分格数，如目镜测微尺 62 格与物镜测微尺 100 格重合，则目镜测微尺的分刻值即可算出。

$$\text{目镜测微尺的分刻值}=\frac{\text{物镜测微尺的格数}\times\text{物镜测微尺的分刻值}}{\text{目镜测微尺的格数}}$$

$$=\frac{100\times0.01\ \text{mm}}{62}=0.015\ \text{mm}=15\ \mu\text{m}$$

目镜与物镜的镜头组合不同，上述分刻值也不一样，都须事先标定好，然后再开始测。如测定颗粒的直径相当于目镜测微尺的 6 个刻度时，则该颗粒的直径等于 $0.015\times6=0.09$ (mm) $=90$ (μm)。

此法测定时需考虑颗粒的形状和结构，如果形状复杂的应按面积法计算测量，对称性好的颗粒可依长度计算测量。

这种方法为了保证所得数据的精确性，有必要计算大量的颗粒，测定时应使试样很好地分散，保证仅对单个颗粒测定，而不是对团粒进行观察和计数。

光学显微镜测定的粒度范围通常为 1 ~ 150 μm。

6.2 比重和堆比重的测定

6.2.1 固体物料比重的测定

固体物料比重通常在室温下测定，温度的些许变化对固体比重影响不大，因而不必注明，但试料必须事先干燥[(105 ± 2)℃]。

1. 大块比重的测定

大块比重的测定通过最简单的称量法进行，即先将矿块在空气中称量，再浸入水中称量，然后算出比重。介质一般采用水，也可用其他介质。称量可在精确度为 0.01 ~ 0.02 g 的普通天平上进行，也可用专测比重用的比重天平进行。

(1)普通天平法。

为了测定大块不规则形状的物体的比重，首先要测物体的干重。然后用细金属丝做一个圈套，将物体挂在灵敏的工业天平或分析天平横梁的一端，再将盛水的容器放在一个桥形的小台上，小台应不会碰到秤盘，并使物体完全浸入水中而不至于碰到容器。由于金属丝很难将物块套稳，因而用金属丝做一个小笼子，将待测物块放在笼内(将笼子用一根尽可能细的金属丝做成的钩子挂在天平梁上)，首先测笼子在水中质量，然后测笼子同物体在水中质量。由于金属丝很细，浸入水中部分的长度变化引起浮力变化很小，误差也小，故可忽略。

由于矿块结构的不均，需测很多块，取多次测定的平均值。

计算得：

$$\delta=\frac{G_3-G_1}{(G_3-G_1)-(G_4-G_2)}\cdot\Delta \tag{6-6}$$

式中：δ 为矿块比重；G_1、G_2为笼子分别在空气中、介质中的质量；G_3、G_4为矿块和笼子分别在空气中、介质中的质量；Δ 为介质比重。

(2)比重天平法。

比重天平法与普通天平法的原理是相同的，但所用的称量仪器是专用比重天平，因而测定时可直接读出矿块比重，不需要再用公式计算。

2. 粉状物料比重的测定

粉状物料的比重测定，可根据试验精确度的要求和试样质量采用量筒法、比重瓶法和显微比重法。矿物加工试验中常用比重瓶法。详细的试验步骤参考相关书籍。

试样比重按下式计算：

$$\delta=\frac{\Delta G}{G_1+G-G_2} \tag{6-7}$$

式中：G 为试样干重，kg；G_1 为瓶、水合重，kg；G_2 为瓶、水、样合重，kg；Δ 为介质比重；δ 为试样比重。

比重测定需平行做两次，求其算术平均值，取两位小数，其平行差值不得大于0.02。

显微比重法适用于微量(10～20 mg)试样比重的测定。即用特制显微比重管或选取内径均匀的化学移液管来制作量器，用带测微尺的显微镜代替肉眼观测试样的排液体积，即可求出矿物比重。介质一般采用酒精或二甲苯。精确度可达±0.2 mg。

粉状物料比重的测定要注意介质的选择。一般对介质的基本要求是：①对试样的湿润性好；②化学性质稳定，不同试样不发生化学反应；③比重稳定；④蒸气压低，黏性小，表面张力小，分子半径小。对于亲水性试样，通常都是用水作介质，其他则可用酒精(95%时最稳定)、苯、甲苯、二甲苯等有机液体。

6.2.2　堆比重(堆重度)的测定

堆重度是指碎散物料在自然状态下堆积时，单位体积(包括空隙)的质量，常用的单位为t/m^3，堆比重和堆重度在数值上相同，但堆比重是一个无量纲的量。

测定堆比重的主要目的是为设计矿仓、堆栈等贮矿设施提供依据。

原矿以及粗碎和中碎产品，因为粒度大，其堆比重一般应在现场就地测定，细碎和选矿产品的堆比重，可在实验室内测定。至于可选性试样是否需要测定堆比重，以及应在什么粒度下测定堆比重，应与设计部门协商，因为实验室选矿试样的原始粒度和破碎粒度一般与工业生产不同。

具体测定方法如下：取经过校准的容器，其容积为 V，质量为 G_0，盛满矿样并刮平，然后称量为 G_1，其堆比重 δ 和空隙度 e 可分别计算如下：

$$\delta_D = \frac{\gamma_d}{\gamma_w} = \frac{G_1 - G_0}{\gamma_w V} = \frac{G_1 - G_0}{V} \tag{6-8}$$

$$e = \frac{\gamma_S - \gamma_D}{\gamma_S} = \frac{\delta_S - \delta_D}{\delta_S} \tag{6-9}$$

式中：G_0 和 G_1 为容器装矿前和装矿后的质量，kg；V 为容器的容积，L；γ_D 和 δ_D 为矿样的堆重度(kg/L)和堆比重；γ_S 和 δ_S 为矿样的重度(kg/L)和比重；γ_w 为水的重度(kg/L)，等于1；e 为空隙度，空隙体积占容器总容积的分数，以小数计。

测定容器不应过小，否则准确性差。即使矿块很大，容器的边长最少也要是最大块尺寸的6倍。为减少误差，应重复测定多次，取其平均值作为最终数据。若要求测定压实状态下的碎散物料的堆比重，则在物料装入容器后可利用震动的方法使其自然压实，然后测定。

6.3 摩擦角和堆积角的测定

摩擦角和堆积角测定的主要目的是为设计原矿仓和中间贮矿槽提供原始数据。

6.3.1 摩擦角的测定

测定方法是：用一块木制平板(也可用胶板或其他材料制成的平板)，其一端铰接固定，而另一端则可借细绳牵引以使其自由升降。如图6-5所示，将试验物料置于板上，并将板缓慢下降，直至物料开始运动为止。此时测量其倾斜角即为摩擦角。

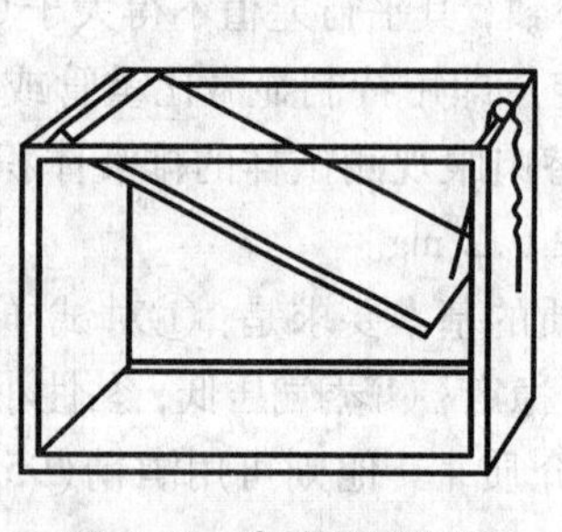

图6-5 摩擦角测定仪

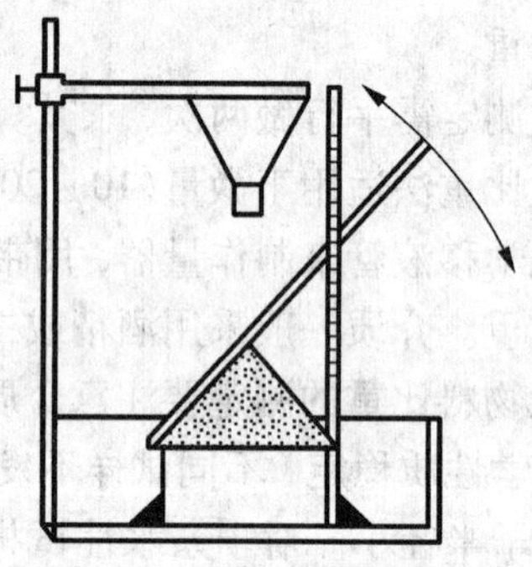

图6-6 朗氏法测定装置

6.3.2 堆积角的测定

测定方法有自然堆积法和朗氏堆积法。自然堆积法很简单，只需有较平的台面和地面，将物料自然堆积，测量物料与平面之间的夹角即可。朗氏法的测定装置如图6-6所示，试料由漏斗落到一个高架圆台上，在台上形成料堆，直至试料沿料堆的各边都同等地下滑为止。转动一根活动的直尺，即可测出堆积角。

6.4 矿石可磨度的测定

矿石可磨度是度量磨矿难易程度的物理量。它主要用来计算不同规格磨矿设备磨碎不同矿石时的处理能力。在选矿厂，磨矿设备是关键设备之一，因磨矿工段的投资和经营费用，在整个选矿厂中所占的比率达50%～60%。磨矿细度能否达到要求，对于所设计选厂能否达到设计指标又具有决定性的意义，因而在选矿厂设计工作中，矿石的可磨度是一个极其重要的原始数据。已经提出的可磨度测定方法有多种，其差别主要表现在以下两方面。

(1)可磨度的度量标准不同。矿石可磨度的表示方法有许多种，但总的说来可归为两大类。

第一类是以单位容积磨机的生产能力表示可磨度，一般是指单位时间的产量，但也有的是指磨矿机每转一转的产量。而生产量有的是指在指定给矿和产品粒度下处理的矿石量，有的是指新生 -0.074 mm(-200 目)的产品量，有的则是指新生表面积(即新生的总表面积=比表面积×吨数)。

第二类是以单位耗电量度量可磨度，即在指定的给矿和产品粒度下每磨一吨矿石的耗电量(kW·h/t)，或新生每吨 -0.074 mm(-200 目)物料的耗电量(kW·h/t—新生级别)，或每吨矿石每新生 1000 cm^2/cm^3 比表面的耗电量(kW·h/t—1000 cm^2/cm^3)。

采用第一类或第二类表示方法，又可分为绝对法和相对法(即比较法)，前者使用所测出的单位容积生产能力或单位耗电量的绝对值度量可磨度，因而也称为绝对可磨度；后者是用待测试样与标准试样的单位容积生产能力或单位耗电量的比值度量可磨度，因而也称为相对可磨度。由于实验室磨矿机与工业磨矿机磨矿条件相差甚远，绝对值很难直接引用，因而目前都是测定相对可磨度。

(2)磨矿试验方法不同。分为开路磨矿测定法和闭路磨矿测定法两类。

6.4.1　单位容积生产能力法

1. 开路磨矿测定法

取 -3(-2) +0.15 mm 的矿样(每份 500 g 或 1000 g)，在固定的磨矿条件下，分别进行不同时间的磨矿，然后将各份磨矿产品分别用套筛[或仅用 0.074 mm (200 目)的标准筛]筛析，并绘出磨矿时间与产品中各筛下(或筛上)级别累积产率的关系曲线，从而找出将试样磨到所要求的细度[按 -0.074 mm (-200 目)含量计]所需要的磨矿时间 T。

磨矿机的单位容积生产能力，即绝对可磨度，按给矿量计算应为：

$$q = \frac{60G}{VT} \tag{6-10}$$

式中：q 为在指定的给矿和产品粒度下，按给矿量计算的单位容积生产能力，kg/L·h；G 为试样原始质量，kg；V 为试验用磨矿机体积，L；T 为磨到指定细度所需时间，min。

按新生 -0.074 mm(-200 目)产品计算应为：

$$q^{-74} = \frac{60G\gamma^{-74}}{100VT} \tag{6-11}$$

式中：q^{-74}为按新生 -0.074 mm(-200 目)产品量计算的单位容积生产能力，kg/L·h；γ^{-74}为新生 -0.074 mm(-200 目)含量，%。

测定相对可磨度时，需用标准矿石对照。若在相同条件下，将标准矿石磨到同一细度所需的时间为 T_0，算出绝对可磨度为 q 或 q_0^{-74}，则按相对可磨度定义：

$$K = \frac{q}{q_0} \text{或} \frac{q^{-74}}{q_0^{-74}} \tag{6-12}$$

由于磨待测矿石和标准矿石的 G、V、γ^{-74} 均相同，因而不论是按给矿或新生 -0.074 mm (-200 目)产品计算生产能力，推算出的相对可磨度计算公式均为：

$$K=\frac{T_0}{T} \tag{6-13}$$

这样，试验的任务仅在于求出 T_0 和 T。

按新生 -0.074 mm (-200 目)含量法测定相对可磨度是最常用的方法，如图 6-7 所示，若曲线 1 和 2 分别代表标准矿石和待测矿石不同时间磨矿产品用 0.074 mm (200 目)标准筛筛析结果，所要求 -0.074 mm(-200 目)含量为 x，则自纵坐标 x 处引一水平线分别与曲线 1 和 2 相交，两交点的横坐标即为所求之 T_0 和 T。

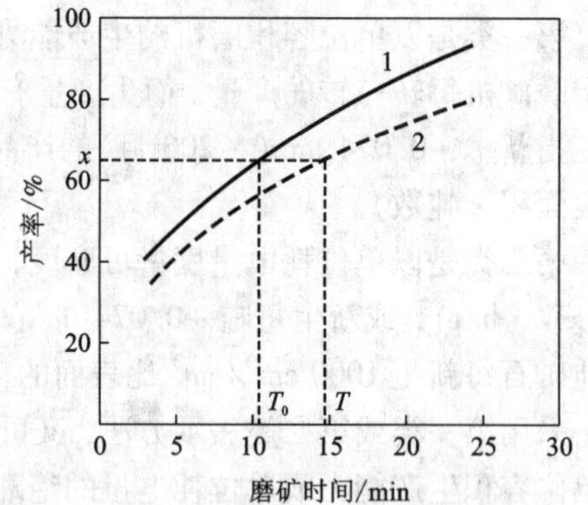

图 6-7 相对可磨度测定曲线

2. 闭路磨矿测定法

把一定数量的 -3 mm 左右的原矿，筛除指定粒度的合格产品后，进行不同时间的磨矿。即每次磨矿产品，在筛除指定粒度的合格产品后，返回磨矿机重磨，同时用筛除了合格产品的原矿补足筛除的部分，使磨矿机中的矿石总量保持不变。随着闭路次数的增加，产品中的合格产品量也将逐渐增加，但增加的幅度将逐渐减少，大约经过 10 次闭路，过程即可基本稳定。然后用最后两次的试验数据计算循环负荷和可磨度指标。

循环负荷 C 可按下式计算：

$$C=\frac{100-\gamma}{\gamma}\cdot 100\% \tag{6-14}$$

式中：γ 为最后两次磨矿产品中合格产品的平均产率，%。

磨矿机的单位容积生产能力按下式计算：

$$q=\frac{60G\gamma}{100VT} \quad \text{kg/(L·h)} \tag{6-15}$$

式中字母的含义同前。

相对可磨度 K 则按下式计算：

$$K=\frac{q}{q_0}=\frac{\gamma T_0}{\gamma_0 T}=\frac{\gamma}{\gamma_0} \tag{6-16}$$

式中：q 和 q_0 为待测矿石和标准矿石的绝对可磨度，即单位容积生产能力，kg/L·h；γ 和 γ_0 为待测矿石和标准矿石在相同磨矿时间(因而 $T_0=T$)下闭路磨矿时，最后两次磨矿产品中合格产品的平均产率，%。

磨矿时间不同，返砂量也将不同，可根据生产时间资料，选定合理的返砂量，然后根据所要求的返砂量，确定磨矿时间，并在该磨矿时间下计算可磨度。

6.4.2 单位耗电量法

单位耗电量法也可称单位功率法。可磨度的计算是以破碎第三定律为基础的，所用的方程式为：

$$W=\omega(\frac{10}{\sqrt{P}}-\frac{10}{\sqrt{F}}) \tag{6-17}$$

式中：W 为测得的单位耗电量，kW·h/t，即单位功率；ω 为功指数，即绝对可磨度，单位同 W；P 为产品粒度，μm；F 为给矿粒度，μm。

相对可磨度是指标准矿石与待测矿石功指数的比值：

$$K=\frac{\omega_0}{\omega}=\frac{W_0}{W}\cdot\frac{(\frac{10}{\sqrt{P}}-\frac{10}{\sqrt{F}})}{(\frac{10}{\sqrt{P_0}}-\frac{10}{\sqrt{F_0}})} \tag{6-18}$$

式中字母的含义同前。

凡带下标“0”的均是指标准矿石，不带下标的均是指待测矿石。此式为测定矿石可磨度的比较法，其实质是假定两种重量相同矿样，当给矿粒度大约相同，在磨矿时间、装球量、矿浆浓度、旋转速度均相同的条件下，在同一磨矿机内进行磨矿时，需要的输入功率或功是相同的(即 $W=W_0$)。

可磨度测定时，做对照用的标准矿石必须稳定可靠，所选磨矿细度必须根据设计要求确定；采用闭路磨矿测定法时，返砂量的大小应与生产实际相符；试验室可磨度测定结果不能用作自磨机的设计原始数据。

6.5 硬度系数的测定

矿石的硬度直接影响破碎机的生产能力。为了确定矿石的硬度，常须测定硬度系数(f)，供选矿厂设计选择破碎机和磨矿机时参考。

f 的测定方法如下：将矿石和岩石标本制成标准试件，其规格为：圆柱体直径 $\phi=5$ cm，高等于直径，立方体 5 cm×5 cm×5 cm。磨光试件，按顺序将试件分别置于压力机承压板中心(注意压力机承压板与试件受压面平行)。开动马达，以每秒 5~10 kg/cm^2 的速度加荷载，直至试件破坏为止，记录破坏加荷载，计算公式如下：

$$R=\frac{P}{ab} \tag{6-19}$$

式中：R 为试件抗压强度，kg/cm^2；P 为试件破坏荷重，kg；a 为试件受压面的长度，cm；b 为试件受压面的宽度，cm。

$$f=\frac{R}{100} \tag{6-20}$$

式中：f 为硬度系数，kg/cm^2。

为了得到较准确的 f 值，应注意如下问题：①所选矿石或岩石标本样应具有充分的代表性；②鉴于矿石不同表面上的抗压强度有差异，同样的标本一般应选择三块，以便分别测定各个方面的 f 值，然后取其平均值；③每组标本样应取 3~5 个，并取其平均 f 值。

6.6 水分的测定

矿物加工试验的原矿或者各产品都不同程度含水，一般常将水分分为：

(1)外在水分或表面水分。它覆盖在颗粒表面上，在干处保存时，这部分水分即逐渐蒸发掉，直到变为"风干"状态。

(2)分析水分或吸着水分。它含在颗粒的孔隙和裂缝处，其含量与水蒸气的压力和空气的相对湿度有关。

(3)化合水或结晶水。

矿物加工试验时，需要测定的是前两项，这两项水分的总和称为总水分或游离水分。矿石和产品的水分将影响到洗矿、破碎、筛分、贮矿、脱水等作业的流程和设备选择，对于判断矿产是否可能采用风力选别或干式磁选等具有决定性的意义。

水分主要的测定方法有干燥法、乙炔法和蒸馏法。

试验室一般采用干燥法，取25 g粉碎至1 mm的湿样，水分少的可取50 g，放在容积约100 mL的玻璃碗中，上面覆盖一块磨砂玻璃盖(也可用带盖的铁盒)称重，准确至0.01 g。然后将玻璃碗置烘箱(干燥箱)内，让盖子斜开着，在105～110℃的温度下干燥(烘干时间不少于8 h)，然后移放至干燥器内冷却(约半小时)，冷却后迅速盖上盖子，从干燥器内取出称重。最后按下式计算水分：

$$W = \frac{G_1 - G}{G} \times 100\% \qquad (6-21)$$

式中：W为水分含量，%；G为干样重(指烘干样)，g；G_1为湿样重，g。

上述测定至少要求作两份平行样，取其算术平均值，取两位小数以百分数表示。

测定中需注意如下问题：

(1)供可选试验用的工艺试样送至试验室时通常已放置甚久，因而外在水分已逐渐风干，故一般测出的是吸着水含量。

(2)为了测定外在水分或总水分，必须及时采样，及时测定。大块物料只能就地测定。测定方法是先测湿重，然后测风干重(风干几昼夜至恒重)，最后测烘干重。依次可算出外在水分和总水分。

(3)若试样粒度大，试样量大，可先在采样地点及时测出外在水分，然后将风干试样破碎后缩分出少量有代表性试样测定吸着水。

6.7 比磁化系数和磁场强度的测定

6.7.1 比磁化系数的测定

矿物比磁化系数是判断磁选法分选各种矿物的可能性的依据。

比磁化系数的测定方法有多种，实验室常用方法有质动力法(即磁天平法)和微小矿物比磁化系数测定法。质动力法又分两类：①绝对法—古依法；②比较法—法拉第法。

1. 古依法

此法是直接测量比磁化系数的方法。它既能测强磁性矿物的比磁化系数，又能测弱磁性矿物的比磁化系数。

(1)测量原理。将一全长等截面的试样(装在圆柱形薄壁玻璃管中)，置于磁场中，使一端位于强磁场区，另一端位于弱磁场区，则试样在其长度方向所受的磁力为：

$$F_{磁} = \int_V \mu_0 \chi_0 \rho H \frac{\mathrm{d}H}{\mathrm{d}X}\mathrm{d}V = \int_V \mu_0 \chi_0 \rho H \frac{\mathrm{d}H}{\mathrm{d}X} S\mathrm{d}X = \frac{1}{2}\mu_0 \chi_0 \rho S(H^2 - H_1^2) \tag{6-22}$$

式中：μ_0 为真空的磁导率，$4\pi \times 10^{-7}$ N/A^2；S 为试样的截面积，m^2；χ_0 为试样的比磁化系数，m^3/kg；ρ 为试样的密度，m^3/kg；dV 为试样体积元；H 为试样两端所在处的最高场强，A/m；H_1 为试样两端所在处的最低场强，A/m。

由于试样足够长，且 $H \geqslant H_1$，所以上式可简化为：

$$F_{磁} = \frac{1}{2}\mu_0 \chi_0 \rho H^2 S = \frac{\mu_0 \chi_0 \rho}{2L} H^2 \tag{6-23}$$

因为 $F_{磁} = g\Delta P$，所以：

$$\chi_0 = \frac{2g \cdot \Delta P \cdot L}{\mu_0 P H^2} \tag{6-24}$$

式中：ΔP 为试样在磁场中的重量，N；P 为试样重量($P = \rho LS$)，N；L 为试样长度，m；g 为重力加速度，9.8 m/s^2。

(2)测量装置。古依法测定矿物比磁化系数的装置如图6-8所示，此装置由分析天平、薄壁玻璃管、多层螺管线圈、直流电流表、变阻器、转换开关和直流电源组成。

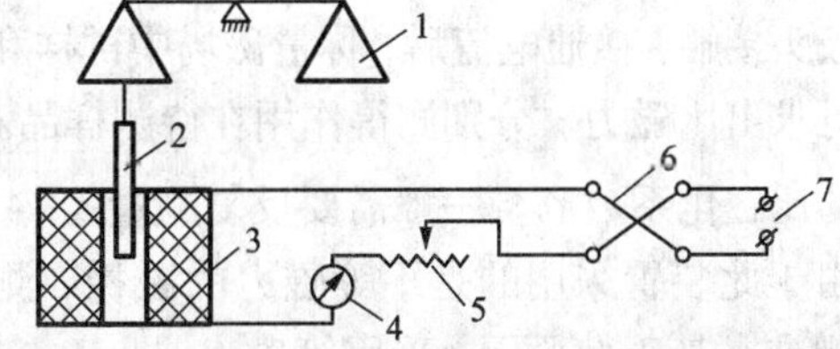

图6-8 古依法测定矿物比磁化系数装置图

1—分析天平；2—薄壁玻璃管；3—多层螺管线圈；4—直流电流表；5—变阻器；6—转换开关；7—直流电源

(3)测定方法。在测定前，先确定空玻璃管的重量，将样品磨成粉末(其粒度根据需要而定)，小心地装入玻璃管中并捣紧，直到达到0.25 m的刻度为止。将带样品的玻璃管称重，然后将它挂于分析天平的左秤盘下，使其下端位于线圈的中心，且不要碰到线圈壁。将线圈接通电流，并在磁场中对带有样品的玻璃管称重。从以上三个称量数据可求出 P 和 ΔP，将有关数据代入公式中，可算出 x_0。

2. 法拉第法

此法一般用来测定弱磁性矿物的比磁化系数。

(1)测量原理。将已知比磁化系数的标准样品和待测样品，先后装入同一个小玻璃瓶中，并置于磁场中的相同位置，使两次测量的 $H\mathrm{grad}H$ 相等，则两试样在磁场中所受的比磁力分别为：

$$f_1 = \mu_0 \chi_{标} H\mathrm{grad}H$$

或

$$f_2 = \mu_0 \chi_0 H\mathrm{grad}H \tag{6-25}$$

式中：f_1 为标准样品所受的比磁力；f_2 为待测样品所受的比磁力；$\chi_{标}$ 为标准样品的比磁化系数，常用焦磷酸锰($MnPO_4$)作标准样品，其比磁化系数为 1.46×10^{-6} m^3/kg；χ_0 为待测样品的比磁化系数，m^3/kg。

由上述两式可得：

$$\chi_0 = \chi_{标}\frac{f_2}{f_1} \tag{6-26}$$

测量的任务是确定 f_1 和 f_2。

也可用其他稳定的化合物作标准样品，如氯化锰（$MnCl_2$，比磁化系数为 $1.44\times10^{-6}\ m^3/kg$）、硫酸锰（$MnSO_4\cdot4H_2O$，比磁化系数为 $0.82\times10^{-6}m^3/kg$）、多结晶铋矿（比磁化系数为 $0.017\times10^{-6}\ m^3/kg$）等。

（2）测量装置。常用普通磁力天平测量装置如图 6－9 所示，此装置由分析天平、装样品的球形玻璃瓶（直径约 0.1 m）、电磁铁心、线圈、直流安培表、变阻器、转换开关、直流电源、非磁性材料板组成。

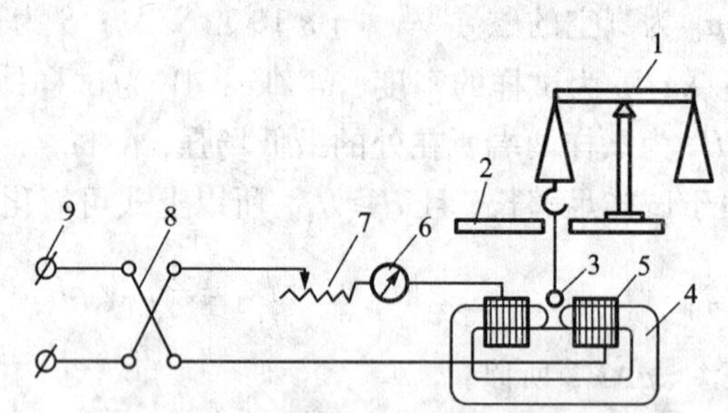

图 6－9　普通磁力天平测量装置

1—分析天平；2—非磁性材料板；3—玻璃瓶；4—电磁铁心；5—线圈；6—直流安培表；7—变阻器；8—转换开关；9—直流电源

（3）测量方法。先称空瓶的重量，再将粉状样品装入玻璃瓶中，轻轻捣紧，装到小瓶的颈部为止，称重。然后把它挂在分析天平的左盘下，使试样瓶置于磁极空间喇叭口的中心位置，不要和磁极头接触，接通电流后，称量磁场中试样和瓶的重量。由试样重量和试样在磁场中的重量增量可求出比磁力。分别测得作用在待测样品和标准样品上的比磁力后，代入上式，即可算出样品的比磁化系数 χ_0。一般需要反复测量 3～4 次，计算待测样品磁化系数的平均值。

由于此装置采用的是不等磁力的磁极，测量时小玻璃瓶会上下来回晃动，因而实测时，难以测准。基于此原因，采用等磁力（即 $H\mathrm{grad}H$ = 常数）磁极的磁天平较好，由于样品在磁场内任何一点所受 $H\mathrm{grad}H$ 均相等，所以比较容易测准，但此种磁极形状一般难以制造，故通常普遍采用不等磁力磁极的磁天平。

等磁力磁极的磁天平装置如图 6－10 所示。磁极工作区域的 $H\mathrm{grad}H$ 为常数。

测量原理是：当试样的质量 m 和所受的磁力 F 已知时，就可按下式求出比磁化系数：

$$\chi_0 = \frac{F}{mH\mathrm{grad}H} \tag{6-27}$$

仪器的 $H\mathrm{grad}H$ 和线圈激磁电流之间的关系，已用曲线或表格的形式编入说明书中，可以直接查出。

在等磁力磁性分析仪中进行比较法和绝对法测量。

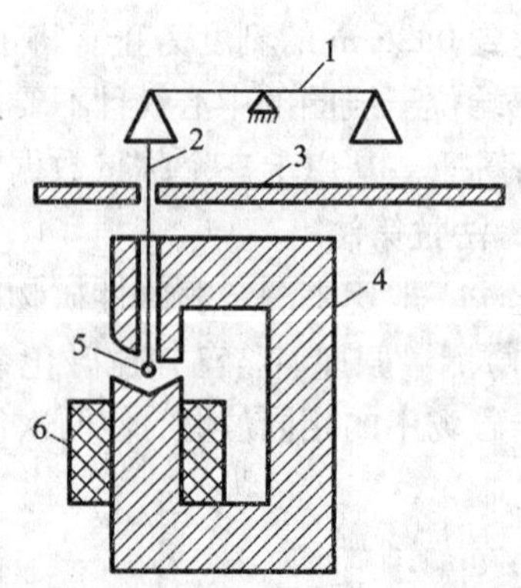

图 6－10　等磁力磁极的磁天平装置图

1—分析天平；2—非导磁材料做的线；3—磁屏；4—铁心；5—矿样；6—线圈

3. 微小矿物磁化系数测定法

利用顺磁液体测量微小矿物比磁化系数是一种新技术，与其他方法相比，其优点是操作简便、快速、精度较高。

在装有顺磁性液体的细玻璃管中，矿粒不仅依据其比重，同时也依据其磁化系数的差异悬浮在不同的高度上，固定观测高度，通过测定激磁电流来确定矿粒的磁化系数。待测矿粒的比磁化系数采用对比测定法按下式计算：

$$\chi = \frac{LMT\chi_A + KL\delta_A - KL\delta_B - KNQ\chi_B}{LMT - KNQ} \tag{6-28}$$

令

$$K = \chi_A - \chi_0;\ L = \chi_B - \chi_0;\ M = \delta_0 - \delta_A$$

$$N = \delta_0 - \delta_B;\ T = (I_2/I_1)^2;\ Q = (I_4/I_3)^2$$

式中：χ 为待测矿粒比磁化系数；χ_A 和 χ_B 为溶液 A 和溶液 B 的比磁化系数；δ_0 为标准矿物的比重；χ_0 为标准矿物的比磁化系数；I_1 为标准矿物在 A 溶液中的电流值；I_2 为标准矿物在 B 溶液中的电流值；I_3 为待测矿粒在 A 溶液中的电流值；I_4 为待测矿粒在 B 溶液中的电流值。

6.7.2　磁场强度的测定

1. 用 CT－3 与 CT－5 型高斯计测定磁场强度

(1) 基本原理。该仪器根据霍尔效应原理制成，如图 6－11 所示。霍尔效应，即是一半导体薄片通过电流 I_x，并置于外磁场 H 中，这时由电流和磁场方向构成的平面的垂直方向上将呈现电压，此现象称为霍尔效应，其基本关系为：

$$V_H = \frac{R_H}{d} I_x H f(l/b) \tag{6-29}$$

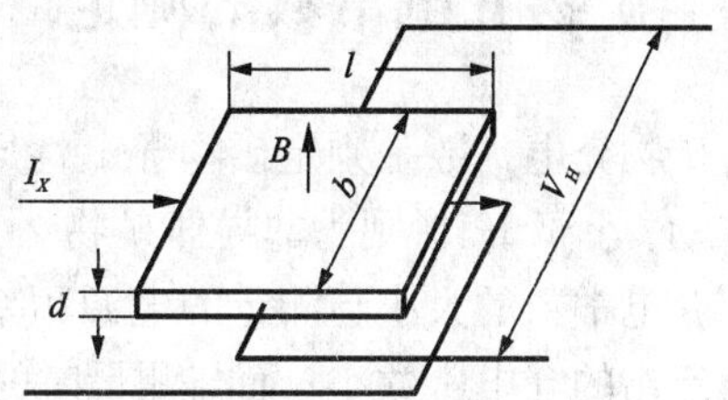

图 6－11　霍尔效应原理示意图

式中：V_H 为霍尔电压；R_H 为霍尔常数，由半导体材料确定的因素；d 为半导体薄片的厚度；$f(l/b)$ 为霍尔元件的形状系数，l、b 分别为薄片的长与宽。

由式(6－39)得知，当半导体材料及几何尺寸选定，电流 I_x 给定，那么霍尔电压与被测磁场强度成正比：

$$V_H \propto H \tag{6-30}$$

从式(6－39)可以看出，电流 $V_H \propto H$ 可以是交变的，亦可为恒定的，即被测磁场是恒定或交变皆可，这是霍尔效应高斯计能测交直流磁场的基础。

(2) 结构及使用方法。参看 CT－3 与 CT－5 型高斯计说明书，在此不叙述。

2. 用 CT－1 型磁通计测定磁场强度

磁通计是一种没有机械反抗力矩的磁电式仪表，其主要部分是测量电量的冲击电流计。用磁通计进行测量，要接一个探测线圈，如图 6－12 所示。当探测线圈所包围面积的磁通发生变化时，线圈中产生感应电动势，于是有感应电量通过磁通计，使其指针偏转。根据闭合回路中磁通保持不变的原理，探测线圈中磁通的变化应被穿过磁通计活动线圈的反向磁通所补偿。因此，从磁通计指针的偏转可直接测出变化的磁通量，即

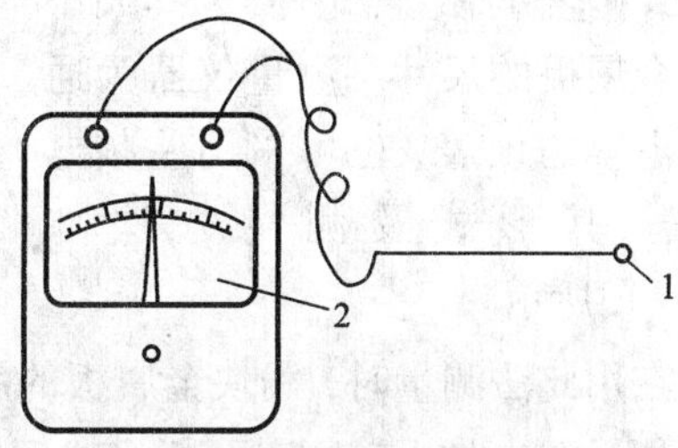

图 6－12　磁通计示意图

1—探测线圈；2—磁通表

$$\Delta_{\varphi} = \frac{C_r \Delta_{\alpha}}{N} \tag{6-31}$$

式中：Δ_{φ} 为磁通变化量，Wb(韦伯)；N 为探测线圈匝数，匝；Δ_{α} 为磁通计偏转角度；C_r 为冲击常数。

实际上，用磁通计往往不是测量磁通量，而是用它去测量磁感应强度(或磁场强度)。因此，将被测磁场的磁感应强度(或磁场强度)代入即得：

$$B = \frac{C_r \Delta_{\alpha}}{NS} \tag{6-32}$$

式中：B 为磁感应强度，Gs；S 为探测线圈断面积，cm^2。

C_r 是与探测线圈回路电阻和摆角有关的常数。在一定摆角下，回路电阻固定时可视为常数，故一般磁通计产品说明书上对摆角与回路电阻均有所规定，要求使用时摆角不小于 50 格，且电阻 $r < 20\ \Omega$。

6.8 矿物介电常数的测定

矿物介电常数是判定矿物导电性质的主要依据，通常将介电常数大于 12 的矿物定位导体矿物，小于 12 者则为非导体矿物。

介电常数的大小与测定的电源频率(Hz)有关，物料在低频时测定出的介电常数大，高频时测定出的介电常数小；而与测量时的电场强度大小无关。介电常数，一般在工频 50 Hz 或 60 Hz 的交流电源条件下测量，在国际单位制中，介电常数 ε 的单位为 F/m。真空中的介电常数：

$$\varepsilon_0 = 8.85 \times 10^{-12} \quad \text{F/m} \tag{6-33}$$

实际测定时，一般在干燥的空气中，因其数值与真空的介电常数相近。

矿物介电常数的测定的方法有多种，分干法和湿法，可根据要测定矿物的具体条件，选定合适的方法。

1. 电容法

此为最常用而比较简单的方法，也称之为平板电容法。即在两块平行金属板之间放入要测定的纯矿物片(经切片、磨光等)，其大小等于金属板的尺寸。测量仪器为通常测电容的仪表，也可采用差频电容仪。其形式及测量方法如图 6-13所示。

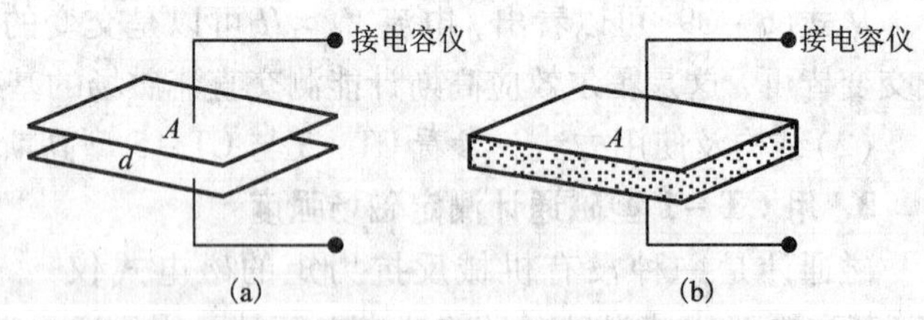

图 6-13 平板电容法测定介电常数示意图

(a)平板间为空气；(b)平板间放入待测矿物磨片

在用此法测量时，两块金属板的尺寸应完全相等，面积 A 要远远大于两板间的距离 d。

如果在未放入矿物时两板极之间的电容为 C_A，则：

$$C_A = \frac{A}{4\pi d} \tag{6-34}$$

在同样条件下，放入待测矿物后，所测出之电容必然比空气之电容要大很多倍，即 $C_M >$

C_A，两电容之比，即为待测矿物的介电常数 ε_M，故：

$$\varepsilon_M = \frac{C_M}{C_A} \tag{6-35}$$

式中：C_M 为矿物的电容；C_A 为空气的电容；ε_M 为待测矿物的介电常数。

电容 C 的单位是 F，但由于单位太大，通常采用微法(μF)或皮法(pF)。1 μF = 10^{-6}F，1 pF = 10^{-12} F。

在测定时，还必须采用标准电容加以校核，以防止误差太大(一般均采用计量单位已标定的电容器)。

这种方法只适用于测定大块结晶的矿物或脉石矿物，而不适宜于颗粒状的矿粒。为此对于粒状矿物可采用下述的管状电容法。

管状电容法不同于平板电容法的地方是将平板改成圆管，其原理与平板电容法相同，构造如图6－14所示。

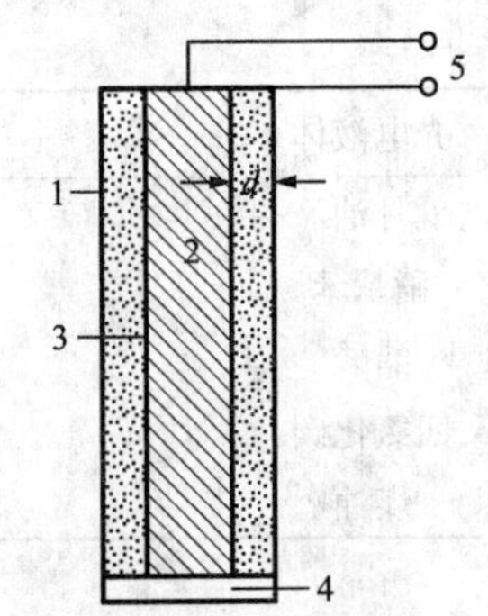

图6－14　管状电容法测定装置

1—铜管；2—铜棒；3—待测矿粒；4—绝缘材料底；5—接电容测定仪器

同理，未放入矿物时，用仪表测定出空气之电容为 C_A，然后放入矿粒又测出一个电容 C_M，两者之比即为待测矿物的介电常数。此种装置的铜棒与铜管的距离 d 必须远远小于其高度(或称之为长度)。事先也同样需要用标准电容进行校核。

必须指出，此种方法测定出的介电常数与上述方法会有较大的误差，这主要是各种矿粒之间有间隙，不可能非常紧密地结合在一起。但它具有使用价值，因为在实际中各种矿物绝大多数都是以较小的颗粒状态产出和存在的。

2. 湿法测定介电常数

此种方法的原理是利用电极在已知介电常数的介电液体中对被测矿物颗粒的吸引或排斥，从而测定出矿粒的介电常数，其构造如图6－15所示。即在较小的容器中，由上部的胶木盖上安装两根很细的钢针，容器中充满介电液体，两针极的距离仅有1 mm左右。测量时，首先在两针极上通以普通的单相交流电(50 Hz或60 Hz)，然后将待测矿物颗粒放入液体中，若矿粒的介电常数高于介电液体的介电常数，矿粒吸向针极，反之则从电极处被排斥开。介电液体的介电常数则是根据需要，事先配备好，然后不断地调节，从而能较准确地测定矿粒的介电常数。

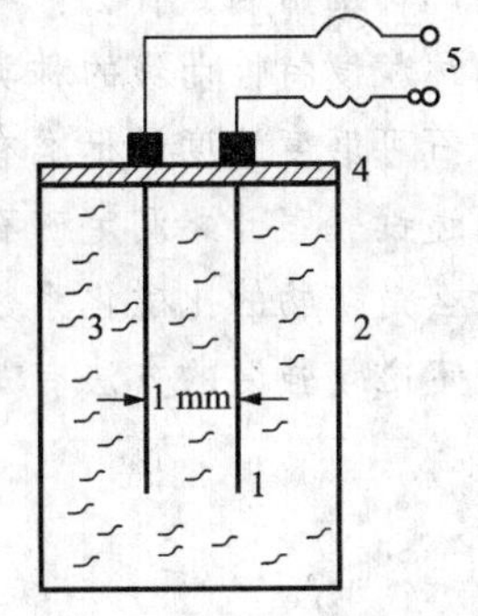

图6－15　湿法测定介电常数装置

1—针极；2—容器；3—介电液体；4—绝缘板；5—电源

放入容器的介电液体，通常为四氯化碳和甲醇的混合液体。根据要测定的矿物不同，选定的介电液体也不同，也有用煤油、乙醇、硝基苯等作介电液体，或者选择其中两种配制成适当的介电液体。

例如测定石英颗粒的介电常数，在容器中加入5 mL四氯化碳、0.5 mL甲醇，使之成为一种混合液体，其介电常数 $\varepsilon_L = 5.1$，此时加入几颗石英粒子，通入电源后观察，如石英颗粒被吸向电极，证明介电液体的介电常数仍较小，此时再加入0.1 mL的甲醇，提高介电液体的介电常数值，使 $\varepsilon_L = 5.63$。如果此时见到石英颗粒刚好被排斥，则石英的介电常数必然是介于两者之间，从而得出石英的介电常数 $\varepsilon_G=(5.1+5.63)/2\approx5.36$。

这种方法虽然比较费事，但它测定出来的数据比较准确，误差较小，且更加符合大多数矿物以颗粒状态存在的需要。常用介电液体及其介电常数如表6－3所示。

表6－3 常用介电液体及其介电常数

介电液体	介电常数	介电液体	介电常数
甘油	56.2	硫酸二甲酯	55.0
硝基苯	36.0	甲醇	35.0
醋酸	6.4	三氯甲烷	5.2
四氯化碳	2.24	三溴甲烷	4.5
煤油	2.0	甲醛	84.0

根据所需要的介电液体的介电常数不同，将各种液体按不同比例配制。若待测矿粒介电常数比较大，则加入的介电常数比较大的液体数量要多，反之则加入量应少一些。

习　题

1. 试样工艺性质测定的目的和意义是什么？
2. 各种粒度分析的应用范围和原理是什么？
3. 国际标准筛制是什么？
4. 简述粒度特性曲线的种类。如何绘制粒度特性曲线？（参考碎矿与磨矿部分）
5. 矿石可磨度的度量标准有哪些？
6. 简述试验室开路测定矿石相对可磨度的方法。
7. 什么是矿物的比磁化系数和介电常数？如何测量矿物的比磁化系数和介电常数？
8. 测定磁场强度的方法有哪些？

第7章 浮选试验

本章内容提要：主要介绍开展实验室浮选试验的主要方法，包括浮选试样的制备方法、浮选机的操作方法、药剂添加方法、浮选产品的处理方法等，以及浮选工艺因素的考查方法，如磨矿细度试验、pH调整剂试验、抑制剂试验、捕收剂试验、矿浆浓度试验、矿浆温度试验、浮选时间试验、精选试验、选择性絮凝试验和浮选闭路流程试验，详细介绍了矿浆浓度、矿浆酸碱度和矿浆充气量的测定方法，并针对浮选基础研究的试验技术，介绍了矿物－水溶液界面吸附成分和性质的测定方法和矿物表面润湿性和疏水性的测定方法。

7.1 概 述

浮选是利用矿物颗粒表面物理化学性质的差异，在气－固－液三相体系中进行分离的技术，是细粒和极细粒物料最有效的分离方法之一，可应用于有色金属、黑色金属、稀有金属、非金属和可溶性盐类等矿石的分选。

7.1.1 实验室浮选试验的内容

浮选试验的主要内容包括：①确定选别方案；②通过试验分析影响过程的因素，查明各因素在过程中的主次位置和相互影响的程度，确定最佳工艺条件；③提出最终选别指标和必要的其他技术指标。由于浮选过程中各种组成矿物的选择性分离是基于矿物可浮性的差异，因此用各种药剂调整矿物可浮性差异，是浮选试验的关键。

7.1.2 实验室浮选试验的程序

实验室浮选可选性试验通常按照以下程序进行。

(1)拟定原则方案：根据所研究的矿石性质，结合已有的生产经验和专业知识，拟定原则方案。例如多金属硫化矿矿石的浮选，可能的原则方案有优先浮选、混合浮选、部分混合浮选、可浮浮选等方案。对于赤铁矿的浮选，可能的原则方案有正浮选、反浮选、选择性絮凝浮选等方案。对于铝土矿的浮选，可能的原则方案也有正浮选和反浮选等方案。

(2)试验准备：包括试样制备、设备和检测仪器准备、药剂配制等。

(3)预先试验：对每一种可能的原则方案进行预先试验，确定矿石的可能研究方案、原则流程、选别条件的大致范围和可能达到的指标。

(4)条件试验(或称系统试验)：根据预先试验确定的方案和大致的选别条件，编制详细的试验计划，进行系统试验来确定适宜的浮选条件。

(5)流程试验：包括开路流程和闭路流程试验。开路流程试验是为了确定达到合格技术指标所需的粗选、精选和扫选次数。闭路流程试验是在不连续的设备上模仿连续的生产过程的分批试验。目的是确定中矿的影响，核定所选的浮选条件和流程，并确定最终指标。

实验室小型试验结束后，一般还需要进一步做实验室浮选连续试验(简称连选试验)，有时还需要做中间试验和工业试验。

7.2 浮选试样的制备

试样在浮选试验之前，需要将其粉碎到一定细度，有的矿样还要进行预处理。一般实验室浮选试验矿样都是用天然矿石，但在探索新药剂和新工艺时，常进行纯矿物浮选试验，此时要准备单矿物试样。

7.2.1 试样破碎和分样

考虑到试样的代表性和小型磨矿机的效率，浮选试验粒度一般要求为1~3 mm。破碎的试样，要分成单份试样装袋贮存，每份试样质量为0.5~1 kg(与磨矿、浮选设备的规格和矿样的代表性有关)，个别品位低的稀有金属矿石可多至3 kg(如辉钼矿等)。细物料的缩分可用两分器(多槽分样器)分样，也可采用方格法手工分样。

7.2.2 试样贮存

若矿石中含有硫化矿，特别是含有大量磁黄铁矿时，氧化作用对矿石浮选试验结果可能具有显著的影响。因此，硫化矿石的试验最好在试样制备好后立即进行，或者是在较粗的粒度(如6~25 mm)下密封贮存。根据试验进度分几次破碎矿石和制备试样，每次都按照同样的方法加工，同时必须进行比较试验，校核贮存时间和粒度对试验结果的可能影响。封存的试样应放在干燥、阴凉、通风的地方。另一个解决办法是一次为整个研究计划制备足够的试样，并贮存在惰性气体中。

在试样制备过程中，都要防止试样污染，污染可能来自试样的采取和运输过程，或由试样加工和缩分设备中所漏的机油，或前一次试验残留在设备中的物料和药剂等引起。少量机油的混入，将对浮选产生很大的影响，因此切忌机油和其他物料的污染。

7.2.3 磨矿

1. 实验室磨矿设备

(1)常用设备规格。ϕ160 mm×180 mm 和 ϕ200 mm×200 mm 的筒形球磨机和 XMQ 型 ϕ240 mm×90 mm 锥形球磨机，用于给矿粒度试样。ϕ160 mm×160 mm 等筒形球磨机和 XMQ 型 ϕ150 mm×50 mm 锥形球磨机，用于中矿和精矿产品的再磨。

(2)磨矿介质种类。磨矿介质多用钢球，球的直径为12.5~32 mm。ϕ160 mm×180 mm 磨矿机选用25 mm、20 mm、15 mm 三种球径，XMQ 型 ϕ240 mm×90 mm 锥形球磨机可配入部分更大的球(28~32 mm)，12.5 mm 的球则仅用于再磨作业。用棒作介质时，棒的直径一般为10~25 mm。XMB 型 ϕ160 mm×200 mm 棒磨机常配用17.5 mm 和20 mm 两种棒。

(3)磨矿介质(钢球或钢棒)充填率及配比。适宜的介质充填率对磨矿细度的影响较大。以钢球为例，装球量过多，中间粒级的粒度含量较多，而极粗和极细粒级的含量较少。装球量不足，不仅平均粒度较粗，而且粒度分布偏粗，过大颗粒较多。原则上装球量以填满磨矿机容积

40% ~50%为宜。但磨矿机直径较大时，充填率可以低些，因为装球过多往往不便于操作。球磨机转速偏高，充填率也应低些。

各种尺寸球的配比相对于充填率和磨矿浓度而言对磨矿粒度影响较小。若 ϕ160 球磨机采用 25 mm、20 mm、10 mm 三种球，用 $q_1:q_2:q_3=d_1^n:d_2^n:d_3^n$ 表示三种球的配入质量与直径的关系，则一般可令 n 等于 1 ~3，常用 2，为了简单起见也可取 3（此时不同尺寸球的个数相等，因而便于记忆）。上述配比可保证产品粒度均匀，过大粒度较少，但不易获得很细的产品，因而细磨时应增加小球，一般可令 n 等于 0，即让三种球的质量相等。小球多时磨矿浓度不能过高，否则将因冲击力不足而使产品中过大粒度增多。需要配入大于 25 mm 的球时，其配入量一般不超过总质量的 40%。

如果试验要求避免铁质污染，可采用陶瓷球磨机，并用陶瓷球做介质，但陶瓷球磨机的磨矿效率较低，因而所需磨矿时间较长。

2. 实验室磨矿设备操作技术

（1）磨矿浓度。常用 50%、67%、75% 三种浓度，此时液固比分别为 1:1、1:2、1:3，因而加水量的计算比较简单，如果采用其他浓度值，可按下式计算磨矿水量：

$$L=\frac{100-c}{c}\cdot Q \tag{7-1}$$

式中：L 为磨矿时所需添加的水量，L；c 为要求的磨矿浓度，%；Q 为矿石质量，kg。

试样比重很大或很小时，可按固体体积占矿浆总体积的 40% ~50% 计算磨矿水量。

在一般情况下，原矿较粗、较硬时，应采用较高的磨矿浓度。原矿含泥多，或矿石比重很小，或产品粒度极细时，可采用较低浓度。在实际操作中，若发现产品粒度不匀，可考虑提高浓度。反之，若产品太黏，黏附在机壁和球上不易洗下来，就要降低浓度。

磨矿浓度与矿石性质、产品粒度、磨机型号等因素有关。磨矿浓度对粒度分布影响显著，浓度增加，磨矿效率提高，磨矿细度提高，粒度分布偏细，可减少过大粒度的含量。浓度高时，装球量必须多，且大球不能过少，否则将显著降低磨矿效率。因此，采用较高的磨矿浓度时，要配入较多的大球。

（2）实验室磨机的操作。长久不用的磨矿机和介质，试验前要用石英砂或所研究的试样预先磨去铁锈。在使用前可先空磨一阵，洗净铁锈后再开始试验。试验完毕必须注满石灰水或清水。

试验时，先将洗净铁锈的球装入干净的球磨机中，然后加水加药剂，最后加矿石。也可留一部分水在最后添加，但不能先加矿石后加水，这样会使矿石黏附到端部而不易磨细。磨矿时要注意磨矿机的转速是否正常，并准确控制磨矿时间。磨好后将矿浆倾入接矿容器中，把磨矿机倾斜，用洗瓶或连接在水龙头上的胶皮管以细小的急水流冲洗磨矿机的内壁，将矿砂洗入接矿容器中。如 ϕ160 mm ×180 mm 等磨矿机本身不带挡球格筛，需在接矿容器上放一个接球筛，隔除钢球，待磨矿机内壁洗净后，提起接球筛，边摇动边用细股急水流冲洗球，至洗净为止，最后将球倒回磨矿机，供下次使用。XMQ 型锥形球磨机，本身带挡球格筛，排矿时，将锥形筒体向排矿端倾斜，打开排矿口，将矿浆放入接矿容器中。取下给矿口塞，引入清水，间断开车搅拌冲洗干净即可。

在清洗磨矿机时必须严格控制冲洗水量，特别是在使用 XMQ 型锥形球磨机时。水量过多，浮选机容纳不下，此时需要待澄清后，用注射器抽出或用虹吸法吸出多余的矿浆水，此矿浆水留作浮选时的补加水。

实验室采用分批开路磨矿，与闭路磨矿相比，两者磨矿产物的粒度特性不一样。在与分级机成闭路的磨矿回路中，比重较高的矿物比其余的矿物磨得更细一些。为了避免过于粉碎，实验室开路磨矿磨易碎矿石时，可采用仿闭路磨矿。其方法是原矿磨到一定时间后，筛出指定粒级的产品，筛上产品再磨，再磨时的水量应按筛上产品质量和磨原矿时的磨矿浓度添加。仿闭路磨矿的总时间等于开路磨矿磨至指定粒级所需的时间。例如某多金属有色金属矿石，采用开路磨矿和仿闭路磨矿的条件和流程做了对比磨矿试验。采用开路磨矿，磨矿产品中 -20 μm 含量占47.2%，而采用仿闭路磨矿，-20 μm 仅占31.6%，泥化程度显著降低。

7.2.4 擦洗和脱泥

某些氧化矿石、硅酸盐矿石、磷酸盐矿石、钾盐矿石，以及其他可能易受矿泥影响的矿石，有时在浮选前要进行擦洗、脱泥。擦洗的方法有：①在高矿浆浓度（例如70%固体）下，加入浮选机中搅拌；②采用约 10 r/min 的低速实验室球磨机擦洗，其中装入金属凿屑或其他只擦损而不研磨矿石的介质；③采用回转式擦洗磨机或其他擦洗设备。擦洗之后，要除去矿泥。

脱泥的方法包括：①淘析法脱泥。即在磨矿或擦洗中加入矿泥分散剂，如水玻璃、六偏磷酸钠、碳酸钠、氢氧化钠等，然后将矿浆倾入玻璃烧杯中，稀释至液固比 5:1 以上，搅拌静置后用虹吸法脱除悬浮的矿泥；②浮选法脱泥。即在浮选有用矿物之前，预先加入少量起泡剂，使大部分矿泥形成泡沫刮出；③选择性絮凝脱泥。即加分散剂后，再加入具有选择性絮凝作用的絮凝剂（如腐殖酸钠、木薯淀粉、聚丙烯酰胺等）使有用矿物絮凝沉淀，而需脱除的矿泥仍悬浮分散在矿浆中，然后用虹吸法将矿泥脱除。上述脱泥过程中选用的分散剂或絮凝剂，以不影响浮选过程为前提，必要时可用清洗沉砂的办法，脱除影响浮选过程的残余分散剂或絮凝剂。

7.3 浮选试验设备和操作技术

7.3.1 浮选试验设备

实验室浮选机主要包括充气搅拌装置和槽体。国产的浮选机型号有 XFG 和 XFGC 挂槽式、XFD 单槽式和 XFD -12 多槽浮选机，用于选煤的有 XFDM 型浮选机，还有 FX 型连续浮选机。

挂槽浮选机的搅拌装置为装在实心轴上的简单搅拌叶片，空气完全靠矿浆搅拌时形成的旋涡吸入，吸入的空气量随搅拌叶片与槽底距离而变，试验前要特别注意调整其距离。位置调好后，整个试验就应固定在此位置上。槽体较大的挂槽浮选机的充气量不足，因此当给矿量大于500 g 以上时，特别是硫化矿的浮选，多用单槽浮选机。挂槽浮选机的槽体是悬挂的有机玻璃槽，规格从最小的 5 ~ 35 g 到最大的 1000 g。

单槽浮选机的充气搅拌装置模拟现有生产设备制成，它由水轮、盖板、十字格板、竖轴、充气管等部件组成，并设有专门的进气阀门调节和控制充气量，带有自动刮泡装置。其规格有 0.5 L、0.75 L、1 L、1.5 L、3 L 及 8 L 6 种，除 3 L 和 8 L 的槽体是固定的金属槽外，其余小规格的浮选机都是用悬挂的有机玻璃槽。

为了提高试验结果的重复性，减少试验误差，便于操作，国内外设计并制造了一些自动化程度较高的实验室浮选机。如国产 XFDC 型和 RC 型立式、台式实验室精密浮选机，具有无级调速、液位调整装置、充气量调整装置、酸度和转速数字显示装置等，国外已设计出能稳定硫化矿浮选时氧化—还原电位、pH 和带自动加药装置的浮选机。

7.3.2 浮选试验操作技术

1. 搅拌调浆

搅拌的目的是使矿物颗粒悬浮，提高药剂作用效果，并使气泡与矿粒进行有效的碰撞接触。调浆搅拌在药剂加入浮选机之后和给入空气之前进行，目的是使药剂均匀分散，并与矿物作用达到平衡，作用时间可以从几秒钟至半小时或更长。在调浆过程中，一般浮选机应尽量避免充气。若使用具有充气阀的单槽浮选机，则应将气阀关闭；若使用挂槽浮选机，则应将挡板提起；若使用倒向开关启动浮选机，亦可使搅拌叶轮反转。有时需不加药剂预先充气调浆，以扩大矿物可浮性差异，如某些硫化矿的分离。一般调浆加药顺序是：pH 调整剂、抑制剂或活化剂、捕收剂和起泡剂。

2. 泡沫的控制

产生气泡的方法包括浮选机搅拌充气、压入空气、抽真空从溶液中析出微泡和电解起泡(将水电解，产生氧气和氢气泡)等。

浮选过程观察泡沫大小、颜色、虚实(矿化程度)、韧脆等外观，通过调整起泡剂用量、充气量、矿浆液面高低等，可控制泡沫的质量和刮出量。泡沫体积的控制通常靠分批添加起泡剂实现。充气量靠控制进气阀门开启大小(挂槽浮选机是靠调节叶轮与槽底的距离)和浮选机转速进行调节。试验中阀门开启大小(或叶轮与槽底距离)和转速一经确定，就应固定不变，以免引入新的变量，影响试验的可比性。控制矿浆液面高低，实质是保持最适宜的泡沫层厚度。实验室浮选机泡沫层厚度一般控制在 20～50 mm，使矿浆不致溢入泡沫盛器。由于泡沫的不断刮出，导致矿浆液面下降，为保证泡沫的连续刮出，应不断补加水。如矿浆 pH 对浮选影响不大，可补加自来水。反之，应事先配成与矿浆 pH 相等的补加水。人工刮泡时，要严格控制刮泡速度和深度，如果操作不稳定，试验结果就很难重复。黏附在浮选槽壁上的泡沫必须经常把它冲洗入槽。开始和结束刮泡时，必须测定和记录矿浆的 pH 和温度。浮选结束后，放出尾矿，将浮选机清洗干净。

3. 水质

水质对浮选结果和药剂用量有很大的影响。例如某氧化铜矿石的浮选试验(试验结果见表 7-1)，采用现场生产用水和生活用水分别进行，当铜精矿品位和回收率相近时，硫化钠用量前者比后者多 1 kg，引起差异的原因是水质不同。因此，在浮选试验中必须注意水的成分。在用脂肪酸类捕收剂的情况下，水质的影响多数是由于水中含有钙、镁盐。钙、镁盐的含量，可用硬度表示。目前常用的硬度单位为 mmol/L；过去还常用德国硬度单位(°G)。每升水中所含钙镁离子的毫摩尔数相当于 10 mg CaO 称为 1°G。用脂肪酸类捕收剂浮选非硫化矿时，硬水需通过泡沸石、离子交换树脂或 Na_2CO_3 等进行软化。一般实验室是采用所在地区的自来水进行试验，待确定了主要工艺条件后，尚需用将来选矿厂可能供给的生产用水校核，或将水的成分配制成与将来供生产上应用的水相接近的成分进行校核。

表7-1 水质对浮选试验结果的影响

水的来源	原矿			试验条件				试验结果	
	铜品位 /%	氧化率 /%	结合率 /%	硫化钠 /($g\cdot t^{-1}$)	黄药 /($g\cdot t^{-1}$)	黑药 /($g\cdot t^{-1}$)	松醇油 /($g\cdot t^{-1}$)	铜品位 /%	回收率 /%
生活用水	0.86	36	13	1200	400		60~70	19.3	83.1
生产用水	0.86	36	13	2200	350	90		20.0	82.7

4. 药剂的配制与添加

试验前，准备的药剂数量要满足整个试验用，并密封贮存于干燥器中。药剂使用前，必须了解和检查所用的药剂成分、纯度、杂质含量、稳定性和来源，查明是否变质。

(1)水溶性药剂配成水溶液添加。为便于换算和添加，当每份原矿试样质量为500 g时，对每吨原矿添加几十至一二百克用量较小的药剂，浓度可配成0.5%，用量较大的药剂可配成5%的浓度。当原矿量为1 kg时，根据药剂用量大小可分别配成1%和10%两种浓度。10%的浓度是指100 g溶液中含药剂量10 g，即由10 g药剂加90 g(相当于90 mL)水配成，这时溶液体积在大多数情况下不是100 mL，而是介于90~100 mL。若要求添加药剂量为1 g，则添加的溶液量不是整数，极不方便。因而实际配药时，是将10 g药剂加水溶解成溶液总量为100 mL，即实际浓度单位为“10 g/100 mL”，但习惯上仍称为10%。溶液浓度很稀时，两者实际差别不大。添加药剂计算公式为：

$$V=\frac{Qq}{10c} \tag{7-2}$$

式中：V为添加药剂溶液体积，mL；q为单位药剂用量，g/t；Q为试验的矿石质量，kg；c为所配药剂浓度，%。

添加水溶性药剂的量具可用移液管、量筒、量杯等。必须根据每种药剂的用量而选用适当大小的量具。

(2)非水溶性药剂，如油酸、十二胺、松醇油、黑药等，采用注射器直接添加。但需预先测定每滴药剂的实际质量，可用滴出10滴或更多滴的药剂在分析天平上称量的方法测定。有些药剂在添加前为了增加其溶解性要处理后再使用，如油酸用碳酸钠皂化处理后使用，十二胺加盐酸和醋酸配成十二胺盐酸盐或醋酸盐来使用，必要时亦可用有机溶剂如乙醇溶解，但必须确定溶剂对浮选的影响。另一个办法是在药剂中混入适宜的表面活性化合物，进行激烈搅拌，使之在水中乳化，例如油酸中加入少量油酸钠。水溶性不好的药剂使用时要加温后使用，有时矿浆也需要加温，如脂肪酸类捕收剂用于铁矿正、反浮选时均需将矿浆温度加热到30℃以上。

(3)难溶于水的药剂，也可以直接加入磨矿机中，如石灰可以以固体形式添加在磨矿机中。

由于分解、氧化等原因变质较快的药剂，配制好的溶液不能搁置时间太长，如黄药、硫化钠之类的药剂，必须当天配当天用。

5. 产品处理

浮选试验的粗粒产品可直接过滤。若产品很细或含泥多，可将矿浆先倒入另一容器中，将粗砂先倒入，若过滤仍然困难，此时可直接放在加热板上或烘干箱中去蒸发，也可以添加凝聚剂或絮凝剂，如加入少量酸或碱、明矾或聚丙烯酰胺等加速沉淀，抽出澄清液并烘干产品。在烘干过程中，温度应控制在110℃以下，温度过高，会使试样氧化导致结果报废，例如硫化矿物在高温下，S氧化成SO_2损失，导致样品品位变化。浮选产品烘干称重后，必须缩分和磨细后供化学分析用，粒度应小于0.15 mm。

7.4 浮选工艺因素的考察

以预先试验结果做参考，系统地考察各因素对浮选指标影响的试验，常称为浮选条件试验。条件试验的目的是确定适宜的浮选条件。

条件试验项目包括磨矿细度、矿浆pH、抑制剂用量、活化剂用量、捕收剂用量、起泡剂用量、浮选时间、矿浆浓度、矿浆温度、精选中矿处理、综合验证试验等。试验顺序取决于试验的主要影响因素，不同矿石的试验顺序按主次进行。

7.4.1 磨矿细度试验

浮选前的磨矿作业，目的是使矿石中的矿物得到单体解离并将矿石磨到适于浮选的粒度。磨矿的最佳值主要取决于矿石性质。根据矿物嵌布粒度特性的测定结果，可以初步确定磨矿的大致细度，但最终必须通过试验加以确定。

矿石中矿物的解离对于分选至关重要。因此条件试验一般都从磨矿细度试验开始。但对复杂多金属矿石以及难选矿石，由于药剂制度对浮选过程的影响较大，故往往在找出最适宜的药剂制度之前，很难一次查明磨矿细度的影响，这时则需要在其他条件之后，再一次校核磨矿细度；或者是在开始时不做磨矿细度试验，而是根据矿石嵌布特性选定一个细度，一般选取一个比矿物基本单体解离更细的粒度磨矿，进行其他条件试验，待主要条件确定后，再做磨矿细度试验。

在进行磨矿细度试验前，首先要确定磨矿细度与磨矿时间的关系，以确定选定磨矿细度所需的磨矿时间。为确定磨矿时间和磨矿细度关系所需的筛析试样，在磨矿产物烘干后缩取，数量一般为100 g左右，筛析用联合法进行，即先在74 μm的筛上湿筛，筛上产物烘干，再在74 μm筛子上或套筛上干筛，小于74 μm的物料合并计重，以此算出该磨矿产物中-74 μm级别的含量。然后以磨矿时间(min)为横坐标，磨矿细度(-74 μm级的含量，%)为纵坐标，绘制两者间的关系曲线。

磨矿细度试验的常规做法是，取四份以上试样，保持其他条件相同时，确定适宜的磨矿细度，找出对应的磨矿时间，磨矿后分别进行浮选，比较其结果。

浮选时泡沫分两批刮取。粗选时获得粗精矿，捕收剂、起泡剂的用量和浮选时间在全部试验中都要相同。扫选时获得中矿，捕收剂用量和浮选时间可以不同，目的是使欲浮选的矿物完全浮选出来，以得出尽可能贫的尾矿。如果从外观上难以判断浮选的终点，则中矿的浮选时间和用药量在各试验中亦应保持相同。

浮选产物分别烘干、称重、取样、送化学分析，然后将试验结果填入记录表内，并绘制曲线图。表的格式随着试验的性质和矿石组成的不同而不同，但要求条理清楚，便于分析问题。表7-2是单金属矿石浮选试验最常用的记录格式之一。一组试验中的共同条件，一般以正文的形式记录在表上或表下，也可直接列在表中。

表 7-2　不同磨矿细度浮选试验记录表

试验编号	产物名称	质量/g	产率 γ /%	品位 β /%	产率×品位 $\gamma\times\beta$	回收率 ε /%	试验条件	备注
1	精矿	131	13.1	9.06	118.69	56.9	-75 μm 占 60%	pH = 9
	中矿	63	6.3	9.03	56.89	27.3		
	尾矿	806	80.6	0.41	33.05	15.8		
	原矿	1000	100.0	2.09	208.63	100.0		
2	精矿	133	13.3	12.1	160.93	81.1	-75 μm 占 75%	pH = 8.5
	中矿	134	13.4	1.0	13.40	6.7		
	尾矿	733	73.3	0.33	30.76	12.2		
	原矿	1000	100.0	1.99	198.52	100.0		

注：浮选的共同条件：原矿矿石 1 kg；水 600 mL；石灰 2000 g/t；浮选：丁黄药 30 g/t；松醇油 25 g/t；刮泡 10 min 精矿；丁黄药 10 g/t；松醇油 5 g/t；刮泡 15 min 中矿。

曲线图通常以磨矿细度（-74 μm 级别的含量，%）或磨矿时间（min）为横坐标，浮选指标（品位 β 和回收率 ε）为纵坐标绘制，如图 7-1 所示。

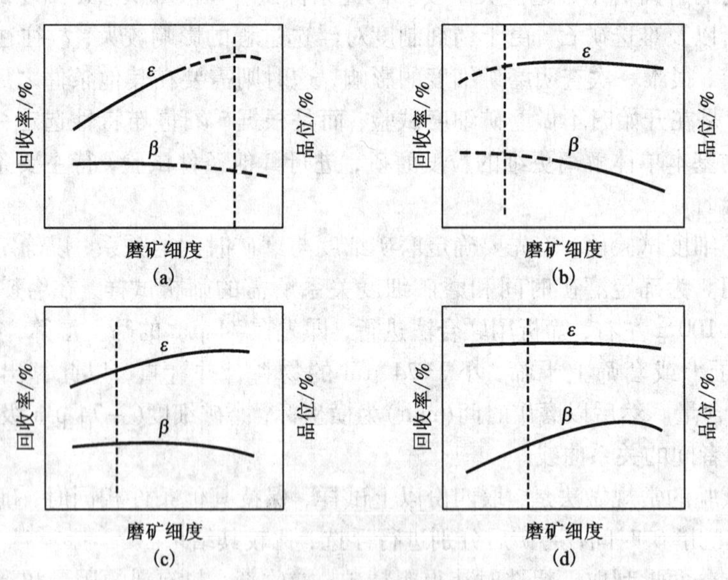

图 7-1　磨矿细度试验结果

根据曲线的变化规律，可以判断哪个磨矿细度最适宜，还应做哪些补充试验。如果随着磨矿细度的增加，累计回收率 ε 曲线一直上升，没有转折点，并且累计品位 β 曲线不下降或下降不显著，就应在更细的磨矿条件下进行补充试验（虚线为补充试验结果），如图7-1(a)所示。累计品位 β 和累计回收率 ε 的计算分别按式(7-3)和式(7-4)进行：

$$\beta = \frac{\gamma_{精}\beta_{精} + \gamma_{中}\beta_{中}}{\gamma_{精} + \gamma_{中}} \tag{7-3}$$

$$\varepsilon = \varepsilon_{精} + \varepsilon_{中} \tag{7-4}$$

式中：β、γ、ε 分别为产品的品位、产率和回收率，%。

如果曲线不升高，或升高不显著，就应当在较粗的磨矿细度条件下进行补充试验，如图7-1(b)所示。如果粗磨时浮选产物的金属品位不降低，相差的只是回收率，这说明可以采用阶段浮选，如图7-1(c)所示。如果粗磨时浮选回收率与细磨时同样高，而泡沫产物质量下降很显著，如图7-1(d)所示，这表明连生体的浮游性很强，有可能采用粗磨抛尾、粗精矿或中矿再磨再选的流程。

7.4.2 pH 调整剂试验

pH 调整剂试验的目的是确定最适宜的调整剂及其用量，使欲浮矿物具有良好的选择性和可浮性。

多数矿石可根据生产实际经验确定 pH 调整剂种类和 pH，但 pH 与矿石物质组成、浮选用水等多种因素有关，故一般仍需进行 pH 试验。试验时，在适宜的磨矿细度基础上，固定其他浮选条件，只进行 pH 调整剂的种类和用量试验。将试验结果绘制曲线图，以品位、回收率为纵坐标，调整剂用量为横坐标，根据曲线进行综合分析，找出 pH 调整剂的适宜用量或适宜的 pH。

其他药剂种类和用量的变化，有时会改变矿浆的 pH，此时可待各条件试验结束后，再按上述方法做检查试验校核，或将与 pH 调整剂有交互影响的有关药剂进行多因素组合试验。

7.4.3 抑制剂试验

抑制剂在金属矿石和非金属矿石，特别是在一些难选矿石的分离浮选中起着决定性的作用。进行抑制剂试验，必须认识到抑制剂与捕收剂、pH 调整剂等有时存在交互作用。例如，捕收剂用量少，抑制剂就可能用得少；捕收剂用量多，抑制剂用量也多，而这两种组合得到的试验指标可能是相等的；又如硫酸锌、水玻璃、氰化物、硫化钠等抑制剂的加入，会改变已经确定好的 pH 和 pH 调整剂的用量。另外在许多情况下混合使用抑制剂时，各抑制剂之间也存在交互影响，此时采用多因素组合试验较合理。

7.4.4 捕收剂试验

一般一种矿石原则方案确定后，捕收剂的种类已经选定。如要优选捕收剂，则需要进行捕收剂种类试验，可以采用单一捕收剂，也可以采用组合捕收剂。

捕收剂选定后，就要进行捕收剂用量试验。捕收剂用量试验方法有两种：

第一种方法是直接安排一组对比试验，即固定其他条件，只改变捕收剂用量，例如其用量分别为 40 g/t、60 g/t、80 g/t、100 g/t，分别进行试验，然后对所得结果进行对比分析。

第二种方法，是在一个单元试验中通过分次添加捕收剂和分批刮泡的办法，确定必需的捕收剂用量。即先加少量的捕收剂，刮取第一份泡沫，待泡沫矿化程度变弱后，再加入第二份药剂，并刮出第二份泡沫，此时的用量，可根据具体情况采用等于或少于第一份的用量。以后再根据矿化情况添加第三份、第四份……药剂，分别刮取第三次、第四次……泡沫，直至浮选终点。各产物应分别进行化学分析，然后计算出累积回收率和累计品位，考察为欲达到所要求的回收率和品位所需的捕收剂用量。此法多用于预备试验。

组合捕收剂试验时，可以将不同捕收剂分成数个比例不同的组，再对每个组进行试验。例如两种捕收剂 A 和 B，可分为 1∶1、1∶2、1∶4 等几个组，每组用量可分为 40 g/t、60 g/t、80 g/t、100 g/t、120 g/t；或者将捕收剂 A 的用量固定为几个数值，再改变捕收剂 B 的用量进行一系列的试验，以求出最适宜的条件。

起泡剂用量试验与捕收剂用量试验类同，但有时不进行专门的试验，其用量多在预先试验或其他条件试验中根据浮选现象确定。

7.4.5 矿浆浓度试验

从经济上考虑，浮选过程在不影响分选效果和操作的条件下，尽可能采用浓矿浆。矿浆愈浓，现场所需浮选机容积愈小，药剂的相对有效浓度愈高，药剂的用量愈少。生产上大多数浮选矿浆浓度介于 25% ~40%，对于一些特殊矿种，矿浆浓度有时在 40% 以上和 25% 以下。一般处理泥化程度高的矿石，应采用较稀的矿浆，而处理较粗粒度的矿石时，宜采用较浓的矿浆。另外，粗选、精选和扫选的矿浆浓度不同，一般粗选浓度在 30% 左右，精选浓度在 20% 左右，扫选浓度介于粗选和精选浓度之间。

在小型浮选试验过程中，由于固体随着泡沫刮出，为维持矿浆液面不降低需补充水，矿浆浓度逐步变稀，相应地使所有药剂的浓度和泡沫性质也随之变化。

7.4.6 矿浆温度试验

在大多数情况下，浮选在室温条件下进行，即为 15 ~25℃。用脂肪酸类捕收剂浮选非硫化矿，如分选铁矿、萤石矿和白钨矿时，常采用水蒸气直接或间接加温浮选，这可提高药剂的分散度和效能，改善分选效率。某些复杂硫化矿，如铜铅、锌硫和铜镍矿等采用加温浮选工艺，有利于提高分选效果。在这些情况下，必须做浮选矿浆温度的条件试验。若矿石在浮选前要预先加温搅拌或进行矿浆的预热，则要求进行不同温度的试验。

7.4.7 浮选时间试验

浮选时间，可能从 1 min 变化到 1 h，通常介于 3 ~ 15 min，一般进行各种条件试验便可测出。因此，在进行每个试验时都应记录浮选时间，但浮选条件选定后，可做检查试验。此时可进行分批刮泡，分批刮取时间可分别为 1 min，2 min，3 min，5 min，依此类推，直至浮选终点。为便于确定粗扫选时间，分批刮泡时间间隔还可短一些。试验结果可绘制曲线，横坐标为浮选时间(min)，纵坐标为回收率(累积)和金属品位(加权平均累积)，如图 7 -2(a)所示；也可以绘制各泡沫产品的品位与浮选时间的关系曲线，如图 7 -2(b)所示。根据曲线，可确定得到某一定回收率和品位所需浮选时间。粗选时间界限的划分，可以考虑以下几点：①如欲从粗选中直接获得合格精矿，可根据精矿品位要求，在累积品位曲线上找到对应点 A，通过 A 点作横坐标的垂线，B 点即为粗扫选时间的分界点；②根据各泡沫产品品位与浮选时间的关系曲线，以品位显著下降的地方作为分界点，例如图 7 -2(b)中 C 点对应的浮选时间 D 点；③选择泡沫产品的矿物组成或有用矿物单体解离度发生较大变化的转折点作分界点；④若粗精矿带入药量过多，给精选作业造成困难，可根据精选的情况和需要来划分粗扫选时间。

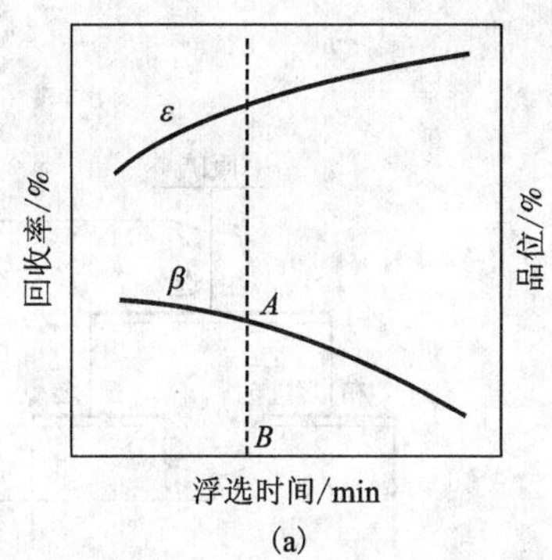

(a)

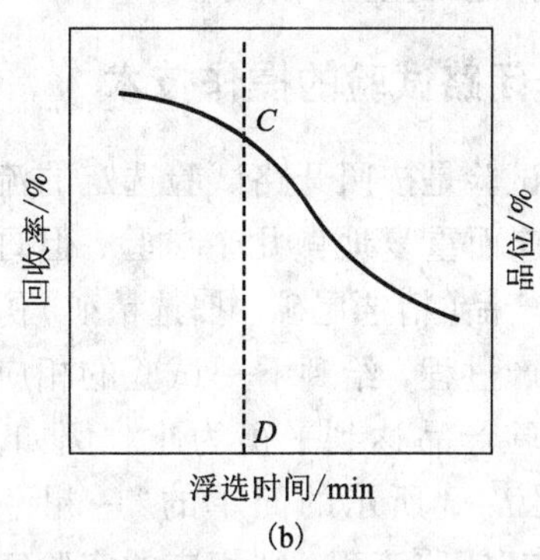

(b)

图7-2 浮选时间试验

(a)累积回收率和品位曲线;(b)单元品位曲线

在确定浮选时间时,应注意捕收剂用量的增加可大大缩短浮选时间,此时节省的电能及设备费用若能补偿这部分药剂消耗,则增加捕收剂用量是有利的,故有时需要考虑综合经济因素来确定适宜的浮选药剂用量和浮选时间。

7.4.8 精选试验

粗选时刮取的粗精矿,需在小容积的浮选机中进行精选,目的是除去机械夹杂物,提高精矿品位。精选次数大多数情况为一至二次,有时则多达七次,例如萤石、辉钼矿和石墨粗精矿的精选。在精选作业中,通常不再加捕收剂和起泡剂,但视具体情况也可以适当添加,并要注意控制矿浆pH。在某些情况下需加入抑制剂、解吸剂,甚至对精选前的矿浆进行特别处理。精选时间视具体情况确定。

为避免精选作业的矿浆浓度过分稀释,或矿浆体积超过浮选机的容积,可事先将泡沫产物静置沉淀,用医用注射器将多余的水抽出。脱除的水装入洗瓶,用作将粗精矿洗入浮选机的洗涤水和浮选补加水。

影响浮选过程的其他因素,可根据具体情况进行试验。

7.5 浮选流程试验

浮选流程试验包括开路流程和闭路流程试验。开路流程试验过程中的中矿均不返回,如对粗精矿进行精选试验,其主要目的是为了确定达到合格精矿品位所需的精选次数。对粗选尾矿进行扫选试验,以确定扫选的次数。对中矿进行精选试验,以确定中矿不经再磨而直接选别的可能性。以开路流程试验获得的浮选条件为基础,就可进行闭路试验。

闭路流程试验是用来考察循环物料的影响的分批试验,是在不连续的设备上模仿连续的生产过程。其目的是:找出中矿返回对浮选指标的影响,调整由于中矿循环引起药剂用量的变化,考察中矿矿浆带来的矿泥、其他有害固体、可溶性物质是否会累积起来并妨碍浮选,检查和校核所拟定的浮选流程,确定可能达到的浮选指标等。

近几年来,用分批试验法进行实验室浮选闭路试验将逐步被微型连续浮选试验所取代,其试验指标更接近工业生产指标。

7.5.1 浮选闭路试验的操作技术

浮选闭路试验是按照开路试验选定的流程和条件，接连而重复地做几个试验，但每次所得的中间产品(精选尾矿、扫选精矿)仿照现场连续生产过程，给到下一试验的相应作业，直至试验产品达到平衡为止。例如，如果采用如图7-3所示的简单的“一粗”、“一精”、“一扫”闭路流程，则相应的实验室浮选闭路试验流程如图7-4所示。

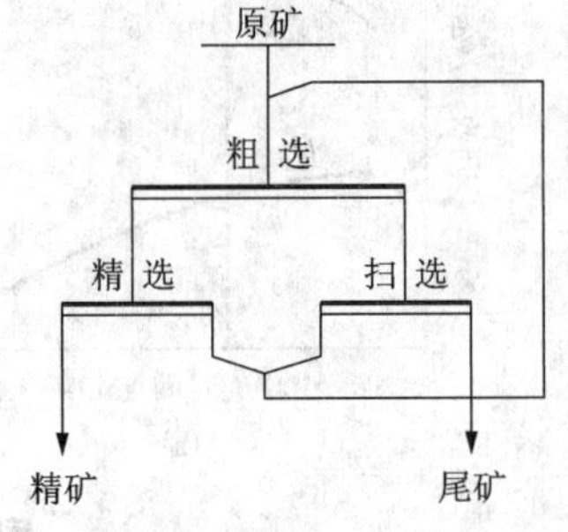

图7-3 简单闭路流程

一些复杂的流程闭路试验中有几次精选作业和扫选作业，每次精选尾矿和扫选精矿一般顺序返回上一作业工序，也可能有中矿再磨等。

一次闭路试验需要多台浮选机和多位操作人员，在一般情况下，闭路试验要接连做5~6个试验，为初步判断试验产品是否已经达到平衡，最好在试验过程中将产品过滤，滤饼称湿重或烘干称重，并快速化验，以分析试验是否已达到平衡，即产率和金属量的平衡。一般分析第三个试验以后的浮选产品的金属量和产率是否大致相等。

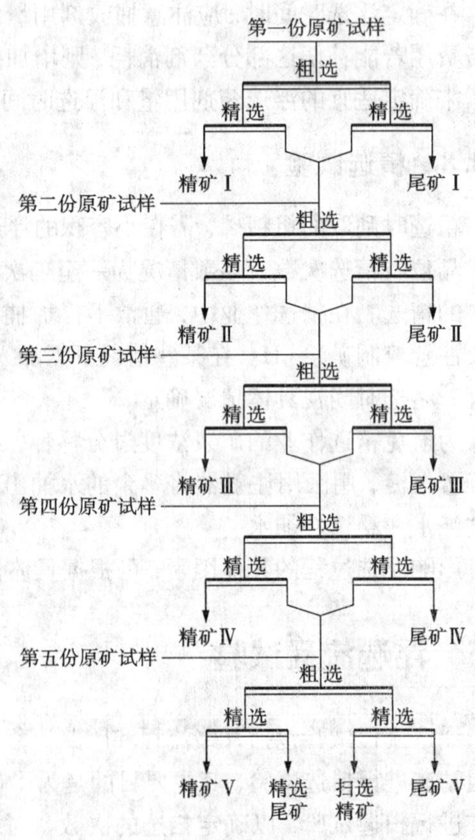

图7-4 实验室闭路试验流程示例

如果在试验过程中发现中间产品的产率一直增加，达不到平衡，则表明中矿在浮选过程中没有得到分选，将来生产时也只能机械地分配到精矿和尾矿中，从而使精矿质量降低，尾矿中金属损失增加。即使中矿量没有明显增加，如果根据各产品的化学分析结果得出随着试验的依次进行，精矿品位不断下降，尾矿品位不断上升，一直稳定不下来的结论，说明中矿没有得到分选，只是机械地分配到精矿和尾矿中。对以上两种情况，都要查明中矿没有得到分选的原因。如果通过产品的考察查明中矿主要由连生体组成，就要对中矿进行再磨，并将再磨产品单独进行浮选试验，判断中矿是返回原浮选循环还是单独处理。如果是其他方面的原因，也要对中矿单独进行研究后才能确定它的处理方法。

闭路试验操作中主要应当注意下列问题。

(1)随着中间产品的返回，某些药剂用量要相应地减少，这些药剂可能包括烃类非极性捕收剂、黑药和脂肪酸类等兼有起泡性质的捕收剂和起泡剂。

(2)中间产品会带进入大量的水，因而在试验过程中要特别注意节约冲洗水和补加水，以免发生浮选槽装不下的情况，实在不得已时，把脱出的水留下来作冲洗水或补加水。

(3)因闭路试验的复杂性和产品存放造成影响的可能性，要求把时间耽搁降低到最低限度。应预先详细地做好计划，规定操作程序，严格遵照执行。必须预先制订出整个试验流程，标出每个产品的号码，以避免把标签或产品弄混产生差错。

(4)要将整个闭路试验连续做到底，避免中间停歇，使产品搁置太久。

7.5.2 浮选闭路试验结果计算方法

根据闭路试验结果计算最终浮选指标的方法有三种。

(1)将所有精矿合并算作总精矿，所有尾矿合并作总尾矿，中矿单独再选一次，再选精矿并入总精矿中，再选尾矿并入总尾矿中。

(2)将达到平衡后的最后2~3个试验的精矿合并作总精矿，尾矿合并作总尾矿，然后根据“总原矿=总精矿+总尾矿”的原则反推总原矿的指标。认为中矿进出相等，单独计算。这与选矿厂设计时计算闭路流程物料平衡的方法相似。

(3)取最后一个试验的指标作最终指标。

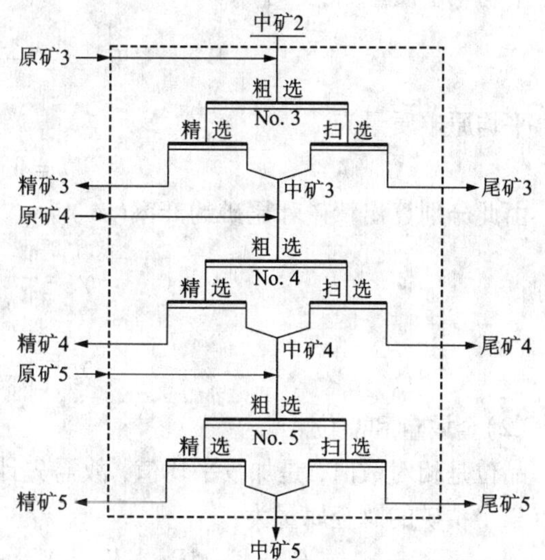

图7-5 闭路流程图

一般都采用第二个方法，其具体方法如下：

假设连续共做了5个试验，从第三个试验起，精矿和尾矿的质量及金属量已稳定，因而采用第3、4、5个试验的结果作为计算最终指标的原始数据。

图7-5为已达到平衡的第3、4、5个试验的流程图，表7-3列出了表示各产品的质量、品位的符号，如果将三个试验看作一个总体，则进入这个总体的物料为：原矿3+原矿4+原矿5+中矿2。

表7-3 闭路试验结果

试验序号	精矿		尾矿		中矿	
	质量/g	品位/%	质量/g	品位/%	质量/g	品位/%
3	W_{c3}	β_3	W_{t3}	ϑ_3		
4	W_{c4}	β_4	W_{t4}	ϑ_4	W_{m5}	β_{m5}
5	W_{c5}	β_5	W_{t5}	ϑ_5		

从这个总体出来的物料有：(精矿3+精矿4+精矿5)+中矿5+(尾矿3+尾矿4+

尾矿 5）。

由于试验已达到平衡，可认为：中矿 2（物料）= 中矿 5（物料），则：

原矿 3 + 原矿 4 + 原矿 5 =（精矿 3 + 精矿 4 + 精矿 5）+（尾矿 3 + 尾矿 4 + 尾矿 5）

下面分别计算产品质量、产率、金属量、品位、回收率等指标。

(1)质量和产率。

每一个单元试验的平均精矿质量(g)为：

$$W_c = \frac{W_{c3} + W_{c4} + W_{c5}}{3} \tag{7-5}$$

平均尾矿质量为：

$$W_t = \frac{W_{t3} + W_{t4} + W_{t5}}{3} \tag{7-6}$$

平均原矿质量为：

$$W_0 = W_c + W_t \tag{7-7}$$

由此分别算出精矿和尾矿的产率(%)为：

$$\gamma_c = \frac{W_c}{W_0} \times 100 \tag{7-8}$$

$$\gamma_t = \frac{W_t}{W_0} \times 100 \tag{7-9}$$

(2)金属量和品位。

品位是相对数值，是加权平均值，故需先计算绝对数值金属量 P，再算出品位。

三个精矿的总金属量为：

$$P_c = P_{c3} + P_{c4} + P_{c5} = W_{c3} \cdot \beta_3 + W_{c4} \cdot \beta_4 + W_{c5} \cdot \beta_5 \tag{7-10}$$

精矿的平均品位为：

$$\beta = \frac{P_c}{3W_c} = \frac{W_{c3} \cdot \beta_3 + W_{c4} \cdot \beta_4 + W_{c5} \cdot \beta_5}{W_{c3} + W_{c4} + W_{c5}} \tag{7-11}$$

同理，尾矿的平均品位为：

$$\vartheta = \frac{P_t}{3W_t} = \frac{W_{t3} \cdot \vartheta_3 + W_{t4} \cdot \vartheta_4 + W_{t5} \cdot \vartheta_5}{W_{t3} + W_{t4} + W_{t5}} \tag{7-12}$$

原矿的平均品位为：

$$\alpha = \frac{(W_{c3} \cdot \beta_3 + W_{c4} \cdot \beta_4 + W_{c5} \cdot \beta_5) + (W_{t3} \cdot \vartheta_3 + W_{t4} \cdot \vartheta_4 + W_{t5} \cdot \vartheta_5)}{(W_{c3} + W_{c4} + W_{c5}) + (W_{t3} + W_{t4} + W_{t5})} \tag{7-13}$$

(3)回收率。

精矿中金属回收率可按下列三式中任一式计算，其结果均相等，即：

$$\varepsilon = \frac{\gamma_c \cdot \beta}{\alpha} \times 100\% \tag{7-14}$$

$$\varepsilon = \frac{W_c \cdot \beta}{W_0 \cdot \alpha} \times 100\% \tag{7-15}$$

$$\varepsilon = \frac{W_{c3} \cdot \beta_3 + W_{c4} \cdot \beta_4 + W_{c5} \cdot \beta_5}{(W_{c3} \cdot \beta_3 + W_{c4} \cdot \beta_4 + W_{c5} \cdot \beta_5) + (W_{t3} \cdot \vartheta_3 + W_{t4} \cdot \vartheta_4 + W_{t5} \cdot \vartheta_5)} \times 100\% \tag{7-16}$$

尾矿中金属的损失可按差值(即 $100 - \varepsilon$)计算。为了检查计算的差错，也可再按金属量校核。

有了平均原矿的指标，必要时，也可算出中矿的指标。计算中矿指标的原始数据为中矿5的产品质量 W_{m5} 和品位 β_{m5}，要计算的是产率 γ_{m5} 和回收率 ε_{m5}。

$$\gamma_{m5}=\frac{W_{m5}}{W_0}\times 100\% \tag{7-17}$$

$$\varepsilon_{m5}=\frac{\gamma_{m5}\cdot\beta_{m5}}{\alpha}\times 100\% \tag{7-18}$$

计算中矿指标时，一定要记住中矿5只是一个试验的中矿，而不是第3、4、5个试验的“总中矿”。中矿3和中矿4还是存在的，只不过已在试验过程中用掉了。

7.5.3 选择性絮凝试验

随着矿产资源的不断开发，粗粒和中等粒度嵌布的矿石日益减少，因而贫、细、杂矿石的处理显得越来越重要。特别是一些含大量原生矿泥的矿石(如黏土矿)，以及在破碎、磨矿过程中会产生大量矿泥的矿石，处理难度较大。矿泥一般指小于10 μm的矿物颗粒，尽管国内外矿物加工工作者进行过很多研究，但回收矿泥中有用矿物的效率仍然不高，损失严重。

从20世纪初至今，经过近百年的研究，提出了一系列回收细泥的新工艺，这些工艺包括：微泡浮选(包括加压浮选、真空浮选和电解浮选)，聚团浮选，载体浮选(或背负浮选)，双液分离法，电磁场浮选和选择性絮凝等。这些新工艺大都处在试验阶段，故此处不再作详细介绍，只讨论选择性絮凝工艺。

选择性絮凝是分离矿泥和胶体矿物有效方法之一。例如美国用选择性絮凝脱泥和浮选，解决了马尔魁特区细粒嵌布非磁性氧化铁燧岩的分选问题。该项新技术的关键在于：首先将矿石细磨至 -25 μm粒级占85%，使铁矿物与脉石解离；然后用玉米淀粉对赤铁矿进行选择性絮凝，脱出呈分散状态的含硅脉石；最后从赤铁矿中用阴离子捕收剂反浮选进一步脱除硅质脉石。当原矿品位含铁35.9%时，可获得含铁65.6%的铁精矿，回收率为70.2%。我国用淀粉、腐殖酸钠和F703等作为微细粒嵌布的高硅贫赤铁矿磁铁矿混合矿石选择性絮凝剂，试验证明，用单一选择性絮凝新工艺有可能分离铁矿物和石英。除此之外，对黏土、黄铁矿、闪锌矿、方铅矿、硅孔雀石、磷灰石、煤、高岭土等，应用选择性絮凝也进行了大量的试验研究。

1. 选择性絮凝试验的内容

选择性絮凝是指在一个含有两种或两种以上矿物的稳定悬浮矿浆中，加入某种高聚物絮凝剂后，由于矿物的表面性质不同，絮凝剂与某一矿物表面发生选择性吸附，通过桥联作用生成絮凝物而下沉，其他矿物组分仍然呈悬浮体分散在矿浆中，脱除悬浮体，即可达到矿物分离的目的。絮凝剂与矿物表面的作用，与泡沫浮选相似。试验中，加入调整剂用以活化或抑制絮凝剂与矿物的作用，调整剂的作用与浮选类似。

选择性絮凝试验包括三个步骤，即分散、选择性絮凝和脱除悬浮物。

(1)分散。絮凝之前，首先要添加分散剂，防止具有相反符号电荷的矿粒发生凝结，使矿粒呈悬浮分散状态。目前使用较多的分散剂是氢氧化钠、碳酸钠、水玻璃、六偏磷酸钠等。分散剂通常是加入磨矿机中(如果试样要进行磨矿)，磨矿后的矿浆转移至玻璃容器中，并稀释至5% ~20%。分散剂种类、用量和矿浆浓度可通过试验确定。

(2)选择性絮凝。矿浆分散后，须加入选择性絮凝剂。对铁矿物有选择性絮凝作用的絮凝剂有石青粉、腐殖酸钠、橡子粉、芭蕉芋淀粉、木薯淀粉、经过水解的聚丙烯酰胺等。通过选择性絮凝剂与矿粒表面的桥连作用，使某一组分形成絮团下沉，而其他组分乃呈悬浮状态。当絮凝剂对欲分离的矿物的作用缺乏选择性时，往往如同浮选一样，需加入活化或抑制絮凝作用的调整剂，以调整絮凝剂的聚合度、离子化程度，或调整矿粒的表面性质，如矿物的表面电位等。加入调整剂和絮凝剂的类型、用量和调浆的搅拌速度可通过试验确定。

(3)脱除悬浮物。矿浆中的絮团下沉后，用倾析法或虹吸法脱除悬浮体，使絮团与悬浮物分离。在絮团形成和下沉过程，具有80% ~90%空隙的絮团中夹带着一部分不希望絮凝的矿物组分。若絮团是欲选的有用矿物，为排除絮团中被包裹的杂质，须将絮团进行“再分散—再絮凝”处理。若絮团是脉石矿物，为减少有用矿物在絮团中的损失，亦须进行“再分散—再絮凝”。为节约新鲜水和药剂用量，视具体情况，可将第二次以后脱除的水返回利用。

选择性絮凝既可单独作为分选工艺，亦可作为其他机械选矿方法选别作业之预先脱泥作业。

选择性絮凝试验的目的，是确定选择性絮凝工艺流程、各作业最佳工艺条件和可能获得的最终指标。

2. 选择性絮凝试验设备和操作技术

进行选择性絮凝试验的设备包括：可调速的电动搅拌器或超声波振荡器；3 ~5 L 的玻璃或有机玻璃容器，容器外侧应贴上坐标方格纸条，以标示矿浆的容积；试样量小时，也可以用500 ~1000 mL 的量筒；此外还有虹吸管、pH 计等试验设备。

准备进行选择性絮凝处理的矿石，一般应先磨矿，分散剂加入磨矿机中。磨好的矿浆转移至玻璃容器中，加水稀释至要求的矿浆浓度(5% ~20%)。加入调整剂调浆，再加入絮凝剂进行调浆。为使添加的絮凝剂均匀分散在矿浆中，配制的絮凝剂浓度应较稀，如聚丙烯酰胺一般配成0.01% ~0.1%。调浆之后，停止搅拌，絮团下沉，待到指定的沉降时间后，将虹吸管置入矿浆中，虹吸管口一般离絮团沉降层10 ~15 mm，将悬浮液吸出。为除去絮团中夹带的杂质，可加水稀释，反复脱除悬浮液，此时加入的药量可酌量减少，例如为第一次的二分之一或三分之一。

7.6 浮选基本工艺参数的测定

7.6.1 矿浆浓度的测定

矿浆浓度是指矿浆中固体与液体质量之比，常以固体含量百分比表示。矿浆浓度影响浮选过程充气量、药量、产品的质量和回收率等方面，因此，是影响浮选过程重要因素之一。

矿浆浓度测量方法有人工测量和自动测量两种。人工测量方法包括烘干法和浓度壶法。

烘干法是取一定量的矿浆试样称重，得矿浆的总质量，然后烘干，称量固体质量，并按式(7 -19)进行计算：

$$C=\frac{Q}{G}\times 100\%=\frac{Q}{Q+W}\times 100\% \tag{7-19}$$

式中：Q 为矿浆中固体质量，kg；W 为矿浆中水的质量，kg；G 为矿浆质量，kg。

此法虽精确，但耗时较多。连续试验和生产中为了及时指导和调整浮选过程，一般用浓度壶测定。

浓度壶如图 7－6 所示，是用白铁皮制作的，容积 20 mL～1 L，实验室用可小一些，生产用可大一些。取样称重，扣除空壶质量，得矿浆质量，再除以壶的容积，得矿浆重度。从矿浆重度可以算出浓度，计算方法是：

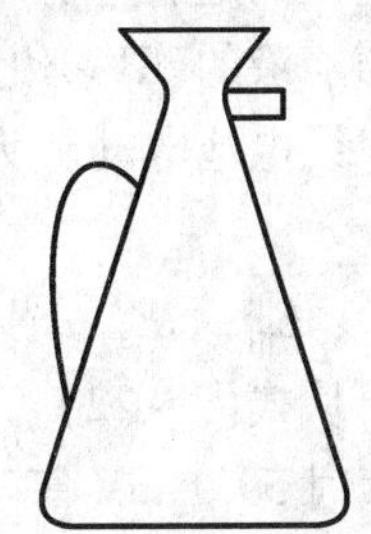

图 7－6　浓度壶

设：矿浆的重度为 γ_p（kg/L 或 g/cm^3）——与矿浆比重 δ_p 数值相同；

固体的重度为 γ_s（kg/L 或 g/cm^3）——与固体比重 δ_s 数值相同；

矿浆浓度，即固体质量分数为 P。

则：单位质量矿浆所占体积等于 $1/\gamma_p$；单位质量矿浆中固体所占体积等于 P/γ_s；

单位质量矿浆中水所占体积等于 $1-P$。

由于，矿浆体积＝固体体积＋水的体积，故：

$$1/\gamma_p=P/\gamma_s+(1-P) \tag{7-20}$$

故

$$P=\frac{\gamma_s(1-\gamma_p)}{\gamma_p(1-\gamma_s)}=\frac{\delta_s(1-\delta_p)}{\delta_p(1-\delta_s)} \tag{7-21}$$

一般在试验和生产中矿石的比重 δ_s 是已知的，取样称出矿浆比重，就可用式(7－21)计算出矿浆浓度。可以预先通过计算列成表，在测量时，只需根据矿浆质量查表，就可知矿浆浓度。

7.6.2　矿浆酸碱度的测定

浮选矿浆酸碱度显著影响着各种浮选药剂的作用和各种矿物的可浮性，最终反映到对浮选指标的影响。因此，控制矿浆的酸碱度，是控制浮选指标的重要措施之一。

水溶液中的酸碱度，是指水溶液中的$[H^+]$与$[OH^-]$。纯净的水，$[H^+]$与$[OH^-]$乘积在 15～25℃时为常数，等于 10^{-14}，称为水的离子积常数。当水溶液中$[H^+]$与$[OH^-]$相等时，即呈中性，此时$[H^+]=[OH^-]=10^{-7}$。

为简化水溶液的酸碱度表示法，通常采用氢离子浓度的负对数，即 pH。

酸碱度常用的测定方法为 pH 试纸法、pH 酸度计测定法和滴定法。

1. pH 试纸法

指示剂是一种有机弱酸或有机弱碱，其分子未经电离以前与电离以后具有不同的颜色。各种指示剂有其一定的氢离子浓度范围，当溶液中氢离子浓度不同时，指示剂将显示不同颜色。例如当酚酞在酸性溶液中离解很少，为无色，在碱性溶液中它完全离解，呈鲜艳的品红色；甲基橙在酸性溶液内带红色，而在碱性溶液中带黄色。鉴于此，可用 pH 试纸测得溶液的 pH。此法简便，速度快，但欠准确。

2. pH 酸度计测定法

利用酸度计测 pH 的方法是电位测定法，也是用于测定 pH 的主要方法。它是将测量电极(即玻璃电极)与参比电极(即甘汞电极)一起浸在被测溶液中，组成一个原电池。由于甘汞电极的电极电势不随溶液的 pH 变化，故在一定温度条件下为定值，而玻璃电极的电极电势随溶液的 pH 变化而改变，所以它们组成的电池电动势也只随溶液的 pH 变化。

设电池电动势为 E，则 25℃时：

$$E = E_{甘汞} - E_{玻} = E^0_{甘汞} - E^0_{玻} + 0.0591\mathrm{pH} \tag{7-22}$$

式中：$E^0_{甘汞}$、$E^0_{玻}$分别为甘汞电极和玻璃电极的标准电极电位，mV。

从式(7－22)可知，在 25℃时，每相差一个 pH 就产生 59.1 mV 的电位差，也就是说在 25℃时 59.1 mV 等于一个 pH，因此测定 pH 就是测定溶液的电位。

酸度计的主体是一个精密的电位计，用来测量上述原电池的电动势，并直接用 pH 刻度值表示出来，直接读出溶液的 pH。

国产各种类型实验室用酸度计，如雷磁 25 型，pHS 型等，都是以玻璃电极作为测量电极，甘汞电极作为参比电极。因玻璃电极不会中毒，当被测溶液中含有氧化剂、还原剂和有机物质时，pH 的测定不会受到影响，同时测量的 pH 范围宽，精度高，因此应用广泛。

3. 滴定法

在浮选多金属硫化矿时，为了抑制黄铁矿或优先分离混合精矿，加大量石灰，致使矿浆 pH 很高，此时用 pH 试纸测 pH 不准确，应采用酸碱中和滴定法。其原理就是将加石灰形成的高碱度矿浆试样，用已知标准的酸去中和，然后从所耗的酸量，计算出碱量。

滴定法具体操作：采取矿浆试样静置或离心澄清，用刻度吸管吸取澄清液 50 mL，放入烧瓶，滴入指示剂，如酚酞指示剂。然后用预先标定的已知酸度的滴定溶液进行滴定。逐滴加入滴定溶液并摇动烧瓶，直至变色时为止，读出滴定所耗用的酸量。可用式(7－23)计算出矿浆的碱度。

如：滴定时耗用的酸量为 a mL；进行滴定的矿浆溶液的容积为 b mL；标准液的当量浓度为 N；氧化钙的克当量为 $R=(40.08+16)/2\approx 28$；

则矿浆的碱度，也就是矿浆中纯氧化钙的含量 x：

$$x = aRN/b \tag{7-23}$$

这种滴定法测出来的碱度(单位：g/L)，称为“有效 CaO 量”。因为石灰的质量变化不定，所以称量干石灰用量不能控制浮选要求的 pH，故及时取样滴定碱度，可为矿浆 pH 调节提供指示。

7.6.3 矿浆充气量的测定

充气量是指矿浆中充入空气的体积。一般以充入矿浆中的空气体积($Q_{气}$)与总矿浆体积(即矿浆本身体积 $Q_{矿}$ 加充入空气体积 $Q_{气}$ 的总和)之比，作为度量单位，称为充气系数，其计算式如下：

$$充气系数 = \frac{Q_{气}}{Q_{气} + Q_{矿}} \tag{7-24}$$

一般适宜的充气系数为 0.25～0.35。

充气量的测量：XFD 型浮选机的充气量，使用通用的转子流量计测量；连续性试验和工业生产可用量筒测量。量筒测定充气量的装置如图 7-7 所示。

此装置是一个 0.5~1 L 的量筒，有一个可开关的盖子 1，测量前将量筒装满水，关上盖子，要盖得严密，然后把量筒倒过来，浸入矿浆中。浸入深度约达量筒底部3处，之后利用栓杆 2 把浸在矿浆内的盖子打开，同时开动秒表测定时间。这时矿浆中的空气逐步进入量筒，充满量筒的上部。待空气充满量筒一定体积时，同时记下气体充满该量筒一定体积的时间，即可计算出充气量。如：气体充满量筒至一定体积的时间为 t(s)；量筒被充满气体部分体积为 $V(m^3)$；量筒的平面积为 $A(m^2)$；则每平方米量筒面积充入的空气量为 $q[m^3/(m^2 \cdot s)]$：

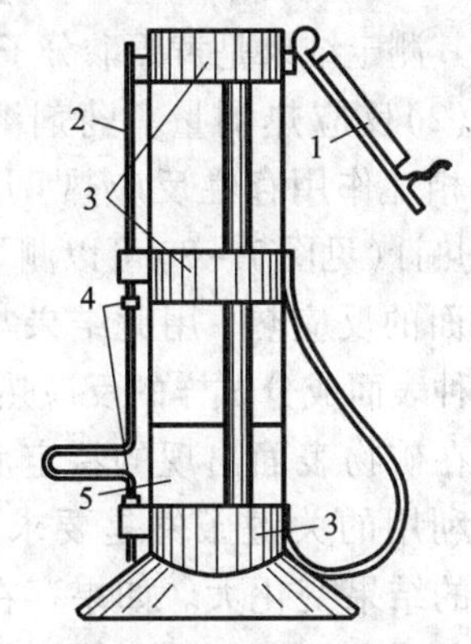

图 7-7　测量充气量的装置

1—顶盖；2—栓杆；3—夹套；4—止推螺栓；5—玻璃量筒

$$q = \frac{V}{At} \tag{7-25}$$

测量时，选择浮选槽若干有代表性的点反复测 3~4 次，然后计算其平均值。

7.7 浮选基础研究中的试验技术

各种矿物的浮选分离是一个复杂的物理、化学过程。矿物表面和各种药剂(包括捕收剂、起泡剂和调整剂等)水溶液的相互作用，使矿物表面性质发生变化，对整个浮选过程具有关键性作用。因此，了解和测定矿物—水溶液界面的吸附成分和性质、矿物界面的润湿性和疏水性是非常必要的。

7.7.1 矿物—水溶液界面吸附成分和性质的测定

界面性质所涉及的主要内容包括矿物表面与药剂的反应程度和速度、矿物表面生成的反应物的性质和形态、药剂在矿物表面的吸附是单层或多层以及它们的取向，等等。

1. 界面反应物的间接测定

许多早期研究的矿物—捕收剂界面的工作是测定不同条件下的反应程度和速度。用已知浓度和体积的药剂溶液与矿物作用后，测定残余溶液的浓度，再计算出吸附量。

(1)残余溶液浓度的测定。根据矿物与溶液的接触方式不同，残余溶液浓度测定的方法分为接触搅拌法和固定层法。接触搅拌法是在烧杯等容器中置入药剂溶液及矿样，搅拌至反应达到平衡后，取澄清液，测量药剂的残余浓度。固定层法又称吸附柱法，在玻璃柱内或特制的反应器内填入矿样成固定层，然后使药剂溶液通过矿物层，测量流出液的残余浓度。

微量浮选药剂的分析方法包括仪器分析和化学分析。仪器分析又包括电位、电导、电流滴定法、极谱分析、原子吸收光谱和紫外分光光度法等。例如，其中用紫外分光光度计测定微量浮选药剂，特别是黄药类捕收剂及各种络合捕收剂的方法应用广泛。黄药溶液的测定，浓度可低至 10^{-5}~10^{-7} mol/L，并能分别测定黄原酸、黄原酸离子及二黄原重金属盐等。其测定步骤是：取透明的试验水溶液，调整 pH 为中性或弱碱性，注意每次测定的 pH 应与标准线测定一致，用 HCl 和 NaOH 调整 pH，测定液含黄药浓度 10^{-4}~10^{-7} mol/L，装入吸收槽，以水为空白液作为参照液，在 301 nm 下测消光度。吸收槽大小及狭缝宽度可按实际情况调整。其测定结果是黄原酸分子与离子状态浓度的总和。

(2)反应热测量。药剂溶液与矿物表面相互作用存在反应热，用标准的等温量热计(见图7-8)可以测量药剂与矿物表面的反应热，用此结果与同类药剂和同种表面成分试样的反应热进行比较，确定在矿物表面出现的特定反应。这项技术利用的关键条件是要求反应明显，测得的结果变化大。如果存在多于一种以上的类似反应，则测量的反应热就很难说明问题。例如方铅矿表面可能同时有 PbS_2O_3，$PbSO_4$，PbO 和 $PbCO_3$ 等氧化物存在，捕收剂或其他药剂可能同时与其作用。

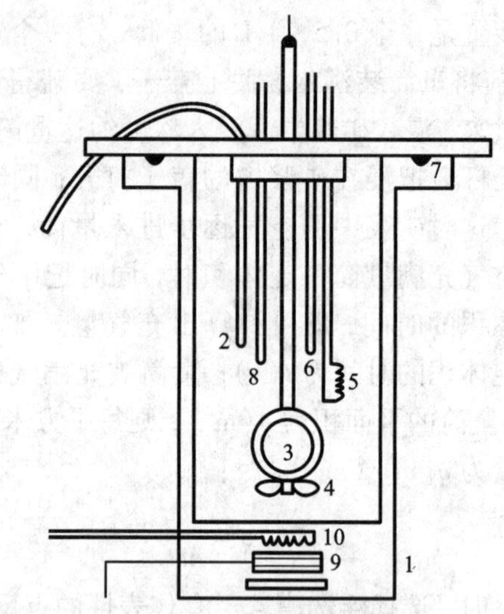

图7-8　等温量热计

1—等温反应器；2—滴定液输入管；3—破坏细颈棒；4—同步搅拌棒；5—热敏电阻；6—精密温度计；7—O 形环；8—控制温度计；9—冷却器；10—控制加热器

(3)表面反应产物的萃取和分析。在某些情况下，药剂与矿物表面作用生成的反应产物，用能选择性溶解反应物的溶剂进行萃取，然后用适当的方法(如分光光度法、红外光谱法和气相色谱等)进行鉴定，与已知化合物的标准曲线做比较，确定反应物的组成、性质和含量。例如，Ag、Hg、Pb、Cu、Bi、Co、Ni 等重金属离子与黄药作用形成黄药配合物，用 CCl_4、CHCl、C_6H_6、$CH_3C_6H_5$ 等有机溶剂萃取，用分光光度法测定萃取物。该法所获得的结果有时不完全可靠，因为可能萃取不完全或萃取剂与反应物发生化学变化等。

2. 界面反应的直接测定

20 世纪 60 年代末表面分析技术的突破以及在 70 年代初期发展起来的各种表面分析仪器，使应用光谱技术测量浮选体系中矿物和药剂间的相互作用成为可能，迄今为止，红外光谱应用最为成功，其他光谱技术还有 X 射线光电子能谱、俄歇电子能谱、二次离子质谱、电子自旋共振等。

(1)红外光谱。

利用红外光谱可以研究药剂与氧化物、硫化矿和盐类矿物等的作用，从而查明药剂在矿物表面的吸附成分和性质。红外光谱分析的原理和分析方法见第 14 章。下面举例说明红外光谱分析技术在矿物加工试验中的应用。

用 KBr 压片法测定的红外光谱示于图 7-9 和图 7-10。

从图 7-9 看出，油酸中羧酸基非对称振动频率在 1710 cm^{-1} 处，完全皂化成油酸钠时，1558 cm^{-1} 频带取代了 1710 cm^{-1} 频带。图 7-10 油酸钙显示出两个频带，即 1540 cm^{-1} 和 1570 cm^{-1}。比较图 7-9 和图 7-10，经油酸钠溶液处理过萤石的红外光谱说明，其表面存在油酸、油酸钠和油酸钙三种成分。

又如在研究油酸钠和赤铁矿的作用机理时，可采用差示红外光谱法进行研究，研究结果如图 7-11 所示。

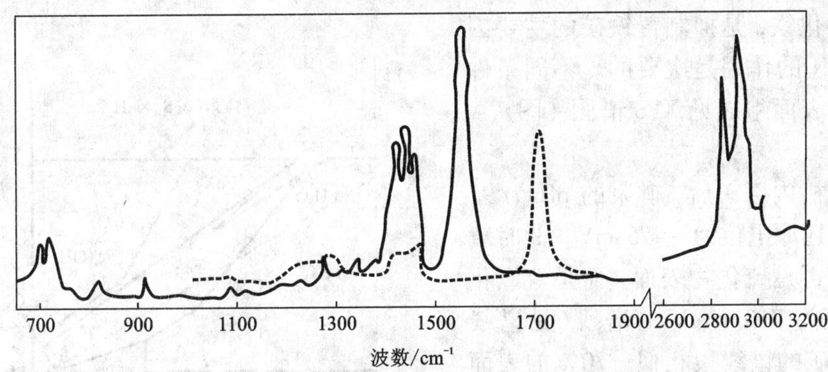

图7-9 在室温条件下的油酸钠和油酸的红外光谱

——油酸钠；……油酸

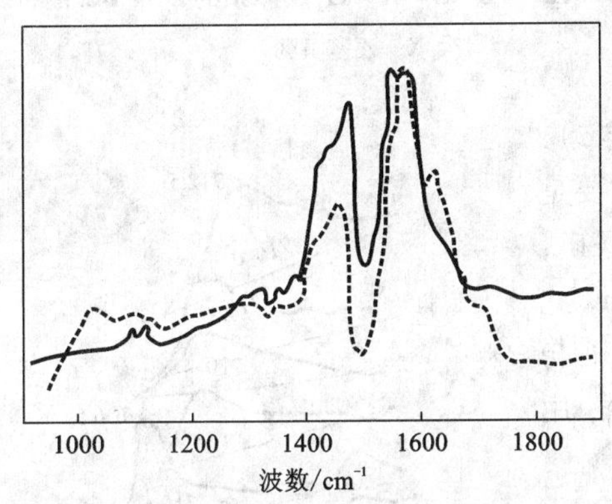

图7-10 油酸钙和在萤石表面吸附的油酸钠红外光谱

——油酸钙；……油酸钠

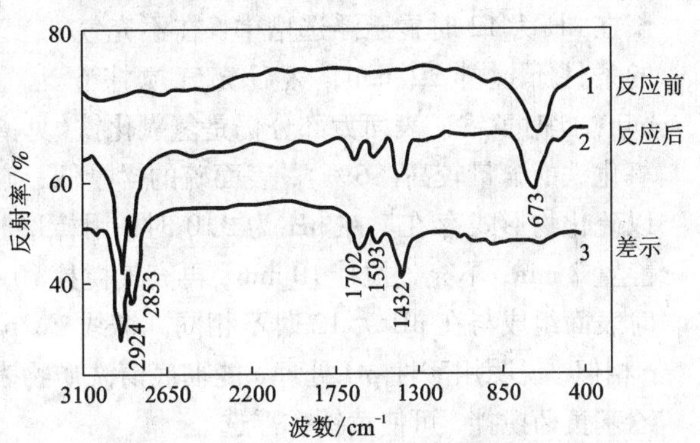

图7-11 赤铁矿与油酸钠反应前后的漫反射及差示红外光谱图

结果可知，通过对赤铁矿与油酸钠反应前、后漫反射红外光谱的差减，消除了673 cm^{-1}处赤铁矿的吸收峰，在谱线3上仅出现吸附产物的特征吸收峰。其中，2924 cm^{-1}为亚甲基的对称伸缩振动峰，2853 cm^{-1}为亚甲基的非对称伸缩振动峰，1432 cm^{-1}为亚甲基的弯曲振动峰，这是赤铁矿表面物理吸附油酸钠的特征。与油酸钠的标准红外特征吸收峰相比，在1702 cm^{-1}和1593 cm^{-1}处出现了新峰，可见赤铁矿与油酸钠分子间产生了共振效应，导致羧酸离子在1561 cm^{-1}的非对称伸缩吸收峰发生分裂，形成了双峰，因此1702 cm^{-1}和1593 cm^{-1}为化学吸附的特征吸收峰。

(2) X射线光电子能谱。

X射线光电子能谱(XPS)，常称为化学分析电子能谱(ESCA)。常用于分析矿物表面元素的相对含量和价态。如用于鉴定硫化矿表面暴露于空气、氧气和水溶液之后的变化，以及与捕收剂和抑制剂等药剂作用后的反应物的化学状态。其分析原理见第14章。

例如某矿要求石磨到小于20 μm粒级占80%，才能使Pb、Zn及Cu的硫化物从黄铁矿基质中解离出来，造成优先浮选困难。矿物含量占70%～80%的黄铁矿，用通常的pH和NaCN法不能充分抑制，为此，采用XPS研究浮选时黄铁矿的表面变化，并比较了氧化电位(E_h)-pH图(见图7-12)中表面稳定性的变化范围，从而确定了更好的抑制方法。研究证明表面形成的氢氧化铁，是抑制黄铁矿的主要因素，而 NaCN 的作用是次要的。不同条件下黄铁矿的表面组成见 XPS 谱图（图 7－13）。

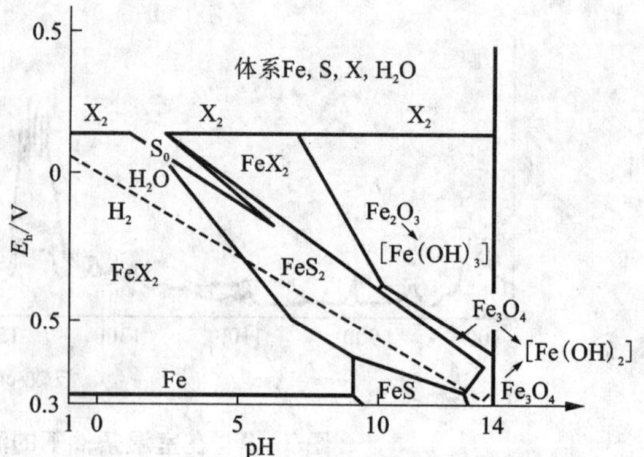

图 7－12　Fe－S－X－H_2O 体系的 E_h－pH 图

X—乙基黄药

在棒磨机内磨矿后，矿浆的 pH 为 9，矿浆的氧化还原电位为－475 mV。此时黄铁矿表面不再是硫化物表面，而是氢氧化物层。峰值为 710.6 eV 的谱线（见谱线 *c*），与针铁矿的谱线很相似。70% 的表面铁是 FeOOH，剩下的 30% 铁（706.6 eV 谱线）相当于黄铁矿的硫化铁。黄铁矿的矿浆在 pH 为 12 时置于浮选槽中，在不充气的条件下搅拌 12 min，然后充气搅拌 6 min，此时黄铁矿表面大部分仍是氢氧化铁（见谱线 *a*），氧化铁的含量较高（86%），表面硫的含量低，硫主要是以硫化物形式存在。在 pH 为 3.0 时，用棒磨机磨矿，静置 2 min，不充气搅拌 10 min，再充气搅拌 10 min，此时表面组成与在 pH 为 12 时不相同。谱线 Fe2p 中 *b* 与 *c* 相似，说明用酸性 pH 处理，能彻底清洗矿物表面，用乙基黄药搅拌，可使黄铁矿浮选。

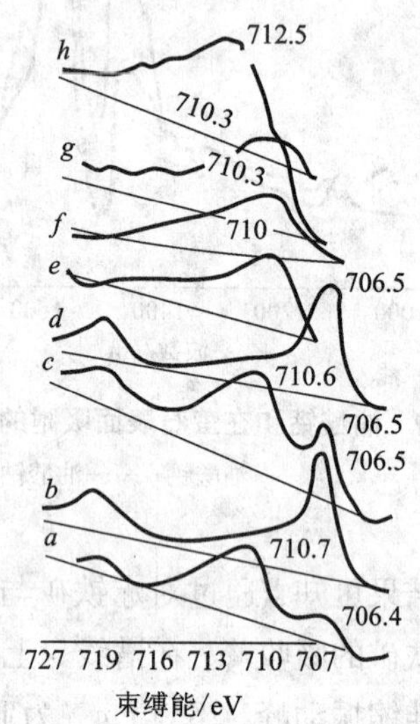

图 7－13　不同条件下的 Fe2p 峰值

a—黄铁矿在 pH 12 下搅拌；*b*—黄铁矿在 pH 3 下搅拌；*c*—黄铁矿于棒磨机内磨矿；*d*—黄铁矿干磨之后；*e*—Fe_2O_3；*f*—$FeSO_4 \cdot 7H_2O$；*g*—FeOOH；*h*—$Fe_2(SO_4)_3$

（3）俄歇电子能谱。

俄歇电子能谱（ASE）可以分析除氢、氦以外的所有元素，并对表面元素进行定性、半定量分析，以及元素深度分布分析和微区分析。还可以鉴定固体表面的化学元素、原子价态及结合状态。其分析方法见第 14 章。

例如用俄歇电子能谱研究了磷酸盐与白钨矿、方解石和萤石表面的作用。用磷酸盐处理或未处理的方解石表面的俄歇能量微分谱，如图 7－14 所示。在谱图中没有发现表征磷元素的特征俄歇峰 124 eV，说明在深度为 2 nm 的矿物表面没有磷元素，即磷酸盐调整剂不是通过黏着在矿物表面抑制矿物。图 7－15 所示的结果证明，用磷酸盐处理过的方解石和萤石，矿物表面钙的含量由里向外渐渐减少，而白钨矿表面钙的含量没有变化，这是由于磷酸盐从方解石和萤石表面选择性溶解钙离子，导致方解石和萤石受抑制。

X 射线光电子能谱和俄歇电子能谱都是非原样技术，需在高真空中让高能电子束与矿物表面作用，在此情况下反应物有可能发生变化，在试验中必须加以注意。研究原子尺度表面科学的新技术中可利用的还有二次离子质谱（SIMS）、低能电子衍射（LEED）、核磁和电子自旋共振、拉曼光谱等。多种光谱技术的联合使用，互为补充，将有助于更深入地揭示药剂与矿物表面的作用机理。

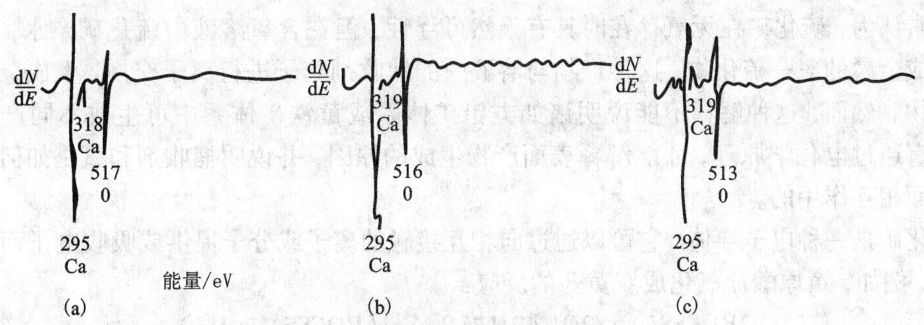

图7-14 方解石表面的俄歇能量微分谱

(a)未处理的；(b)$(NaPO_3)_6$处理过的；(c)$Na_2P_2O_7$处理过的

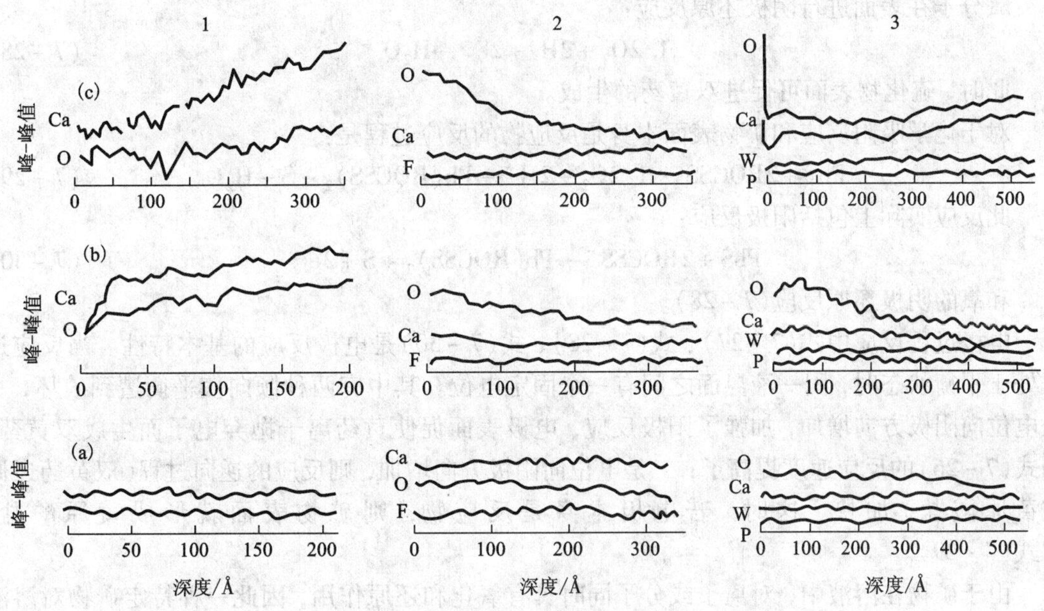

图7-15 矿物纵断面深度的俄歇能量微分谱结果

(a)未处理的；(b)$Na_2P_2O_7$处理过的；(c)$(NaPO_3)_6$处理过的

1—方解石；2—萤石；3—白钨矿

(4)显微自射线显影技术。

浮选基础理论的研究中，常涉及捕收剂在矿物表面的吸附是单层或多层覆盖的问题。利用显微自射线显影技术可得到真实图像，该图像可以说明在特定矿物表面的反应产物分布是否均匀。如用含β放射性示踪原子的药剂处理的矿物颗粒，干燥后，将照相底片置于矿物颗粒之上，经β射线辐射感光，从底片上可看出，捕收剂在矿物表面分布不均匀，是嵌镶分布，有的地区成多层，有的地区成单层，甚至没有。浮选实践也证明，浮选硫化矿，按照黄药分子大小和浮出的精矿表面积计算，往往不足以将表面全部罩盖(有时仅70%)，但已能很好地浮选。

(5)电化学技术。

通常认为，硫化矿在无氧存在时具有天然可浮性，但在含氧溶液中硫化矿亲水，矿物表面氧化成金属的氧—硫化物，这种产物与溶液中的捕收剂离子进行离子交换，生成金属捕收剂化合物。然而，这种解释不能说明诸如方铅矿体系或黄铁矿体系中可生成不同产物的原因。只有通过电化学原理，才能解释表面产物生成的原因，并说明捕收剂和氧是如何同时在矿物表面相互作用的。

硫化矿是一种电子导体，它可以通过向相互接触的离子或分子提供或吸收电子而产生电极反应，例如，黄原酸盐氧化成双黄药的反应：

$$2ROCSS^- + 1/2O_2 + 2H^+ + 2e^- \rightarrow (ROCSS)_2 + H_2O \quad (7-26)$$

实际上这是由表面上两个单独而又同时进行的电极过程组成，黄药离子在表面进行的阳极反应：

$$2ROCSS^- \rightarrow (ROCSS)_2 + 2e^- \quad (7-27)$$

氧分子在表面进行阴极还原反应：

$$1/2O_2 + 2H^+ + 2e^- \rightarrow H_2O \quad (7-28)$$

此时，硫化物表面可促进双黄药的生成。

对于化学吸附反应和矿物表面本身是反应物的反应过程是：

$$PbS + 2ROCSS^- + 1/2O_2 + 2H^+ \rightarrow Pb(ROCSS)_2 + S + H_2O \quad (7-29)$$

此反应实际上包括阳极反应：

$$PbS + 2ROCSS^- \rightarrow Pb(ROCSS)_2 + S + 2e^- \quad (7-30)$$

和氧的阴极还原反应(7-28)。

电极过程反应中式(7-27)、式(7-28)、式(7-30)是电极反应的基本特性。当反应过程处于平衡状态时，固—液界面之间有一个固定电位。其中有两种倾向使平衡遭到破坏，一是电位向阴极方向增加，加强了阳极反应，电极表面促使黄药离子抛弃电子而生成双黄药，如式(7-26)的反应速度提高了；二是电位向阴极方向增加，则反应的逆向过程(双黄药还原成黄原酸盐)加快。这时，若电极本身是反应物，则矿物表面就形成黄原酸盐，见式(7-29)。

由于矿物在溶液中，对离子或分子同时具有氧化和还原作用，因此一种特定矿物对溶液中的捕收剂进行氧化反应必须达到其可逆电位。一般而言，当被测矿物的残余电位大于相应的二聚物生成的可逆电位时，捕收剂被氧化。反之，则生成金属捕收剂化合物。如黄铁矿在乙基钾黄药溶液中(6.25×10^{-4} mol，pH 为 7)的残余电位为 0.22 V，大于黄药氧化成双黄药的可逆电位 0.13 V，故捕收剂在黄铁矿表面氧化成双黄药。而方铅矿在此溶液中的残余电位为 0.06 V，小于可逆电位 0.13 V，故黄药在方铅矿表面还原成捕收剂的金属盐。这就说明，简单的残余电位测量是鉴定不同捕收剂与硫化矿表面作用生成的反应产物性质的有效方法。

如果需要研究反应动力学和反应平衡，可用循环伏安法。应用这一技术，电位随时间和与电位成函数关系的电流呈线性变化。当电位达到出现电荷转移反应的区域时，即使吸附过程是在完全单分子层的水平，电流也会通过，并被记录下来。这种方法已用于研究黄药或二乙基二硫代磷酸盐与金属或硫化物的反应。用硫化物电极做实验，必须小心谨慎，因为电位超出金属硫化物稳定范围，表面组成会发生变化，电荷向阴极电位偏移，会使表面转化成金属铅，硫化物离子进入溶液。在阳极电位下，铅会发生溶解，或在表面上生成氧化的金属产物。

(6)界面电性质测定技术。

在水溶液中，由于矿物晶格离子的优先溶解，矿物表面组分的水解和水解组分的分解，溶液中各种离子在矿物表面上的吸附，晶格中一种离子被另一种离子所取代等原因，固体表面均能获得电荷，产生相对于溶液的电位。固体表面与溶液之间的电位差为表面电位。固体在溶液中运动时，在液体滑动面上的电位，称为ζ电位或电动电位。利用电动电位可以解释捕收剂在氧化矿和硫化矿表面的吸附机理，有助于了解活化剂和抑制剂对矿物表面的作用。测量矿物的零电点或等电点，对研究、控制和改善浮选、絮凝和凝聚等工艺过程也是非常重要的。有关零电点和等电点的测试技术如下。

①零电点(PZC)的测定。零电点是当固体表面净电荷为零时，定位离子活度的负对数。可任意选用一种定位离子作为标准。当氢离子为定位离子时，通常采用氢离子在溶液中的活度作为标准。此时，零电点即为表面净电荷为零时溶液的pH。其测定方法包括电位滴定法、简易方法和最大凝结法。

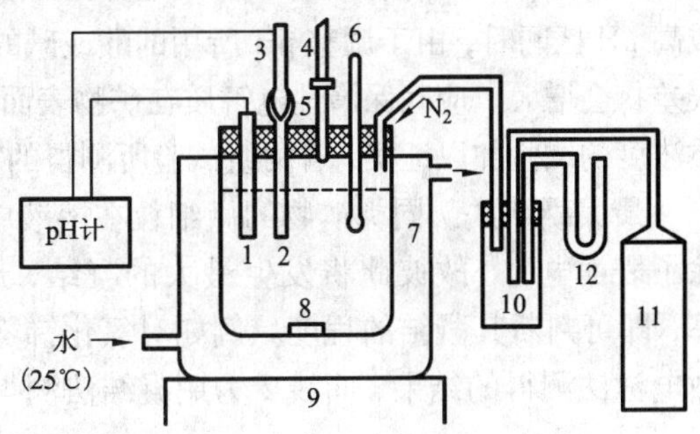

图7-16 电位滴定装置

1—玻璃电极；2—盐桥；3—甘汞电极；4—滴定管；5—橡皮塞；6—温度计；7—恒温水浴；8—磁棒；9—磁力搅拌器；10—缓冲瓶；11—氮气瓶；12—气压表

电位滴定法。电位滴定法是通过测定H^+和OH^-在矿物表面上的吸附量来确定该矿物零电点的方法。电位滴定装置见图7-16。以测定赤铁矿零电点为例，滴定液采用0.1 mol/L的KOH和HNO_3溶液，惰性电解质为KNO_3，将准确称重的3~5 g赤铁矿颗粒和250~300 mL蒸馏水加入滴定槽中，同时加入惰性电解质，使其浓度达到一定值，如10^{-3} mol/L，用KOH调整溶液的pH至9.3，pH稳定后，记录下KOH的用量。加入少量酸(或碱)，以改变溶液的pH，待稳定后，将加入的酸(或碱)量和pH记录下来。其后再加入少量酸(或碱)，pH稳定后，记录溶液的pH和加入的酸或碱用量变化的点，应使溶液的pH变化范围能包括低pH和高pH。在接近零电点时，加入量应少些，以尽可能多取一些测定点。第一组滴定完毕后，将器皿冲洗干净，用不同的惰性电解质浓度，如0.01 mol/L，0.1 mol/L，1 mol/L等，分别按上述步骤重新开始另一组滴定。

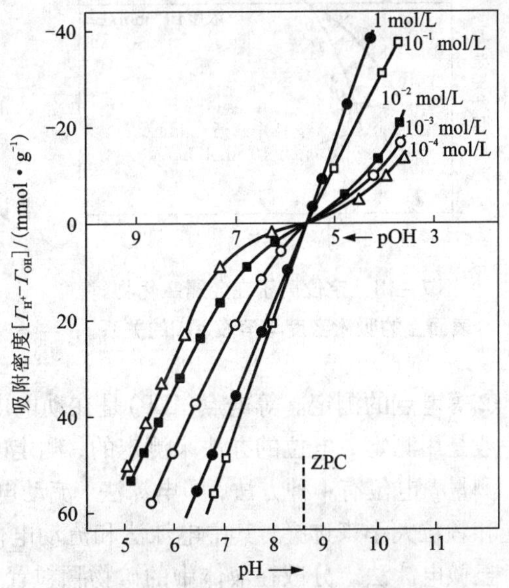

图7-17 Fe_2O_3表面定位离子的吸附密度与pH及离子强度的关系

对应于每一平衡pH，都有一个H^+和

OH^-的吸附量，或两者之差（$\Gamma_{H^+}-\Gamma_{OH^-}$），可根据加入的酸（或碱）的量与平衡后由 pH 计的读数算出的溶液中 H^+ 和 OH^- 的浓度之差来确定。定位离子的滴定结果如图 7－17 所示。离子强度由 KNO_3 浓度（10^{-4}～1 mol/L）确定。

简易法。测定金属氧化物零电点时，在不同惰性电解质浓度下，矿物表面的净电荷与溶液 pH 关系如图 7－18 所示。惰性电解质的浓度分别为 10^{-2}和 10^{-1} mol/L。

用 10 个小烧杯，加入等量的氧化矿（如 2 g）颗粒的悬浮液，各烧杯中惰性电解质的浓度相同，为 10^{-2} mol/L，但各烧杯中溶液的 pH 不同，设它们的起始值为 1，2，3，…，10，然后，向各个烧杯加入等量的惰性电解质，提高其浓度至 10^{-1} mol/L。此时，各烧杯中溶液的 pH 将发生变化。设变化后的 pH 分别为 1′，2′，3′，…，10′。两次 pH 之差 ΔpH，在高 pH 区将为正值，在低 pH 区将为负值，在 pH 未变化的点，即为零电点，此法简易可行。当零电点位于低或高 pH 区间时，由于调整 pH 所用的酸或碱的离子强度超过惰性电解质的离子强度，故测定的误差将会增大。应确保惰性电解质在矿物表面不会发生特性吸附，这可通过两组不同惰性电解质浓度的试验加以证实，若两组试验所测得的零电点相同，则说明没有发生特性吸附。

最大凝结法。同类矿物的微细粒在溶液中处于悬浮状态时，在该矿物的零电点，由于消除了表面电荷，故彼此将发生最大的凝结，形成凝块下沉。用透光法测定其悬浮液的透光率，即可判断其凝结的程度。例如对氧化锑零电点测定结果如图 7－19 所示，曲线 1 为用显微电泳法测得的结果，曲线 2 为用凝结法测得的结果。

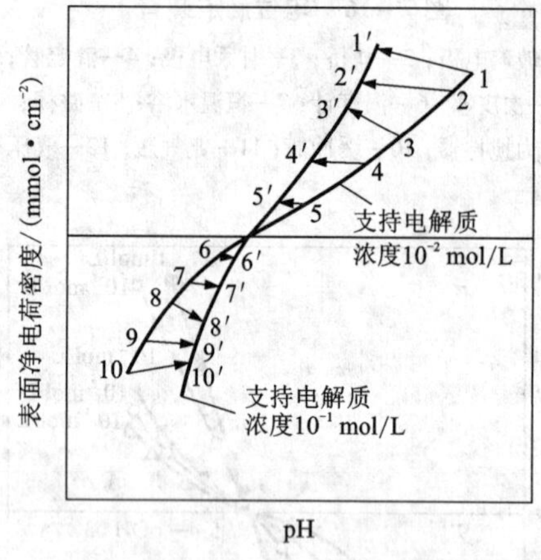

图 7－18　定位离子在金属氧化物表面上的吸附密度与溶液 pH 的关系

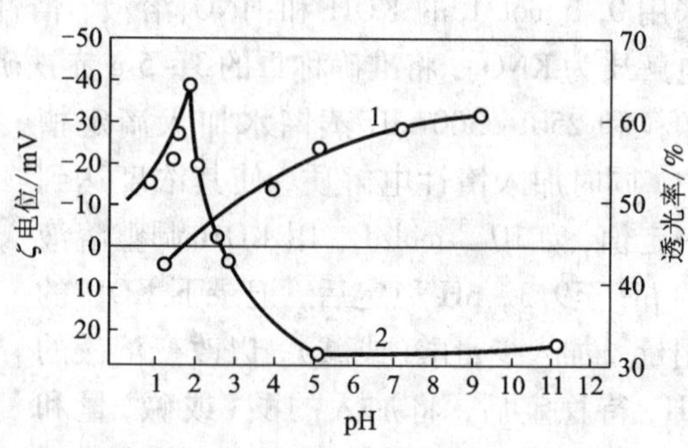

图 7－19　用最大凝结法和显微电泳法测定氧化锑的零电点

②等电点的测定。等电点（IEP）是在动电电位等于零时，电解质浓度的负对数值。等电点一般是用测定 ζ 电位的办法来测定的，测定时应确保无特性吸附发生。

测量 ζ 电位有 4 种方法，即电泳法、流动电位法、电渗法和沉积电位法，可根据待研究的问题和颗粒大小来选择，其中电泳法和流动电位法应用最广泛。

显微电泳法。分散在液体中的矿物颗粒置于直流电场时，呈现出按粒子所带电荷向阳极或阴极方向迁移的现象，叫电泳。显微电泳法用于测定 0.1～2 μm 颗粒。

显微电泳法的装置如图 7－20 所示。

电泳槽一般由水平玻璃管组成，管的断面呈长方形或圆环形，两端均装有电极。电泳速度是通过计算单个粒子走过目镜刻度盘上一定距离（约 100 μm）所需时间来测得的。电场强度调节前粒子走过上段距离大约需 10 s，再快会产生计时的误差，再慢会增加布朗运动所产生的误差。测定是在两个静止水平上进行的。改变电流方向，由流速所产生的误差可大大抵消。电泳速度通常由电流方向互换 20 次计时的平均值计算而得。

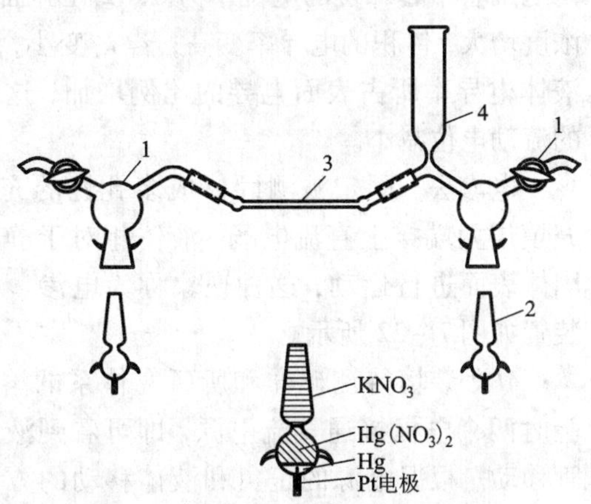

图 7-20　显微电泳仪电泳槽示意图

1—活塞；2—电极；3—电泳池；4—进浆管

ξ 电位与电泳速度关系主要取决于颗粒直径与双电层的厚度。在颗粒直径比其双电层厚度大得多的情况下，最好使用赫姆霍茨－斯莫鲁霍夫斯基（Helmholtz-Smoluchowski）方程：

$$\xi = \frac{4\pi\eta}{\varepsilon} \cdot \frac{\mu_p}{H} \tag{7-31}$$

式中：ξ 为颗粒的动电电位，V；η 为液体黏度，$N \cdot s/m^3$；ε 为溶液介电常数，F/m；μ_p 为颗粒的电泳速度，m/s；H 为电场强度，V/m。

但在颗粒直径比双电层小很多时，应使用 Hückel 方程：

$$\xi = \frac{6\pi\eta}{\varepsilon} \cdot \frac{\mu_p}{H} \tag{7-32}$$

一般而言，选矿研究实验用的矿物颗粒，粒径大于其双电层厚度，因此在研究中是使用式（7-31），则方程式改写为：

$$\xi = \frac{6\pi\eta}{\varepsilon} \cdot \frac{l}{t} \cdot \frac{\lambda}{i} \cdot S \tag{7-33}$$

式中：l 为矿粒迁移的距离，m；λ 为液体的电导率，$\Omega^{-1} \cdot m^{-1}$；t 为颗粒迁移所需要的时间，s；i 为槽内通过的电流，A；S 为垂直于电场梯度的长方形槽子（电泳池）横截面的面积，m^2。

目前检测动电电位的电泳仪较多，如英国马尔文公司生产的 Zeta 电位测定仪，是目前最先进的动电电位检测仪器，该设备可直接测出颗粒的 ξ－pH 曲线。

流动电位法。液体通过多孔性充填层流动，在充填层的两端产生电位差，这种现象称为流动电位。流动电位测定装置如图 7-21 所示。

矿物颗粒放在玻璃管中，使之形成多孔矿层，矿层两端固定一对电极。当液体在压力下流过该矿层时，电极上产生电位差 E，通过下式可以计算 ξ 电位：

$$\xi = \frac{4\pi\eta\lambda E}{\varepsilon i} \tag{7-34}$$

式中：ξ 为动电电位，V；η 为液体黏度，$N \cdot s/m^3$；λ 为液体的电导率，$\Omega^{-1} \cdot m^{-1}$；E 为流动电位，V；ε 为溶液介电常数，F/m；i 为槽内通过的电流，A。

用式（7-34）必须使矿粒层所形成的毛细管半径 a 要比双电层厚度 $1/\kappa_a$ 大得多，就是说，组成矿粒层的粒径不能太小。若该条件不满足时，就得不到精确的结果，ξ 电位偏低。因为：

①毛细管中心部位的电位不为0；②在界面下反离子浓度增大，体积的电导率变高；若 κ_a 变小，毛细管中液体电导率所占表面电导的比例增加，这会使产生的流动电位减小。

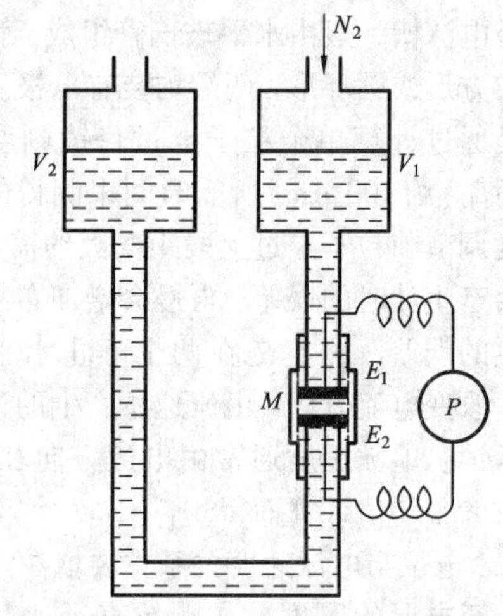

图 7-21　流动电位测定装置

M—多孔膜；V_1、V_2—液槽；P—电位差计；E_1、E_2—电极；N_2—加压氮气

电渗法。固定被测固体成多孔性的充填层，在充填层两端接上直流电场，液体相对于静止的荷电固体表面进行运动，这种现象称为电渗。电渗测定装置如图 7-22 所示。

M 处装填待测矿样和所研究体系的溶液，在实验时两个电极接通直流电源，即可看到液体沿毛细管移动。根据电源的正负和液体移动的方向可知矿物带电性质。根据液体的流动速度(单位时间内通过矿物层的液体的体积)，按下列方程式计算 ξ 电位：

$$\xi = \frac{4\pi\eta\lambda v}{\varepsilon i} \tag{7-35}$$

式中：ξ 为动电电位，V；η 为液体黏度，$N \cdot s/m^3$；λ 为液体的电导率，$\Omega^{-1} \cdot m^{-1}$；v 为电渗速度，m/s；ε 为溶液介电常数，F/m；i 为通过电渗溶液的电流强度，A。

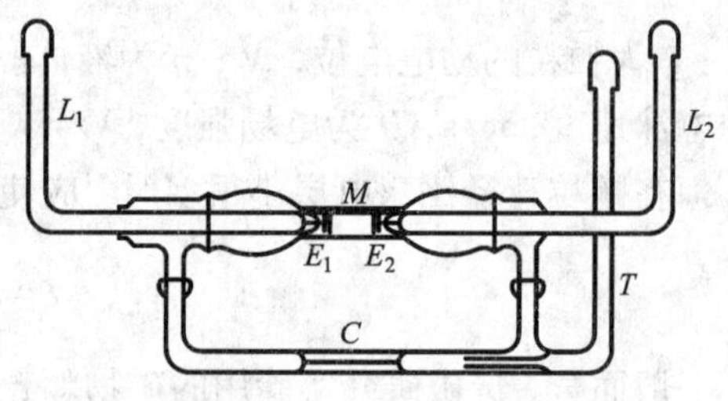

图 7-22　电渗测定装置

M—多孔膜；C—毛细管；E_1、E_2—电极；T—产生气泡的旁管；L_1、L_2—导线

7.7.2　矿物表面润湿性和疏水性

对于大块纯矿物，测量矿物与药剂溶液作用前后的接触角可直接研究表面润湿性。对于细颗粒矿物，用粉末接触角仪测量矿物与药剂溶液作用前后的接触角研究表面润湿性；用小型浮选装置——单泡管，真空浮选和小型浮选槽，通过矿物可浮性的变化表现药剂作用前后对矿物疏水性的影响。

1)接触角测量

测量接触角是测量矿物表面润湿性应用最广泛的方法，其具体测量方法多种多样，如向矿物表面上部压入气泡和滴水滴的方法。为了避免矿物表面被溶液中沉淀物污染及更接近实际，多数采用向矿物下部表面引入自由气泡的测量方法。

用显微镜改装的接触角测量装置见图 7-23。

测量方法是：试验前将纯矿物磨片置于600号(或400号)金刚砂的毛玻璃板上磨去污染物，再用蒸馏水反复冲洗干净，在脱脂绒布上擦干，用镊子将磨片置于矿块支架上，接通电源，调整聚光透镜，使光源、磨片光滑面对准显微镜物镜，然后用毛细管导入气泡附着于矿块，调整显微镜焦距，直至磨片与气泡接触界面十分清晰，用测微目镜的测微尺测量 h 和 l。接触角示意如图 7-24 所示。

然后根据下式计算接触角的大小。同一条件下测10次，取平均值。

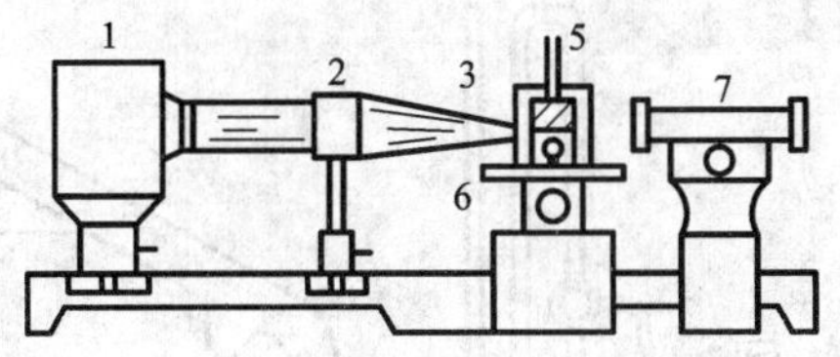

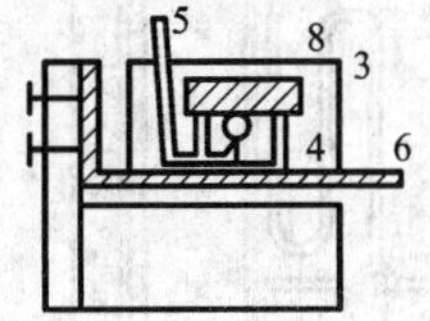

图 7－23 接触角测量装置

1—光源；2—聚光透镜；3—有机玻璃盒；4—矿块支架；
5—导入气泡的玻璃毛细管，气泡直径为 0.3～0.5 mm；6—载物台；7—显微镜；8—矿样

$$\theta = 2\arctan\frac{l}{2h} \tag{7-36}$$

式中：θ 为接触角，(°)；l 为气泡与矿物表面的最大接触宽度，mm；h 为气泡高度，mm。

图 7－24 接触角示意图

1—气泡；2—块矿磨片

2）纯矿物浮选试验设备和操作技术

纯矿物浮选试验包括无沫浮选试验、泡抹法试验、真空浮选试验、5 g 浮选槽浮选试验。在浮选基础理论研究中，用得最广泛的是无沫浮选试验，其次是 5 g 浮选槽浮选试验。

(1)无沫浮选试验。无沫浮选是浮选过程一般不加起泡剂，不形成泡沫层的试验方法，它适用于研究药剂对矿物可浮性的作用。采用这种试验方法的优点是：需要的纯矿物量少，每次 1～3 g 即可；浮选时药剂浓度和溶液的容积恒定；能精确控制操作变量。

无沫浮选试验方法和试验装置的结构构造种类较多，现选择较常用的装置介绍。单泡管是经过改进的哈里蒙德管，如图 7－25 所示。材质为玻璃或有机玻璃制品，其下部除做成图 7－25 所示形状外，也可做成圆柱形。进气孔是一根 40 μm 或 60 μm 直径的毛细管，也可将石英砂烧结成 40～60 μm 孔径的多孔玻璃板焊在进气口处，也可把多孔玻璃板与毛细管结合使用。净化的空气或氮气通过毛细管进入浮选管。

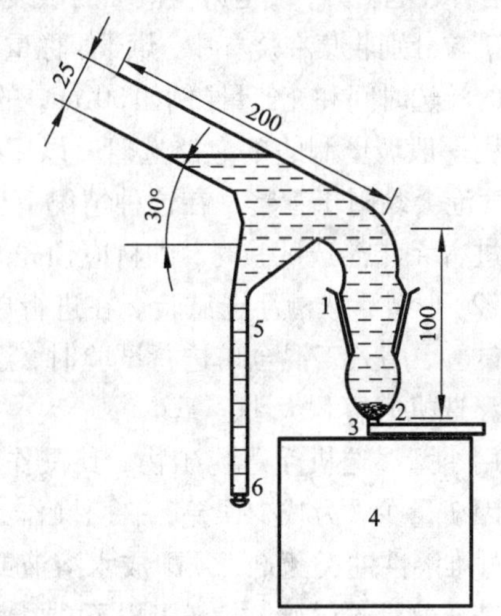

图 7－25 改进的哈里蒙德管

1—29/42 磨矿接口；2—磁棒；3—60 mm 毛细管；
4—电磁搅拌器；5—精矿管；6—橡皮塞

单泡浮选试验装置(哈里蒙德管进气系统)如图 7－26 所示，为除去氮气中的 CO_2，在储气瓶 3 之前可接入装有烧碱石棉剂或玻璃丝的玻璃瓶，及装有 NaOH 饱和溶液的玻璃瓶。在试验过程中，必须严格保持气体恒速和恒压，以保证试验结果的可比性。为控制浮选时间和搅拌时间，可采用时间继电器控制气流时间和电磁搅拌器搅拌时间。

每次浮选试验，将 1～3 g 试样加入烧杯中，并加水和浮选药剂一起搅拌，然后将试样和溶液一起转移至浮选管中，同时开动电磁搅拌器，搅拌时间一般为 5 min。通过磁转子旋转，使矿粒呈悬浮状态。

净化后的空气或氮气通过流量计以恒速(例如 30～40 mL/min)压入浮选管，这时可浮的矿

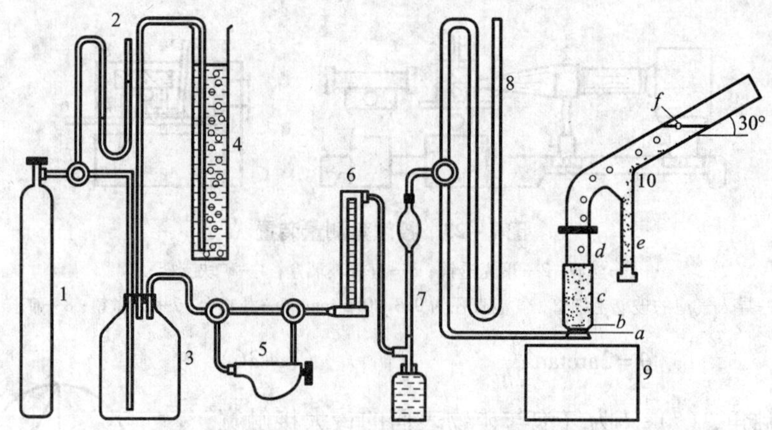

图 7－26　单泡浮选试验装置

1—N_2筒；2—水银测压计；3—储气罐；4—压力调节器；5—针阀；
6—转子流量计；7—皂膜流量计；8—水柱测压计；9—电磁搅拌器；10—单泡浮选管
a—多孔板；*b*—磁棒；*c*—矿浆；*d*—34.5 mm×35 mm 磨砂接口；*e*—浮出矿粒；*f*—液面

粒，附着气泡上升，气泡升至液面后破裂，矿粒随即落于接收器中。试验结束时，把浮起和未浮起的矿粒分别收集在烧杯中，烘干、称重，并计算回收率。用这种设备进行试验时，只需求出在一定的浮选时间和充气量(例如 30 mL)的条件下浮出产物的回收率。

用一般玻璃制的单泡浮选管，以阳离子捕收剂进行试验时，阳离子捕收剂吸附在玻璃上，气泡会黏附于管壁。在这种情况下可采用有机玻璃制的单泡管。

进行无沫浮选试验时，试料应预先脱泥和分级，一般采用－150＋75 μm 的粒级。

(2)小型浮选槽浮选试验。在进行单一纯矿物浮选试验时，可用 5 g 矿样在 50 mL 浮选机中试验，用人工混合矿进行试验时，浮选机容积可以是 50～150 mL。一般根据矿量多少来选择浮选机的容积大小。

用小型浮选机浮选纯矿物，其操作和进行矿石可选性研究时基本相同，但也有某些特点。因矿量少，为减少误差，一切操作必须特别仔细，加药要力求准确，浮选药剂应进行标定，对难溶性油类药剂，须配成水溶液或做成乳浊液添加。

纯矿物浮选试验，一般可以不进行化学分析，而只称量各产物的质量来评定浮选效果。人工混合矿样的试验，在可能条件下也可以不进行化学分析。例如可用重液分离，或者在配制混合试样时，有意识地使两种矿物的粒度不同，这样就可用筛分的方法分离浮选产物中的不同矿物，而分别确定其含量。

纯矿物浮选试样一般都经过脱泥和分级，为排除外来离子和各种污染，矿物表面都用酸或碱或其他溶液处理过，用这样的试样得出的试验结果对于考察浮选过程的某些规律和各种药剂的作用是非常有益的，但不可能完全推广到天然矿石的浮选。纯矿物混合试样和天然矿石浮选结果不符合的原因为：

①纯矿物浮选时矿浆液相的离子组成与浮选矿石时不同。

②每单位固体质量的药剂用量不同。

③矿物的粒度组成不同。

为了解决第一个问题，在纯水中试验后，再在细磨矿浆的滤液中进行试验，这可以使纯矿物浮选时矿浆中的“难免离子”组成接近实际矿石的浮选。

为了解决第二个问题可采取下列两种方法。第一种方法是根据纯矿物在矿石原矿中的含量决定纯矿物浮选的液固比。这样纯矿物浮选时的矿浆浓度比实际矿石浮选稀。例如，矿石中含方铅矿 1.5%，通常浮选该矿石的液比固为3∶1，矿石比重为3。若试验用纯矿物试样的为 G_g，则相应的矿石应为 $100G/1.5$ g，由此可算出矿浆的总体积为：

$$V=\frac{100G\times3}{1.5}+\frac{100G}{1.5\times3} \tag{7-36}$$

当 $G=0.5$ g，$V=110$ mL。

若在充气系数为0.1的条件下处理该矿石，用0.5 g矿石进行试验，可取浮选槽的容积：

$$V=\frac{100}{1-0.1}\approx120\ \text{mL}$$

第二种方法是药剂用量不按单位固体质量计算，而采用药剂在矿浆水溶液中的浓度表示，即纯矿物浮选时矿浆水溶液中各种药剂的浓度，应与实际矿石浮选时矿浆水溶液中的药剂浓度相同。

为了解决第三个问题，在配制纯矿物的人工混合试样时，应力求使被浮矿物和沉槽矿物的比例接近实际矿石，并保持各种矿物的粒度特性接近。若为了便于对产物分析，须利用两种不同粒度的矿物配制人工混合矿，此时应注意不同粒度的浮游特性及对浮选结果的影响。

习 题

1. 简述实验室浮选试验的内容和程序。
2. 在制备某浮选用矿浆时，磨矿浓度定为60%，干矿量500 g，试计算磨矿需加入的水量。
3. 简述矿石脱泥的主要方法。
4. 简述浮选机操作时在搅拌调浆、泡沫控制、水质、药剂添加和产品处理等方面要注意的问题。
5. 某铜矿浮选时捕收剂乙基黄药的用量为300 g/t，浮选试验时的矿石质量为500 g，如将乙基黄药配成10%浓度的溶液添加，需添加乙基黄药的溶液体积是多少？
6. 简述浮选条件试验的主要内容和试验目的。
7. 简述闭路流程试验的主要目的、试验方法和计算方法。
8. 简述选择性絮凝试验的主要目的和操作技术。
9. 简述矿浆浓度的测定方法。
10. 简述矿浆 pH 的测定方法。
11. 如何测定矿浆中的充气量？
12. 如何测量溶液中的残余药剂浓度？
13. 常用揭示浮选体系矿物与药剂间相互作用的测试技术有哪些？
14. 简述矿物零电点(PZC)的测定方法。
15. 简述矿物等电点(IEP)的测定方法。
16. 简述矿物表面接触角的测定方法。
17. 纯矿物浮选试验的方法有哪几种？请分别介绍主要的分选设备和方法。

第8章 重选试验

本章内容提要：重选试验就是要通过试验选择适用于所研究矿产的重选流程、设备和工艺条件，确定矿石的可选性和可能达到的工艺指标。本章简单地介绍了重选试验的特点和内容，通过密度组分分析来确定矿石的可选性，矿石性质对流程的影响和流程的确定方法，实验室中重选设备的选择，重选试验过程中需考察的工艺参数以及一些参数的测量方法，重选最终指标的确立，重选效率的评价方法等。

8.1 重选试验的特点及试验内容

重选是按密度分选矿粒群的工艺过程。在重选过程中，使矿物分离的根本原因是它们自身性质的差别，也就是颗粒的密度、粒度和形状的差别。同其他选矿方法相比，重选过程成本较低，对环境污染少，因而在可选性研究工作中，凡是有可能用重选法选别的矿石，都应首先考虑做重选试验。与其他选矿工艺比较，由于重选工艺过程本身的特点，决定了实验室重选试验在程序和方法上有其自身的特点。

开展重选试验，首先必须考虑的主要问题是流程和设备。重选所处理的物料相对较粗，粒度范围相对较宽，而不同粒度物料要求选用不同的设备，即使可以采用同一类设备处理，为提高效率，物料也常须分级选别。再加上为了避免过粉碎对重选的不利影响，常采用阶段选别流程，导致重选流程组合一般比较复杂，所用设备类型较多。因而流程结构和设备选型是重选试验重点考察内容。

重选的操作因素比较简单。各种选别设备，只要其入选原料的比重组成和粒度组成基本相同，选别条件就基本相同。另外重选过程中所发生的一些物理现象相对地比较宏观，大多可以凭肉眼直接观察判断，因而在重选研究中，为寻找最佳工艺参数所需安排的条件试验数量一般不大。

重选试验通常是按开路流程进行的，原因是重选工艺因素比较简单和稳定，中矿返回影响较小。如果要做中矿返回试验，其目的仅在于考查中矿的分配，而很少像浮选那样，会由于中矿的返回而明显地影响原矿的选别条件和效率。另一方面，由于重选流程长，物料粗，用料多，试验工作量大，在一般的实验室条件下，很难组织全流程范围的闭路和连续试验。但是，尽管从全流程而言，重选试验大多是开路的、不连续的，而对每个具体作业而言，却又常是按连续给矿原则工作的，有时甚至是闭路循环的（如旋流器、离心机）。

此外，重选试验所用设备规格比较大，除可选性评价试验目前一般采用实验室型设备，为选矿厂设计提供依据的可选性试验，目前大多倾向于采用半工业型设备，个别甚至采用工业型设备。

实验室重选试验研究的主要内容包括：重选矿石性质研究，有用矿物在不同粒级、不同比重部分中的分布特性研究，重选设备及流程试验研究，重选操作参数优化试验研究及分选工艺对比性试验研究等内容。

8.2　密度组分分析和可选性曲线

8.2.1　密度组分分析

密度组分分析是在接近理想的条件下，将矿粒分离为不同密度组分，根据各部分的产率和品位，计算出有用和有害成分的分布率。

在矿石可选性研究中，密度组分分析可以解决下列问题。

(1)密度组分分析是实验室确定矿石重介质选矿可选性研究的基本方法。通过密度组分分析，可以确定该矿石采用重介质选矿的可能性，适宜的入选密度和分选密度，以及可能达到的选别指标，作为下阶段半工业试验的依据。对于组成简单的煤，可直接根据煤的密度组成以及所用选别设备的密度分配曲线推算实际可能达到的选别指标，并直接作为设计的依据。

(2)对于需要采用其他重选方法选别的矿石，可根据不同粒级试样不同密度组分中金属分布的规律，判断该矿石的可选性，估计必须的入选粒度以及可能达到的最高指标。

(3)由密度分析结果间接地判断有用矿物在不同破碎粒度下单体解离的情况，并可估计必须的破碎粒度和可能达到的选别指标。

1. 试样的准备

试样准备的内容包括试样上、下限粒度的确定，分级比的确定和所需原矿试样质量的确定，然后根据要求的粒度，将试样破碎、缩分和分级。

考察矿石的入选粒度，可将试样缩分为几份，分别破碎到不同粒度进行试验。例如，可将试样缩分为四份，分别破碎到25 mm、18 mm、12(10) mm、6 mm，筛除不拟入选的细粒并洗去矿泥，晾干后分别进行试验；筛出的细粒(包括矿泥)也要计量和取样化验，以便计算金属平衡。入选粒度上限可根据原矿鉴定报告中的矿物嵌布粒度大小确定，从较粗的粒度开始试验，若在较粗的粒度下已能得到满意的分离指标，则不必再对较细的试样试验，否则，应逐步降低入选粒度，直到得出满意的分离指标为止。

在目前重介质选矿技术水平下，重介质选矿只能处理不小于3～0.5 mm的物料，仅仅是为了考察矿石用重介质选别的可选性时，小于3～0.5 mm的物料通常不进行研究。若需全面地考察矿石的重选可选性，则可根据选别的下限粒度确定研究的下限。

在试验的最初阶段，通常是将试样筛分成窄级别，洗去矿泥并晾干后，分别进行试验，然后再按照选定的粒度范围，用宽级别物料校核试验。窄级别试样的分级比，一般大致为$\sqrt{2}\sim2$。

在可选性研究工作中，密度组分分析属于预先性质的工作，所用试样量通常较小，一般小于按$q=kd^2$关系算出的数值，例如对于-25 mm的试样，若$k=0.1\sim0.2$ kg/mm^2，按$q=kd^2$的关系，最小质量为62.5～125 kg，而实际工作中只取25～30 kg。逐块测密度时，则一般要求各级的矿块数不小于200块，但在用宽级别试样进行重介质选矿的正式试验时，原始试样的质量必须满足$q\geqslant kd^2$的关系。

2. 分离方法

将矿块(粒)分离为不同密度组分的方法常用的有四种：逐块测密度法，重液分离法，重悬浮液分离法和在顺磁性液体中分离(磁流体分离)法。后三种统称为浮沉试验，其中最常用的是重液分离法。

1)逐块测密度法

此法只适用于分离块状物料，一般应是大于10 mm的物料。

测定前先将试样筛分成窄级别，用四分法自每级中缩分出约200个矿块作为试样，分别用水流冲洗，再在空气中晾干，然后用专门的或改装的密度天平逐块测定其密度。具体测定方法见前面章节。

将测定过密度的矿块，按一定的密度间隔分为几堆(即不同的密度组分)，分别称重，破碎磨细，取样化验。划分密度间隔的原则是，靠近分离密度的地方间隔取窄些，高密度范围间隔取宽些。为了保证每一密度组分的矿块数均不致过少，在一开始可以多分几堆，然后根据各堆的质量适当合并，最后有五、六个不同密度的组分即可。

2)重液分离法

将矿块置于一定密度的重液中时，密度大于重液的矿块将下沉，密度小于重液的矿块将浮到液面，密度与重液相近的矿块则处于悬浮状态，因此，若有一套不同密度的重液即可将矿样分离为不同密度的组分。

重液通常是指密度大于水的液体或高密度盐类的水溶液，包括有机重液、无机盐溶液和熔盐。液体密度受温度影响较大，因而有关密度数据均须注明温度，如相对密度2.90(25℃/4℃)表示25℃时该液体同4℃时纯水的密度比为2.90，也可写作相对密度 $d_4^{25}=2.90$。常用的有机重液主要是各种卤代烷，选矿试验中常用的无机盐溶液是杜列液，选煤试验则用氯化锌。若欲分离更大密度的矿物，须利用各种易熔盐类，密度大于4 g/cm^{3}的易熔盐类有硝酸银、氯化铅和硝酸亚汞等。

(1)常用重液及其配法。

①有机重液。三溴甲烷 $CHBr_3$ 是无色重质液体，有氯仿气味，味甜，密度2.887 g/cm^3(25℃)，2.891 g/cm^3(20℃)，黏度0.0018 Pa·s(25℃)，沸点149.5℃(1.01325×10^5 Pa)，凝固点8℃。不会使矿物分解，也不腐蚀橡胶，能与醇、苯、甲苯、氯仿醚、石油醚、丙酮和油类等任意混合，难溶于水。但受高热分解会产生有毒的溴化物气体，久贮逐渐分解为黄色液体，空气和光可加速其分解，应避光密闭保存。为使其稳定，可向其中加入3%～4%乙醇，同时其密度则降低到2.6～2.7 g/cm^3。

四溴乙烷 $C_2H_2Br_4$ 也是无色重质液体，密度2.953 g/cm^3(25℃)、2.968 g/cm^3(20℃)，黏度0.0096 Pa·s(25℃)，沸点243.5℃(1.01325×10^5 Pa)，凝固点0.1℃。化学性质很不活泼。

二碘甲烷 CH_2I_2 无色至亮黄色，密度3.308 g/cm^3(25℃)、3.321 g/cm^3(20℃)，黏度0.0026 Pa·s(25℃)，沸点182℃(1.01325×10^5 Pa)，凝固点6.1℃。在阳光下极不稳定，有硫化矿存在时容易分解，分解后因碘的析出而使颜色变暗，变暗后的二碘甲烷密度将下降。为防止二碘甲烷分解，可加入几片金属铜。二碘甲烷有毒，使用时应注意安全。

上述三种卤代烷均难溶于水，但易溶于易挥发的有机溶剂有四氯化碳、乙醇、苯、甲苯等。用不同量的有机溶剂与卤代烷混合，即可配成不同的密度溶液，采用分馏的方法浓缩回收重液中的卤代烷。用乙醇做溶剂时可用水洗的方法分馏，将混合液置分液漏斗中加5~6倍体积的蒸馏水搅拌混匀，静止后将出现分层现象，乙醇的水溶液将浮在上面，卤代烷则沉在下面。这几种溶剂中以乙醇毒性最小，但有吸湿性，故密度不够稳定；苯和甲苯对健康损害最大(主要是血液中毒)；四氯化碳则对人体有麻醉作用，均应注意防护。有机溶液不同密度时的配比如表8-1所示。

表8-1 有机溶液不同密度时的配比表(15℃)

重液密度/($g \cdot cm^{-3}$)	1.3	1.4	1.5	1.6	1.8	2.0
四氯化碳配比/%	60	74	81	98	79	59
苯配比/%	40	26	19			
三溴甲烷配比/%				2	21	41

蚁酸铊和丙二酸铊复盐水溶液，又称克列里奇液，淡黄色，25℃时饱和溶液密度4.3 g/cm^3，黏度0.031 Pa·s，化学惰性，可与任何比例的水混合而配成的重液，采用蒸发即可使它浓缩再生。克列里奇液是已知的天然重液中密度最高者，但非常稀贵，对皮肤腐蚀性极强。

蚁酸铊和丙二酸铊复盐溶液的配法：将11 g的丙二酸溶于少量水中，加入500 g碳酸铊；另取500 g碳酸铊溶于115 g 89%的蚁酸中；然后将这两种溶液混合，过滤，蒸发，直至密度为4.3 g/cm^3的矿物(铁铝榴石)在其中浮起。

②无机盐溶液。杜列液，即碘化钾和二碘化汞溶液($HgI_2 \cdot 2KI$)，是矿石密度组分分析工作中最常用的无机重液，黄色透明，可与任何比例的水混合，最高密度3.17~3.19 g/cm^3。在工作中有时会析出游离碘而使颜色变暗，此时可加入金属汞一滴，置于水浴上蒸发并不断搅拌，即可恢复到正常状态。溶液易吸水，因而在使用过程中密度可能变化，必须经常检查。产品上带出的重液可用水洗回收。稀溶液则可用蒸发的办法浓缩再生。由于杜列液有毒，会腐蚀皮肤，会同金属及金属硫化物反应，故应用受到限制。

杜列液的配法：按1∶1.24的比例分别称取碘化钾和二碘化汞，将碘化钾置研钵内研细，再与二碘化汞混合，并小心搅拌，然后在强烈的搅拌下将混合物溶解于冷水中。首先配制最浓的溶液，每1 kg混合物需加冷水160 mL。溶液密度可达3.17~3.19 g/cm^3。可用密度计测定溶液密度，或投入萤石(密度3.1 g/cm^3)，若萤石不浮起，表明密度不足，应将溶液蒸发，直至出现薄膜为止，然后冷却，用玻璃棒搅拌，使薄膜溶解。若不溶，则可往溶液中再加1~2滴水。冷却的溶液中可能析出少量的碘化钾结晶，必须滤去。

氯化锌水溶液用于煤的可选性研究，氯化锌为白色粉晶体，潮解性强，能自空气中吸收水分而潮解。密度2.91 g/cm^3，黏度0.042 Pa·s，熔点283℃，沸点732℃，价格低廉。氯化锌易溶于水，水溶液成酸性。氯化锌须在干燥处密封保存。搬运时要防止溅入眼睛、触及皮肤，如接触时即用水冲洗，防止皮肤腐蚀。不同氯化锌水溶液在20℃时相对应的密度如表8-2所示。

表 8-2　不同氯化锌溶液浓度相对应的密度(20℃)

氯化锌溶液浓度/%	31	39	46	52	58	63	68	73
重液密度/($g \cdot cm^{-3}$)	1.3	1.4	1.5	1.6	1.7	1.8	1.9	2.0

③熔盐。重液中除蚁酸铊和丙二酸铊复盐以外，相对密度只有 3 左右，欲分离更高密度的矿物，须在熔融状态的盐中分离矿物。相对密度大于 4 的易熔盐类有：

硝酸银($AgNO_3$)，相对密度 4.1，熔点 198℃。

硝酸银和碘化银合金，碘化银(AgI)密度 6 g/cm^3，熔点 552℃。硝酸银和碘化银按不同比例混合可得密度为 4.1～6.0 g/cm^3 的熔融体，熔点下降至 65～70℃。当 2 份碘化银同 3 份硝酸银混合可获得密度为 5 g/cm^3 的熔融体。

硝酸亚汞($HgNO_3 \cdot H_2O$)，密度 4.3 g/cm^3，熔点 70℃。

氯化铅($PbCl_2$)，密度 5.0 g/cm^3，熔点 468℃。

在熔盐中分离矿物的技术操作较复杂，因此很少在密度组分分析试验工作中使用，特别不适用于处理粗粒和大量的试样，此法主要用于矿石物质组成研究。

(2)重液分离操作技术

重液分离的操作方法根据试样的粒度、质量和重液的类型来选择。重力沉降分离的粒度下限与矿粒的相对密度和重液的黏度有关，一般为 0.1～0.075 mm，粒度过小会导致沉降时间过长，矿粒密度小特别是重液黏度大时沉降更慢。在离心力场中分离时，离心加速度可大到为重力加速度的 1000 倍以上，因而粒度下限可大大降低，但对小于 10～5 μm 的矿泥，一般不要求进行重液分离试验。

①块状和粗粒(大于 1～0.5 mm)物料的分离试验。分离容器是容积大于 250 mL 的烧杯、玻璃缸、白铁筒等普通筒形容器。

将不同密度的重液按要求配好，置于不同容器中。将洗净的试样分小批给入某一密度的重液中，搅拌后静置分层。用带孔的瓢分别将浮物和沉物捞出，待全部试样分离完毕后再依次转入下一个密度较大或较小的重液中再次进行分离，直至将试样全部按要求分离为不同密度组分时为止。将所得各个密度组分的产品分别洗涤、烘干、称重、并磨细、取样化验。洗下的重液收集起来用各种方法浓缩再生后回用。

②中粒物料的分离试验。粒度小于 1～0.5 mm 而大于 0.1～0.075 mm 的物料分离容器是分液漏斗。一般应采用带玻璃旋塞的玻璃分液漏斗，无专门分液漏斗时也可用带胶皮管的普通漏斗，但碘化汞和碘化钾溶液对橡胶有腐蚀作用，不能采用带胶皮管的漏斗。

分离时先向漏斗中注入重液，给入试样，用玻璃棒搅拌数次，静置分层，不搅拌时要盖上漏斗盖或表面皿，以防重液挥发。分层完毕后打开旋塞或夹子将沉物和浮物分别放到带滤纸的过滤漏斗上，过滤、洗涤后，滤饼烘干、称重，滤出和洗下的重液则应回收再用。

③细粒物料的分离试验。小于 0.1～0.075 mm 的细粒物料利用离心试管作分离容器，在手摇或电动离心机中分离。市售普通离心机所附离心试管强度往往不够，此时需要专门定制高强度的离心试管供重液分离试验用。为了便于使浮物和沉物分离，也可使用特制的带塞子的泰勒式离心试管[图 8-1(a)]或带旋塞的斯列德离心试管[图 8-1(b)]作分离容器。

在离心机位于对称位置的两个试管中装入质量相等的物料(否则高速旋转时试管会破

裂)。离心机转速应渐增,一般最高3000~4000 r/min即足够,持续3~5 min,再逐渐减速停止。离心试管上层浮物用玻璃棒挑出或用小网勺捞出,下层沉物则随同重液一起倒出。分别过滤、洗涤、烘干、称重、取样化验,重液回收再用。

④物料在熔盐中的分离试验。将试样倒入试管中,加入所选用的易熔盐类,加热至所要求的温度,使介质熔融呈液态。在重力场或离心力场中让轻、重矿物分离,分离完全后让熔融体冷却凝固。用锉刀或电流将试管在适当地方截断,即可将轻、重矿物分别取出。根据易熔盐的性质选用适当的溶剂,如热水或酸溶液将介质溶解,试样经洗涤干燥后送去加工。

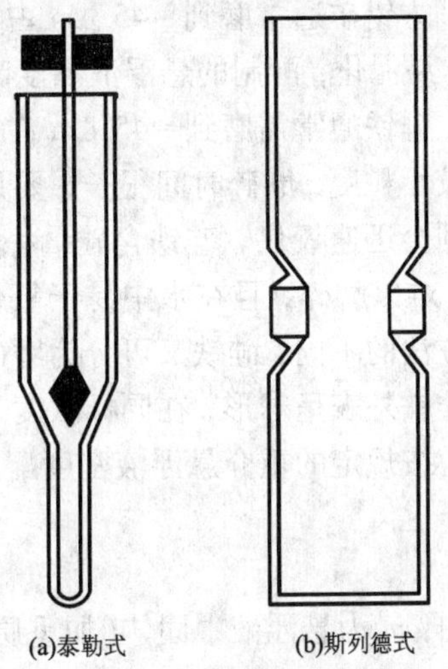

图8-1 重液分离用离心试管

3)重悬浮液分离法

重悬浮液是由密度大的固体微粒分散在水中构成的非均质两相介质。因黏度小、稳定性好、易于回收,故目前生产中重介质选矿的介质多数采用悬浮液。对于重介质选矿作业,重液分离只能算预先试验,最后还须在实际悬浮液中进行正式分离试验。有时由于重液缺乏,或物料粒度粗,试样多,或矿石松散,不适于在重液中分离,亦可直接用重悬浮液分离法进行密度组分分析。由于细粒物料与介质混杂后难以分离,因此,重悬浮液分离法不适于研究细粒物料。

(1)介质的制备。

矿石可选性研究工作中常用的介质加重如表8-3所示。由于悬浮液的最大密度很难超过加重剂密度的50%,在实验室研究工作中,矿石的密度组分分析试验主要采用硅铁和方铅矿做加重质,而煤的密度组分分析试验主要采用磁铁矿。在重介质悬流器中分离时,由于实际分离密度将大于悬浮液密度,故可使用密度较低的物料,如砷黄铁矿、磁铁矿、黄铁矿、磁黄铁矿,以及轧钢皮等介质。需要注意的是,当利用各种天然矿物做加重质时,在实验室研究阶段,通常是利用挑选的大块纯矿物粉碎后制成介质,因而实际密度可接近于表列密度。在半工业和工业试验阶段,则一般只能使用相应的选矿产品代替,例如,只能用浮选铅精矿代替纯方铅矿,因而其密度将小于表列密度。

表8-3 常用加重剂特性

加重剂	密度 /($g\cdot cm^{-3}$)	可能达到的悬浮液最大密度 /($g\cdot cm^{-3}$)	莫氏硬度
重晶石($BaSO_4$)	4.4	2.2	3.0~3.5
磁黄铁矿(Fe_nS_{n+1})	4.6	2.3	3.5~4.5
黄铁矿(FeS_2)	5.0	2.5	6.0~6.5
磁铁矿(Fe_3O_4)	5.0	2.5	5.5~6.5
砷黄铁矿(FeAsS)	6.0	2.8	5.5~6.0
细磨硅铁(85% Fe、15% Si)	6.9	3.1	7.0
粒状硅铁(90%为球形颗粒)(85% Fe、15% Si)	6.9	3.5~3.8	7.3~7.6
方铅矿(PbS)	7.5	3.3	2.5~2.75

方铅矿通常磨到 -45 μm 占70% ~80%，方铅矿悬浮液可用浮选法回收再用。但其硬度低，易泥化，配制的悬浮液黏度高，且易损失，因此，现已逐渐少用。

硅铁通常需磨到 -45 μm 占60% ~65%，硅铁硬度大，在给入磨矿机前应尽可能地破碎到较小粒度，磨碎时间很长，要用淘析的方法周期地取出细粒，潮湿的硅粒应保存在水中，否则会迅速氧化。硅铁含硅量一般为13% ~18%，当含硅量低于13%时磁性增加，但硬度增大，难以磨碎，且在水中易于氧化；含硅量超过18%时，磁性减弱，磁选回收困难。根据制造方法的不同，硅铁又可分为磨碎硅铁、喷雾硅铁和电炉刚玉废料(属含杂硅铁)等。其中喷雾硅铁外表呈球形，在同样浓度下配制的悬浮液黏度小，便于使用。

按规定的重介悬浮液密度配制一定体积的悬浮液，所需加重质的质量可按下式计算：

$$m_j = \frac{V_{zj}\delta_j(\rho_{zj} - \rho_s)}{\delta_j - \rho_s}$$

式中：m_j为悬浮液中固体(加重质)的质量，kg；V_{zj}为重介质悬浮液的体积，m^3；ρ_{zj}为重介质悬浮液的密度，kg/m^3；ρ_s 为水的密度，kg/m^3；δ_j为加重质的密度，kg/m^3。

(2)悬浮液中分离操作技术。

分离操作可在直径和高均为200 ~300 mm的圆筒或倒截锥形容器中进行，最好里面再套一个带漏底(筛网)的内筒，如图8 -2(a)所示，以便于取出沉物。操作方法与重液分离试验类似，主要差别是悬浮液静置时会分层，必须不断搅拌才能保持密度的稳定。

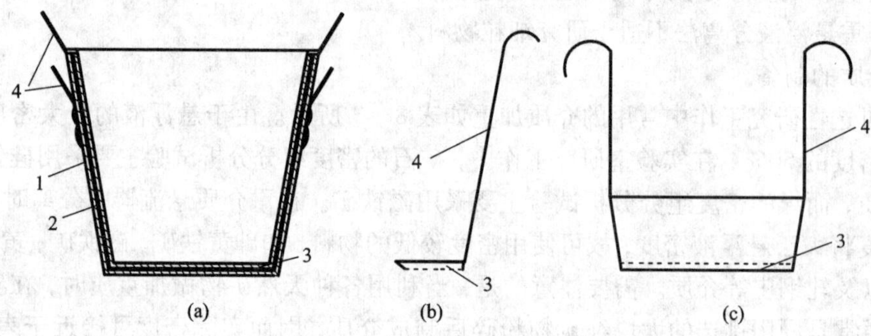

图8 -2　重悬浮液分离试验设备

1—外筒；2—内筒；3—筛网；4—漏勺

试验时先将配好的悬浮液注入分离容器，不断搅拌，测定并调节介质密度，调至要求数值后，一面缓慢搅拌，一面加入用同样悬浮液浸润过的试样。停止搅拌后若干秒钟，用漏勺，如图8 -2(b)所示，从悬浮液表面(插入深度约相当于一块最大矿块的尺寸)捞出浮物，然后再取出沉物。如果有大量密度与悬浮液相近的矿块处于不浮不沉状态，则最好单独收集。取出的产品分别置筛子上用水冲洗，必要时再利用带筛网的盛器如图8 -2(c)所示，置清水桶中淘洗，待完全洗净黏附于其上的悬浮质后，分别烘干、称重、磨细、取样、化验。若有必要，洗下的悬浮质可用选矿的方法再生后回收再用。

4)在顺磁性液体中分离法

在普通重液或重悬浮液中分离矿物时，矿粒所受的力为重力和浮力，后者在数值上等于同体积介质所受的重力但方向相反。矿粒浮起来的条件为浮力大于重力，即要求介质密度大于矿粒密度。由于高密度介质不易获得，故密度组分分析方法在矿石可选性研究工作中的应用远不及在煤的可选性研究广泛。若在上弱下强的不均匀磁场中，如图8-3所示，利用顺磁性液体作为分离介质，由于顺磁性液体将对矿粒施以一向上的磁力(与磁场对顺磁性液体的作用力大小相等而方向相反)，其大小超过磁场作用于矿粒的磁力(方向向下)，因而使整个"上浮力"增大，相当于增大了介质的密度，故能用于分离高密度矿物，这就为高密度矿物的密度组分分析开辟了新的途径。

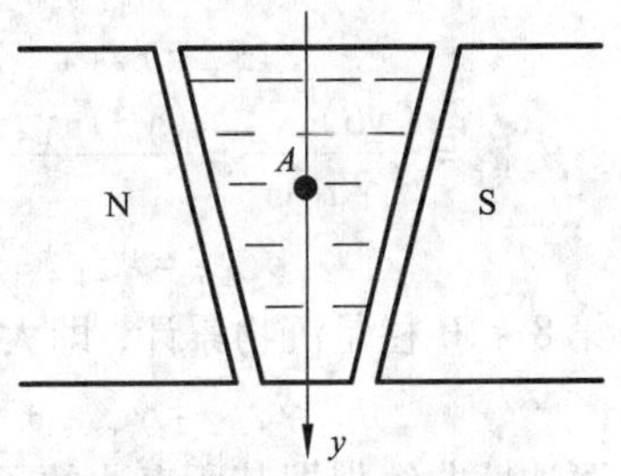

图8-3 在顺磁性液体中分离

常用的顺磁性液体为锰、镍、钴、铁以及稀土金属盐类的饱和溶液，如硝酸锰、氯化锰、三氯化铁等。据报道，在实验室条件下，用氯化锰饱和溶液($\rho=1.4\ g/cm^3$)作介质，分选密度可达到10.0 g/cm^3；用稀土氯化物作介质时，由于其磁化系数高，分选密度可达到19.5 g/cm^3，因而可以分离金(浮物)和铂(沉物)。

8.2.2 可选性曲线

密度组分分析结果通常用可选性曲线的形式表示，首先原始数据的格式整理如表8-4所示。表中第4栏是煤矸石中全硫的分布率，如

$$\varepsilon_{-2.2+2.0}=\frac{\gamma_{-2.2+2.0}\beta_{-2.2+2.0}}{\sum_{i=1}^{11}\gamma_i\beta_i}=\frac{29.28\%\times 9.08\%}{7.16\%\times 2.61\%+\cdots+24.55\%\times 30.14\%}=18.82\%$$

式中：$\gamma_i\beta_i$ 为含硫量(选矿称为金属量)，单位为万分率，即每处理1万千克(10 t)原样进入该产品中硫的千克数。

表8-4 -6~+0.2 mm高硫煤矸石重液分离试验结果

密度级 /(g·cm⁻³)	各单元组分			浮物累计			沉物累计		
	产率$\gamma_个$ /%	$\beta_个$ /%	分布率$\varepsilon_个$ /%	产率$\gamma_浮$ /%	β/%	分布率ε /%	产率γ /%	β /%	分布率ε /%
1	2	3	4	5	6	7	8	9	10
-1.4	7.16	2.61	1.32	7.16	2.61	1.32	100.00	14.13	100.00
1.4~1.5	2.74	4.69	0.91	9.90	3.19	2.23	92.84	15.02	98.68
1.5~1.6	4.13	6.84	2.00	14.03	4.26	4.22	90.10	15.33	97.77
1.6~1.7	3.75	7.52	1.99	17.78	4.95	6.22	85.97	15.74	95.77
1.7~1.8	3.10	7.66	1.68	20.88	5.35	7.91	82.22	16.12	93.78
1.8~2.0	10.18	8.27	5.96	31.06	6.31	13.87	79.12	16.45	92.10
2.0~2.2	29.28	9.08	18.82	60.34	7.65	32.67	68.94	17.66	86.14
2.2~2.4	2.55	3.58	0.64	62.89	7.49	33.34	39.66	23.99	67.32
2.4~2.6	8.09	11.72	6.70	70.98	7.97	40.04	37.11	25.39	66.68
2.6~2.8	4.47	24.04	7.61	75.45	8.92	47.63	29.02	29.20	59.98
+2.8	24.55	30.14	52.37	100.00	14.13	100.00	24.55	30.14	52.37
合计	100.00	14.13	100.00						

第 5 ~7 栏是浮物累计，即小于某分离密度的各产品的累计指标，如：

$$\gamma_{-1.7}=\gamma_{-1.4}+\gamma_{-1.5+1.4}+\gamma_{-1.6+1.5}+\gamma_{-1.7+1.6}=17.78\%$$

$$\beta_{-1.7}=\frac{(\gamma\beta)_{-1.7}}{\gamma_{-1.7}}=\frac{(\gamma\beta)_{-1.4}+(\gamma\beta)_{-1.5+1.4}+(\gamma\beta)_{-1.6+1.5}+(\gamma\beta)_{-1.7+1.6}}{\gamma_{-1.7}}=4.95\%$$

$$\varepsilon_{-1.7}=\varepsilon_{-1.4}+\varepsilon_{-1.5+1.4}+\varepsilon_{-1.5+1.6}+\varepsilon_{-1.7+1.6}=6.22\%$$

第 8 ~10 栏是沉物累计，即大于某分离密度的各产品的累计指标，如：

$$\gamma_{+2.2}=\gamma_{+2.8}+\gamma_{-2.8+2.6}+\gamma_{-2.6+2.4}+\gamma_{-2.4+2.2}=39.66\%$$

可选性曲线根据其所表达的函数关系可分为两大类。第一类是反映产品品位和金属量等随产率变化关系的曲线，如亨利－莱茵哈尔特可选性曲线（简称 $H-R$ 曲线）和迈耶尔可选性曲线（简称 M 曲线）；第二类是反映分离指标与分离密度间关系的曲线。

1. H－R 曲线

H－R 曲线可看作经典的可选性图示法，主要用在选煤工艺上，但也可以推广到选矿工艺。主要包括三条曲线，如图 8－4 所示。即单位品位曲线（λ 曲线），选煤称为灰分特性曲线，浮物曲线（β 曲线），沉物曲线（θ 曲线），有时还加上密度曲线（δ 曲线）和回收率曲线（ε 曲线），选煤称为密度 ±0.1 曲线。

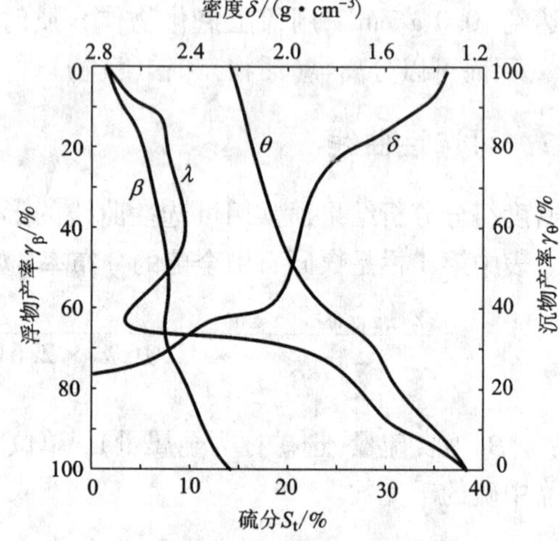

图 8－4　高硫煤矸石的可选性曲线

选矿工艺习惯用横坐标表示产率，纵坐标表示品位，选煤工艺则与此相反，现按选煤工艺习惯介绍。可选性曲线一般规定在毫米方格纸上的 200 mm×200 mm 方块内绘制。下面横坐标为干基灰分（或硫分），从左至右增大，左边纵坐标为浮煤累计产率，自上而下增大，右边纵坐标为沉煤累计产率，自下而上增大，上面横坐标为分选密度，从右至左增大。图 8－4 高硫煤矸石可选性曲线是按表 8－4 中的数据绘制的。

各曲线的绘制方法及含义简述如下。

（1）浮煤曲线 β：由表 8－4 中 5、6 两栏对应值标出各点，连成平滑曲线。它表示上浮部分累计产率与其平均硫分的关系，可用于计算分选时的理论回收率及其硫分。

（2）沉煤曲线 θ：由表 8－4 中第 8、9 列对应值标出各点，连成平滑曲线。它表示下沉部分累计产率与其平均硫分的关系，可用于计算沉煤的回收率及硫分。

（3）基元灰分曲线 λ：取表 8－4 中 3、5 两栏对应值，自 5 栏浮煤累计产率 7.16% 处划平行于横坐标的水平线，与 3 栏中对应的硫分 2.61% 点所引的垂直线相交，在左上角得到第一个矩形，其面积代表 <1.40 g/cm³ 部分所含的硫分。再由 5 栏浮煤累计产率 9.90% 处引水平线与 3 栏对应的硫分 4.69% 点引垂直线相交，并延长与 7.16% 水平线相交得第 2 个矩形，其面积代表密度 1.40 ~1.50 g/cm³ 部分所含的硫分。如此作第 3 ~11 个矩形，得到 11 个矩形所构成的阶梯状面积。然后将表示各级浮煤的平均硫分的折线改画为平滑曲线，即取各折线的中点连成平滑曲线，使曲线所包面积与折线所包面积近似相等。曲线向上延伸必须与浮煤

曲线β的起点相重合，向下延伸必须与沉煤曲线θ的终点相重合。

(4)密度曲线δ：由表8-4中第1、5两栏对应值标出各点，连成平滑曲线。它表示浮煤累计产率与分选密度的关系，用来确定分选时的分选密度。

矿石的可选性，可直接根据曲线的形状，特别是λ曲线的形状判断，故λ曲线也常称为特性曲线。

2. *M*曲线

图8-5为某矿0.1~5 mm锰矿石的M曲线。绘制该曲线时，只需该矿石浮沉试验资料综合表中的沉物累计产率γ_θ和金属量$\gamma_\theta\beta_\theta$(沉物累计产率与沉物累计金属量之乘积)两栏数据即可。精矿品位β可根据M曲线的斜率求出，因而一条M曲线同样表达了精矿产率、精矿品位和金属回收率的关系。为了求任一产率下的精矿品位，可用解析法，也可用图解法。图8-5中，M曲线上b点处，其产率等于ob在横坐标上的投影oa，金属量等于ob在左侧纵坐标上的投影oc，品位为：

$$\beta=\frac{ab}{oa}=\frac{oc}{oa}$$

若用图解法，则可由坐标原点o引直线经b点交于右侧纵坐标d点，根据相似三角形对应边成比例的原理，则可得：

$$\beta=\frac{ab}{oa}=\frac{ed}{oe}$$

由于线段oe代表$\gamma=100\%$，故线段ed的长度即代表品位，其数值是对应的$\gamma\beta$的1/100倍。

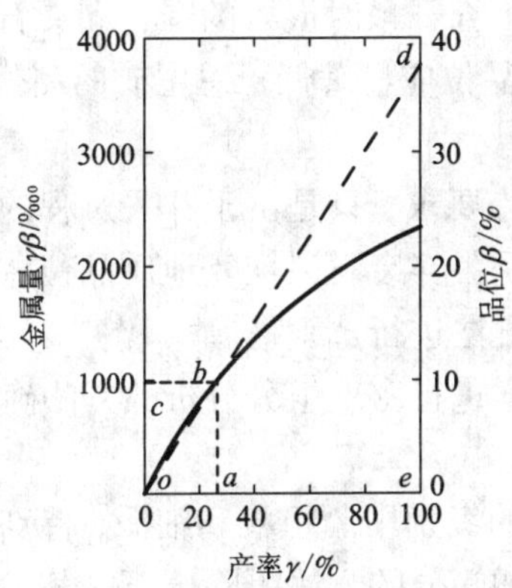

图8-5 某锰矿石的*M*曲线

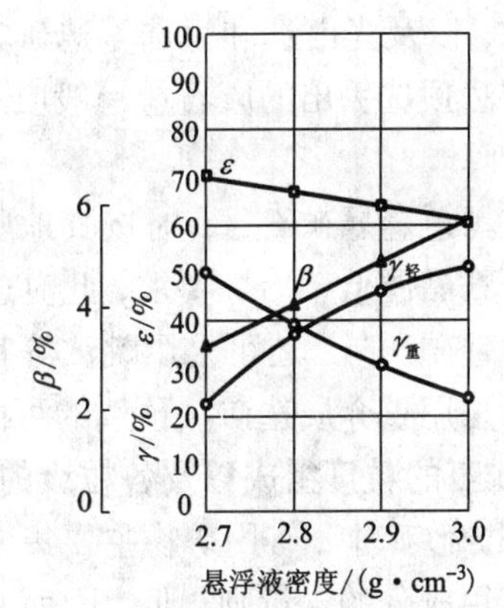

图8-6 重悬浮液选矿可选性曲线

3. 分离指标与分离密度关系曲线

如图8-6所示，用于直接表达重产物产率、品位、回收率，以及轻产物产率同分离密度的关系。

若浮沉试验的主要目的是确定矿石的密度组成或嵌布特征，则前两种图示法较适用。若试验的主要目的是确定重介质选矿法的指标，则不如直接采用第三种图示法。

不论采用哪一种图示法，均可求得试样中密度为$\delta p\pm0.1\delta p$为分选密度的中间组分的产率，定量地划分矿石可选性的类别。

8.3 重选试验流程

重选试验流程，通常是根据矿石性质，并参照同类矿石生产实践的一般规律确定。

8.3.1 决定重选流程的主要依据

决定矿石选别流程的内因是矿石性质，其中最主要的有以下几个方面。

1. 矿石的泥化程度和可洗性

含泥高而通过洗矿可以碎散的矿石，均应首先进行洗矿。"洗矿入磨"加"泥砂分选"是我国重选生产实践的基本经验之一。一般泥质矿石通过洗矿脱泥可改善块矿的破碎、磨碎和选别条件，并避免有用矿物颗粒的过度粉碎，减少泥矿中金属的流失率。如某些氧化锰矿和褐铁矿，有用成分富集在非泥质部分，通过洗矿就有可能得到较富粗精矿甚至合格精矿。

矿石的可选性不仅与矿石中泥质部分的含量有关，而且在更大程度上取决于矿石中所含黏土物质的性质，包括塑性、膨胀性和渗透性。黏土的膨胀性是指黏土被润湿以后体积增大的程度，膨胀性愈大，愈易洗。渗透性是指黏土被水渗透的能力，渗透性愈大，愈易洗。显然，与这些性质有关联的是，洗矿效率不仅取决于擦洗的强度和时间，而且取决于矿石预先浸润的时间。对某些难洗的矿石还可依靠添加药剂甚至预先干燥的方法来强化洗矿过程。对矿石可洗性的预先研究，可使我们在拟定流程方案时就能仔细考虑这些问题。

2. 矿石的贫化率

为了降低选矿成本，提高现场生产能力，对于开采贫化率高的矿石，通常应首先采用重介质选矿，以及光电选和手选等选矿方法进行预选，以丢弃开采时混入的围岩和夹石。用重介质选矿法预选丢出的废石量一般应不少于20%，废石品位应显著低于总尾矿的品位，否则不一定合算。

某些黑色金属矿石，有时按其地质品位本已达到冶炼要求，只是由于开采过程的贫化造成采出矿石品位低于冶炼要求，此时选别的主要任务就是丢弃废石以恢复地质品位。除了采用重介质选矿法外，还可采用跳汰等其他高效率的重选方法进行选别。

矿石采用重介质选矿法预选的可能性，可通过对试样进行密度组分分析的方法确定。

3. 矿石的粒度组成以及各粒级的金属分布率

大部分砂矿中，有用矿物主要集中在各个中间粒度的级别中。粗粒和细泥，特别是大块砾石中有用成分的含量则很低，因而一般都可利用洗矿加筛分的方法隔除废石。某砂矿的粒度组成和金属分布率如表8-5所示。

表8-5 某砂锡矿试样粒度组成和金属分布表

粒级/mm	+10	-10~+6	-6~+4	-4~+2.5	-2.5~+1	-1~+0.3	-0.3~+0.074	-0.074	合计
产率/%	1.95	3.14	9.39	25.04	33.42	22.47	4.29	0.30	100.00
品位/%(Sn)	0.01	0.01	0.02	0.03	0.03	0.07	0.17	0.32	0.044
分布率/%	0.4	0.7	4.3	17.1	22.8	35.9	16.6	2.2	100.00

由表可知，+4 mm的级别可作为废石筛除。

4. 矿石中有用矿物的嵌布特性

有用矿物的嵌布特性，决定着选矿的流程结构，包括入选粒度、选别段数，以及中矿处理方法等一系列基本问题。

由于重选过程的效率随着物料粒度的变小而明显地降低，因而对于粗细不等粒嵌布的矿石，一般均应按照“能收早收”“能丢早丢”的原则，采用阶段选别流程。在确定选别段数的时候还必须考虑经济原则。若有用矿物价值高，且易泥化，或选厂规模较大，可采用较多的选别段数；对于有用矿物价值低或小厂，则应采用较简单的流程。

一般说来，第一段的选别粒度，即入选粒度，应选择到能使该选别段回收的金属不少于30%，或丢出的尾矿产率不少于20%。实际上重选流程试验的基本任务，就在于确定矿石的入选粒度和选别段数。

5. 矿石中共生重矿物的性质、含量及其与主要有用矿物的嵌镶关系

目前主要依靠重选法选别的一些主要有用矿物，其与脉石的比重差一般是足够大的，用重选法比较容易分离。但当含有共生重矿物时，共生重矿物间的比重差却往往很小，在重选过程中很难使它们彻底分离，而只能共同回收到重选粗精矿中，下一步再采用磁、电、浮、重选以及化学处理等联合过程进行分离和回收。共生重矿物间的相互嵌镶关系，则决定着选矿中矿的处理方法。有时候由于重矿物相互致密共生，在选别过程中将不可避免地产出一部分主要由共生重矿物连生体组成的所谓“难选中矿”。因此，无法用普通的机械选矿方法选别，而只能直接送冶炼厂处理。例如，云南某矿区的锡石氧化矿和残坡积砂矿，是含大量硫化铁的锡石多金属硫化矿床经严重风化而成，原矿含铁15% ~25%，以氢氧化铁形态（褐铁矿等）存在，这些铁矿物中含有微细的锡石、以及呈微细矿物颗粒或离子吸附状态的铅、锌、铜、砷、铋、铟、镉等，在选矿过程中只能作为中矿产出，然后送冶炼厂分离、回收。

8.3.2 重选试验流程示例

现以钨锡原生脉矿重选试验流程为例。

设通过原矿单体解离度测定得知，当矿石破碎至20 mm时，20 ~12 mm级单体解离度 <10%，12 ~6 mm级则可达10% ~30%，0.5 ~0.3 mm级则可达90%以上。故初步确定入选粒度为12 mm，最终破碎粒度为0.5 mm。考虑到钨、锡矿物价值高，性脆易泥化，决定采用多段选别流程，第一段破碎到12 mm入选，第二段棒磨到2 mm，第三段磨到0.5 mm。

在探索性试验阶段，第一步可按图8 -7所示流程进行。此阶段试验的任务有：①进一步确定所选入选粒度是否合理；②考察在什么粒度下可以开始丢尾矿。

若试验表明，从 -12 mm起，各个粒级都可得到足够量的精矿，则表明所选入选粒度基本上是正确的，必要时还可对更粗的试样进行试验，探索提高入选粒度的可能性。若试验证明入选粒度可以提高，则应更换试样进行下一步的试验。

若试验表明，从 -6 mm开始才能得出合格精矿，则应将 -12 ~ +6 mm级精、中、尾矿合并、破碎到 -6 mm后并入到原有的 -6 mm试样中，进行下一步试验。也可从原矿中另外缩取一份试样，破碎到 -6 mm后重新进行试验。

在已做过矿石嵌布特性研究和单体解离度测定的情况下，实际的入选粒度与估计值不会相差很大，在弄清了什么粒度下可以开始得精矿的问题后，即应转入考察丢尾粒度。

若试样未经过预选，而 -12 ~ +6 mm级的跳汰已可得出产率相当大的废弃尾矿，即应从原

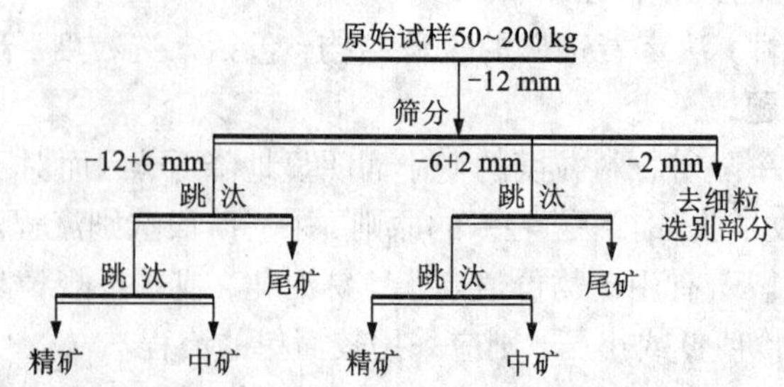

图8-7　粗细不等粒嵌布钨锡矿石探索性试验流程(第一部分)

矿中另外缩取一份-25(50)mm的试样，进行重介质选矿或跳汰试验，以考察该试样采用重介质选矿预选丢尾的可能性。在一般的情况下，粗粒级用重介质选矿丢尾的效果应比跳汰好。

不论是哪一个粒级跳汰，若得不出废弃尾矿，中矿和尾矿即应合并作为“跳汰尾矿”送下一段选别。若可以丢出废弃尾矿，即可仅将中矿送下段选别。下段的试验流程如图8-8所示。

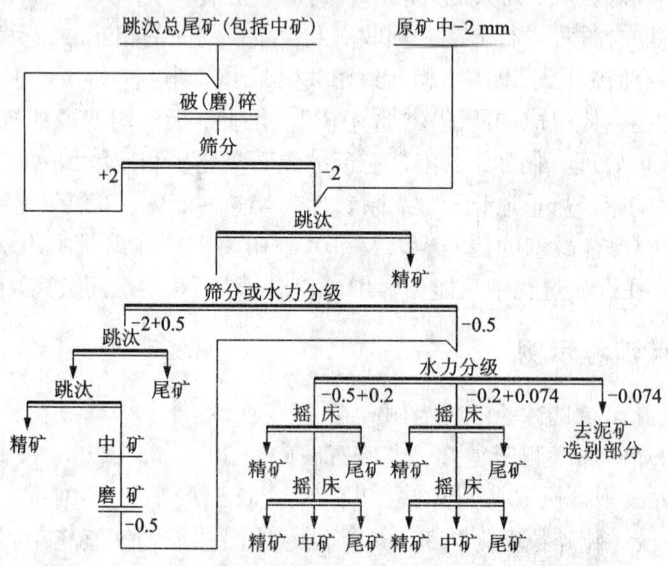

图8-8　粗细不等粒嵌布钨锡矿石探索性试验流程(第二部分)

试验的主要任务是：①若+2 mm各级均未能丢出可废弃的尾矿，则此阶段试验应继续探索丢尾的起始粒度；②确定最终破碎磨碎粒度；③对于-2+0.5 mm的物料，有时还要对比用跳汰选和摇床选的效果，以确定该粒级究竟应采用什么设备进行选别。

为了检查-2~+0.5 mm级尾矿能否废弃，可以采用以下几个办法：①与同类矿石现场生产指标对比；②显微镜下检查尾矿中连生体的数量和性质；③从尾矿中缩分出2~5 kg试样，磨到小于0.5 mm，然后用摇床检查，看还能否再回收一部分单体有用矿物，如果能够，即表明该尾矿不能废弃，而应再磨再选，试样量少时，可用重液分离代替摇床检查；④必要时可采用图8-9所示的分支流程进行对比试验，即一半试样按-2 mm丢尾流程，另一半试样按-2 mm不丢尾的流程试验。

若较粗的粒级已能丢尾，即不必对更细粒级的尾矿进行检查，否则即应依次检查下一个较细的粒级。

为了考察最终磨矿细度是否足够，需要对 -0.5 ~ +0.2 mm 摇床中矿进行检查。可首先用显微镜检查其中连生体的含量和性质，若中矿中金属的分布率已不高，连生体也不多，则表明磨矿细度已足够；若中矿中金属分布率较高，直接再选不能回收更多的单体有用矿物，则应进行再磨再选试验（即降低最终磨矿细度）；若再磨再选也不能回收更多的单体有用矿物，就应对中矿进行详细的物质组成研究，查明其原因。

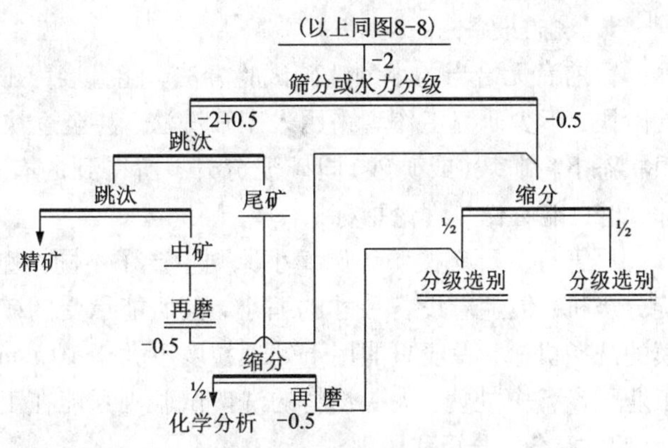

图 8-9　分支试验流程——考察丢尾粒度

为了判断 -2 ~ +0.5 mm 物料究竟应采用跳汰还是摇床选，也可采用分支流程如图 8-9，即将该级试样缩分为两份，分别用跳汰机和摇床选别，对比其结果。

入选粒度、最终磨矿粒度，以及中矿处理方法确定以后，流程的基本结构也就确定了。剩下一个问题，是矿泥处理的问题。

-0.075 mm 的矿泥，可用旋流器分级；+0.038 mm 的粗泥，可直接用刻槽摇床选别；-0.038 mm 的部分，一般采用离心选矿机粗选，皮带溜槽精选的流程。矿泥粒度分布偏重于较粗级别时，也可（分级或不分级）采用自动溜槽或普通平面溜槽粗选，刻槽摇床精选的流程。

探索性试验结束后，应再取较多数量的试样，按所确定的流程进行正式试验，以取得正式的选别指标，并产出足够供下一步试验用的重选粗精矿。某钨锡石英脉矿石粗选试验流程，试样入选粒度为 12 mm，最终破碎粒度为 0.5 mm，开始丢尾粒度为 6 mm，分三段（12 mm、2 mm、0.5 mm）选别，另跳汰尾矿是单独处理的，没有同原矿中的细粒合并。即采用了典型的“阶段磨矿、分级处理、贫富分选”的流程。需要说明的是，关于是否需要贫富分选的问题，目前尚有不同看法，至少对于小厂，不一定采用贫富分选流程。

8.4　重选试验设备

重选试验设备的结构型式大都与工业设备类似，仅其尺寸较小。除矿产可选性评价试验还采用实验室型设备外，为选矿厂设计提供资料的正式流程试验大多倾向于采用半工业型设备。

对于试验设备，凡是只影响设备处理量的几何尺寸，可以根据试验规模按比例缩小。但若是会影响到选别效果的尺寸，则不能按比例缩小。比如摇床，其长和宽两个方向的尺寸可按比例缩小，以保证扇形分选带的模拟。对于跳汰机，可根据试验规模大致按比例同时缩小长、宽两个方向的尺寸，但跳汰室的深度却不能按比例缩小，因为跳汰室的深度不仅取决于处理量，更主要的是要保证床层厚度大于试样最大块尺寸的若干倍，否则将不能保证物料的正常分层。

以下为几种常用重选试验设备。

1. 洗矿设备

目前尚无恰当的小型洗矿试验方法，能直接为工业设计提供洗矿指标。在实验室小型试验阶段，不少研究工作者采用人工筛洗法、甚至逐块刷洗的方法进行洗矿，这实际上是在理想状态下将矿块(或矿砂)同矿泥分开，所得到的有关产品的产率、品位和金属分布率等指标，也只能看作是理论指标。

尽管有关厂矿按照比例缩小原则生产了不同类型的实验室洗矿设备，如槽式洗矿机和螺旋分级机，但随着设备尺寸的缩小，其所能承受的矿石粒度也相应地缩小。适用于实验室规模的洗矿机械，一般只能用于处理粒度不大于 10 mm 的物料，较大的中等块度的物料须在半工业型设备中处理，大块物料的洗矿试验则只能在工业条件下进行。

2. 筛分、分级和脱泥

筛分、分级和脱泥都是按粒度分离，也可统称为分级。一般大于 2 ~ 0.5 mm 时采用筛分的方法，小于此值时用水力分级。

(1)筛分。在实验室内，大块物料通常采用人工筛分，细粒则采用机械筛分。

(2)矿砂的分级(-2 +0.075 mm)。大量试样的分级，可采用实验室型机械搅拌式分级机，这种分级机每小时可处理约 100 kg 试样，一次可分出四个沉砂产品，其操作条件与生产设备相近。少量试样的分级，可用自由沉降式分级箱。

图 8 -10 为单室自由沉降式分级箱，也称为缝隙式分级箱。使用时需先根据分离粒度计算分界粒子的自由沉降末速 v_0，然后按式(8 -2)计算用水量：

$$W = Fv_0 \tag{8-2}$$

式中：W 为用水量，m^3/s；F 为分级箱中缝隙总面积，m^2；v_0 为分界粒子的自由沉降末速，m/s。

若一次需要分成好几个级别，且试样较多，可采用多室实验室型自由沉降式分级箱，其结构如图 8 -11 所示，各室的分级面积是由粗向细逐渐增大，制作时需根据惯用的分级比分别设计各室的尺寸。

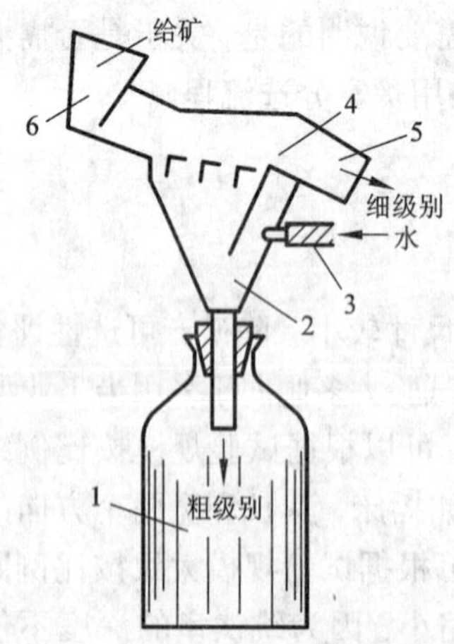

图 8 -10　单室实验室型分级箱

1—沉砂收集瓶；2—分级箱；3—胶皮管；
4—挡板；5—溢流槽；6—给矿槽

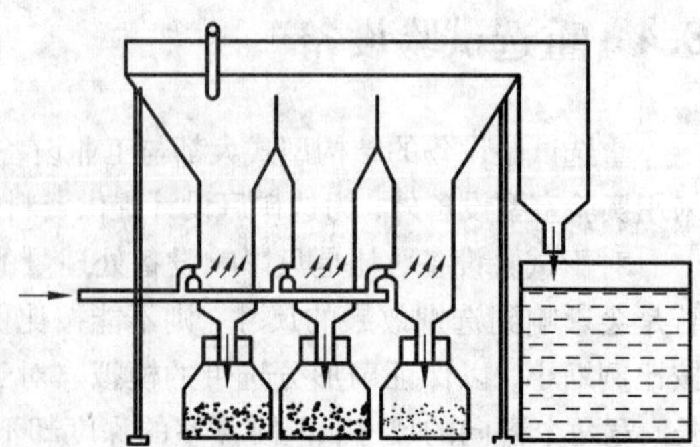

图 8 -11　多室实验室型水力分级箱

(3)矿泥的分级(−0.2 mm)。小量试样的脱泥和细级别的分级，可采用淘析法。试样量较大时，用水力旋流器。实验室所用旋流器规格通常较小，一般为25~125 mm。

为了获得所需的分离粒度，除可根据理论公式初步计算以外，还必须直接通过试验探索调节其结构参数和操作条件。只有在试验结果表明其分离粒度和分级效率均已符合要求后，才能用于正式试样的分级。

由于旋流器的给料必须连续、恒压给入，因而旋流器试验装置必须附有给矿斗、砂泵、压力计等一套附属装置和仪表。

3. 重介质选矿

重介质选矿试验，通常是从比重组分分析(主要是重液和重悬液分离试验)开始，为了提供正式的设计依据，还必须进一步在模拟生产设备结构型式的连续性试验装置上进行正式试验。

常用的重介质选矿设备有重介质振动溜槽、圆筒形(鼓形)和锥形重介质选矿机，以及重介质旋流器等。它们与连续试验装置的组成是类似的，即包括矿仓、给矿机、悬浮液搅拌桶、分选机、脱介质筛和冲洗筛、砂泵，以及其他运输和贮存装置等一整套设备，但振动溜槽以及圆筒形和锥形选矿机的给矿均可利用给矿机自然给入，重介质旋流器则必须用砂泵或恒压槽在一定压力下给矿。

目前各试验单位所用重介质旋流器规格不统一，但均主要取决于试料粒度，若入选粒度在20 mm以上，旋流器的直径一般不小于300 mm。若入选粒度为13 mm左右，旋流器规格有可能减小到ϕ150 mm左右。为了减少给矿口和沉砂口间的压差，控制矿浆从沉砂口的排出速度，重介质旋流器通常都是倾斜安装的，同水平的倾角一般为18°~20°。

近年来开始采用涡流分选器代替普通旋流器作重介质选矿设备。实际上涡流分选器就是一个倒置的旋流器，但在沉砂排出口中心插入了一根与外界空气相通的空气导管，使旋流器内形成正压分选。此外，涡流分选器的角锥比(沉砂口与溢流口直径的比值)较大，近于1。同普通重介质旋流器相比，涡流分选器分选精度高，稳定性好，可处理物料的粒度上限较大。

其他重介质选矿试验设备的规格目前也尚未定型，但同样主要取决于试样粒度。当入选粒度为50~75 mm时，试验用振动槽的规格一般为宽×长=(200~300)mm×(3000~5000)mm。当入选粒度为25 mm时，锥形重介质选矿机的规格可以是ϕ500 mm(或角锥边长)左右，圆筒形(鼓形)重介质选矿机的尺寸则可为ϕ400 mm左右。

4. 跳汰机

跳汰主要用于选别20~0.5 mm的粗粒。

目前国产实验室用跳汰机定型产品为150 mm×100 mm和300 mm×200 mm的隔膜跳汰机，但也有一些过去生产的或国外进口的设备，如50 mm×50 mm的隔膜跳汰机，150 mm×150 mm和300 mm×200 mm的活塞跳汰机，以及较大尺寸的300 mm×300 mm下动型圆锥隔膜跳汰机和450 mm×300 mm的上动型隔膜跳汰机。较小的设备用于可选性评价试验或精选试验，较大的设备用于实验室流程试验或半工业试验。

梯型跳汰机尚无定型产品，试验用梯型跳汰机同生产原型的比尺一般为2左右。

5. 摇床

摇床的有效选别粒度范围为2~0.038 mm。

试验用摇床的规格大致可分三类：①长1 m左右，宽0.5 m左右的实验室型摇床，如1100 mm×500 mm、1000 mm×450 mm等；②长2 m左右，宽近1 m的半工业型摇床，如

1750 mm×750 mm、1975 mm×900 mm、2100 mm×1050 mm 等；③长 4.5 m 左右，宽 1.8 m 左右的工业型摇床，如 1330 mm×1810 mm、4516 mm×1823 mm、4500 mm×1800 mm 等。

如果不是进行专门的设备试验，则不论采用哪一种床头都是可以的。

床面形式与生产设备类似，即粗粒用的床面（又可分为粗砂型和细砂型），细粒用刻槽床面。

6. 螺旋选矿机（螺旋溜槽）

螺旋选矿机的有效选矿粒度为 1～0.075 mm，但在处理砂矿时由于砂矿中粗粒级的金属分布率不高，故实际给矿粒度允许达到数毫米。

生产上使用的螺旋选矿机直径为 600～1000 mm，制造材料有汽车轮胎、铸铁、胶衬铸铁、胶衬塑料等。目前轮胎制螺旋选矿机已较少用，因其断面形状受到限制，设备尺寸现倾向于较小，一般为 600～750 mm，具有 3～6 圈螺旋。

实验室使用的可以是小尺寸（ϕ600 mm）的工业设备，或比工业设备稍小（ϕ500 mm）。试验装置的附属设备为恒量给矿装置和循环矿浆用的砂泵等。

螺旋选矿机结构简单，不需动力，单位占地面积生产能力比摇床大 10 倍左右，但选别效率低，不易获得高质量精矿，故主要用作（特别是砂矿）粗选设备，粗精矿需用摇床精选。

7. 尖缩溜槽（扇形溜槽和圆锥选矿机）

尖缩溜槽的应用范围与螺旋选矿机类似。

扇形溜槽：单体尺寸不大，因而在实验室使用时主要是减少所用单体数量，而不必再缩小单体尺寸。实验室试验阶段一般一个作业只用一个单体，试验装置包括一个可调节溜槽坡度的支承架，2～4 个单体（分别用于粗、精、扫选），恒量给矿装置，截取产品的装置和循环矿浆用的砂泵等。常用扇形溜槽单体长 600～1200 mm，给矿端宽 150～300 mm，尖缩比（给矿端同排矿端宽度比）20 左右，倾角 15°～19°。

圆锥选矿机：由扇形溜槽发展而成。将一组扇形溜槽沿圆周向中心排列，去掉侧壁，就成了圆锥选矿机。因而其应用范围与扇形溜槽相同，但由于消除了侧壁对矿浆流的干扰，选别效果有所改善。可选性研究时，一般直接采用工业型设备进行试验，以避免因设备规格不同引起偏差。初步试验时可只用几千克试样，最终试验时则需数吨试样。受条件限制时也可在实验室试验阶段先用普通扇形溜槽代替，扩大试验时再正式采用圆锥选矿机试验。

8. 自动溜槽和普通平面溜槽

主要用于选别 75～19 μm 的矿泥，但对于 −38 μm 的细泥选别效果一般不如离心选矿机。工业型自动溜槽的规格为 1.8 m×1.8 m 五层溜槽，实验室内可先用长 1.8 m、宽 0.15 m 的手动溜槽代替，间歇操作，定时翻转（成 45°）冲洗排精矿，扩大试验时再采用工业型设备校核。

自动溜槽也是一种粗选设备，溜槽粗精矿一般用刻槽摇床精选。

9. 离心选矿机（离心溜槽）

离心选矿机是我国研制并已在国内广泛使用的一种泥矿选矿设备。公认其作业回收率较高，特别是 −38 +19 μm 的回收率相当高，−19 +10 μm 的金属也能得到一定程度的回收。缺点是富集比不高，不易获得高质量精矿，因而目前主要用作粗选设备。

目前尚未找出离心选矿机的模型相似规律。在实验室型设备上试验取得的结果必须用工业设备检验。实验用离心选矿机的规格也尚未定型化，目前各单位使用的有 ϕ380 mm×400 mm 和 ϕ340 mm × 340 mm 等不同规格。转鼓直径缩小后转速必须增大，如某赤铁矿选矿试验，用 ϕ380 mm 实验室型设备试验时最佳转速为 700 r/min，用 ϕ800 mm 工业型设备试验时最佳转速则为 310 ~ 350 r/min，其他操作参数可通过实验确定，目前尚无一定规律可循。

同其他重选试验设备一样，离心选矿机的试验装置必须附有恒量给矿和矿浆循环系统，并最好备有可更换的具有不同倾角的转鼓，转鼓的转速也必须是可以调节的。

10. 皮带溜槽

皮带溜槽目前主要与离心选矿机配合，用作矿泥精选设备。

工业型皮带溜槽宽 1 m、长 3 m；实验室型皮带溜槽仅宽度缩小到 0.3 ~ 0.5 m，长度不变，故二者选别效果相近，仅处理量按槽宽的缩小比例相应减小。实验室型设备的试验结果不必再用工业型设备校核，无小型设备时也可直接用工业型设备试验。

振摆皮带溜槽综合了皮带溜槽、摇床和重砂淘洗原理，是一种新的细泥选矿设备。振摆皮带溜槽可使微细粒在多种力的作用下有效地分选，选矿回收率和富集比均比摇床和普通皮带溜槽高，特别是对于 −40 μm 的物料效果较显著。有效选别粒度下限为 20 μm。试制的设备规格为宽 800 mm，长 2500 mm，分为单层和双层两种。

11. 其他

近年来，有关细粒矿物的重选设备研究很多，总的趋向是：①将设备多层组合，以解决细粒重选设备生产能力低、占地面积大的矛盾；②用离心力代替重力或使多种力综合作用以提高选别效率。除了以上介绍的国内已经使用的设备外，值得介绍的还有四十层摇动翻床，或称巴特莱斯 - 莫兹利翻床和巴特莱斯 - 横流皮带溜槽。

摇动翻床属流膜型选矿设备，可看作是多层自动溜槽和翻床的发展，它由四十层自由悬挂的玻璃钢床面组成，每个床面宽 1219 mm、长 1524 mm，对水平的倾角为 1° ~ 3°。由一旋转的不平衡重块使床面作平面摇动（圆运动），周期操作——定时停止给矿，倾斜至 45° 冲洗排矿。它也是一种粗选设备，据称有效选别粒度为 100 ~ 10 μm。翻床粗精矿用矿泥摇床或巴特莱斯 - 横流皮带溜槽精选。

巴特莱斯 - 横流皮带溜槽的给矿和冲洗水是沿皮带横向，即垂直于皮带运动方向给入，尾矿和中矿也沿横向排出，精矿则沿纵向在运动皮带端部排出，皮带上装有与摇动翻床类似的传动机构。据资料介绍，最有效的选别粒度为 20 ~ 40 μm，作业回收率可达 70% 以上，富集比 20 以上。5 ~ 10 μm 级回收率可达 50% 左右。

8.5 重选工艺因素的考察及基本参数的测定

8.5.1 重选工艺因素的考察

重选试验时，在进行系统的流程试验之前，通常都必须先用少量试样来考察、调节影响各项设备选别效率的工艺因素，找出其最适宜的工艺条件。

1. 考察内容

各类重选设备工作原理各有特点，但也有许多共性，因而可将其工艺因素概括如下。

(1) 负荷（给料）。这包括给入的干矿量、给矿浓度以及体积负荷（给入的矿浆体积）。显然，这三者是互相联系的，其中任何两个量定下来后，第三个量也就确定了。但对于不同的设备，其侧重点是不一样的，跳汰机和洗矿设备等主要是控制干矿量，流膜选矿设备则主要控制体积负荷。

(2)水量。除了与负荷量有关的给矿水以外，还有各种补充水，包括跳汰机和重介质振动槽的筛下补充水，以及流膜选矿过程中所用的冲洗水。对于不同的设备，补充水的重要性并不相同。例如，摇床、螺旋选矿机、横流皮带溜槽等，洗水是沿主要矿流或精矿矿流运动方向横向给入的，直接影响着矿物的分带，因而是选别时必须注意调节的一项重要因素。普通平面溜槽和皮带溜槽等洗水，则是沿矿流运动方向纵向给入的，仅起清洗作用，选矿效果主要靠控制给矿量和浓度进行调节。

(3)介质和床层。在湿法重选过程中，最基本的选别介质是水以及水同固体物料的悬浮液。

跳汰选矿过程，床层也是一种介质。细粒跳汰时，除了由所选物料形成的自然床层以外，还要添加人工床石。(自然)床层厚度、人工床层厚度、床石材料和粒度等都是可能影响跳汰选别效果的因素。在重介质振动槽中，重介质层就是床层。

(4)设备结构参数。摇床、平面溜槽和皮带溜槽等在重力场中选别的普通流膜选矿设备，需要调节的结构参数主要是坡度(倾角)，尖缩溜槽有时需要调节尖缩比。跳汰机，在可选性试验过程中一般不调节结构参数。在离心力场中分离时，如旋流器，几乎全部结构参数是可以调节的，离心选矿机也主要是调坡度。螺旋选矿机的结构参数——螺距和断面形状，有时是可调节的，有时则是不必调节的。

(5)设备运动参数。对于可以往复运动的设备，如跳汰机和摇床，以及重介质振动槽，指的是冲程(振幅)和冲次(振次)。对于回转运动的设备，则是指转速，如离心选矿机的转鼓转速。

(6)作业时间。对于间歇给矿和操作的设备，尚需考察决定作业时间，如离心选矿机和自动溜槽的给矿和冲洗时间周期。

2. 考察方法

考察重选过程的工艺因素时，必须考虑到重选过程的特点。在重选过程中，许多分选现象是宏观现象，通过直观观察，即可判断其选别效果的好坏。在不能直观观察做出判断时，应作条件试验，这样可减少试验的盲目性。

摇床，其分选效果完全可以通过对矿粒分带情况的直观观察做出判断。当条件恰当时，跳汰机水面起伏平稳，若以手探测床层，则会感受到一种间歇而均匀的抽吸作用，手掌不可能一下子插到底，但可随着床层的一松一紧，逐渐插至底部，在此情况下，有用矿物和脉石将迅速分层。不少重选设备，虽不能根据直观观察直接选定操作条件，但却可根据宏观现象做出某些初步判断，例如，各类溜槽，特别是离心溜糟，若矿层分布不均匀，出现“拉沟”现象，即可断定其选别效果不好，不必盲目取样化验。

由于重选现象比较宏观，因而条件试验的工作量较小，并不是所有的设备都需要安排专门的条件试验。需要做条件试验的设备，也不是每项因素都需要安排专门的试验进行考察。

3. 操作方法

1)给矿和接矿

选矿试验中的给矿方法有间断(分批)给矿和连续给矿两种，间断给矿方法在重选可选性研究中应用不多，仅用于属于预先试验范围内的某些分批操作试验，如实验室重液或重悬浮液分离试验，在小型单室跳汰机中对少量试样进行预先试验或精选试验。

在连续给矿时，重选设备的正常工作的一个极为重要的前提是负荷的稳定。各种重选试验设备都最好附有专门的给矿装置。对于细粒和泥矿，不仅要求给入的干矿量恒定，还要求浓度和体积负荷恒定，因而还必须附有搅拌桶和湿式给料装置。常用的干式给料机为各种小型的带式、槽式(振动)和圆盘给矿机。湿式给料时搅拌桶往往兼调浆和贮存双重作用，故容积不能太小，一般直径为0.5~1 m。给料装置可以是一个简单的给料斗(锥形容器)，也可以是容积为十至数十升的小型搅拌桶。贮浆和给料可采用同一设备，即直接从贮浆搅拌槽中给料。

如果要求给浆具有一定压力，如旋流器的给矿，就需要配备砂泵和高位恒压给矿槽(斗)。有时即使是在自然压力下给矿，为了保持矿浆量稳定，也希望有高位恒压给矿槽(斗)。不同的是：在前一情况下，给矿槽与选别设备之间高差必须大到能形成足够的进浆压力；而在后一情况下高差不需要很大，只要便于配置和操作。

在试验工作中经常会碰到如何确定精矿截取量的问题。在不能直接根据分选现象进行判断的情况下，可先多接几个产品，分别计量并取样化验，绘制品位、回收率等指标同产率的关系曲线，并据此确定适宜的产品截取量。其做法与比重组分分析时绘制可选性曲线的方法类似，但它不是理论可选性曲线，而是实际选别结果曲线，习惯上也称为可选性曲线。

为了绘制可选性曲线，分批截取产品的方法如下。

(1)跳汰。若试样少，可一次给矿，待跳汰分层后将跳汰室中的试样逐层刮出。若跳汰室连同筛网是可以拆卸的，可将其一起拆下，方法是先用活塞顶住床层顶部，然后将跳汰室连同其中的物料一起翻转过来，取下筛网，用活塞由下向上将已分层的物料逐层顶出，分别收集，称重，取样化验。

若试样量大，可连续给矿。筛上排矿时，可先将排矿端的挡板放到最低位置，以便获得富精矿。然后逐渐加高挡板，让尾矿反复通过跳汰箱，得出第二份和第三份……产品。应注意再次跳汰时物料比重已变化，跳汰条件也应相应改变。

筛下排矿时，可先在最厚的床层下跳汰，以得出第一份富精矿，然后逐渐减薄床层，重新跳汰前次的尾矿，依次得出各个较贫的产品。

(2)摇床。可沿精矿端和尾矿端接取产品后分别称重并取样化验。

(3)溜槽。普通斜面溜槽可沿长度分割沉下的重产品。各类可以自动排矿的溜槽则可通过变动操作条件改变排矿量，或通过调节截矿器位置调节产品截取量。

2)计量和取样

重选试验所用试样量大，流程长，因而计量和取样工作也必须特别细心，否则易造成很大误差。

(1)计量。

总的原则是，最终产品凡是能直接称量的，应尽可能直接称量，若不可能则至少应将精矿直接称量。

粗粒产品(如跳汰和重介质选矿产品)的收集、脱水和烘干都比较容易，因而一般都是将全部产品都收集起来，脱水称重后直接称量。

细粒和矿泥产品，若原始质量不是很大，也最好全部收集起来，脱水烘干后全部称重。若产品量很大，全部烘干称重工作量就太大，这时可采用下列两个方法：一是仍将全部产品都收集起来，然后直接称量矿浆的湿重，并取样测定其浓度，据此推算矿浆的干重；另一个是、待矿浆流量稳定后，用截流法测量单位时间内流过的矿浆量，同时测定其浓度，据此算出单位时间内处理或得出的干矿量。在采用后一方法计量时必须注意，此法的实质是取样计量，而不是全量计量，因而取样的准确与否将直接决定着计量的精确度，在实际工作中应特别注意掌握以下几点：①矿浆流量必须稳定；②截流计量次数不能太少，每次的截流时间也不能太短；③试验的总时间和截流时间均必须及时而又准确地记录下来。

由于在重选试验中，某些产品(矿泥以及细粒和泥状尾矿)容易流失而造成计量的不准确，而原矿和作业给矿常是干矿容易计量，因而原矿和作业给矿都必须计量。在全流程试验时，中间产品的质量在原则上可以根据最终产品的质量反推，但对于一些关键性的产品，只要计量工作不至影响下一步试验，最好也计量，特别是在试验流程中部有缩分作业时，更应注意这点。

(2)取样。

块状和粗粒产品的取样，通常是在全部产品脱水、烘干并计量后，用堆锥四分法等干式缩分方法缩分取样。

细粒和矿泥产品，若产品量不大，也可采用烘干后缩分的方法。产品量大时，就应采用截流取样法。特别是尾矿产品，多数都是采用截流取样法。取样的工具与方法和现场生产检查时相同，即利用扁嘴的样勺，定时沿矿流横向截流取样。矿浆的缩分可利用多槽式分样器或矿浆缩分器。

若产品原始质量不大而取出的样品量相对较大的情况下，则在产品最后计量时应记得将这部分样品的质量加进去，否则就会造成进出质量不平衡。若所有产品还需混合后循环再用，取样时就应注意使取出的样品与各产品本身的质量成比例，否则会使混合后的“原矿”性质发生改变。若有关产品还要进入下一道作业选别，也必须保证取样后各产品的重量比例仍同取样前一样，或者将取样前后产品的实际重量记录下来，以便今后流程计算时换算。

对于一些周期性的作业，例如离心选矿机，若试验时间仅仅是一个周期，就可让精矿留在锥体上，待设备停稳后用特制的槽形取样器在锥面上沿轴线方向全长、沿矿层厚，刮取一条沉积的矿砂作为试样。一般要在锥面上刻取两条样槽，它们应位于锥体圆周上两相对的位置，即各相距180°。

以上介绍的是一般原则，对于一些特定的情况，可根据需要采用一些特殊的取样方法。

8.5.2 某些工艺参数的测定方法

1. 冲程的测定

将设备的冲程调节到一定大小后，为了测量冲程的实际长度，可采用下列办法：在待测部件上，垂直于部件运动平面固定一支铅笔，再在铅笔笔尖下方放一纸片纸片应使其固定不动，然后用手转动皮带轮，使待测部件做往复运动，此时铅笔也跟着做往复运动，在纸上画出线条，其长度就等于冲程长度。一般应重复测定几次，取其平均值。

振次(频率)超过960次时，可利用视觉残余现象测定冲程长度。为此，可利用mm坐标纸在纸上绘一底边为一定长度，例如10 mm(此值应明显大于设备的最大冲程长度)的三角形，然后沿高度用水平线条将三角形十等分，并将不同高度处三角形两侧边间的水平距离标注在相应高度处的水平线条旁。然后将指示纸贴到待测的运动部件上，使三角底边与运动方向一致。开动设备，使待测部件按规定的振次振动。若三角形在往复运动中的两极端位置为

abc 和 a′b′c′，则由于视觉残余的作用，在整个 b′c′c 的范围内将出现阴影。在两个三角形重叠的部分将显出一个颜色较深的小三角形，即 a′bo，对应小三角形顶点高度位置上大三角形两侧边间的距离，即为往复运动的冲程（如图 8－12 中为 5 mm）。

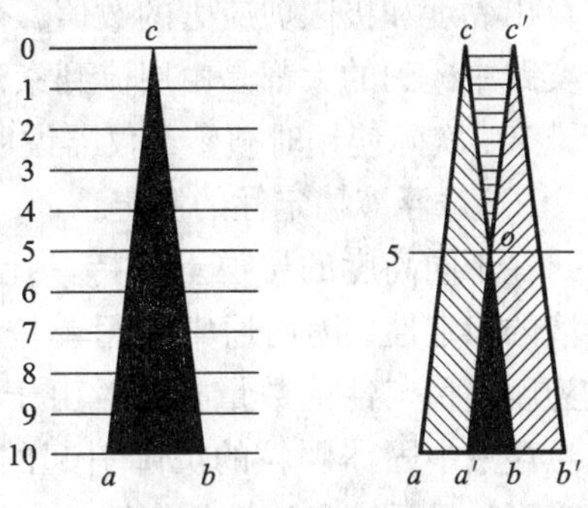

图 8－12　冲程指示纸

2．冲次和转速的测定

回转部件的转速，可利用转速表测定。往复运动的冲次，亦可通过测定偏心轮转速的方法测定。

3．坡度（倾角）的测定

流膜选矿设备，通常需测量床（槽）面的倾角。在有倾斜仪的情况下，应尽可能直接利用倾斜仪测定。在没有倾斜仪的条件下，可利用量角器测量。由于机架或地板表面不一定水平，因而最好在斜面的上端悬挂一根带重物的细绳，代表铅垂线，然后测定斜面与铅垂线的夹角 β，其余角 $\alpha = 90° - \beta$ 就是所求的倾角。倾角甚小时，用量角器将不易量准，此时可测量斜面两端的高差，然后利用三角函数关系算出倾角。

4．流量的测定

由于水量对重选效果影响甚大，一般均应安装恒压水箱，而不要直接利用自来水管的水，并最好能安装流量计和水压表。目前在选矿实验室中，水量的测定也可直接用量筒测量——测定一定时间内流出的水量，然后换算成单位时间内的流量。流量的大小，可利用闸门或止水夹等控制。

5．重液和重悬浮液物理性质的测定

（1）介质比重的测定。

选矿工艺上测定重液和重悬浮液比重的方法通常有下列四类：①比重瓶法；②浮子法；③压差法；④放射性同位素法。

（2）重液和悬浮液黏度的测定。

用于测量黏度的仪器按其原理可分为：①毛细管黏度计，根据液体流过毛细管的压力和流量测定其黏度；②同心圆筒仪，根据环形空间中液体的剪应力和流速梯度计算其黏度；③落体式黏度计，根据物体在液体中自由下落的速度与该液体的黏度成反比的关系测定黏度；④振动式黏度计，主要根据声振动体或超声振动体受液体阻尼作用产生衰减的原理工作。

同心圆筒黏度计是研究悬浮液流变性质时应用最广的一类黏度计，其主体部分为一圆筒形容器（外筒），里面同心处放置着另一圆筒（内筒），两圆筒间的环形空间里则充满着所研究的液体。根据旋转部件的不同，分为外转筒式黏度计，内转筒式黏度计和轴流式同心圆黏度计。

悬浮液黏度的测定比普通均质液体困难，为了防止固体的沉积，在黏度计中必须设搅拌装置，但又要避免搅拌而影响到测定的可靠性。各种同心筒式黏度计，均可在较广的流速梯度范围内使用，但当流速梯度很小时，第二类黏度计的误差较大，因为此时所需的拖动重量太小，黏度计易受仪器传动部分摩擦力的影响，故可用带有扭秤的第一类黏度计。第三类黏度计流速梯度的下限则取决于保证悬浮液中固体不致沉淀所需的最低循环速度。

各种同心筒式黏度计，当试验液体处于层流状态时，均可直接根据试验数据利用已知公式算出黏度和极限剪应力的数值，有关的仪器常数则可利用已知黏度的液体预先标定。但选矿实践中碰到的大都是由层流到紊流的过渡范围，此时仪器的标定和测量数据处理工作都比较繁杂，实际使用时须参考仪器说明书或有关著作。

(3)悬浮液稳定性的测定。

在不同高度的层位上保持其比重恒定的性质，称为悬浮液的稳定性，因而通常可用单位时间内比重变化的幅度作为度量稳定性的数量指标。由于不同层位上比重的变化是悬浮液中固体颗粒的沉降引起的，因而也可用沉降速度作为度量悬浮液稳定性的指标。

测定悬浮液稳定性的方法有下列几种。

①直接测定悬浮液的沉降速度：此法的实质是直接用悬浮液沉降速度度量其稳定性。

②测定悬浮液中浮子的沉降速度：将比重与悬浮液相同的浮子置于悬浮液中。随着悬浮液比重的变化，浮子将逐渐下沉，测定浮子的下沉速度，就可判断悬浮液的稳定性。测定需要一套不同比重的浮子，浮子比重可用添加或减少铅砂等的方法进行调节。

③测定单位时间内悬浮液比重变化的百分率：可用自动记录沉降仪，其工作原理如图 8－13 所示。

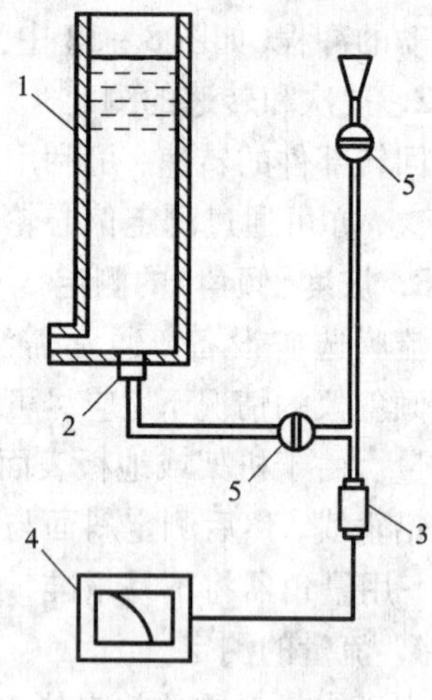

图 8－13　沉降仪

1—沉降管；2—玻璃砂滤器；3—转换器；4—记录器；5—旋塞

基本部件为沉降管，底部与压力转换器相连。为了防止沉下的固体进入管内，中间用玻璃砂滤器隔开。玻璃砂滤器的选择，应能将固体颗粒阻留而不致影响静水压强的传递。悬浮液的静水压由压力转换器转换为信号输出，送至记录器随时记录——自动记下比重随时间的变化关系，故可避免人为的测量误差。沉降试验结果用每秒钟比重变化百分率表示。例如，某比重为 1.5 的悬浮液，若其沉积速率为 2%，指每秒钟比重降低

$$(1.5-1.0)\times\frac{2}{100}=0.01$$

即沉积 1 min 后，比重将由 1.5 降至 1.49。从 1.5 降至 1.0(代表完全沉淀)，则共需 50 min。

悬浮液的稳定性若能达到每秒 0.2%，便可满意地用于工业生产。

8.6　重选效率的评价

8.6.1　重选最终指标的确定

重选试验多数是开路的，最后会有一部分中矿，因而在确定试验最终指标时，关键的问题就是如何处理这部分中矿。

在按闭路原则工作时，中矿一部分分配到精矿，一部分分配到尾矿，可用公式推算：

$$\varepsilon=\varepsilon_1+\varepsilon_2\cdot\frac{\varepsilon_1}{\varepsilon_1+\varepsilon_3}$$

式中：ε 为按闭路原则工作时可能达到的精矿回收率指标；ε_1、ε_2、ε_3 分别为开路试验得到的

精矿总回收率、中矿总回收率、尾矿总回收率。

例如，开路试验流程，各个精矿产品的总回收率为72%，尾矿的总回收率为24%，中矿的总回收率为4%，现在要推算闭路时精矿的总回收率。

$\varepsilon_1=72\%$，$\varepsilon_2=4\%$，$\varepsilon_3=24\%$，故$\varepsilon=75\%$。

此法的实质是假定中矿的可选性与原矿相同，因而中矿再选时，中矿中有用成分在精矿和尾矿中的分配比例与原矿相同。显然，这种折算指标将高于实际生产指标。

因而在实际试验工作中对中矿进行折算前，应反复处理，尽可能地减少最终中矿量。或可对中矿进行岩矿鉴定或重力分析，根据其矿物组成确定折算比例。还可直接把中矿也作为尾矿。

8.6.2 粒级回收率

粒度对重选效率影响极大，不同粒级的物料，重选回收率差别很大，不能相互比较，因而为了比较和评价重选过程的效率，通常按粒级计算回收率。

为了计算粒级回收率，须将原矿和精矿（或精矿和尾矿）分别进行筛析和水析，并将不同粒级的物料分别进行化验，算出各产品中各个粒级的金属分布率，再按式(8-3)或式(8-4)计算粒级回收率：

$$\varepsilon_i=\frac{\varepsilon_c\cdot D_{ci}}{\varepsilon_a\cdot D_{ai}}\times 100\% \tag{8-3}$$

式中：ε_i为第i个粒级的有用成分（以下简称金属）在精矿中的回收率，%；ε_c为精矿中金属的总回收率，%；D_{ci}为精矿中金属在粒级i中的分布率，%；ε_a为原矿中金属的总回收率，一般为100，%；D_{ai}为原矿中金属在粒级i中的分布率，%。

或写成：

$$\varepsilon_i=\frac{\varepsilon_c\cdot D_{ci}}{\sum_{j=1}^{n}\varepsilon_j\cdot D_{ji}}\times 100\% \tag{8-4}$$

式中：ε_j为第j个产品中金属的总回收率，%；D_{ji}为第j个产品中金属在粒级i中的分布率，%。

某砂锡矿粗选离心机粒级回收率的计算表格如表8-6所示。

表8-6 某砂锡矿粗选离心机粒级回收率的计算

粒级/mm	原矿			精矿			粒级回收率/%
	产率/%	品位/%	金属分布表/%	产率/%	品位/%	金属分布表/%	
1	2	3	4	5	6	7	8
+0.075	9.41	0.053	1.2	1.98	0.195	0.3	21.9
-0.075+0.038	28.04	0.398	26.7	17.66	1.518	22.3	69.7
-0.038+0.019	36.96	0.733	65.0	61.91	1.393	71.7	92.0
-0.019+0.010	10.59	0.190	4.8	9.92	0.568	4.7	82.7
-0.010	15.00	0.065	2.3	8.53	0.146	1.0	36.2
合计	100	0.417	100.0	100.0	1.203	100.0	83.4

例如，+0.075 mm 级金属回收率为：

$$\varepsilon_{+0.075}=\frac{83.4\times0.3}{100.0\times1.2}\times100=21.9\%$$

式中83.4%为已知的精矿中金属的总回收率，0.3%和1.2%分别为表中第7和第4栏中对应于+0.075 mm级的金属分布率数据。

表8-6所列出的计算结果表明，离心选矿机的最有效选别粒度为-0.038 ~ +0.019 mm。

在生产实践中，还常根据某类工艺流程或设备的粒级回收率统计指标，直接由原矿粒度分析资料预测选矿回收率。

表8-7所示就是一个预测某砂锡矿泥矿选矿回收率的实例。选别设备是离心选矿机，粒级回收率数据是从表8-6中引来的。计算方法为：将表中第4列与第5列对应数据相乘，再除以100，就得到各粒级精矿相对于原矿的回收率，累计后就是精矿的总回收率。计算结果表明，由于该原料中+0.038 mm级的金属分布率较高，故总回收率仅达78.03%，低于表8-6所涉及的原料的选别指标(83.4%)。

表8-7 选矿回收率预计值的计算

泥矿原矿粒度分析结果				已知的粒级回收率数值/%	预计的精矿回收率(相对原矿)/%
粒级/mm	产率/%	品位/%	金属分布率/%		
1	2	3	4	5	(4×5)=6
+0.075	6.80	0.095	2.44	21.9	0.53
-0.075 ~ +0.038	30.12	0.351	40.06	69.7	27.92
-0.038 ~ +0.019	32.97	0.355	44.35	92.0	40.80
-0.019 ~ +0.010	6.30	0.364	8.65	82.7	7.15
-0.010	23.81	0.050	4.50	36.2	1.63
合计	100.00	0.264	100.00		78.03

8.6.3 分配曲线

如前所述，对于同一类型的矿石，粒度组成不同时选别效率也不同，但对于一定的工艺流程和设备，同一粒级的选别效率应该是相同的，因而可以用粒级回收率作为评价工艺过程和设备效率的判据。

但当矿石的比重组成不同时，即使是同一粒度的物料，重选效率亦将不同。为了评价工艺过程和设备的效率，必须引入新的判据。即根据原矿中不同比重组分在精矿和尾矿中的分配率来评价选矿效率。因为在一定的选别条件下，尽管不同组成的矿石可选性不同，但同一比重组分在重选精矿和尾矿中的分配率应该是一定的。

分配率的概念，同回收率的概念是一致的，但回收率通常是指有用成分在产品中的分布率(%)，而此处分配率是指某一比重组分在各产品中的分布率(%)，其计算方法也与回收率的计算类似：

$$\varepsilon_{\delta_i\sim\delta_j}=\frac{\gamma\beta_{\delta_i\sim\delta_j}}{\alpha_{\delta_i\sim\delta_j}} \tag{8-5}$$

式中：$\varepsilon_{\delta_i \sim \delta_j}$为比重$\delta$为$i \sim j$的组分在精矿中的分配率，%；$\beta_{\delta_i \sim \delta_j}$为精矿中该比重组分的含量，%；$\alpha_{\delta_i \sim \delta_j}$为原矿中该比重组分的含量，%；$\gamma$为精矿产率，%。

例如，某赤铁矿跳汰作业，给矿的比重组分分析资料（在熔盐中分离结果）表明，给矿中比重大于4.2的组分占52%，小于4.2的组分占48%，精矿产率为49%，尾矿比重组分分析结果表明，其中比重大于4.2的组分占90%，小于4.2的组分占10%，由此可算出+4.2比重组分在精矿中的分配率：

$$\varepsilon_{+4.2}=\frac{\gamma\beta_{+4.2}}{\alpha_{+4.2}}=\frac{49\times 90}{52}=84.8\%$$

-4.2比重组分在精矿中的分配率：

$$\varepsilon_{-4.2}=\frac{\gamma\beta_{-4.2}}{\alpha_{-4.2}}=\frac{49\times 10}{48}=10.2\%$$

如果在比重组分分析时不只分成两个比重组分，而是好几个比重组分，就应分别算出各个比重组分的分配率，并据此绘出组分比重与分配率的关系曲线，即得到分配曲线。某金刚石重介质选矿分配曲线如图8-14所示，现以此为例，说明如何利用分配曲线评价选矿效率。

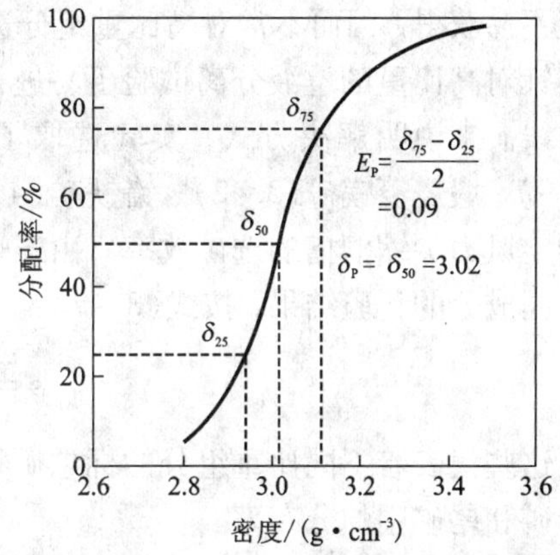

图8-14　某金刚石重介质选矿分配曲线

在理想的情况下，原矿中比重小于分离比重的组成部分应全部进入轻产品（浮物），而大于分离比重的组成部分应全部进入重产品（沉物），恰好等于分离比重的组成部分在轻产品和重产品中的分配率则各为50%，因而理想的分配曲线应是一条折线。

在实际选别过程中，分离比重是波动的，分配率为50%处的比重代表着实际分离比重的平均值。分离比重的波动愈大，表明分离效果愈差，因而就可用分离比重的波动幅度评价分离效果。分离比重的波动是偶然性的，因而是一种随机变差。随机变差的大小，可以用它的均方根值，即标准误差度量，也可用或然误差度量。利用分配曲线评价选矿效率时，习惯采用或然误差度量分离比重的随机波动幅度。或然误差是随机误差的中间值，其定义是，绝对值大于和小于该数值的误差出现的概率（在这里就是分配率）是相等的，在数值上等于标准误差的0.675倍。

具体地说，比重大于平均分离比重$\delta_{分}$（δ_p，δ_{50}）的组分在重产品中的分配率不等于100%是由于分离比重向上波动造成的，因而对应于分配率等于50到开始等于100%的这段曲线代表分离比重的正误差波动范围。其中间值对应于分配率为75%处，即或然误差$\rho_+=\delta_{75}-\delta_{50}$。同样，对应于分配率为25%处，是负误差的中间值，即$\rho_-=\delta_{50}-\delta_{25}$。现取二者的平均值代表分离比重的平均波动幅度，即或然误差。用式体现为：

$$\rho=\frac{1}{2}(\rho_+ + \rho_-)=\frac{1}{2}(\delta_{75}-\delta_{25})$$

或然误差习惯上用来度量重选分离效率的尺度，用符号E_p表示，也常称为特龙普指标（E_r）或“偏移距”：

$$E_p = \frac{\delta_{75} - \delta_{25}}{2} \tag{8-6}$$

目前重介质选矿作业，或然误差 E_p 可控制到0.05左右，入选粒度大时 E_p 小些，入选粒度小时 E_p 大些。上例中某金刚石重介质选矿的分离效率较低，$E_p=0.09$，原因是所要求的分离比重较高，因而硅铁悬浮液黏度较大。此外，该矿石中比重接近于分离比重的矿粒不多，因而尽管偏移距较大，实际选矿指标并不低。由此可以看出可选性曲线和分配曲线在意义上和应用上的区别，前者用以反映矿石本身的可选性，后者代表工艺过程和设备的分离效率或精度，实际选别指标则是这二者综合影响的结果。

原则上，若已知矿石的可选性——矿石中各个比重组分的品位和金属分布率，又有了所拟采用的工艺过程或设备的分配曲线——各个比重组分在重产品和轻产品中的分配率数据，即可推算出该矿石用该工艺过程或设备选矿的指标。此法已在选煤厂设计中获得实际应用，而在选矿工艺部门却很少应用，其原因一方面是由于矿石的组成较复杂，二是由于高比重的重液不易获得，因而不常对高比重组分进行比重组分分析。

针对高比重的重液分离试验不易进行的问题，利用比重标志矿物测定风力尖缩溜槽的分配曲线。来说明解决方式，实验选取了具有不同比重的六种矿物：石英(2.65)、磷灰石(3.19)、煅烧菱镁矿(3.42)、铬铁矿(4.47)、铅玻璃(5.43)和锡石(6.79)作为人工混合原矿测定风力尖缩溜槽的选矿效率。由于这六种矿物的化学成分不同，故可根据原、精、尾矿对不同成分的化验结果，按式(8-7)

$$\varepsilon = \frac{\beta(\alpha - \vartheta)}{\alpha(\beta - \vartheta)} \cdot 100 \tag{8-7}$$

算出这些代表着不同比重组分的标志矿物在精矿和尾矿中的回收率——也就是这些比重组分在精矿和尾矿中的分布率。

显然，上述方法也可用于鉴定其他重选设备——评价其分选精度。

分配曲线不仅可用于评价重选工艺的效率，还可用于分级、磁选、电选等其他选矿工艺。

习　题

1. 重选试验的特点有哪些？
2. 重选试验的主要内容有哪些？
3. 如何根据可选性曲线来判断矿石的可选性？
4. 什么是重介质选矿？常用的重介质有哪些？
5. 影响流程确定的矿石性质有哪些？
6. 各种重选试验设备适用的入选矿粒度范围？
7. 影响重选试验的主要工艺因素是什么？
8. 摇床的冲程、冲次、转速如何测量？
9. 为什么要用粒级回收率和分配率来评价重力选矿试验结果？
10. 根据表8-6中数据，分别计算各粒级回收率并分析各粒度重选效率。
11. 分配曲线与可选性曲线的用途有何不同？

第9章　磁选及电选试验

本章内容提要：主要介绍实验室磁选及电选试验的研究内容、方法和主要设备。介绍了矿石磁性分析仪器的构造和操作方法。处理不同磁性、粒度及其他物理性质矿石的磁选设备，例如磁力脱水槽、湿式鼓式磁选机、转环类型湿式强磁选机、电磁盘式强磁选机以及高梯度磁选机等磁选设备的构造及操作技术。介绍了矿石电性的分析方法，主要包括矿物的介电常数、电阻、比导电度及整流性等的测定方法。以及几种不同类型的电选设备，例如DXJ型高压电选机和YD型鼓筒式电选机的构造及操作技术；最后介绍了影响电选工艺的主要因素的考察方法。

9.1　磁选试验

9.1.1　概述

磁选是在不均匀磁场中利用矿物之间的磁性差异而使不同矿物实现分离的一种选矿方法。磁选法通常用来分选铁、锰、镍、铬、钛以及一些有色和稀有金属矿石，回收和净化重介质选矿中的磁性介质。随着工业和科学技术的发展，磁选的应用日趋广泛，不仅应用于陶瓷工业及玻璃工业原料中含铁杂质的脱除以及冶金产品的处理，而且还扩大到污水处理、烟尘及废气净化等方面。

磁选试验的目的在于确定在磁场中分离矿物时最适宜的入选粒度、不同粒级中分出精矿和尾矿的可能性、中间产品的处理方法、磁选前物料的准备(筛分和分级、除尘和脱泥、磁化焙烧、表面药剂处理等)、磁选设备、磁选条件和流程等。

磁选试验的程序和步骤包括：首先对矿石进行磁性分析，了解矿石的磁性强弱，再做预先试验、正式试验，以确定磁选操作条件和流程结构。

(1)磁性分析。

矿石磁性分析的目的在于确定矿石中磁性矿物的磁性强弱及其含量。矿石的磁性分析主要包括矿物比磁化系数的测定与矿石中磁性矿物含量的测定。

(2)预先试验。

实验室一般采用磁性分析仪(或实验室型磁选机)做预先试验，它可用少量试样进行广泛的探索，以找出各种不同因素对磁选分离的影响，并且可加快整个试验进度。

预先试验一般是对不同磨矿粒度及各种选别条件下的产品进行磁性分析，初步确定适宜的入选粒度、选别段数、大致的选别条件和可能达到的指标。

(3)正式试验。

在预先试验的基础上，可用较多的试样在实验室型磁选机上进行正式试验。磁选机的型式较多，故需根据预先试验的结果和有关的实践资料选择。例如，强磁性矿物可用弱磁场磁选机，弱磁性矿物需用强磁场磁选机，粗粒的可进行干式磁选，细粒的需进行湿式磁选。

磁选机选定后，可先用一小部分试样进行探索性试验，在试验过程中，根据分离的情况来调节各种影响因素，如给矿粒度、给矿速度、磁场强度及其他工艺条件，顺次地进行试验直到得出满意的选别结果为止。试验的结果可作为最终的磁选试验指标。

9.1.2 矿石的磁性分析

1. 矿物比磁化系数的测定

矿物比磁化系数的测定方法可分成三大类：质动力法、感应法和间接法。选矿中常用的是质动力法，该方法装置简单，灵敏度高，一般情况下采用磁力天平就可以满足要求。质动力法又可分成古依(Gouy)法和法拉第(Faraday)法。矿物比磁化系数的测定见第6.7节。测定矿物比磁化系数后，可以初步估计矿石的分选效果。

2. 矿石中磁性矿物含量的测定

实验室常用磁选管、磁性铁分析仪、湿式强磁力分析仪、手动干式磁力分析仪、自动磁力分析仪等仪器测定矿石中磁性矿物的含量，以确定磁选可选性指标，对矿床进行工业评价，检查磁选机的工作情况。

1)磁选管

磁选管常用于细粒级强磁性矿物的磁性分析。

(1)仪器构造。

磁选管的结构如图9－1所示。在C字形铁心上绕有线圈，其中通以直流电，调节电流强度可以改变磁场强度，最高磁场强度可达160～240 kA/m。玻璃管用支架支撑在磁极中间，并与水平成45°，电机带动支架上的圆环(套在玻璃管之外)可使玻璃管作往复上下移动和转动。

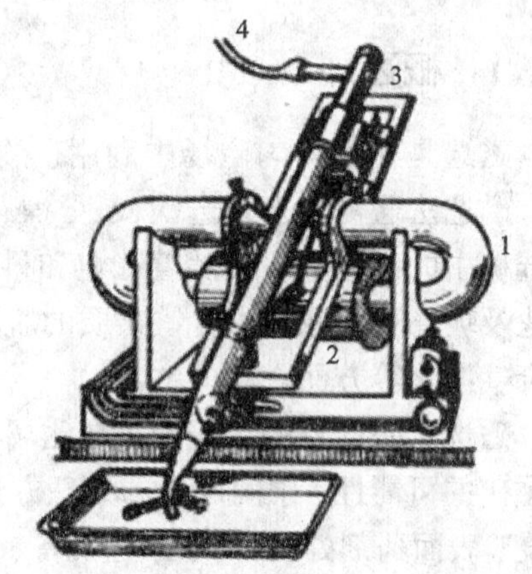

图9－1 磁选管

1—铁心；2—线圈；3—玻璃管；4—给水管

(2)操作步骤。

①取适量(ϕ40 mm左右磁选管以吸在管内壁上2～3 g磁性产物为宜，ϕ100 mm左右磁选管一般为7～8 g)具有代表性的细磨物料，放入烧杯中调浆使其充分分散。

②将水引入玻璃管，并调节玻璃管下端橡皮管的夹子，使管内水量保持稳定，水面高于磁极30 mm左右。

③接通直流电源将电流调节至所需磁场强度。

④先将杯中矿泥给入管内，然后缓慢给入杯中沉下的物料。磁性矿粒在磁场力的作用下被吸引至两磁极间的管内壁上，非磁性矿粒随水流从玻璃管下端排出。

⑤当玻璃管内水变清后停止给水，等水放完后更换接矿器，切断电源，洗出磁性产品。

⑥将磁性产品、非磁性产品分别澄清、烘干、称重、取样、化验分析，从而求出磁性部分在原试样中的百分比含量并评定磁选效果。

在实验室型磁选机上进行分选试验所得的磁性产物一般用磁选管进行磁性分析，以测定其中磁性矿物的含量，并评定磁选效果。对于组成比较简单的铁矿石，如单一磁铁矿石，磁选管的磁性分析结果便可满足矿床工业评价的需要。

2)磁性铁分析仪

(1)仪器构造。

磁性铁分析仪可用于检查焙烧矿质量，还可用于观察各种磁性矿物在脉冲磁场中的运动状态。根据选用转速的不同(磁场交替的频率不同)可以进行精选和扫选。该仪器如图9-2所示，由支架、冲洗水管、给矿管、永久磁极、可调速电机、调压器、电流表等部件组成。永久磁极是由4块外形尺寸为20 mm×20 mm×40 mm的磁块组成，极性交替排列并黏在ϕ60 mm铁圆盘上，如图9-3所示，此圆盘可随机轴一起转动，从而产生旋转磁场，磁场强度为112~120 kA/m，磁盘转速为200~2000 r/min。旋转磁盘上安放有ϕ47 mm分选圆盘，分选圆盘由有机玻璃制成，它不接触磁盘，整个设备倾斜固定在支架上，便于自流排料。

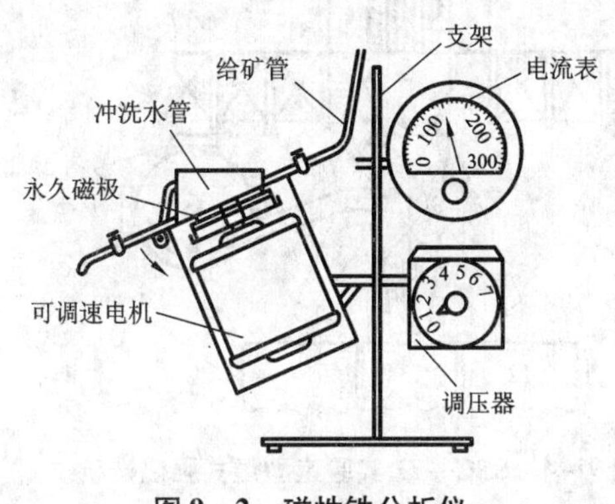

图9-2 磁性铁分析仪

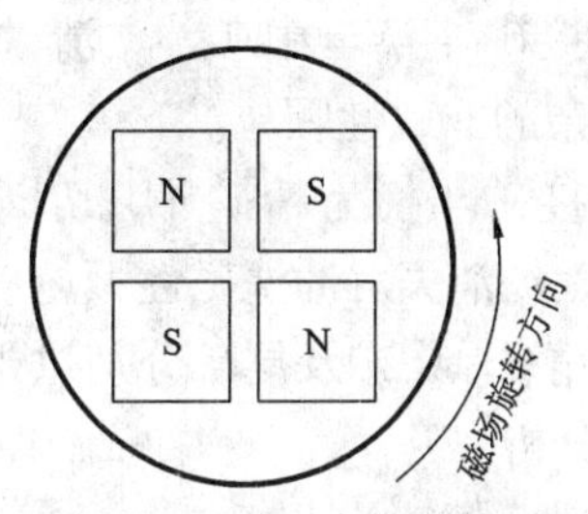

图9-3 永久磁极

(2)操作步骤。

①检查焙烧矿质量时，先取适当有代表性的矿样进行调浆。

②开动电机调至规定转速。

③打开冲洗水管并给矿，磁性矿物在分选圆盘上受旋转磁场磁力的作用形成磁链留在盘上，脉石及弱磁性矿物借助重力和水力冲洗的作用与磁性矿物分离经尾矿端排出。

④分选完毕，断水，切断电源，抬高分选盘，接取精矿。

⑤将分选出来的磁性产物烘干，称重，取样化验，测定磁性铁含量。

磁性铁的含量与给矿中全铁含量之比即为磁性率，以此评定焙烧效果。在磁选厂生产过程中，对原矿、精矿、尾矿进行磁性铁含量的分析，可以计算出该厂磁性铁的回收率。

3)湿式强磁力分析仪

(1)仪器构造。

可用实验室型湿式强磁选机进行磁性分析。图9-4所示为SSC-77实验室型湿式强磁选机，主要由铁心、励磁线圈、分选箱、给矿装置、冲矿及接矿装置等组成，该设备磁场强度高、适用范围广、操作方便。

铁心断面高170 mm，宽120 mm，收缩后断面尺寸为170 mm×80 mm，磁极头间距为42 mm。励磁线圈由8个线包组成，于磁极头附近双侧配置。分选箱由5块纯铁制成的齿板和2块铝质挡板组成，齿板高170 mm，宽80 mm，厚7 mm，齿尖角100°，紧靠磁极头的2块齿板为单面，其余为双面齿板，两齿板的齿尖距1.5 mm，齿谷距6.25 mm。在分选箱上有给矿装置，底部有接矿装置。

(2)操作步骤。

①在搅拌桶中调节一定浓度的矿浆(10% ~40%)，然后通过给矿阀及铜扁嘴给入分选箱中。

②非磁性矿物在磁场中不磁化，在矿浆流和重力的作用下，沿分选箱内的齿板间隙流入尾矿桶中，而磁性矿物被吸着在齿板上。

③停止给矿后，冲洗管路中残留的矿浆及少量夹杂的非磁性颗粒。

④将接矿斗换至中矿斗，清洗磁性产品中夹杂的非磁性颗粒。

⑤将接矿斗换为精矿斗，切断励磁电源，待磁场消失后冲洗磁性颗粒。

⑥将精矿、中矿及尾矿分别烘干、称重、化验分析。

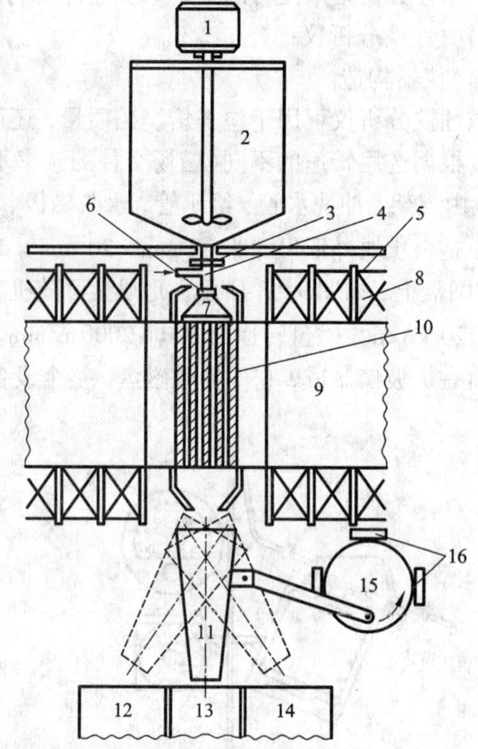

图9-4　SSC-77实验室型湿式强磁选机

1—搅拌机；2—搅拌桶；3—给矿阀；4—三通阀；5—冷却水套；6—扁嘴运动拉杆；7—铜扁嘴；8—励磁线圈；9—铁心；10—分选箱；11—承矿漏斗；12、13、14—精、中、尾矿接矿桶；15—偏心轮；16—微动开关

4)手动干式磁力分析仪

(1)仪器构造。

手动干式磁力分析仪如图9-5所示，它主要由铁心、齿极、平极和线圈组成，齿极可上下移动。通入直流电后，两磁极间产生强磁场，其磁场强度可以通过调节励磁电流及极距来实现。如果被分析的试样中有不同磁性的矿物，可按磁性强弱依次进行分离。

(2)操作步骤。

①取1~3 g矿砂呈单层撒在玻璃板上，并送至工作间隙。

②根据试样粒度调节齿极与玻璃板上矿层之间的距离。

③通入一定大小的励磁电流，将玻璃板贴着平极来回做水平移动，使磁性矿物吸在磁极上。

④取出给矿玻璃板，再换上另一块接精矿的玻璃板。

⑤切断电源，吸在齿极上的磁性矿粒落在玻璃板上，即为磁性产品。

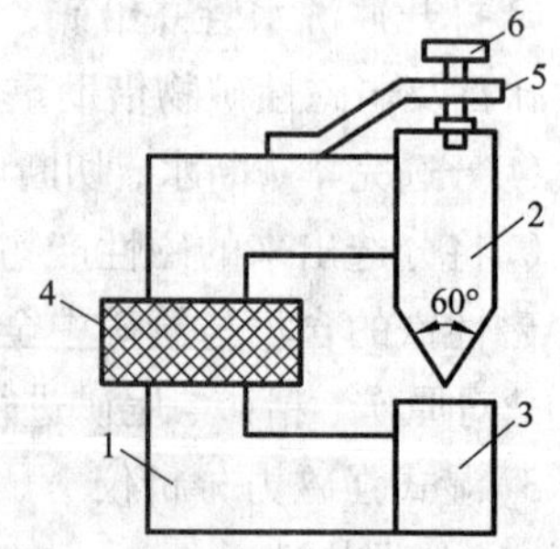

图9-5　手动干式磁力分析仪

1—铁心；2—齿极；3—平极；4—线圈；5—支臂；6—螺杆

由于磁性矿粒所受的磁力随齿极与矿粒之间的距离减少而急剧增加，所以操作过程中玻璃板应始终贴着平极移动，使整个操作过程都在磁力相同的条件下进行。

5)自动磁力分析仪

(1)仪器构造。

自动磁力分析仪如图9-6所示，由铁心、磁极头、线圈、电振分选槽等组成。电振分选槽的上端有给料杯和电振给矿器，下端有接料漏斗和接料杯。分析仪用心轴支放在悬臂式的支架上，调节转动手轮可以改变分选槽的纵向坡度。悬臂支架用心轴固定在机座上，转动心轴上的手轴可以改变分选槽的横向坡度。

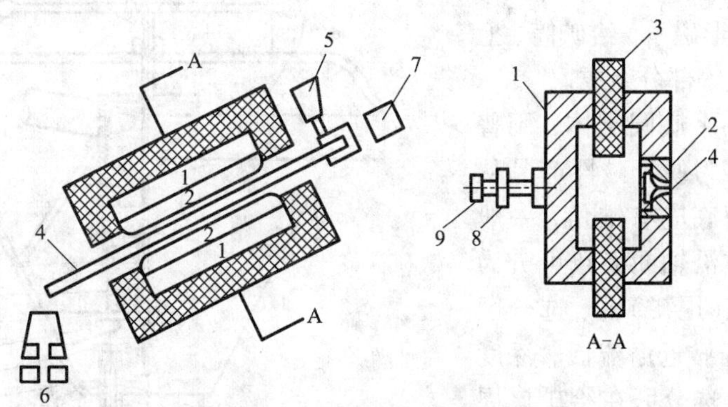

图9-6 自动磁力分析仪

1—铁心；2—磁极头；3—线圈；4—电振分选槽；5—给料杯；6—接料杯；7—电振给矿器；8—支架；9—转动手轮

(2)操作步骤。

①接通励磁直流电和电振给矿器的低压交流电源，使分选槽处在不均匀磁场中，给矿器做纵向振动。分选槽内的磁场力内弱外强，磁性较强的颗粒受磁力作用运动至外边强磁场区，而非磁性颗粒或磁性较弱的颗粒由于受重力作用而流向里边。

②用预备矿样调整励磁电流强度、电振给矿器的强度(即电振强度)、电振分选槽的纵向坡度和横向坡度，使分选槽上矿粒分带明显。在磁场强度和振动强度大体确定之后，如有堵矿现象，适当加大纵向坡度，磁性产品产率较大时，则适当加大横向坡度。

③调整好后切断电流，刷净分选槽和磁极头之后，再接通励磁电流和电振分选槽电源，并将正式试样装入给矿杯进行分离操作。

④分离完毕后，切断电源，卸下电振分选槽，将黏附在上面的少量物料刷入磁性或非磁性的接矿杯中。

⑤最后将磁性产品和非磁性产品分别称重，计算其质量百分比。

9.1.3 磁选设备和试验操作技术

随着磁选工艺的发展，磁选设备不断改进和创新，结构更加多样化。由于所处理的矿石的磁性、粒度及其他物理性质不同，所选用的磁选设备也不同。例如，分选含强磁性矿物的矿石选用弱磁场磁选机，并根据矿物的嵌布粒度选择是采用干式磁选还是湿式磁选。若强磁性矿物粒度粗，常用离心筒式磁选机及磁滑轮进行干式磁选；粒度细则采用磁力脱水槽和湿式筒式磁选机进行湿式磁选。对于含弱磁性矿物的矿石选用强磁场磁选机进行分选。同样的粗粒弱磁性矿石采用干式磁选，设备有干式强磁场盘式磁选机或辊式磁选机等；细粒弱磁性矿石采用湿式磁选，设备包括琼斯湿式强磁选机、高梯度湿式强磁选机等。下面以一些设备为例，介绍磁选设备结构及试验技术。

1. 磁力脱水槽

磁力脱水槽是一种磁力与重力联合作用的设备，构造简单且效果较好。在磁力作用下细粒磁铁矿形成磁絮团，经上升水流的作用，磁性矿粒与细粒脉石分离，达到富集作用。

(1)设备构造。

磁力脱水槽结构如图 9－7 所示。它主要由槽体、塔形磁系，给矿筒、上升水管和排矿装置等部分组成。

槽体为倒置的平底圆锥体，用普通钢板卷制而成。为便于磁性产品从槽底顺利排出，槽底应有锥角，一般为 50°～60°。槽体沿轴向大致可分为三个区域，即溢流(尾矿)区、选分区和精选区。溢流区靠近溢流面，深度为 150～300 mm。选分区在给矿口周围，精矿区靠近槽体下部。

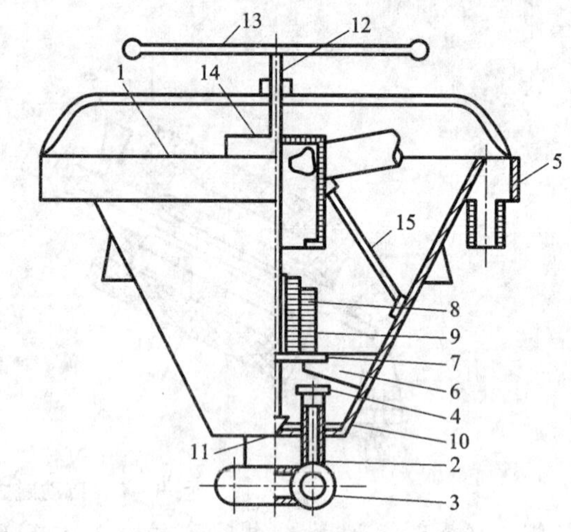

图 9－7　磁力脱水槽

1—槽体；2—上升水管；3—水圈；4—迎水帽；5—溢流槽；6—支架；7—磁导板；8—磁系；9—硬质塑料管；10—排矿胶砣；11—排矿口胶垫；12—丝杠；13—手轮；14—给矿筒；15—支架

给矿筒用非磁性材料硬质塑料板制成，并由非磁性材料铝支架支撑在槽体的上部，其直径略小于磁系的直径。给矿筒出口的下方是塔形磁系，由很多铁氧体永磁块摞合而成，放置在磁导板上，并通过支架固定在槽体的中下部。上升水管装在槽体底部(共四根)，为了使上升水流能沿槽内水面均匀地分散开，在管口上方装有迎水帽。水圈用于向上升水管均匀分配水。排矿装置包括调节手轮、丝杠、排矿胶砣等部分。

(2)操作技术。

①在分选过程中，矿浆由给矿管以切线方向进入给矿筒内，比较均匀地散布在塔形磁系的上方。磁性矿粒在磁力与重力作用下，克服上升水流的向上作用力而沉降到槽体底部，从排矿口(沉砂口)排出。非磁性矿粒脉石和矿泥在上升水流的作用下，克服重力等作用而顺着上升水流进到溢流槽中排出，从而达到了其分选目的。

②影响磁力脱水槽的主要操作因素有：上升水流量、磁场强度、给矿浓度及给矿速度。一般可以在尽可能高的磁场强度下进行试验，寻找最佳上升水流量、给矿速度及给矿浓度。上升水量的最大限度应能使较细的磁铁矿粒回收。

2. 湿式鼓式磁选机

(1)设备构造。

湿式鼓式磁选机由圆筒、磁系、槽体、磁导板、喷水管、给矿箱、磁偏角调整装置等主要部分组成，结构如图 9－8 所示。

(2)操作技术。

①一般进行如下条件试验。

磨矿细度：磨矿细度是最重要的工艺参数，会影响磁选流程。它主要根据矿物的嵌布粒

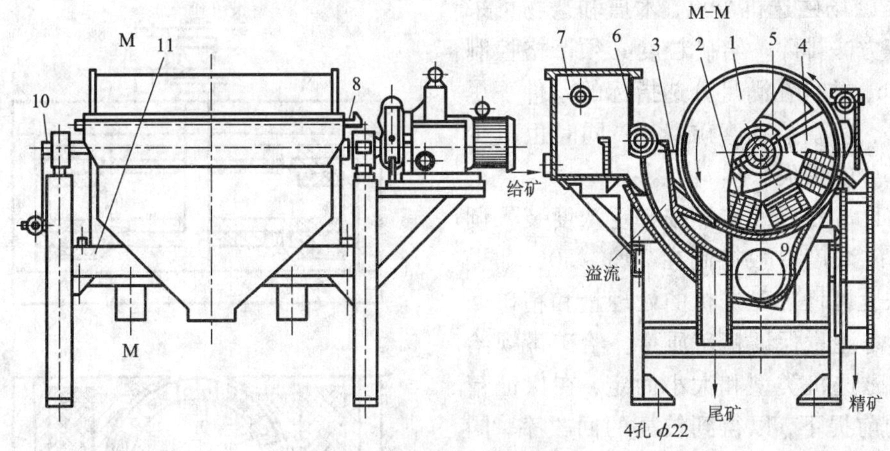

图 9-8 湿式鼓式磁选机

1—圆筒；2—磁系；3—槽体；4—磁导板；5—支架；6—喷水管；
7—给矿箱；8—卸矿水管；9—底板；10—磁偏角调整装置；11—支架

度特性而定。

磁场强度：磁场强度主要根据被选矿石的磁性而定，选别强磁性矿物一般为 0.08 ~ 0.2 T。磁场强度一般是指磁选机筒面平均磁场强度。

补加水量：也是影响磁选的主要因素，主要根据磁铁矿的嵌布特性和原矿含泥量大小而定。

②找到最佳综合工艺条件后应该进行三个平行试验，其中有两个试验结果很接近，才能说明最佳综合工艺条件是稳定可靠的。

3. 转环类型湿式强磁选机

Shp-1 型强磁选机属转环类型的强磁选机，它是长沙矿冶设计制造的仿琼斯型强磁选机，可进行半工业和工业试验。

(1)设备构造。

如图 9-9 所示，整个磁选机的机体由钢制的框架组成，在框架上装有两个“U”字形磁轭，在磁轭的水平部位上安装有四组励磁线圈，最大激磁电流为 1500 A，磁场强度可达 1.7 T。线圈的外部有密封保护壳(风筒)，用风机进行冷却。在两个 U 形磁轭之间，装有上、下两个转盘，转盘直径为 1000 mm，转盘起铁心作用，与磁轭构成矩形磁路，此外，还装有分选箱(17 个，规格为 80 mm × 130 mm，每箱齿板为单面两块、双面七块)。转盘和分选箱由安装于顶部的马达通过皮带、行星摆线针轮减速装置和中心传动轴带动，在 U 形磁极间旋转。由于其分选环(转速为 3 ~ 5 r/min)直接固定于转盘周边，与磁极之间减少了一道空气间隙，因而有利于减少空气磁阻，提高磁场强度。这台磁选机的磁极头(两对磁极、每盘一对)比较宽，齿板介质的高度较高，保证了足够的分选时间，有利于提高分选指标。由于极头较宽，在保证足够分选时间的前提下，转盘可采用较大的转速。同时有 4 个给矿点，高浓度给矿，这些因素使磁选机具有较大的处理能力(处理量 10 ~ 15 t/h)。此外，采用齿板作为聚磁介质，在磁场中性区用高压水冲洗精矿。

(2)操作技术。

①试验前为了防止分选间隙堵塞，必须事先排除强磁性物质、木屑和杂物等。强磁性物

质采用弱磁场磁选机分离，木屑和杂物可采用筛分等方法排除。给矿粒度必须严格控制在 -1 mm，并且在满足分选指标的条件下尽可能粗磨，这既节省磨矿费用，同时也减少了细泥部分的损失。

②将已准备好的矿样按一定浓度装入调浆桶，给矿浓度一般控制在20%~50%。提高给矿浓度可增加磁选机的处理量和精矿回收率，但需注意保证精矿质量。给矿量视给料性质、磁选机类型和大小而定，在保证精矿质量的前提下，以得到较高的回收率，同时满足处理量的要求为宜。如 Shp -1 型湿式强磁选机给矿量一般控制在 1 ~3 L/s。

③调整磁选机所需激磁电流及转速。通过改变激磁电流的大小调整磁选机的磁场强度，一般控制在 900 ~1500 A(磁场强度变化范围为1.25 ~1.5 T)。磁选机转速一般控制在3 ~5 r/min。升高转速有利于提高精矿回收率。

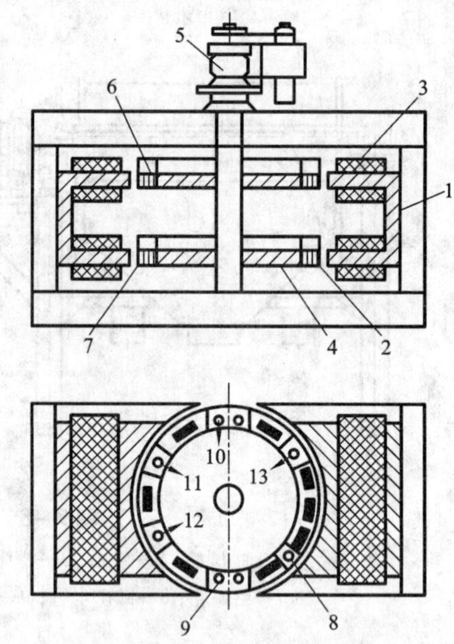

图9 -9　Shp -1 型强磁选机示意图

1—磁轭；2—分选箱；3—线圈；4—转盘；5—传动机构；6—给矿；7—排矿；8—中矿冲洗区；9—精矿冲洗区；10—精矿；11—中矿；12—尾矿；13—给矿

④调整磁场区冲水量和精矿区冲水量。磁场区冲洗水是由恒压水箱供给的压力水。精矿冲洗水量以冲洗干净全部磁性产品为宜。中矿冲洗水一般控制在 0 ~800 mL/s，中矿冲洗水量过大，会将部分磁性产品冲下。洗水量过小，会使磁性产物中夹杂非磁性产物，使精矿品位降低。因此必须找到适宜的中矿冲洗水量。

⑤按接矿槽不同位置和次序接取不同产品，据不同产品的分析品位划分精矿和尾矿。

4. 电磁盘式强磁选机

(1)设备构造。

电磁盘式强磁选机有单盘、双盘和三盘三种。实验室通常用双盘，一般适宜于粗中粒的干式强磁选，其构造如图 9 -10 所示。该磁选机由山字形磁极和磁极上方可转动的圆盘组成闭合磁系。在两极之间有弹簧振动槽，振动槽与圆盘的距离可调节，以满足给矿粒度不同的要求。圆盘与振动槽之间的工作间隙依次递减，而磁场强度和磁场梯度依次递增，实现选出磁性不同的产物的目的。此机工作时，将矿物由给料斗均匀地给到给料滚筒(内装弱磁场磁系)上，此时强磁性矿物被吸在滚筒表面上随滚筒转动而被带离磁场，而弱磁性矿物由振动槽送到圆盘下面分选区，同时被吸在圆盘齿极上，并随圆盘转到振动槽之外，落到槽两侧磁性产品接料斗中，非磁性矿物经振动槽末端卸入非磁性接料斗中。

(2)操作技术。

电磁盘式强磁选机的操作因素包括给料粒度、给矿层厚度、磁场强度和工作间隙、振动槽的振幅和振次(或给矿带速度)等，以下分别进行介绍。

①给料粒度。一般为 -3 mm，试验时要求事先进行筛分分级，筛分级别愈多，分选指标愈高，当然过多筛分级别既不必要也不经济。给料必须干燥，否则矿粒互相黏着会影响分选指标。

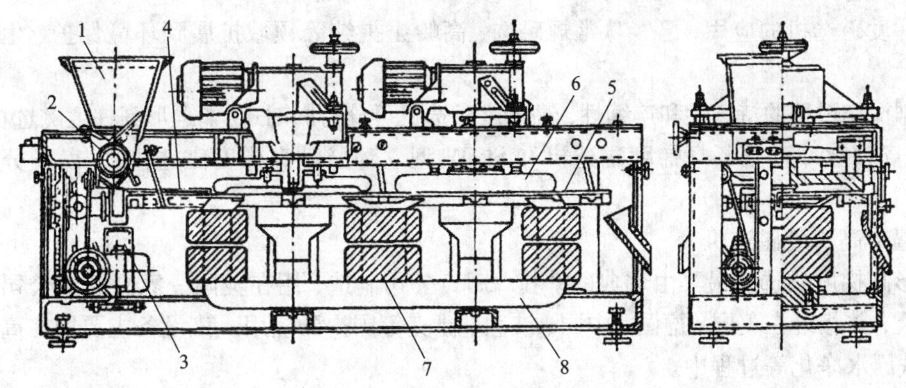

图9-10　干式电磁双盘强磁选机

1—给料斗；2—给料圆筒；3—强磁性产品接料斗；4—筛料槽；5—振动槽；6—圆盘；7—磁系；8—铁心

②给矿层厚度。与被处理矿物的粒度、磁性强弱及磁性矿物含量有关。一般情况下，细粒级的给矿层厚度可达给矿最大粒度的10倍，粗粒级的给矿层厚度只能在给矿最大粒度的1.5倍以内。如果给矿层过厚，则位于最下层的磁性矿粒不仅所受的磁力较小，而且还受到上层非磁性矿粒的压力，不能被吸起，因而进入尾矿，降低磁性矿粒在精矿中的回收率。适宜的给矿层厚度应由实践确定。

③分选区磁场强度。通过改变电流的大小来调节。磁场强度决定于被选矿石的磁性和作业的要求，一般粗选和扫选要求磁场强度高些，以保证回收率，故电流要调大；精选时，要求提高精矿品位，磁场强度应低些，故电流应调小。一般选别黑钨矿的磁场强度为0.5~0.8 T。

④工作间隙。在电流一定时，工作间隙的变化使磁场强度和磁场梯度同时发生变化。间隙变小，在齿距不太大的情况下，磁场强度和磁场梯度急剧增加，因而矿粒所受的磁力增大。间隙变大，则磁力急剧下降。一般处理粗矿粒时，工作间隙要大些；处理细矿粒时，工作间隙可小些。扫选时，要把间隙调小，以提高回收率；精选时，间隙可调大些，以提高精矿质量。

⑤振动槽的振动速度。一般精选时，物料中的单体矿物多，其磁性较强，振动槽的振动速度可以大些；扫选时，物料中含连生体较多，而连生体的磁性较弱，为了提高回收率，振动槽的速度应小些。处理细粒物料时，振动槽的频率应稍高些（有利于松散矿粒）振幅小些；而处理粗粒物料时，频率应稍低些，振幅应大些。

5. 高梯度磁选机

高梯度磁选机是在上述强磁选机的基础上发展起来的，它的特点是：均匀的背景磁场、细丝状铁磁性磁介质及均匀的料浆流速场。

均匀的磁场在充填了磁介质后，产生非均匀磁场。常用的磁介质有导磁不锈钢毛、纤维、细丝、细线、编织网、细拉伸板网等。由于磁介质半径很小，形成的磁场梯度比琼斯型磁选机的磁场梯度（2×10^3 T/m）高1~2个数量级，达到了10^5 T/m，从而使磁力提高10~100倍。而由于磁饱和极限的限制，通过提高磁场强度只能使磁力提高2~3倍。大的磁力为磁性颗粒提供了强大的磁力来克服流体阻力和重力，使分选的粒度下限可降到1 μm。

高梯度磁选机分选空间中磁介质的充填率仅为5%~12%，而一般强磁选机的介质充填率为50%~70%，介质所占空间大大减少，可以提高分选区的利用率。介质轻，因此传动负载轻，处理量大。

高梯度磁选机的应用，已经从常规磁选、高岭土提纯等领域扩展到环境保护、生物化学等领域。

根据操作过程的持续性和连续性，高梯度磁选机可分为周期式（如罐形高梯度磁选机）和连续式（如双频脉冲双立环高梯度磁选机和SLON型立环脉动高梯度磁选机）。以下分别进行介绍。

1）罐形高梯度磁选机

罐形高梯度磁选机最早由瑞典的萨拉（Sala）公司制造，用在美国一家高岭土公司的高岭土提纯上，并相继在英国、德国、中国、波兰、捷克等国得到应用。该设备主要用在高岭土提纯、钢铁厂水净化等过程中。

（1）设备构造。

罐形高梯度磁选机主要由磁体、介质罐和分选介质、出入管道和阀门系统等组成，其构造如图9－11所示。磁体包括螺线线圈、磁轭。线圈通常用空心方铜管绕制，用低电压高电流激磁、水内冷散热，以便达到足够高的场强。磁轭用纯铁制成，其作用是与螺线管构成闭合磁回路，消除磁通散射，提高螺线管内腔的磁场强度。分选罐用非导磁材料（不锈钢或铜）制成，下有进浆口，上有出浆口，筒体安装有磁轭和分选介质。分选介质的作用是产生磁场梯度和吸引磁性矿粒，常用的介质是导磁不锈钢绒毛和钢板网。

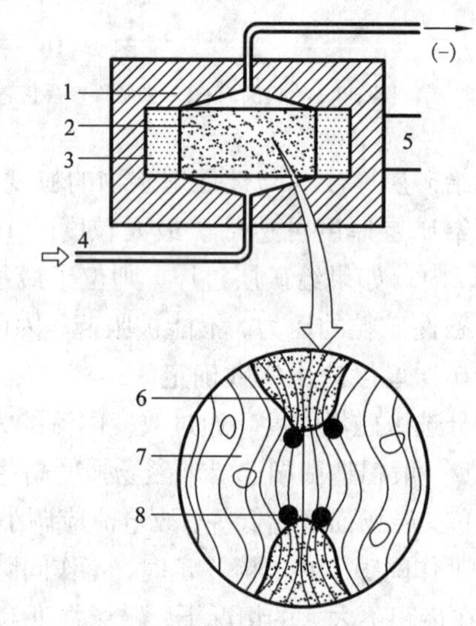

图9－11　罐形高梯度磁选机

1—磁轭；2—介质罐；3—线圈；4—给料；5—电源；6—磁化介质元件；7—磁化介质元件之间的磁场特性；8—磁化颗粒

（2）操作技术。

该磁选机采用周期式的工作方式，实行间断作业。磁选过程分三个阶段，即给矿、磁性产品净化清洗、冲下磁性产品。操作因素包括矿浆流速、给矿量、给矿浓度、磁场强度、磁介质充填率以及分选腔高度等，以下分别进行介绍。

①矿浆流速。为了提高高梯度磁选机的处理量和降低精矿中杂质含量，矿浆流速是重要因素之一，一般在最高场强下确定适宜的矿浆流速。

②给矿量。给矿量直接影响矿浆流速和精矿质量。给矿量增加，磁介质吸附磁性产物增多，磁介质间间隙减少，流体阻力增加，矿浆流速将会有所降低。当浓度较小时，给矿量增加，给矿体积随之增加，由于矿浆本身具有冲洗作用，因而对机械夹杂的非磁性矿粒的清洗作用加强，有利于提高精矿质量。

③给矿浓度。给矿浓度增加，磁性矿粒与磁介质的碰撞概率增加，回收率有所提高，但对精矿质量有一定影响。浓度过低处理量降低，一般介于5%～15%。

④磁场强度。场强增高，精矿质量降低，回收率开始增加较快，因此时磁介质未达磁饱和，磁力按场强的平方增加。当场强大到一定时，磁介质已磁化到饱和，磁力仅按场强的一次方增加，所以回收率增加缓慢。背景场强一般介于0.2～2 T。

⑤磁介质充填率。磁介质充填率直接影响到它周围场强的大小及分布，同时也影响到流体的阻力。当介质充填率增加时，周围场强增大，磁场梯度显著增加，回收率增加较快，此时由于磁介质间间隙减小，流体阻力增加，这样便会引起较多的机械夹杂，使精矿质量降低。若充填率过低，则磁介质周围场强降低，磁捕集点减少，因而回收率将明显降低。磁介质充填率一般为5% ~10%。

⑥分选腔高度。在相同的激磁电流下，分选腔高度不同，场强不同。

2)湿式双频脉冲双立环高梯度磁选机

处理弱磁性矿物含量高、生产量大的多种矿石时，必须用连续式高梯度磁选机，如广州有色金属研究院生产的SSS－Ⅱ湿式双频脉冲双立环高梯度磁选机。

(1)设备构造。

该设备主要包括分选环、磁系、励磁线圈、聚磁介质、传动机构、脉冲装置、给矿和产品收集装置等，其构造如图9－12所示。其特征在于能在分选空间内形成水平磁力线的磁系和能使矿浆做与磁力线相垂直的往复运动，在分选环下方设有两组采用不同的往复冲击矿流频率的双频脉冲装置，能产出尾矿及中矿。水平磁力线的分选空间是由左磁极、右磁极、左磁轭、右磁轭、前磁轭、后磁轭、励磁线圈和转盘外缘导磁部分构成。双频脉冲装置由双频脉冲机构、尾矿斗、中矿斗组成，双频脉冲机构分设在尾矿、中矿斗外侧，其间通过机架与地基相连。

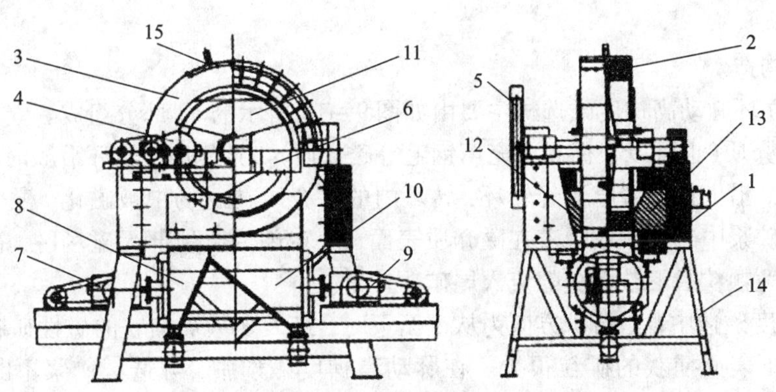

图9－12 SSS－Ⅱ湿式双频脉冲双立环高梯度磁选机

1—励磁线圈；2—聚磁介质；3—分选环；4—传动机构；5—齿轮；6——给矿斗；7—中矿脉冲机构；8—中矿斗；9—尾矿脉冲机构；10—尾矿斗；11—精矿斗；12—左磁极；13—右磁极；14—机架；15—精矿冲选水槽

当励磁线圈给入大电流的直流电时，分选空间内形成高强度磁场，在磁场作用下聚磁介质表面能形成高磁场力。分选环由电机与减速机组和一对齿轮带动沿顺时针方向转动，其下部通过左磁极和右磁极形成弧形分选空间，分选环上的每一个分选室中都充满聚磁介质。

矿浆由给矿斗均匀地进入分选空间，由于磁场力的作用，磁性矿物颗粒被吸附在聚磁介质表面上，调整尾矿脉冲机构使得脉冲频率和峰值较小，由此产生的流体动力很小，磁性极弱和非磁性颗粒受到的磁场力极小，它们受到矿浆的流体动力大于磁场力，不能被聚磁介质吸住而通过其空隙进入尾矿斗。剩下吸附在聚磁介质表面上的颗粒群随分选环继续转动进入中矿斗，调整中矿脉冲机构使脉冲频率和峰值增大，此时产生的流体动力随之增强，磁性较弱的颗粒和连生体受到的磁场力小于流体动力，会脱离聚磁介质表面而通过其空隙进入中矿斗。而不脱落的磁性较强的颗粒群受到的磁场力大于流体动力被牢固地吸在聚磁介质表面上，随同分选环继续转动逐渐脱离磁场区，进入磁性产品卸矿区，由于磁场在该区极弱，用精矿冲洗水将磁性物从聚磁介质表面冲洗下来并进入精矿斗中，即为磁性产品，从而使磁性不同的颗粒群得到有效分离。

(2)操作技术。

该设备操作因素包括给矿粒度、给矿浓度、给矿量、励磁电流、冲洗水量及水压等，以下分别进行介绍。

①给矿粒度。给矿粒度对磁选机的影响很大，磁选机一般对细泥的回收效果不理想。

②给矿浓度。一般为20% ~45%，提高给矿浓度可增加磁选机的处理量和精矿回收率，但精矿质量较低。

③给矿量。给矿量随不同规格磁选机而异。

④励磁电流。磁选机的磁场强度通过改变励磁电流的大小来改变。

⑤冲洗水量及水压。精矿冲洗水以冲洗干净全部磁性产品为宜，中矿冲洗水过大会冲下磁性产品，过小会使磁性产物中夹杂的非磁性产物残留，造成精矿品位低，因此要寻找合适的中矿冲洗水量。

3)SLON型立环脉动高梯度磁选机

20世纪80年代初开始研制的SLON型脉动高梯度磁选机已有三种规格，其结构及性能如下所述。

(1)设备构造。

SLON型立环脉动高梯度磁选机主要由如图9－13所示的13部分组成。立环内装有导磁不锈钢板网磁介质(也可以根据需要充填钢毛等磁介质)。选别时，转环沿顺时针旋转，矿浆从给矿斗给入，沿上铁轭缝隙流经转环，转环内的磁介质在磁场中被磁化，磁介质表面形成高梯度磁场，矿浆中磁性颗粒吸着在磁介质表面，由转环带至顶部无磁场区，被冲洗水冲入精矿斗，非磁性颗粒沿下铁轭缝隙流入尾矿斗排走。

一般高梯度磁选中，当给矿方向为从上至下时，绝大多数被捕获的磁性矿粒停留在磁介质的上表面，下表面捕获的矿粒很少。在脉动高梯度磁选中，分选区矿浆不断变换流动方向，磁介质上下表面都能机会大致均等地捕获磁性矿粒。因此，尽管脉动力的存在增大了竞争力，但在适当的冲程冲次范围内，因捕获区增加可使磁性矿粒的捕获得到补偿。

如图9－13中左图绘出了上、下磁轭的分布情况，下磁轭有11道缝与层矿斗分别通过上磁轭的8条缝和2条缝与分选区沟通，磁性矿和非磁性矿在分选区得到分离。漂洗水的作用是进一步清除未排干净的非磁性颗粒，以提高磁性精矿品位。下磁轭与排水斗沟通的3条缝是供排水用的，其上方称为排干区，在此区间转环内的磁性矿物继续受磁力的作用黏着在磁介质上，而水及其夹带的非磁性颗粒流经排水斗排走。上磁轭位于排干区上方有2条缝与大气相通，空气及时填补了转环内因水流走而留下的空间，以便转环内的水在重力的作用下迅速排走。转环转出磁系的部分虽然不再受磁场力的作用，但转环内基本上不含流动水，磁性矿依靠表面力附着在磁介质上，被带到转环上方冲洗出来。分选区和排干区之间没有缝隙的部位称隔断区。无论旋转至哪个部位，转环上至少有一块隔板位于隔断区，这将保证分选区的矿浆不会大量地朝排干区流动并且脉动能量的传播会集中在分选区上。

(2)操作技术。

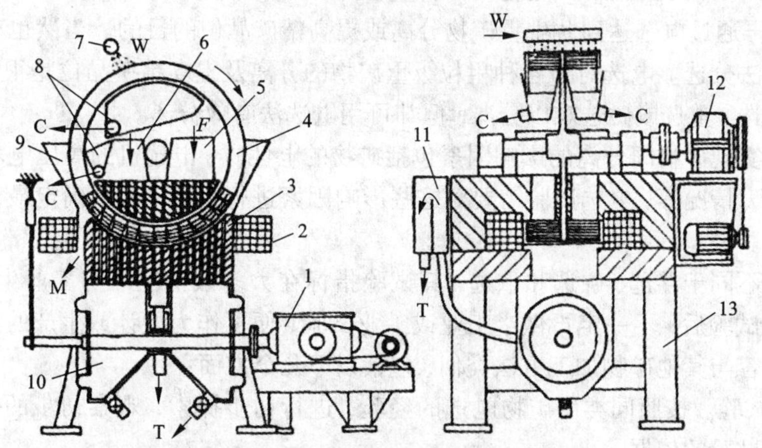

图 9-13　SLON-1500 型立环脉动高梯度磁选机

1—脉动机构；2—激磁线圈；3—铁轭；4—转环；5—给矿斗；6—漂洗水；7—精矿冲洗水管；8—精矿斗；9—中矿斗；10—尾矿斗；11—液面斗；12—转环驱动机构；13—机架；F—给矿；W—清水；C—精矿；M—中矿；T—尾矿

该设备操作因素包括给矿粒度、矿浆液面高度、脉动冲程冲次等，以下分别进行介绍。

①给矿粒度。根据试验所用场强、介质丝径等参数对单颗赤铁矿或石英受力的估算值得知，当粒度大于 10 μm 时，磁力最大，脉动流体力居第二位，成为影响选矿指标的第二要素。进浆流体力为第三要素，静电力、范德华力和重力比前三种力小 1～2 个数量级，对选矿指标影响较小。当粒度小于 10 μm 时，静电力和范德华力越来越接近于磁力，成为不可忽略的因素。

②矿浆液面高度。为了保证脉动选矿，维持矿浆液面的高度，可通过调节尾矿斗下部阀门使液面保持在液位线以上，液体显示管为透明有机塑料管，操作者随时可观察液位高度及脉动情况。橡胶鼓膜是脉动机构驱动装置，安装在尾矿斗上，做往复运动，只要矿浆液位保持在液位线以上，脉动能量就能有效地传到选矿区。

③脉动冲程冲次。该机采用调速电动机驱动脉动冲程箱，脉动冲次由调速电机的控制器调节，脉动冲程的调节是通过调节冲程箱内的偏心块来实现的。脉动冲程冲次的调节对提高磁性精矿品位和选矿效率，防止堵塞都起到重要的作用。脉动冲次的可调范围为 0～100 次/min，脉动冲程的可调范围为 0～30 mm。

9.2　电选试验

9.2.1　概述

电选是在高压电场中，根据矿物之间电性质的差异，利用作用在这些矿物上的电力和机械力差异而进行分选的一种矿物加工方法。如常见矿物中的磁铁矿、钛铁矿、锡石、自然金等，其导电性都比较好。石英、锆英石、长石、方解石、白钨矿以及硅酸盐类矿物，则导电性很差。因此可以利用它们电性质的不同，用电选分开。

电选主要用于精选作业，即电选的原料一般是经过重选或其他矿物加工方法选出来的粗精矿，粗精矿再通过电选达到共生重矿物分离或提高精矿品位的目的。当然也有部分矿物直接采用电选方法分选。电选对于各种粗粒级重矿物的分离及提高精矿品位是很有效的，有部分矿物采用浮选、重选或磁选难以分离，但却可用电选法有效分离。

电选方法实现矿物间分离的影响因素包括矿物的电性质、电选机的高压电场及矿物颗粒在电场中的受力情况等，电选试验需要对这些影响因素进行系统考察，确定最佳条件从而实现矿物的分选。

电选试验不同于浮选、磁选和重选，其试验指标在大多数情况下与工业生产指标相同，通常进行小型试验后，不一定再做半工业或工业试验，便可作为设计或生产的依据。电选试验的程序和内容与其他矿物加工方法类似，包括以下几个方面：

(1)预先试验。按照同类型矿物电选的经验，进行初步探索，观察初步的分选效果，作为下一步条件试验的依据。

(2)条件试验。主要是依据电选的几个主要参数进行系统试验，确定最好的条件，获得最好的选矿指标。

(3)检查试验。按照确定的工艺条件进行校核试验，证明条件试验所确定的条件和获得的指标，试验量一般比条件试验中单次试验要多，试验持续时间也应长。

(4)工艺流程试验。在条件试验的基础上，通过试验确定流程的结构，包括精选和扫选的次数、中矿的处理方法等。

9.2.2 矿物的电性分析

矿物的电性质是判断其能否采用电选的依据，通常用介电常数、电导率及相对电阻、电热性、比导电度及整流性等来描述矿物的电性质。

其中最常用者是介电常数、相对电阻、比导电度及整流性。以下分别介绍其测定方法。

1. 矿物介电常数的测定

介电常数以符号 ε 表示，ε 愈大者表示矿物的导电性愈好，反之则导电性差。一般情况下，$\varepsilon > 10$ 属于导体，能利用常规的高压电选分开，而低于此数值者则难以采用常规的电选法分选。

介电常数大小与测量时电场强度的大小无关，而与所用交流电的频率及温度有关。极化物料在低频时，介电常数大，高频时介电常数小。现在各种资料所介绍的介电常数，都是在 50 Hz 或 60 Hz 条件下测定的。

介电常数的具体测定方法详见第 6.8 节。

各种矿物的介电常数可查阅有关手册。如果两种矿物介电常数均较大，且属于导体者，则视其相差的程度而定，如相差很悬殊，用常规电选仍可使之分开，当然比导体与非导体矿物的分选效果会差。如果两种矿物均属非导体时，常规电选则难以分开，但仍可利用其差别，用摩擦带电的方法使之分开，例如磷灰石与石英。

2. 矿物电阻的测定

通常电选中矿物的电阻是指当矿物粒度 $d = 1$ mm 时的电阻，即欧姆值。可用测定电阻的方法测定其电阻值。这些方法在测定粒度比较小，颗粒状矿物时获得的电阻值比较准确，因此对大块矿物，需破碎到一定粒度再测其电阻，而粉末状矿物较难测准确。可以查阅有关手册了解各种矿物的电阻，判定其是否能采用电选，即：

电阻小于 $10^6\ \Omega$，表明其导电性较好。

电阻大于 $10^6\ \Omega$ 而小于 $10^7\ \Omega$，导电性中等。

电阻大于 $10^7\ \Omega$，其导电性很差，不能用常规电选分离。

凡电阻小于 $10^6\ \Omega$ 的矿物，电子的流动（流入或流出）是很容易的，反之电阻大于 $10^7\ \Omega$ 者，电子不能在表面自由移动，这在电晕选矿机分选时表现最为显著。电阻值差异是能使导体与非导体矿有效分选的依据，两者电阻值悬殊愈大，则愈易分选。

3. 矿物比导电度的测定

在高压电场中，使矿粒在受到高压电极的感应而偏离其正常轨迹时都有一个最低电极电压。石墨是良导体，所需电压最低，仅为 2800 V，国际上习惯以它作为标准，将各种矿物所需最低电压与它相比较，此比值即定义为比导电度。

比导电度测定的装置如图 9－14 所示，为一接地金属圆筒，在其旁边安装一带高压电的金属圆管，且平行于鼓筒。待测矿粒给入鼓筒并进入电场后，当电极的电压升高到一定程度时，矿粒不按正常的切线方向落下，而是受到高压电极的感应偏离正常轨迹，加上离心力、重力分力的作用，比正常落下的轨迹更远，此时所加在电极上的电压即为最低电压。用此种方法可测定各种矿物发生偏移的最低电压，将测得的矿物最低电压与石墨最低电压 2800 V 相比，即可求出该种矿物的比导电度。如磁铁矿所需的电压为 7800 V，则其比导电度为 2.79。

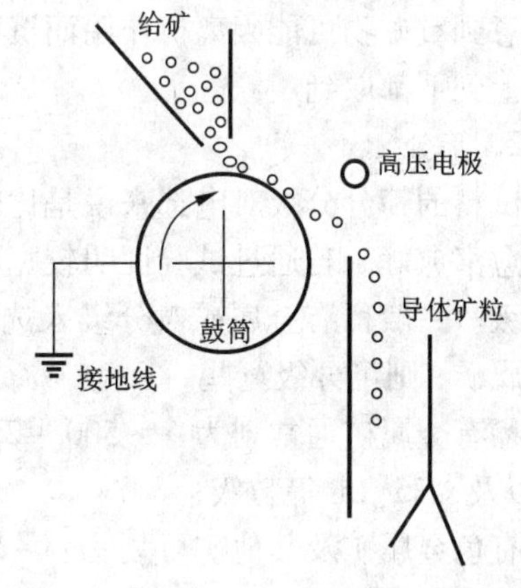

图 9－14　比导电度和整流性测定装置

4. 矿物整流性的测定

人们在实际测定矿物的比导电度时发现，有些矿物只有当高压电极带负电时才作为导体分出，而另一些矿物则只有高压电极带正电时才作为导体分出，这样在电选中给我们提供了进一步使矿物分选的选择条件。例如，当偏转电极带负电时，石英属非导体，从鼓筒的后方排出，但当电极改为正电时，石英却成为导体从前方排出。显然，由于电极所带电的符号不同，同种矿粒成为导体或非导体有别，而有些矿物不论电极带电符号如何，均能成为导体从鼓筒的前方分出，如磁铁矿、钛铁矿等。矿物所表现出的这种性质，叫整流性。由此规定：

(1) 只获得负电的矿物具有负整流性，此时的电极应带正电，如石英、锆英石等。

(2) 只获得正电的矿物具有正整流性，此时的电极应带负电，如方解石等。

(3) 不论电极带正电或负电，矿粒均能获得电荷，此种性质为全整流性，如磁铁矿、锡石等。

矿物整流性用图 9－14 装置测定。

根据前述矿物介电常数和电阻的大小，可以大致确定矿物用电选分离的可能性；根据矿粒的比导电度，可大致确定其分选电压，当然此种电压是最低电压；根据矿物的整流性，可以确定电极是采用正电还是负电。但在实际中往往都采用负电分选，因为采用正电时，对高压电源的绝缘程度要求更高，且并未带来更好的效果。

9.2.3 电选试验试样的准备

电选试样大多为其他选矿方法处理后得的粗精矿，不管是脉矿或砂矿，大都已单体解离，或者只有极少的连生体。

电选入选粒度一般为1 mm以下，个别也有达到2~3 mm者。大于1 mm的粗精矿，须破碎或磨碎到1 mm以下，然后筛分成不同粒级，分别送选矿试验。

1. 分样

条件试验时，每份试样量为0.5~1 kg，流程试验时需增加到每份2~3 kg。分样时应特别注意到重矿物可能因离析作用而沉积在底层。混匀时应尽可能防止离析，铲样时则必须设法从上到下都取到。

2. 筛分

试料的筛分分级对电选来说是比较重要的问题。电选本身要求粒度愈均匀愈好，即粒度范围愈窄愈好。若通过试验证明较宽粒级选别指标仅仅稍低于较窄粒级的指标，则仍宜采用宽粒级。一般稀有金属矿对分级入选要求严格些，这有助于提高选矿指标；对一般有色或其他金属矿，则可分级宽些。

稀有金属矿通常划为：-500+250 μm、-250+150 μm、-150+106 μm、-106+75 μm以及-75 μm等粒级；

有色金属矿及其他矿可划为：-500+150 μm、-150+106 μm、-106+75 μm、-75 μm等粒级，也有分为-100+250 μm、-250+106 μm、-106+75 μm、-75 μm者。

必须说明的是电选本身有分级(筛分)作用，为了避免筛分的麻烦，也可利用电选先粗略进行分级和选别，从前面作为导体排出来的是粗粒级，从后面作为非导体排出来的是细粒级，然后再按此粒级分选。

3. 酸处理

有时也采用盐酸处理以去掉电选试料中铁质的影响。由于原料中含有铁矿石和在磨矿分级以及砂泵运输中产生大量的铁屑，特别是在水介质中进行选矿时，这些铁质很容易氧化并黏附在矿物表面上，导致电选分离效果不好。本来属于非导体矿物，由于铁质黏附污染矿物表面而成为导体矿物；另外由于铁质的黏附而常使矿物互相黏附成粒团。这样就使选矿指标受到严重影响，达不到应有的效果。特别在稀有金属矿物中常常采用粗盐酸处理以去掉铁质。此外酸洗法还可以降低精矿中含磷量。

采用酸处理方法，常常是先将试料用少量的水润湿，再加入少量的工业粗硫酸，用量为原料质量的3%~5%，使之发热并进行搅拌，然后再加入占试料重8%~10%的粗盐酸，剧烈搅拌15~20 min，随后加入清水迅速冲洗，一般冲洗3~4次，澄清后倒出冲洗水溶液，再烘干分样。作为电选试料，如果铁质很多，用酸量可能酌量增加。

9.2.4 电选设备和操作技术

1. 电选设备

电选设备有许多类型，国内外广泛使用的是鼓筒式电选机，目前国内生产的几乎全是复合电场的鼓筒式电选机，如DXJ型高压电选机和YD型鼓筒式电选机。以下分别进行介绍。

1) DXJϕ320×900型高压电选机

DXJϕ320×900 型高压电选机结构如图 9－15 所示。鼓筒直径为 320 mm，由无缝钢管加工而成，鼓筒可以用电加热器加温至 50～80℃，鼓筒转速用直流马达无级变速并能显示。

电极采用栅状弧形电极，有 1 根静电电极、3～5 根电晕电极，静电电极正好安装在第二根电晕电极上。根据分选的矿物和要求不同，电极不仅能沿水平位置调节，而且可沿鼓面圆弧上下调节。给矿装置由给矿斗、闸门、给矿辊、电磁振动给矿器等组成。毛刷的作用是从鼓面上强制刷下被吸住的非导体矿物。分矿板的位置可调节，以适应产出精、中、尾矿的要求。

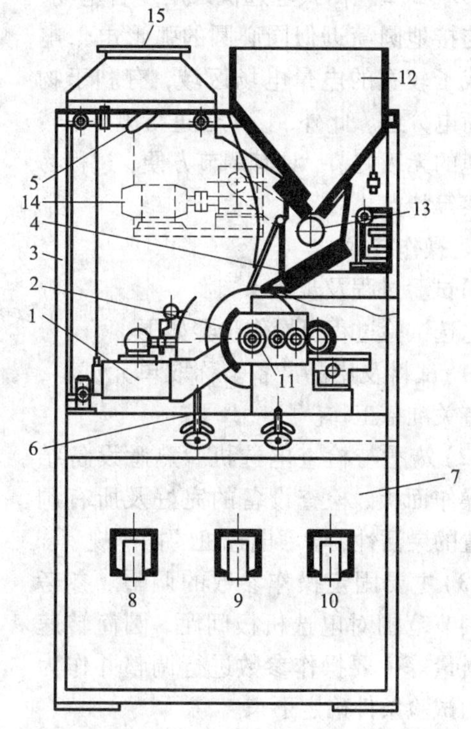

图 9－15 DXJϕ320×900 型高压电选机

1—电极传动平衡装置；2—转鼓（正极，接地）；3—机壳；4—给矿板；5—照明装置；6—分矿板；7—毛刷传动装置；8—导体排出口；9—中矿排出口；10—非导体排出口；11—入选角和极距调节装置；12—给矿斗；13—给矿辊；14—给矿辊传动装置；15—排风罩

矿粒经闸门由给矿辊均匀地排料至振动给矿板上，在给矿板上安装有电加热装置，使矿粒能在此过程中充分加热。然后，矿粒给入鼓筒，由鼓筒带入高压电场，由于采用了多根电晕电极，加之鼓筒直径较大，所以电场的作用区域比较大，从电晕电极上放出的电子也较多，导体矿粒和非导体矿粒都有更多的机会吸附电子。导体矿粒吸附的电荷会很快被传走，并因为静电场的感应而荷正电，在离心力、重力和电力的综合作用下，从鼓筒的前方落下成为精矿。非导体矿粒获得电荷后，由于其导电性很差，未能迅速传走所获的电荷，剩余电荷多，因而在鼓面产生较大的镜面吸力，被吸在鼓面上，随鼓筒转到后方，用毛刷刷落到尾矿斗中，由振动器排出成为尾矿。

2）YD－2 型鼓筒式电选机

YD－2 型鼓筒式电选机如图 9－16 所示，为复合电场电选机，它主要由矿仓，给矿辊，弧形电晕电极、偏转电极、接地圆筒电极、排矿毛刷、产品分隔板、接矿斗和传动机构几部分构成。此外还有供电系统、电极及圆筒调节系统、控制系统等辅助装置。

入料由矿仓 1 给入，经矿仓调节阀 2、给矿辊 3、溜矿板 4 均匀稳定地送到接地圆筒 5 上，然后随圆筒沿逆时针旋转进入由复合电场构成的分选腔中。静电极 9 和接地圆筒构成静电场，电晕电极 12 和接地圆筒构成电晕电场。在复合电场作用下，矿粒由于静电感应和电晕放电而荷电。导电性较好的矿粒因静电感应带正电以及电晕放电不带电，最终偏离圆筒电极被抛出。导电性差的矿粒由于呈现负电性而贴在圆筒上被毛刷刷掉。导电性介于中间的矿粒则在中间部位落下。这样在排料端形成了一个按导电性差异分布的矿带。矿带被产品分隔板 7 机械分割成若干产品，并分别引入接矿斗 8 中。这样就完成了一次分选。

YD－2 型鼓筒式电选机采用复合电场，并且与接地圆筒近似同心圆的弧形电晕电极形成了较宽的电晕电场区域，有利于物料的荷电分选。此外，该机还进行电压、转筒转速的无级调节，具有调节方便，过程易于观察等特点。

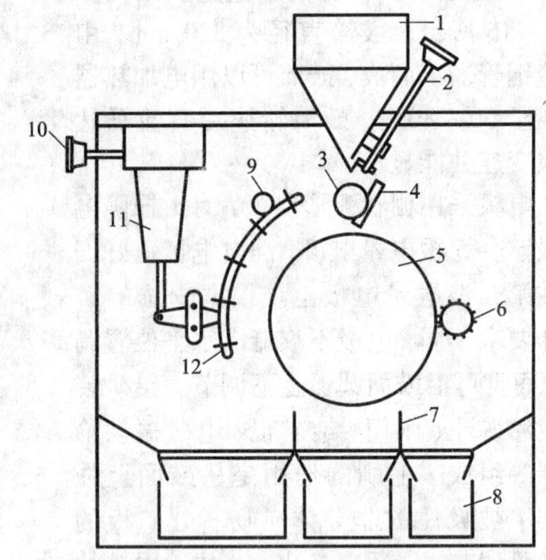

图 9－16　YD－2 型鼓筒式电选机

1—矿仓；2—矿仓调节阀；3—给矿辊；4—溜矿板；5—接地圆筒；6—排矿刷；7—产品分隔板；8—接矿斗；9—静电极；10—电极距调节阀；11—绝缘块；12—电晕电极

2. 操作技术

1）试验过程及步骤

电选试验过程及操作步骤如下：

（1）试料及用品准备。称取单元试料，进行有关准备工作。

（2）熟悉与检查电选机。熟悉设备结构及操作面板，检查设备的完好及所有调节装置的灵活性，学习电选机的操作规程。

（3）主要固定操作参数的调整。参考一般调节范围对电选机极间距，圆筒转速及给料量等主要操作参数进行调整并作为固定的试验条件确定下来。

（4）产品分隔板位置确定。根据物料分选状况、产品个数及质量要求，把产品分隔板位置固定下来，并配以合适的接料斗。

（5）分选试验。打开电源，分别调整电压至所需要的数值，进行不同电压条件下的分选试验。每一次分选试验要求持续一定的时间。在每次试验的前一阶段时间，根据直接观察的分选情况适当调整有关操作参数，特别是分隔板位置，然后再正式接收分选产物。

（6）分选产品处理。每次分选试验结束后，取出产品分别称质量、制样，并进行有关分析，详细记录原始试验结果。

（7）结束试验。关闭电源，清扫机器，各旋钮及调节装置复位。

2）电选试验中的注意事项

电选试验中需要注意的事项如下：

（1）严格遵守电选机操作规程，注意安全。国内实验室使用的电选机的电压大多数为 20～40 kV 的高压，因此在实验室进行试验操作时，必须高度重视安全问题。从高压直流电源输出端就必须注意严密连接，防止漏电。输出至主机电极更要防止漏电至机架，机架与地线连接要紧密，要经常检查，防止松动产生危险。机架与地线连接的电阻一般最大为 6 Ω。

（2）电压调整及分选过程中应注意保护电极，升压速度不宜过快。

（3）入料应保持干燥状态，并预先脱除－200 目细粒级部分。

（4）给料速度应严格控制，不宜过快。

9.2.5　电选工艺因素的考察

电选试验中需要对影响电选的各项因素进行系统的试验，从而找出主要和次要的因素，然后确定最好的条件，以便在流程试验时采用，从而得出最好的选矿指标。

影响电选工艺的主要因素有：电极电压(kV/cm)、极距及电极位置、转鼓速度、物料加温温度、分矿板位置、给矿厚度等。以下分别进行介绍。

1. 电极电压

电极电压指带电电极与接地电极(转鼓)之间的电压，单位为kV/cm。在同一条件下，改变电极电压，然后对比选矿指标(精矿品位及回收率)，从中找出适合的电极电压。

在实际生产中，电压起着重要的作用。为了选择各种矿物的起始电压，可参阅矿物的比导电度及介电常数以了解其电性。例如有的钽铌矿(高钽)需要6.6～8 kV/cm电压才能有效分选，而有的钽铌矿，所需电压只有4～4.5 kV/cm就能有效分选。

根据作业的不同，采用的电压也有差别。通常在粗选时，用稍低的电压(适当加大转速)，使导体矿物尽可能分选出来；扫选时，再将电压适当提高；精选时，适当提高电压(降低转速)，有利于提高精矿品位。

2. 极距及电极位置

极距是指带电电极与接地电极间的距离。采用高电压、小极距、大场强，同条件时很容易产生电晕放电，但实际选矿时，很容易产生火花放电，严重影响选矿效果；采用低电压、大极距，虽然不易产生火花放电，电场比较稳定，但难以产生电晕放电，又难以有效分选。实验中常用极距为40～60 mm，通过对比试验确定。生产上则常使用较大的极距，一般为70～80 mm。

电极位置是起始电晕极和偏极(有时无偏极)相对于转鼓的第一象限的角度而言，一般第一根电晕丝与转鼓中心线的夹角为30°左右，偏极与转鼓中心线的夹角为45°～60°。多根电晕丝的第二、三根电晕丝的影响不及第一根电晕丝显著。如果电晕极所占鼓筒弧度大，则精矿品位(指导体)高，而回收率有所下降，因此必须视所选矿物的具体要求而定。

3. 转鼓速度

转鼓速度一般按线速度计算，转鼓直径不同，同一转速的线速度就有显著差别，这就会影响选矿指标。一般原则是粒度粗，转速低；粒度细，转速高。对处理各种矿石的转速只有参照同类矿石及通过对比试验加以确定，而且与选别作业有关。在试验时，还可在探索中随时调节，观察分选效果后再确定，然后进行条件对比，选择最合适的转速。

4. 物料加温温度

电选是干式作业，对物料的水分要求比较严格。因此电选之前必须加温，一方面可去掉黏附于矿物的水分，另一方面还可提高矿物的电性。因为水分黏附于非导体矿物表面时，严重影响电性，其结果是非导体常混杂于导体中，使选矿效果变差。常将物料在矿斗中加热到60～300℃，然后再电选。实践证明，加温的效果比不加温的效果好，有些矿物不加温没有分选效果。加温的高低可通过对比试验确定。例如白钨和锡石的分选，当矿石加温到200℃时白钨精矿质量最高，锡石分出效率也很高。有的矿物如石榴子石，当加温超过250℃时，导电性变好，反而增加了电选的困难。

5. 分矿板位置

分矿板是指鼓筒下的调节格板，它起分出精、中、尾矿三种产品的作用。分矿板位置不同，直接影响精、中、尾矿质量。分矿板的调节与电选作业及要求有关，如果要求多得精矿，则可将分矿板往里调，减少中矿量。反之，则往外调，减少精矿量，提高精矿品位。如果扫选丢尾矿，则应尽可能降低尾矿品位，而将分矿板往里调。如果只要求分出精矿和尾矿，则可将中矿取消，此时将两个分矿板密合，具体位置则可在试验中探索观察作简单对比而定。

6. 给矿厚度

给矿应尽可能是均匀薄层，太厚影响选矿效果，太薄会影响处理量。粗粒级矿层厚度一般为2～3 d_{max}（d_{max}指给矿中最大粒度），细粒级给矿厚度则常为1～1.5 mm。

习 题

1. 简述磁选试验内容及程序。
2. 简述电选试验的特点及试验内容。
3. 实验室常用哪些仪器测定矿石中磁性矿物的含量？举例说明其仪器构造及操作步骤。
4. 说明磁力脱水槽的结构及操作技术。
5. 湿式鼓式磁选机由哪些部分组成？其条件试验如何进行？
6. 举例说明转环类型强磁选机的结构及操作技术。
7. 电磁盘式强磁选机试验包括哪些操作因素？如何进行调节？
8. 说明 SLON 型立环脉动高梯度磁选机的结构及操作技术。
9. 说明矿物的介电常数、电阻、比导电度及整流性的测定方法。
10. 说明 DXJ 型高压电选机和 YD 型鼓筒式电选机的结构及工作原理。
11. 简述电选试验的过程及操作步骤。
12. 电选试验中需要注意哪些事项？
13. 影响电选工艺的主要因素有哪些？如何通过试验进行考察？

第10章 化学分选试验

本章内容提要：化学分选是处理贫、细、杂等难选矿物原料和使未利用矿产资源资源化、治理三废的有效方法，其分选效率比物理分选法高，应用范围日益扩大。本章概述了化学分选的定义与原则流程，及其与物理分选、冶金之间的关系，详细介绍了焙烧、常规浸出、生物浸出和浸出液处理方法的基本概念、原理、过程主要影响因素及试验方法。

10.1 概述

10.1.1 化学分选的概念与原则流程

化学分选又叫化学选矿，是基于物料组分化学性质上的差异，利用化学方法改变物料性质组成，然后用其他的方法使目的组分得以富集和提纯的资源加工工艺，已成为未利用资源资源化、三废（废水、废渣和废气）处理及环境保护与治理的重要手段。化学选矿包括化学浸出与化学分离两个主要过程，原则流程如图10-1所示。

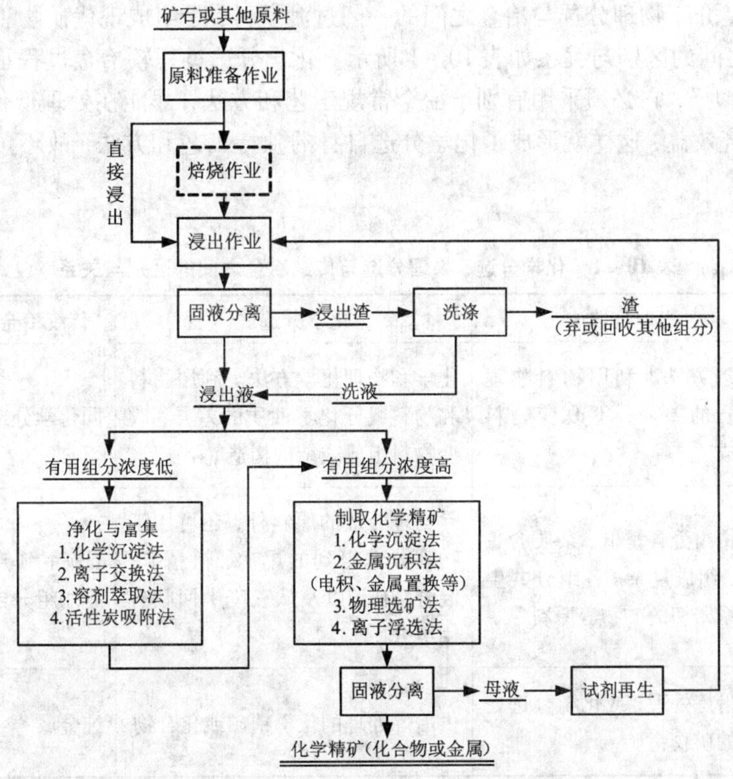

图10-1 化学分选的原则流程图

(1)原料准备作业。与物理分选方法相同，包括物料的破碎与筛分、磨矿与分级、配料混匀等机械加工过程，有时还需用物理分选方法除去某些有害杂质，预先富集或配料混匀，为后续作业准备细度、浓度合适的物料和混合料，创造较有利的条件。

(2)焙烧作业。通过热作用改变物料的化学组成或除去有害杂质，使目的矿物或组分转变为容易浸出或有利于物理分选的形态。

(3)浸出作业。针对原料性质和工艺要求，选用合适的浸出溶剂，使其有用组分或杂质组分选择性溶出，达到有用组分与杂质组分相分离或使有用组分相分离的目的。浸出方法分常规溶剂浸出与生物浸出两种。

(4)固液分离作业。采用沉降倾析、过滤和分级等方法处理浸出料浆，以获得供后续处理的澄清溶液或固体渣料。

(5)浸出液净化作业。为了获得高品位的化学精矿，浸出液常采用化学沉淀法、离子交换法或溶剂萃取法等方法进行净化分离，以除去杂质，得到有用组分含量较高的净化溶液。

(6)化学分选产品制备作业。从净化液中沉淀析出化学精矿，一般可采用化学沉淀法、金属置换法、电积法和物理分选法等。

一个具体的化学选矿过程并不一定包括上述全部作业，如炭浆法、树脂矿浆法、矿浆直接电积法或物理分选法从浸出矿浆料中提取目的组分，可省去固液分离和净化作业，从而使浸出、净化和制取化学精矿等作业结合在一起同时进行。

10.1.2 化学分选与物理分选、冶金之间的关系

化学分选是介于物理分选与冶金之间的一门过渡学科，是组成现代矿物工程学的重要内容之一，三者之间的区别与关系如表10－1所示。化学分选过程较冶金过程承受更大的经济和技术上的“压力”，它必须采用有别于冶金常规工艺和方法，才能在处理低价值、难选矿物原料中取得经济效益，这样就形成了化学分选自身的独特工艺和方法，故不可将化学分选和冶金等同起来。

表10－1 化学分选、物理分选与传统冶金之间的区别与关系

项 目	物理分选法	化学分选法	传统冶金(火法或湿法)
过程原理	物理方法。利用物料物理性质的差异，不改变物料组成	化学和物理化学方法。利用物料和物料组分化学性质的差异，改变物料组成或结构构造	同化学分选原理相同
处理对象	有用组分含量低、杂质含量高、组成复杂、各组分共生关系密切的矿物等原料	除物理分选的原料外，还可用于物理分选得到的尾矿、粗精矿、混合精矿，以及从三废中回收有用组分	选矿精矿产品(组成简单，有用组分含量高)
产品形态	供冶炼处理，或化学分选处理的矿物精矿	供冶炼处理的化学精矿或化合物	纯金属

10.1.3 化学分选的主要用途与应用原则

化学分选主要应用在以下几个方面:

(1)提高精矿品位。

(2)减少精矿杂质含量。

(3)处理物理、化学性质相近的中间产品。

(4)处理选矿厂尾矿、中矿,以及采矿过程中剥离的低品位废矿石。

(5)物理分选难以处理的各种原料。

化学分选效率比物理分选法高,随着科学技术的不断发展,化学分选的应用范围愈来愈广,其方法和工艺也愈来愈完善。但是,化学分选过程需消耗大量的化学药剂,对设备材质和固液分离等方面的要求均比物理分选高,化学分选的选用要结合如下几个原则:

(1)既要考虑技术可行性,又要综合考虑经济合理性。

(2)过程需要消耗大量的化学试剂,因而在通常条件下应尽可能利用现有的物理分选方法处理矿物原料,只在用物理分选法无法处理或得不到满意的技术经济指标时,才考虑采用化学分选工艺。

(3)尽可能采用物理分选和化学分选联合流程,以期最经济合理地综合利用矿物资源。

(4)采用联合流程时,物理分选作业可位于化学分选作业之前,也可在其间或其后,这取决于原料特性和对产品形态的要求。

(5)尽可能地采用闭路流程,使试剂充分再生回收和水循环使用,以降低化学分选的试剂消耗与能耗,减少环境污染,取得最优的经济效益、社会效益和环境效益。

10.2 焙烧试验

10.2.1 概述

焙烧是对难选矿物等原料进行化学处理的重要手段,目的是使矿石中某些组分在一定的气氛下加热到一定温度发生化学变化,为后续的物理选矿或浸出作业创造必要的条件,达到有用组分与无用组分分离的目的。根据焙烧气氛条件及过程中目的组分发生的主要化学变化,可分为氧化焙烧(硫酸化焙烧)、还原焙烧、氯化焙烧(氯化离析)、钠化焙烧、煅烧、微波加热处理等。

(1)氧化焙烧(硫酸化焙烧)。

氧化焙烧(硫酸化焙烧)是指在氧化气氛中加热硫化矿物,使其中的全部或部分硫化物转变为相应的金属氧化物或硫酸盐的过程。

(2)还原焙烧。

还原焙烧是在低于物料熔点和还原气氛的条件下,使物料中的金属氧化物转变为相应低价金属氧化物或金属单质的过程。除了汞和银的氧化物在低于400℃下于空气中加热可分解出金属外,绝大多数金属氧化物不能用热分解的方法还原,需添加还原剂还原。凡是对氧的化学亲和力比待还原金属对氧亲和力大的物质均可作为该金属氧化物的还原剂。金属氧化物的标准生成自由能会随温度的升高而急剧增大,而一氧化碳的标准生成自由能会随温度的升高而显著地降低。故在较高的温度条件下，碳可作为许多金属氧化物的还原剂。

(3)氯化焙烧。

氯化焙烧是在一定温度和气氛条件下，用氯化剂使矿物原料中目的组分转变为气态或固态氯化物的过程。根据产品形态可将其分为中温氯化焙烧、高温氯化焙烧、氯化－还原焙烧(氯化离析)三种类型。中温氯化焙烧时生成的氯化物基本上呈固态存在于焙砂中，一般后续采用浸出作业使其转入溶液而得以分离，故又将其称为氯化焙烧—浸出法。高温氯化焙烧生成的氯化物呈气态挥发，故又将其称为高温氯化挥发法。离析法是使目的组分呈氯化物挥发的同时使金属氯化物被还原而呈金属单质析出，然后用物理分选法使其与脉石分离。

氯化剂分气体氯化剂(如 Cl_2、HCl)和固体氯化剂(如 NaCl、$MgCl_2$、$CaCl_2$、$FeCl_3$等)。固体氯化剂一般具有很高的热稳定性，只有在高温条件下热离解后方可与物料组分发生相互反应。但是，固相间传质差，不利于氯化反应，因而固体氯化剂的氯化作用主要是通过物料中的某些组分使其分解而得的氯气和氯化氢来实现的，如氧化硅、氧化铁、氧化铝(固态组分)以及二氧化硫、氧和水蒸气(气态组分)等。

(4)钠化焙烧。

钠化焙烧是指矿物原料焙烧过程中加入钠化合物，如碳酸钠、氯化钠、硫酸钠等，在一定的温度和气氛条件下，使矿物原料中难溶目的组分转变为相应的可溶性钠盐。钠化焙烧温度要求较其他焙烧温度高，接近物料软化点，但仍低于物料的熔点。钠化焙烧所得焙砂(烧结块)可用水、稀酸或稀碱进行浸出，目的组分转变为溶液，用于提取有用组分，或除去难选粗精矿中的某些杂质。工业上难处理的低品位钨矿、钾钡铀矿、铝土矿、钒矿等的提取常采用此类工艺。

(5)煅烧。

煅烧是化合物在受热条件下分解成组分更简单的化合物，或化合物晶形发生转变的过程。

(6)微波加热处理。

在微波场中有用矿物和脉石矿物的升温速率不同，从而被加热到不同温度，彼此之间形成明显的局部温差，由此产生一定的热应力，导致矿物之间的界面上产生裂隙，可有效促进有用矿物的单体解离和增加有用矿物的浸出反应表面积。

10.2.2 焙烧试验步骤

1. 原料准备

煅烧过程物料除部分可以为较大块状外，其他焙烧过程物料一般要求粉末状，粒度一般为0.25～0.075 mm，常加工至－0.15 mm。在先物理选矿而后化学选矿的联合流程中，其粒度即为物理选矿产品的自然粒度，以便反应更加充分。但是有时为了避免粉料被卷入烟气(焙烧尾气)，也可以将细粒状物料添加黏结剂、水等球团化后再进行焙烧。

氧化焙烧过程的氧化剂可以采用压缩空气、富氧空气、纯氧等。

还原焙烧过程的还原剂可以采用固体还原剂、气体还原剂或液体还原剂。生产中常用的还原剂为固体炭、一氧化碳气体和氢气。

氯化焙烧过程的氯化剂可采用气体氯化剂(如 Cl_2、HCl)和固体氯化剂(如 NaCl、$CaCl_2$、$FeCl_3$)。

钠化焙烧过程的钠盐可以采用碳酸钠、氯化钠、氢氧化钠、硫酸钠等。

焙烧过程固体添加剂(钠化剂、氯化剂、还原剂等)一般需要呈粉末状，方便与原料混匀。

2. 拟定试验方案

根据原料的性质及下一作业的要求，确定适宜的焙烧方案。

绝大部分铁、铜、铜—镍、钴、钼、锌、锑等硫化矿物原料的处理宜采用硫酸化(氧化)焙烧。通过焙烧过程脱硫，一方面可以使硫转化成为SO_2，作为生产硫酸的原料；另一方面可以获得金属氧化物，便于下一步的还原或浸出作业。氧化焙烧也可用于沸点较低的金属氧化矿物直接挥发处理，直接获得纯度较高的金属氧化物产品，如较低品位氧化锌矿物的处理。氧化焙烧也可以用于金属氧化物沸点不高的硫化矿物的处理，如含碳、钼较高的碳钼矿难以通过物理选矿方式得以富集，采用高温(1200℃左右)氧化焙烧则可同时实现硫化钼的氧化脱硫和氧化钼的升华，获得纯度大于95%的氧化钼产品。

部分难选的铁、锰、镍、铜、锡、钴、锑等氧化矿物原料可以采用还原焙烧处理。如难选氧化铁矿物可以采用还原磁化焙烧，再磁选获得高品质的铁精矿。酸不溶性的软锰矿通过还原焙烧后能溶于硫酸。铜、镍、钴矿物还原焙烧后采用氨浸可实现目标金属的高选择性浸出。

氯化焙烧工艺可用于处理黄铁矿烧渣、高钛渣、贫镍矿、红土镍矿、贫锡矿、复杂金矿及贫铋复杂铪矿等。

钠化焙烧不仅适用于工业上难处理的低品位钨矿、钾钡铀矿、铝土矿、钒矿等的有价金属的提取，还常用于除去难选粗精矿中的某些杂质以提高精矿质量，如用于除去锰精矿、铁精矿、石墨精矿、金刚石精矿、高岭土精矿等粗精矿中的磷、铝、硅、钒、铁、钼等杂质。

煅烧可以通过控制温度和气相组成选择性地改变某些化合物的组成或使之发生晶形转变，适合于各种碳酸盐、氢氧化物、含氧酸盐等的分解，以及多种金属氧化矿物的活化处理，提高浸出作业的效果。如菱铁矿为弱磁性矿物，可在中性或弱氧化性气氛下加热至570℃以上，使其转变为强磁性的四氧化三铁，然后用磁选法进行富集。石灰石和菱镁矿可在900℃左右的温度条件下焙烧分解为氧化钙和氧化镁，氧化钙可用消化法分离，氧化镁可用重选法回收(因其密度为1.3～1.6 g/cm^3)，因此碳酸盐型磷矿可用煅烧—消化工艺进行选别而获得优质磷精矿。锰矿物的可浮性随煅烧温度的提高而增大，最适宜的煅烧温度为600～1000℃，此条件下锰矿物转变为稳定的黑锰矿。α-锂辉石(不与硫酸反应)可在1000℃左右的温度条件下转变为能被硫酸分解的β-锂辉石。绿柱石在1700℃条件下在电弧炉中进行热处理，随后进行制粒淬火，可使其转变为易溶于硫酸的无定形态(玻璃状)绿柱石，实现铍的初步分离与富集。

具体焙烧方案的确定还需考虑设备选型、操作过程经济性、环境影响等因素。

3. 条件试验与数据处理

条件试验的目的是在预先探索试验基础上，系统地对每一个影响焙烧过程的因素进行试验，找出焙烧过程的优化工艺条件。

影响焙烧过程的主要因素有温度、原料物化性质(粒度、孔隙度、化学成分)、添加剂种类和用量、时间、气氛性质与气相浓度、气流的运动特性(紊流度)、气—固接触方式等。如果试验要求考虑的因素较少，可以采用“一次一因素”单因素试验方法，否则可以考虑采用正交试验设计、均匀设计等更科学的试验方法，以减少实验次数。

对试验数据进行整理、分析，结合 Oringin、Excell、Matlab 等相关软件作图、列表将试验数据直观表达，并研究各个因素的影响规律、协同作用以及它们之间的相互关系。

在条件试验基础上要进行综合验证试验。对于组成简单的试样和有生产现场可参考资料的情况下，一般在综合条件验证性试验基础上即可在生产现场进行试验。

4. 连续性试验和其他试验

对于焙烧试验性质复杂和采用新设备新工艺的情况下，为保证工艺的可靠性和减少建厂后的损失，一般要进行半工业试验和工业试验等扩大试验。扩大试验需要考虑尾气的无害化处理以及收尘，烟尘要返回再用。

10.2.3 焙烧试验设备与操作

工业生产中常用的焙烧炉有反射炉、回转窑、多膛炉、沸腾炉等。实验室焙烧试验一般是在实验室型的焙烧炉中进行的，常用的有管式炉、坩埚炉、马弗炉、实验室型竖炉、实验室型转炉和实验室型沸腾炉等。一般根据试验要求的目标和矿石的性质(主要是粒度)决定炉型的选择。下面以还原焙烧和硫酸化焙烧试验为例说明。

1. 还原焙烧(磁化焙烧)试验

以赤铁矿或褐铁矿的磁化焙烧为例介绍还原焙烧试验设备与操作。

(1)还原焙烧试验装置和操作。

实验室管式焙烧炉中用氢气做还原剂进行磁化焙烧的装置如图 10－2 所示。还原焙烧试验操作包括如下步骤：

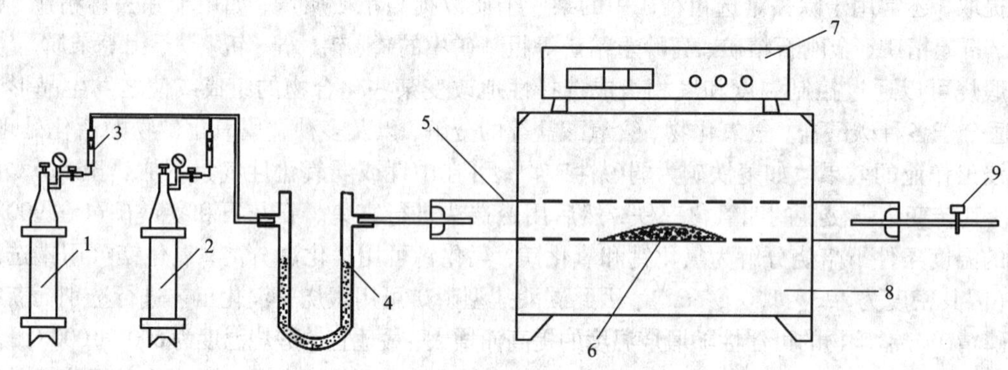

图 10－2 还原焙烧试验装置示意图

1—氮气瓶；2—氢(或 CO)气瓶；3—气体流量计；4—氯化钙干燥器；
5—刚玉管(或瓷管)；6—物料；7—电炉温度控制箱；8—管式电炉；9—阀门

①装料。将铁矿粉粒度控制在 0.15～2 mm，每批物料质量为 10～20 g。将试样装在瓷舟中送入反应刚玉管(瓷管)的中心位置，管两端用插有玻璃管的胶塞塞紧，一端作为氢气和氮气(还原气氛)的入口，另一端通过阀门与大气联通。

②通气。物料装好后往刚玉管中通入氮气，排出刚玉管中的剩余空气，确保管内的惰性或还原性气氛。

③升温反应。设置电炉温控箱的温度与升温速率，接上电源对炉子进行预热。当炉温达到预定的温度后切断氮气，通入一定流量的氢气，开始记录试验数据，包括温度、反应时间、气体流量等，并观察实验现象。

④停止反应。达到预定反应所需时间后切断氢气，停止加热，改通氮气冷却到 200℃以

下(或将瓷舟移入充氮的密封容器中，水淬冷却)，取出焙砂冷却至室温。没有氮气时可直接将试样水淬冷却。焙烧好的试样送去进行磁选试验(一般用磁选管磁选)或化学分析。

用固体还原剂(煤粉、碳粉等)时，还原剂粒度一般小于试样粒度，如还原时间长，可粗些，反之则细些，但也不能太细，否则很快燃烧完，使得还原不充分。试验时，需将还原剂粉末同试样混匀后，直接装在瓷管或瓷舟中，送入管状电炉或马弗炉内进行焙烧。当要求做磁选机单元试验时，需较多的焙烧矿量，可用较大型的管状电炉，如管径为100 mm，一次可焙烧500~1000 g试样。

对于粒径较小的粉状物料的焙烧，要求物料与气相充分接触，也可用实验室型沸腾焙烧炉，其装置如图10-3所示。

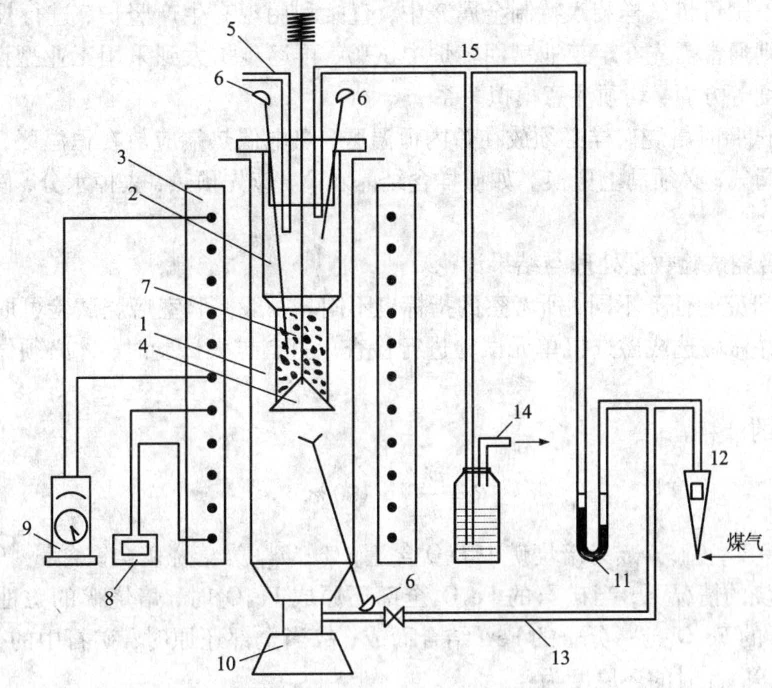

图10-3 实验室沸腾焙烧装置

1—加热管；2—沸腾焙烧器；3—加热器；4—锥形气体分布板；5—加料管；6—铬-铝热电偶；7—料层；8—毫伏计；9—温度控制器；10—焙烧冷却器；11—U形测压管；12—转子流量计；13—煤气管；14—排气管；15—排气管

试验时每次加料量为20~30 g，通入直流电，升温加热，待炉膛温度稳定在比还原温度高5℃左右时，通过加料管5均匀缓慢地向炉内加料。矿样加入沸腾床后开始记录时间、温度和系统的压差。矿粉加入后因吸热使炉内温度下降。由于矿量很少，矿粉较细，炉内换热很快，冷矿加入后为1 min左右，炉温可以回升到反应温度。控制焙烧需要的温度条件下恒温进行还原。达到预定的焙烧时间后，切断还原气源，按下分布板的拉杆，分布板锥面离开焙烧器时，矿粉即下落至装有冷水的焙砂接收器中，取出、烘干、取样后分析TFe和FeO的含量以计算还原度，并进行磁选管分选，用以判断焙烧效果。

(2)还原焙烧试验的内容和注意事项。

还原焙烧试验主要考察还原剂的种类和用量、焙烧温度和时间。焙烧温度和焙烧时间是相互关联的一对因素。焙烧温度低时，加热时间要长，还原反应速度慢，还原剂用量增加，温度过低则不能保证焙烧矿的质量。温度过高时容易产生过还原，使焙烧矿磁性变弱。试样还原时不仅与焙烧温度有关，还取决于试样粒度大小、矿石性质、还原剂成分等，因而必须通过试验考察确定焙烧条件。实验室还原焙烧试验结果，可以说明这种铁矿石还原焙烧的可能性及指标，所得到的适宜焙烧条件可供工业焙烧炉设计参考。

影响还原焙烧的因素很多，如炉型结构、矿石粒度、热工制度等。小型试验与大型试验往往有较大差距，在实验室条件下，只能对温度、时间、还原剂种类和用量等这几个主要因素进行试验。实验室焙烧试验结束后，必须进行扩大试验，将来生产上准备采用何种炉型结构，扩大试验就在同样炉型结构上进行。如工业生产决定采用竖炉焙烧，且矿石性质与现有生产选厂相近，则可将试样装入特制金属笼中，直接利用现有生产竖炉，进行投笼试验。如采用回转炉，则通常需先在半工业型回转炉中试验，再逐步扩大到采用工业型设备，在炉型结构、热工制度等方面，均须注意模拟关系。

还原焙烧试验时焙烧矿样必须放在炉内恒温区，热电偶热端应放在恒温区，经常检查反应管，如坏了漏气，必须马上更换。如矿样含结晶水高，应先预热，去掉水分，使物料较疏松有利于还原。

(3)还原焙烧试验数据处理与结果讨论。

根据试验研究的任务不同，所考察的指标也不同。一般实验室焙烧试验可取样化学分析计算还原度，并做磁选或磁选机单元试验进行检查。只有扩大试验时，才必须做连续试验或流程试验。

①还原度的计算。

$$R = \frac{w_{FeO}}{w_{TFe}} \cdot 100\%$$

式中：R 为还原度，%；w_{FeO}为焙烧矿中 FeO 含量，%；w_{TFe}为焙烧矿全铁含量，%。

在还原焙烧的情况下，当矿石的 Fe_2O_3全部还原成 Fe_3O_4时，焙烧矿的磁性最强。由于 Fe_3O_4系一分子的 Fe_2O_3与一分子的 FeO 结合而成，故当全部还原时，矿石中的 Fe_2O_3与 FeO 之分子数量相等，此时的还原度为：

$$R = \frac{55.84 + 16}{55.84 \times 3} \times 100\% \approx 42.8\%$$

在理想还原焙烧的情况下，焙烧矿的还原度为 42.8%，这时还原焙烧效果最好。如 R 值大于 42.8%，说明矿石过还原，小于 42.8% 则欠还原。无论是过还原还是欠还原，矿石的磁性均降低。实际上，由于矿石组成的复杂性和焙烧过程中矿石成分变化上的不均匀性，将导致用还原度表示焙烧矿的磁化效果并不很确切，最佳还原度也并不是任何情况下都等于或接近 42.8%。因而还原度只能用作判断磁化焙烧效果的初步判据，最终还需直接根据焙烧矿的磁选效果判断。鞍钢烧结总厂根据所处理矿石的性质和所采用的焙烧条件，结合经验和试验，确定其最好还原度(此时焙烧矿的磁性最好，磁选回收率最高)为 42% ~52%。

②磁选试验数据处理。为了进一步考察试样的磁化焙烧性能，可用磁选管、磁性铁分析仪以及实验室型磁选机等对焙烧产品进行磁选试验研究。磁化焙烧试验记录常见格式如表 10 - 2 所示。

表10－2 磁化焙烧试验结果记录表

试验编号	试验条件	原矿			焙烧矿			磁选结果		
		TFe /%	FeO /%	FeO/TFe	TFe /%	FeO /%	FeO/TFe	精矿产率 /%	品位 /%	回收率 /%

2. 硫酸化焙烧试验(氧化焙烧)

(1)氧化焙烧试验装置与操作。

采用管式电阻炉模拟工业回转窑，进行辉钼矿的氧化焙烧试验。焙烧—氨浸工艺是钼的传统冶金工艺，焙烧的目的是使辉钼矿氧化脱硫转变成为氨溶性的MoO_3：

$$MoS_2+3O_2 \rightarrow MoO_2+2SO_2$$

$$MoO_2+1/2O_2 \rightarrow MoO_3$$

$$MoS_2+7/2O_2 \rightarrow MoO_3+2SO_2$$

氧化焙烧试验装置示意图如图10－4所示。为了计算焙烧过程的氧化脱硫效果，采用两段碱液吸收－碘液液相氧化的方法检测焙烧过程随尾气排出的SO_2含量，未反应完全的碘用标准$Na_2S_2O_3$溶液滴定，根据所消耗的标准$Na_2S_2O_3$溶液体积来计算随烟气逸出的SO_2总量，并依此来计算焙烧氧化产生的SO_2的量。石英管两端塞上通有导气管的活塞，进气端导气管接空气流量计的出口，排气端导气管接1#、2#洗气瓶(里面装有已知体积和浓度的碘溶液，用于氧化二氧化硫)，2#洗气瓶(同1#洗气瓶)出来的尾气直接排空。

试验时称取一定量(10～100 g)的钼精矿(－0.075 mm，含Mo大于45%)，装入磁舟后送入管式炉的石英管中，并尽可能分布在炉膛的中间段。设置温度为600～650℃，通电升温反应，并开动气泵，调节一定流量的空气进入反应管中。气速太大会使物料扬起而随尾气损失，气速太小则氧气供应不足，焙烧过程氧化不彻底，焙烧时间延长。达到预定反应时间(一般为4～6 h)后停止加热，继续冷却到60℃左右后停止通气，取出焙砂，进行氨浸或送样分析。

(2)氧化焙烧试验数据处理与结果讨论。

①计算脱硫率。辉钼矿氧化焙烧过程中，产生的SO_2随烟气逸出，通过碘量法可以计算出逸出的SO_2量n_{SO_2}，按照下式可计算出氧化焙烧过程的脱硫率η_S：

$$\eta_S=\frac{32\times n_{SO_2}}{m_{矿}\times C_S}\times 100\%$$

式中：n_{SO_2}为焙烧过程中逸出的SO_2的量(碘量法测定的值)，mol；$m_{矿}$为焙烧辉钼矿的质量，g；C_S为辉钼矿中硫的品位，%。

②焙烧过程中辉钼矿氧化程度。辉钼矿氧化焙烧产物主要是MoO_3、MoO_2等，其中MoO_3是氨溶性的，而MoO_2在氨浸过程中会留在渣相，导致Mo浸出率偏低，因此，氧化焙烧试验不仅要考虑脱硫效果，同时要兼顾Mo的氧化程度，采用MoO_3所占比重来表示氧化程度η_D：

$$\eta_D=\frac{m_{MoO_3}/144}{m_{MoO_3}/144+m_{MoO_2}/128}=\frac{1.13m_{MoO_3}}{1.13m_{MoO_3}+m_{MoO_2}}$$

式中：m_{MoO_3}为焙砂中MoO_3的质量，g；m_{MoO_2}为焙砂中MoO_2的质量，g。

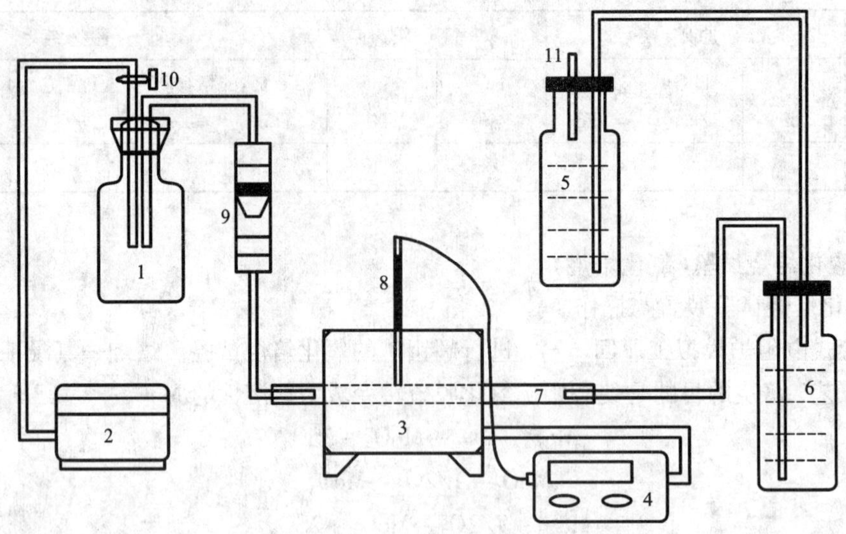

图 10－4 硫酸化焙烧试验装置

1—缓冲瓶；2—无油气体压缩机；3—管式电阻炉；4—控温箱；5—2#洗气瓶；6—1#洗气瓶；7—石英管；8—热电偶；9—玻璃转子流量计（mL/min）；10—阀门；11—接大气

10.3 常规浸出试验

10.3.1 概述

浸出就是将固体物料加入液体溶剂，使溶剂选择性地溶解物料中某些组分的过程，所用试剂称为浸出剂，浸出所得的溶液称为浸出液，浸出后的固体残渣称为浸出渣。浸出原料一般为难于用物理分选法处理的原矿、物理分选的中矿、尾矿、粗精矿、贫矿、表外矿和冶金中间产品等，依据矿物原料的特性，矿物原料可预先焙烧而后浸出或直接进行浸出。根据浸出剂种类可将浸出过程分为常规浸出（浸出剂为常规化学试剂，简称浸出）与生物浸出（浸出剂为微生物，又叫细菌浸出、微生物浸出）。按浸出过程中物料的运动方式可将浸出分为渗滤浸出和搅拌浸出两种。渗滤浸出又可再分为渗滤槽浸、堆浸和就地（地下）浸出三种。渗滤槽浸是将破碎后的矿物原料装入铺有假底的渗浸池或渗浸槽中，使浸出试剂渗滤通过固定物料层而完成浸出过程的浸出方法，适用于孔隙度较小的贫矿。堆浸是将采出的或经一定程度破碎后的上述矿石堆积于预先经过防渗处理并开有沟渠的堆浸场上，采用流布或洒布等方法使浸出试剂均匀渗滤通过物料堆层，以完成目的组分的浸出方法，适用于孔隙度较大的采出废石，表外矿或贫矿。就地浸出是渗滤浸出地下矿体内目的组分的浸出方法，目前该工艺只用于阶段崩落法开采的地下矿或井下开采完的采空区的残留矿，矿柱等所含目的组分的浸出。搅拌浸出是使浸出试剂与磨细的物料在搅拌浸出槽中进行外加搅拌的条件下完成浸出过程的浸出方法，适用性广。渗滤浸出只用于某些特定的条件，而搅拌浸出使用较普遍。

依浸出时的温度和压力条件，可将其分为热压浸出（氧压煮）和常温常压浸出。目前，常压浸出较常见，但热压浸出可加速浸出过程，提高浸出率，是一种有前途的浸出方法，应用愈来愈广。

(1)常规浸出方法和浸出剂的选择原则。

常规浸出方法和浸出试剂的选择主要取决于矿物原料中有用矿物和脉石矿物的矿物组成、化学组成及矿石结构构造。浸出方法的选择一方面应根据原料中矿物的物理化学性质和有价金属的形态，另一方面应充分考虑伴生矿物的性质，以保证有价金属矿物能优先浸出，而伴生矿物及脉石尽量不反应或只有少许溶出，这一点在处理低品位物料时尤其重要。当前有色金属矿物原料中有价金属的形态及主要浸出方法如表10-3所示。

表10-3 矿物原料中有价金属形态及其主要浸出方法

原料种类	举 例	主要浸出方法
有价金属呈硫化物形态	闪锌矿(ZnS)精矿 辉钼矿(MoS_2)精矿 硫化锑精矿 镍锍(Ni_3S_2)	1. 硫酸化(氧化)焙烧-浸出联合工艺 2. 直接浸出工艺，包括： ①氧化浸出，利用氧或其他氧化剂(如HNO_3、高压氧气等)进行氧化，如闪锌矿精矿、辉钼矿精矿的高压氧浸、辉钼矿精矿的HNO_3浸出等 ②对锑、锡的硫化物而言，可用Na_2S浸出 ③细菌浸出，如低品位的复杂硫化铜矿 ④电化浸出，如氯化钠介质电解氧化，直接阳极氧化 ⑤氯化浸出
有价金属呈氧化物形态	铝土矿(Al_2O_3) 锌焙砂 钼焙砂(MoO_3) 晶质铀矿($UO_2 \cdot xUO_3$) 铜的氧化矿	视氧化物酸碱性的不同分别采用酸浸(如锌焙砂)、碱浸(如铝土矿的NaOH浸出及钼焙砂的$NH_3 \cdot H_2O$浸出) 铜氧化矿视脉石的不同分别采用酸浸或氨浸
有价金属呈含氧阴离子形态	白钨矿$CaWO_4$ 黑钨矿$(Fe, Mn)WO_4$ 钛铁矿($FeTiO_2$) 钽铌铁矿$(Fe, Mn)(Ta, Nb)_2O_6$ 褐钇铌矿	1.用碱或碱金属碳酸盐浸出，进行复分解反应使有色金属成可溶性的碱金属盐类一起进入水相，主要伴生元素(如Fe，Mn，Ca等)成氢氧化物或难溶盐入渣相，如黑钨矿的NaOH浸出 2.预先用酸分解，使主要伴生元素溶解入水相，有价金属成含水氧化物入渣相，再用碱从渣相浸出有色金属(如白钨矿的盐酸分解后再氨溶)，或成配合物，进入水相(如钽铌铁矿的氢氟酸分解等)
有价金属呈阳离子形态	独居石$(Ce, La\cdots)PO_4$ 褐钇铌矿： $(Y, Yb, Dy, Nd)(Nb, Ta, Ti)O_4$(对其中稀土而言) 氟碳铈矿$(Ce, La, Pr\cdots)FCO_3$ 磷钇矿(YFO_4)	对磷酸盐、碳酸盐矿而言，可： ①预先用碱分解使PO_4^{2-}、CO_3^{2-}成相应的碱金属盐进入水相，有价金属成氢氧化物保留在渣相，再用酸从渣相浸出有价金属，如独居石的碱分解后再酸浸 ②酸浸出使有价金属进入水相，如氟碳铈矿的硫酸分解
呈金属形态存在	自然金矿；经还原焙烧后的含镍红土矿	在有氧及络合剂存在下浸出，如氰化法、氨浸法
呈离子吸附形态	离子吸附稀土矿	用电解质溶液(如NaCl溶液)解吸

浸出试剂要考虑其价格、对目的组分的分解能力、对浸出设备的腐蚀性能等因素。如目的矿物为硫化矿物并含有较多量的碳酸盐时，则不宜直接采用酸浸，除可预先用浮选法分离硫化矿物外，可采用预先氧化焙烧而后酸浸或采用氧化酸浸及热压酸浸的方法处理。原料含硫化物多时也不宜直接采用碳酸钠溶液浸出，常用浸出试剂、处理原料及其应用范围如表10－4所示。

表10－4　常规浸出过程浸出剂的选择

浸出试剂	浸出原料类型	备注
稀硫酸	镁、铀、钴、镍、铜、磷等氧化物，镍、钴等硫化物，磁黄铁矿	酸性脉石
稀硫酸＋氧化剂	有色金属硫化矿、晶质铀矿、沥青铀矿、含砷硫化矿	酸性脉石
盐酸	氧化铋、辉铋矿、磷灰石、白钨矿、氟碳铈矿、辉锑矿、磁铁矿、白铅矿	酸性脉石
热浓硫酸	独居石、易解石、褐钇铌矿、钇易解石、复稀金矿、黑稀金矿、氟碳铈矿、烧绿石、硅铍钇矿、榍石	酸性脉石
硝酸	辉钼矿、银矿物、有色金属硫化物、氟碳铈矿、细晶石、沥青铀矿	酸性脉石
王水	金、银、铂族金属，人造金刚石除碳	酸性脉石
氢氟酸	钽铌矿物、磁黄铁矿、软锰矿、钍石、烧绿石、榍石、霓石、磷灰石、云母、石英、长石	酸性脉石
亚硫酸	软锰矿、硬锰矿、钴矿	酸性脉石
氨水	铜、镍、钴氧化矿，铜硫化矿，铜、镍、钴金属、钼华	碱性脉石
碳酸钠	白钨矿、铀矿、钼酸钙矿	
硫化钠＋氢氧化钠	砷、锑、锡、汞硫化矿、彩钼铅矿	
氢氧化钠	铝土矿、铅锌硫化矿、锑矿、含砷硫化物、独居石	
氯化钠	白铅矿、氯化铅、吸附型稀土矿、氯化焙砂、烟尘	
氰化钠	金、银、铜矿物	
高价铁盐＋酸	有色金属硫化矿、铀矿	
氯化铜	铜、铅、锌硫化矿	
硫脲	金、银、铋、汞矿	
氯水	有色金属硫化矿、金、银	
热压氧浸	有色金属硫化矿、金、银、独居石、磷钇矿	
细菌浸出	铜、钴、锰、铀矿等	
水浸	水溶性硫酸铜、硫酸化焙烧产物、钠盐烧结块等	
硫酸铵等盐溶液	吸附型稀土矿	

(2)常见浸出流程。

根据被浸物料和浸出试剂运动方向的差别可分为顺流浸出、错流浸出和逆流浸出三种流程。顺流浸出时，被浸物料和浸出试剂的流动方向相同(图10－5)，它可获得被浸组分含量较高的浸出液，浸出试剂耗量较低，但其浸出速度较小，需要较长的浸出时间。

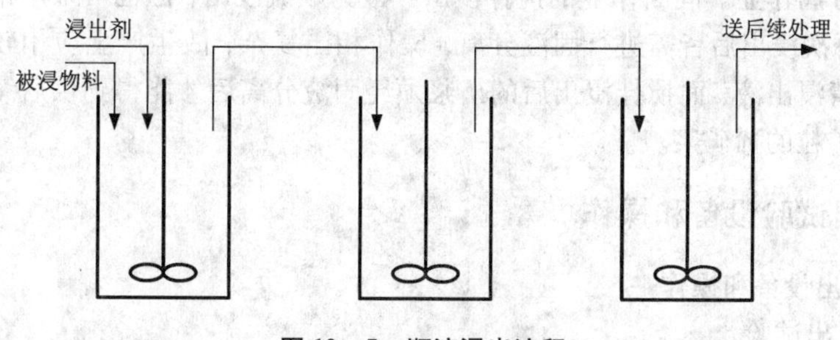

图 10－5　顺流浸出流程

错流浸出是被浸物料分别被若干份新鲜浸出剂浸出，而每次浸出所得的浸出液均送后续作业处理的浸出流程，如图 10－6 所示。该浸出方法的浸出速度较大，浸出率高，但浸出液体积大，浸液中浸出试剂的剩余浓度较高，因而试剂耗量大，浸液中目的组分的含量较低。

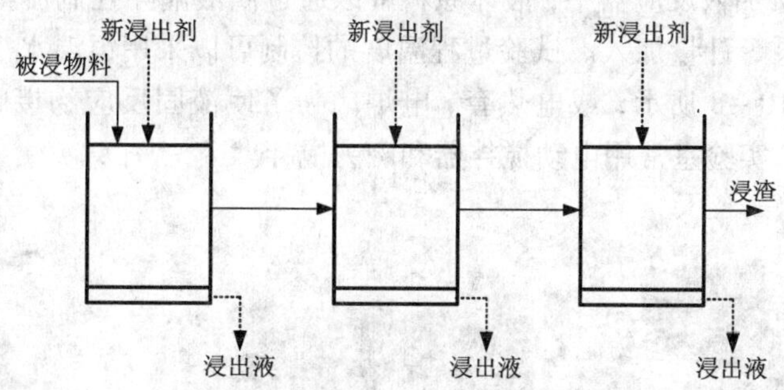

图 10－6　错流浸出流程

逆流浸出时被浸物料与浸出剂的运动方向相反，即经几次浸出而贫化后的物料与新浸出剂接触，而原始被浸物料则与浸出液接触，如图 10－7 所示逆流浸出可得到被浸组分含量较高的浸出液，可较充分地利用浸液中的剩余试剂，浸出剂的耗量低，但其浸出速度较错流浸出低，从而需要较多的浸出级数。

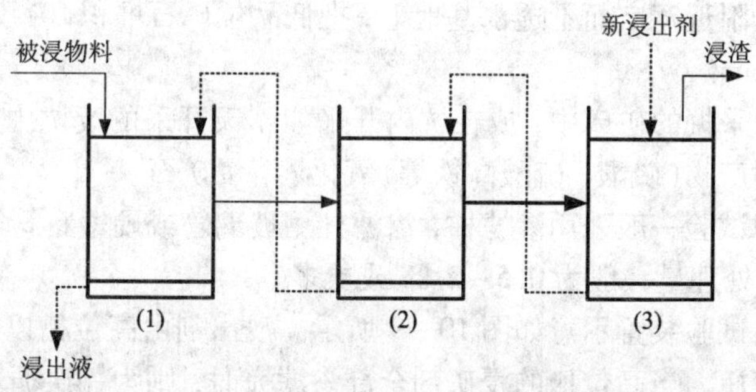

图 10－7　逆流渗滤浸出流程

渗滤槽浸可采用顺流、错流或逆流浸出流程，堆浸和就地渗滤浸出一般皆采用顺流循环浸出的流程。连续搅拌浸出一般采用顺流浸出流程，若要采用错流或逆流浸出，则各级之间均应增加固液分离作业。间断作业的搅拌浸出一般为顺流浸出，但也可采用错流或逆流浸出的流程，只是每次浸出后皆需进行固液分离，操作相当复杂，故生产上应用较少。渗滤浸出可直接得到澄清浸出液，而搅拌浸出后的矿浆须经固液分离后才能得到供后续处理的澄清浸出液或含少量矿粒的稀矿浆。

10.3.2 浸出试验设备和操作

1. 常压浸出设备和操作

(1)搅拌浸出试验。

搅拌浸出主要用于浸出细粒物料，浸出时间短，条件易控制，应用最为广泛。实验室搅拌浸出试验一般是采用三颈瓶(250~1000 mL)、烧杯、小型反应釜等作为反应器，有时也采用自行设计的其他形式的玻璃仪器。浸出试样粒度一般要求小于0.25~0.075 mm，常加工至-0.15 mm。在先物理选矿而后化学选矿的联合流程中，其粒度即为选矿产品的现有粒度。

固体试样可直接加入反应器中，液体原料可以通过滴液漏斗控制流量缓慢加入，或采用微型蠕动泵、计量泵等计量加入。试验过程温度的控制可以采用恒温水浴，温度较高时则可选用恒温油浴如图10-8所示，或电热套、电炉。为了使液固反应物接触充分并强化反应，浸出过程需要搅拌，实验室常用电动搅拌器和磁力搅拌。

超级恒温水浴

电热恒温油(水)浴槽

集热式磁力搅拌器

图10-8 实验室典型加热设备

(2)渗滤浸出试验。

堆浸是在采矿场附近宽广而不透水基地上，把低品位矿石堆积10~20 m高进行浸出，物料粒径100~0.075 mm。

就地浸出是在未采掘的矿床中，或在坑内开采如露天开采的废坑中用细菌浸出，即利用某些微生物及其代谢产物(硫酸、硫酸高铁等)氧化、溶浸矿石。

实验室进行渗滤试验一般采用渗滤柱，渗滤柱用玻璃管或硬塑料管等做成。柱的粗细长短根据矿石量而定，处理量一般为0.5~2 kg或更多。

实验室渗滤浸出试验装置示意如图10-9所示。浸出剂由高位槽以一定速度流下，通过柱内的物料流到收集瓶。当高位槽的浸矿剂全部渗滤完时，则为一次循环浸出。每批浸矿剂可以反复循环使用多次，每更换一次浸矿剂称为一个浸出周期。浸出结束时用水洗涤矿柱，然后将砂烘干，称重，化验。测出了原矿和浸出液中的金属含量，就可算出金属浸出率，并可根据浸渣的含量进行校核。

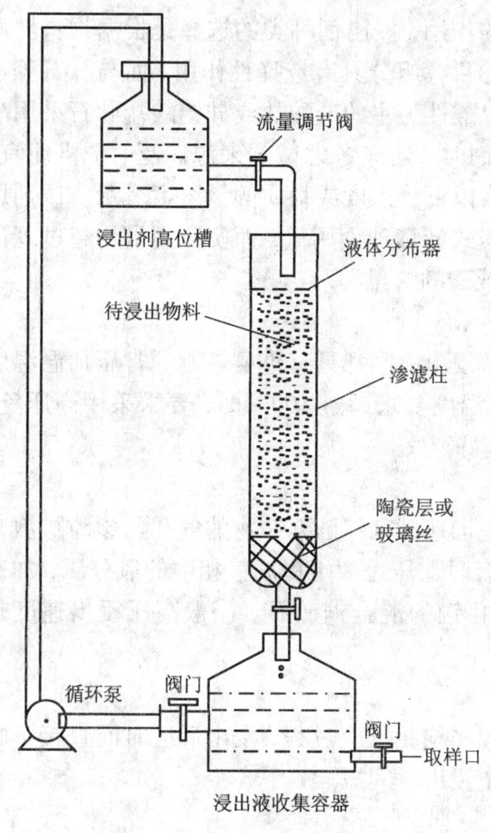

图 10－9　渗滤浸出实验装置

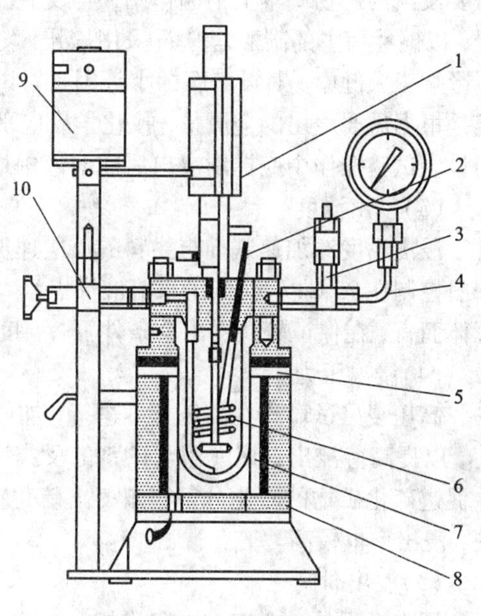

图 10－10　高压釜结构示意图

1—磁力耦合器；2—测温元件；3—压力表/防爆膜装置；4—釜盖；5—釜体；6—内冷却盘管；7—推进式搅拌器；8—加热炉装置；9—电机；10—针型阀

2．高压浸出设备和操作

高压浸出设备是指操作压强大于一个大气压的设备。实验室常用的 1～2 L 机械搅拌式电加热高压釜，如图 10－10 所示。

高压釜常用于搅拌浸出。将试剂溶液和浸出物料同时加入釜中，上好釜盖，采用空压机或气体瓶(氧气瓶、氢气瓶等)调节釜内至必要的气压。开始升温，至比试验温度低 10～15℃时开始搅拌，到达试验温度后，开始保持恒温搅拌浸出，并开始计时反应。待达到预定的浸出时间后，停止加热搅拌，降至要求的温度，开釜取出浆液待分析，清洗反应釜。

10.3.3　浸出条件试验

以搅拌浸出为例说明浸出条件试验方法。小型浸出试验的物料量为 50 g～500 g/批次，一般是 50～100 g，综合条件验证性试验为 1 kg 或更多。影响物料浸出效果(浸出率)的主要因素有物料粒径、浸出剂种类和用量(包括催化剂)、浸出温度、浸出压强、搅拌速度、浸出时间、液固比 L/S 等。

(1)物料粒径。

浸出物料粒度直接与磨矿费用、试剂与物料作用时间和浸出渣洗涤过滤难易程度有关。浮选得到的精矿产品不需再磨即可进行浸出作业，一般要求物料粒度在 15～500 μm。

(2)浸出剂种类和用量。

如前所述，浸出率主要取决于浸出剂对物料的作用，浸出剂种类的选择是根据物料性质确定的，一般原则是所选试剂对物料中需要浸出的目标组分具有选择性作用，而与脉石等不需要浸出的矿物基本上不起作用，实践中一般对以酸性为主的硅酸盐或硅铝酸盐脉石采用酸浸，以碱性为主的碳酸盐脉石采用碱浸。选择试剂时，还应考虑试剂来源广泛、价格便宜、不影响工人健康、对设备腐蚀小等因素。试剂浓度以百分浓度或物质的量浓度表示。试剂用量是根据需要浸出的金属量，按化学反应平衡方程式计算理论用量，而实际用量均超过理论用量。试验操作中应控制浸出后的溶液中最终酸或碱的含量。

(3)浸出温度。

浸出温度对加速试剂与物料的反应速度、缩短浸出时间都具有重要影响。常压加温温度一般控制在95℃以下(低于水溶液沸点)。当浸出温度要求超过100℃时，要求采用高压釜。总体而言，在保证较高浸出率条件下，温度越低越好。

(4)浸出压力。

高压浸出试验均在高压釜中进行，加压目的是加速试剂经脉石矿物的气孔与裂隙扩散速度，以提高待浸出金属元素与试剂的反应速度。有时加压是为了提高气相中的氧分压，加速并促进硫化矿物的氧化分解，如浸出硫化铜与氧化铜的混合铜矿石。一般高压浸出速度较快，浸出率也较高。

(5)浸出时间。

浸出过程是一个液－固非均相，或气—液—固非均相反应过程，浸出反应时间直接影响浸出设备生产强度，在保证浸出率高的前提下希望浸出时间短。

(6)搅拌速度。

搅拌的目的是使矿浆呈悬浮状态，强化传质，加快溶剂与物料之间的反应速度。试验中搅拌速度范围一般是100～800 r/min，常采用150～300 r/min。

(7)矿浆液固比。

液固比直接关系到浸出剂用量、设备处理能力、后续除杂富集等。液固比加大，在浸出剂起始浓度不变的条件下能加快反应速度，促进浸出反应平衡向右移动，有利于提高浸出率。但是，液固比增大会引起浸出剂用量加大，目标组分在浸出液中的浓度降低，浸出设备容积大，不利于后续除杂、富集等过程，因此在不影响浸出率的条件下，应尽可能减小液固比；但液固比太小，不利于矿浆输送、澄清和洗涤。试验一般控制液固比为2∶1 至8∶1，常为3∶1 至5∶1。

上述各个因素中，其主要因素是试剂种类和用量、矿浆温度和浸出时间、浸出压力。

现以氰化法浸出复杂金矿石为例说明浸出条件试验的做法。确定用搅拌法浸出成分复杂的金矿石，一般要研究磨矿细度、氰化物和碱的浓度、矿浆液固比、搅拌时间以及药剂的消耗量等工艺因素，有时还需安排辅助工序的试验。当研究磨矿细度时，把其他条件固定在恰当水平上，如矿石试样重200 g，氰化钠浓度0.1%，液固比为2∶1，添加石灰2 kg CaO/t，搅拌速度36 r/min。取3～5份试样，每份重200 g，分别磨至－300 μm、－150 μm和－75 μm，将磨好的试样分别装入反应瓶，各自加0.4 g CaO、0.1%的氰化液400 mL，搅拌反应30 h，搅拌时应将瓶打开，让其自然充气。试验结束后，过滤矿浆，使含金溶液与尾矿分离，记录浸出液体积。

用吸液管分别取两份各10 mL的溶液试样，测出剩余氰化物和CaO的浓度，计算它们的消耗量，另取出200 mL含金溶液用锌粉沉淀法求出金的含量，尾矿取样进行含金分析。

测定了金在溶液和尾矿中的含量，便可计算金的回收率，以此便可确定磨矿细度，在保证回收率的前提下，磨矿细度尽可能粗。仿此，可对其他因素进行试验，最终找出最佳组合条件。试验结果以图、表的形式表示，格式与物理选矿用的图、表格基本相同。不同点是物理选矿用回收率和品位两个指标，而浸出试验是用浸出率和浸出液中金属含量（以g/L表示）两个指标。

10.3.4　浸出试验结果计算

实践中常采用有用组分或杂质组分的浸出率、浸出过程的选择性、试剂耗量等指标来衡量浸出过程。组分浸出率是指浸出条件下该组分转入溶液中的量与其在原料中的总量之比，设原料干重为Q(t)、某组分的品位为α(%)、浸出液体积为V(m^3)、组分在浸出液中的浓度为C(g/L)、浸渣干重为m(t)、渣品位为δ(%)，则该组分的浸出率($\varepsilon_{浸}$)为：

$$\varepsilon_{浸} = \frac{VC}{Q\alpha} \times 100\% = \frac{Q\alpha - m\delta}{Q\alpha} \times 100\%$$

10.4　生物浸出试验

10.4.1　概述

根据微生物在回收金属过程中所起作用，可将微生物冶金分为生物吸附、生物累积、生物浸出。生物浸出就是利用微生物自身的氧化或还原特性，使矿物的某些组分氧化或还原，进而使有用组分以可溶态或沉淀的形式与原物料分离的过程（直接作用），或者是靠微生物的代谢产物（有机酸、无机酸和Fe^{3+}）与矿物进行反应，而得到有用组分的过程（间接作用），涉及生物、冶金、化学、矿物等多学科交叉技术。目前已发现几十种微生物均可用于生物浸出，常见的有嗜酸氧化亚铁硫杆菌（*Acidithiobacillus ferrooxidans*）、嗜酸氧化硫硫杆菌（*Acidithiobacillus thiooxidans*）、氧化亚铁铁杆菌（*Ferrobacillus ferroxidans*）、微螺球菌属（*Leptospirillum*）、硫化芽孢杆菌属（*Sulfobacillus*）、高温嗜酸古细菌（*Thermoacido philic archaebacteria*）等。

微生物对硫化物的氧化浸出作用是一个复杂的生物化学过程，这一机理至今尚不完全清楚，既有生物酶参与的直接氧化过程，又有经过生物氧化使Fe^{2+}变为Fe^{3+}的过程，Fe^{3+}对硫化物的间接氧化过程，化学氧化、生物氧化与原电池反应同时发生。图10－11所示为生物分解硫化矿物的作用机理模型。

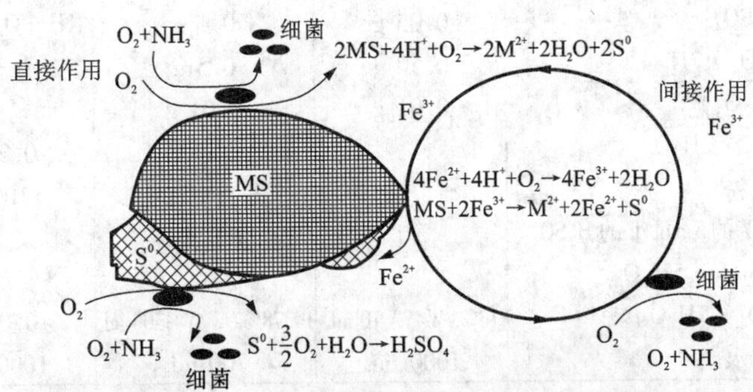

图10－11　生物分解硫化矿物作用机理示意图

10.4.2 生物浸出试验的步骤

生物浸出试验包括两个方面，一是细菌的采集培养与驯化，二是生物浸出方式。

(1)细菌的采集培养与驯化。

包括细菌菌株的采集和鉴别、细菌的分离和培养、细菌的驯化、细菌数量的测定、细菌活性的测定。嗜酸氧化亚铁硫杆菌一般在硫化矿的矿坑水中都有。若矿坑水 pH 为 1.5 ~ 3.5 并呈红棕色，则很可能有嗜酸氧化亚铁硫杆菌。

细菌的培养是生物浸出的主要准备工作。在适宜的条件下使所需要的细菌繁殖，提供浸出所需的细菌。这些条件包括合适的培养基、温度、pH 以及 O_2 和 CO_2 的供给。

培养基是细菌获取营养、能源的源泉、不同的微生物有不同的营养要求，根据不同微生物的营养需要配制不同的培养基。由于自养微生物有较强的合成能力，能从简单无机物质如 CO_2 和无机盐合成本身需要的糖、蛋白质、核酸、维生素等复杂的细胞物质。因此，培养自养微生物的培养基由简单的无机物质组成。生物浸出常用的嗜酸氧化亚铁硫杆菌，嗜酸氧化硫硫杆菌的培养基大多采用利瑟(Leathen)提出的成分，如表 10 - 5 所示。

异养微生物合成能力较弱，不能以 CO_2 作为唯一能源，其培养基中至少需含一种有机物质如葡萄糖，有的需要一种以上的有机物。

合适的浸出条件涉及有 pH、温度、浸出液中 Fe^{3+} 初始浓度、CO_2 与 O_2 的供给等。在生物浸出中，选择耐高浓度金属离子的稳定菌株是非常重要的。浸出液中含低浓度的重金属离子往往是细菌生长的基本因素，而含高浓度的重金属离子则通常是非常有害的。在生物浸出中把不影响细菌繁殖和生长的金属离子最大浓度称为细菌对金属离子的耐受力，嗜酸氧化亚铁硫杆菌对某些金属离子的耐受力如表 10 - 6 所示。

表 10 - 5 自养微生物培养基成分

成分	培养基种类				
	Leathen	9K	wakesman	ONM	colmer
$(NH_4)_2SO_4$	0.15 g	3.0 g	0.2 g	0.2 g	0.2 g
KCl	0.05 g	0.1 g			
K_2HPO_4	0.05 g	0.5 g	KH_2PO_4 3 ~ 4 g	KH_2PO_4 0.4 g	KH_2PO_4 3 g
$MgSO_4 \cdot 7H_2O$	0.50 g	0.5 g	0.5 g	0.03 g	0.1 g
$Ca(NO_3)_2$	0.01 g	0.01 g			
$CaCl_2 \cdot 2H_2O$			0.25 g	0.03 g	$CaCl_2$ 0.2 g
硫磺粉			100 g	1.0 g	
浓度为的 5 mol/L 的 H_2SO_4		1.0 mL			
$Na_2S_2O_3 \cdot 5H_2O$					5 g
$FeSO_4 \cdot 7H_2O$	10% (W/V) 10 mL	14.78% (W/V) 300 mL	0.01 g	0.001 g	
蒸馏水	1000 mL	700 mL	1000 mL	100 mL	1000 mL
适用菌种	氧化铁杆菌与嗜酸氧化亚铁硫杆菌	氧化硫硫杆菌	氧化铁硫杆菌		

表10-6 嗜酸氧化亚铁硫杆菌对某些金属离子的耐受力

金属种类	Al	Ca	Mg	Mn	Mo	Zn	Cu	U	Ni
极限耐受的金属浓度/($g·L^{-1}$)	6.29	4.9	2.4	3.3	0.16	120	56	1.0	30

硫杆菌相对于其他活性微生物，一般对高浓度重金属离子具有更高的耐受力。人们对铀和其他一价、二价金属离子的毒性以及各种阳离子对嗜酸氧化亚铁硫杆菌活性培养物的影响已进行过深入的研究，证明同一来源的菌株对各种重金属离子的敏感性会有不同。为使细菌具有最大活性，必须通过驯化使细菌适应特殊的基质。这种驯化往往采用逐步提高培养基或浸出悬浮液中金属离子浓度的办法使菌株对高重金属离子浓度适应。其方法是：首先在三角瓶中加入一定体积的培养基，配入一定量的某种金属离子(保持低浓度)，然后接种入需要驯化的细菌进行恒温培养，待细菌适应并能正常生长后再将它接种入新的一份培养基中，得出其金属离子浓度比上一次高后，继续培养。依此进行多次，每一次的培养基中金属离子浓度都比前一次高。

(2)生物浸出方式。

①气升渗滤器。气升渗滤器是在生物浸出试验中使用最早的最普遍的装置。该装置如图10-12所示。

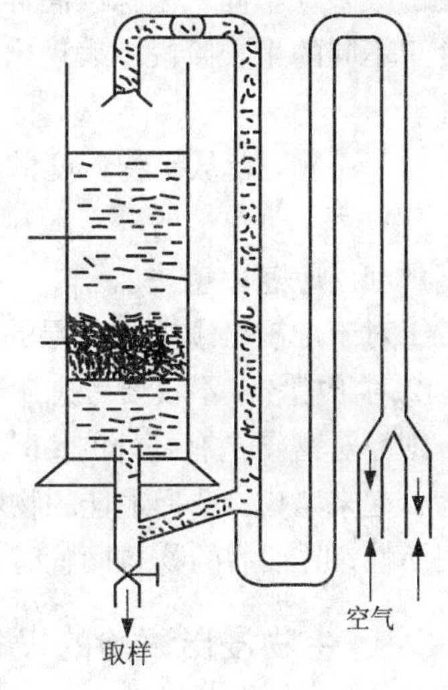

图10-12 气升渗滤器

②柱浸。柱浸与渗滤器浸出的唯一区别在于柱子的大小。根据柱子大小需要，柱可由玻璃、塑料或钢制造，有时甚至可用镀膜的排水管。大的柱子有几米高，装的矿石多达2 t。浸出液通过气升循环像渗滤器一样，或泵到柱顶再通过各种喷淋系统喷洒在矿石的表面上。柱浸试验中最重要的因素是氧和二氧化碳的供给量。

③静置浸出技术。把磨细的矿与接种的营养浸出液一起放进浸出瓶里，并使之浅层沉淀以使液面最大限度地暴露在空气中，如此进行几星期或几个月。由于这种技术氧的质量传递很差，因而细菌活性大大受到限制。

④搅拌浸出技术。搅拌浸出中溶液表面不断更新，加速了氧的传递，摇瓶方法和槽浸方法都属于这种类型。摇瓶浸出法能很快地提供影响细菌活性的各种参数。浸出槽有带机械搅拌的或带空气搅拌的(帕丘尔槽)。槽浸试验可以安装测试仪表，控制全部重要参数，研究得出的数据可用于工艺流程的放大，这种技术已用来评价浸出工艺的可行性，并可对微生物浸出各种含硫化物精矿进行初步评价。高效的搅拌系统与空气弥散系统在槽浸中起着至关重要的作用，这往往成为各设备的关键技术。目前在国外用于金矿预处理的大多是充气机械搅拌槽。

⑤工业浸出技术。低品位矿所使用的工业浸出技术分矿石堆浸、废石堆浸、原位地浸出和渗滤槽浸。通常细菌被单独繁殖到一定的数量再分段，分批加入浸出体系，达到提高浸出效率目的。如铀砂和低品位铜砂浸出。

10.4.3 生物浸出试验的影响因素

生物浸出试验的主要影响因素如表10－7所示。这些因素既要满足生物生长的需要，又要满足化学、生化、电化学反应的需要。在两种需要发生冲突时，首先应满足前者。例如对一般的化学反应或电化学反应，温度愈高愈好，在生物浸出时则只能根据细菌生长的条件来确定浸出过程的最佳温度。

表10－7 影响生物浸出效果的主要因素

类别		因素
细菌和矿物性质		细菌性质（菌种与驯化） 矿物特性（导电性、静电位、溶度积等） 脉石性质 矿物粒度
条件	温度	浸出温度
	介质	矿浆液固比 矿浆pH
		Fe^{2+}、Fe^{3+}浓度 营养物浓度 金属离子种类及浓度 非金属离子种类及浓度
		细菌接种量 表面活性剂种类与浓度
操作		时间 浸出方式 搅拌方式与强度（对槽浸而言） 充气方式和强度

对于细菌，一定的菌种只能氧化一定的物质，同一菌种，甚至同一菌株因驯化的差别也表现出不同的活性与氧化能力。经过驯化的菌株明显比未经驯化的浸出效果好。同一菌株经同样的驯化但处于不同的生长阶段也表现出不同的活性。

对于矿物，单从矿物粒度的影响来看，根据反应动力学的一般原则，矿石粒度愈细反应速率愈快。

①对于堆浸必须考虑矿层的渗透性，矿块应具有合适的粒度范围。

②对于槽浸，不仅要考虑矿石的细度，还要注意磨矿的方式以及增强机械活化的效果。

细磨对槽浸是有好处的，但磨矿也是耗能作业，应把提高浸出速度与降低能耗和作业成本综合起来考虑，选择最佳的物料粒度范围，物料并非愈细愈好；为使机械活化后的物料不失去活性，磨细后的物料搁置时间不要超过50 h，最好是现磨现浸。

10.4.4 生物浸出试验的设备与操作

一般进行实验室微生物浸矿试验的方法有摇瓶试验、柱浸试验、槽浸试验、半连续浸出试验和连续浸出试验等5种。它们的目的是确定矿石中金属的浸出率和浸出速度，寻找最佳浸出条件，模拟工业生产流程和设备。

1. 摇瓶试验

摇瓶试验是微生物浸出研究的第一步，是一种分批培试验养方法。

摇瓶试验的设备是锥形瓶和恒温生物摇床如10－13所示。使用摇瓶试验的最大好处是可同时进行几个条件的试验，获得多种信息，特别适合于条件试验及菌种选育。

为避免产生矿石沉积，缩短浸出时间，矿样往往磨得很细，通常磨至－75 μm。

试验一般用100～500 mL锥形瓶进行，瓶中加磨好矿样1～10 g，并加入细菌培养基制成含固量2%～10%的矿浆。为避免矿石中耗酸的碳酸盐矿物造成pH迅速升高，应先用硫酸调矿浆pH，使之稳定在细菌最佳生长pH。硫酸用量可作为矿石最高耗酸量的估计值。pH稳定后才能接入菌种。接菌量一般为1～15 mL（根据菌种浓度定）。所有这些均做完之后，即可封口(棉塞或牛皮纸)、贴上标签记下起始参数。然后放入恒温摇床恒温培养。摇床振动频率以100~200次/min为宜。过低易沉淀，过强又使矿浆溅出。摇瓶实验的周期主要取决于细菌的适应程度，试验可持续数天甚至数周。试验过程需控制浸出介质酸度，用稀硫酸调节，使之恒定并记录用酸量；定期用吸取上层清液的办法取样，取样量应尽可能少，满足分析要求就可，并记下每次取样体积。样品送去分析，测定其中的金属含量、总铁及亚铁浓度和硫酸根离子浓度等；用加入酸化水成培养基的办法补充每次取样的体积，用加入蒸馏水的办法补充蒸发所损失的水分。摇瓶试验记录格式如表10-8所示。

恒温摇床

双层恒温培养振荡器

空气恒温摇床

图10-13 常见的摇瓶设备

为保证浸出结果的可信度，同一条件试验最少重复两个。同时为对比无菌时纯化学浸出效果，可按上述条件再准备一份，加灭菌剂灭菌后亦按同样条件培养、监测。

表10-8 摇瓶试验数据记录表

瓶号	日期	室温	矿浆温度	质量	pH	电位	Fe^{2+}	Fe^{3+}	备注
		℃	℃	g		mV	g/L	g/L	
1									
2									
3									

根据每次所取液体样品的分析结果，绘出金属浸出率随时间的变化曲线以及酸度、电位变化和铁的溶解曲线。由浸出渣分析数据，计算出金属和其他成分的溶解率。通过摇瓶试验可得到样品的金属浸出率、酸耗等数据，根据这些数据可分析矿样的可浸性。用此法按不同条件一次可做多个试验，因此可得到矿样浸出性能的多种参数，如浸出过程矿浆电位、pH的变化规律等，对生物冶金的基础理论研究具有重要价值。因为浸出动力学和浸出率明显受粒度分布影响，所以摇瓶试验的结果对柱浸、堆浸和地浸的研究只具有参考价值。

2. 柱浸(渗滤浸出)试验

柱浸可以作为地浸、堆浸的实验室模拟，试验装置结构如图10-14所示。浸柱一般由PVC塑料、有机玻璃或带耐酸内衬的钢筒、陶瓷、水泥等制成，根据矿石粒度不同，浸柱尺寸不同，一般要求浸柱直径应该大于矿石颗粒直径的10倍，这样可以减少壁效应，浸柱高径比要求介于5至40之间，使得浸出液能在柱内充分分布。对较大浸柱，为考查沿柱高矿石的浸出效果及测量温度等，侧面开有一些取样孔及测量孔。

用于柱浸试验的矿石，粒度一般为3~50 mm，粒度越大，所用的矿石越多。柱底部设有多孔板，矿石即装填在此板之上。浸出液在底部浸液收集容器中配制，该容器也作为收集浸出排出液用。浸液由可调流量的蠕动泵来循环。顶部浸液喷嘴应保证布液均匀。pH由电极、pH计测量。pH计还可自动调节溶液酸度，或者通过计算控制回路，或者通过pH调整溶液蠕动泵给入酸或碱将pH控制在给定值。

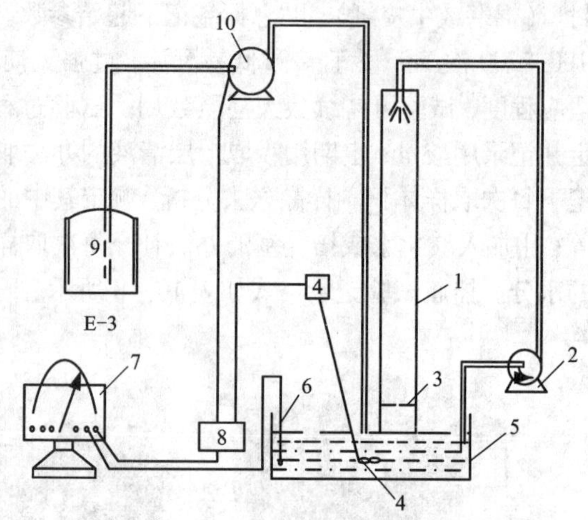

图10-14　微生物柱浸试验装置

1—浸柱；2—浸液循环蠕动泵；3—多孔板；4—搅拌器；5—浸液收集容器；6—电极；7—pH计；8—计算机控制回路；9—pH调整液容器；10—pH调整溶液蠕动泵

为模拟工业生产中可能高达几十米的矿石层，可用几个浸柱串联操作。浸出时，首先用硫酸预浸，稳定pH到所需值，然后接种菌种开始浸出。柱浸温度控制可采用柱外加热方式，亦可通过室温控制来达到。循环的浸出液量可根据具体情况而定。试验过程中需定期测量pH、E_h及金属溶解量。当浸出液中浸出目的金属的浓度达一定值时，应通过适当方法回收，如目的金属为铜时，可通过置换沉淀或溶剂萃取等方法。

柱浸试验可获得矿石耗酸量、金属的浸出速度、pH及E_h变化、适于浸出的粒度、浸出时间及合理的浸出制度(固液比、干湿周期、渗滤速度等)等可靠数据。此外，还可以根据浸出渣分析结果，按下式计算金属浸出率：

$$\eta = \left(1 - \frac{g \cdot \beta}{G \cdot \alpha}\right) \times 100\%$$

式中：η为按矿石渣计算的金属浸出率，%；g为浸出渣干重，kg；β为浸出渣品位，%；G为原矿渣重，kg；α为原矿品位，%。

柱浸的缺点是浸出周期长，有的甚至达数年，但实际上这正是典型的工业浸出特点。它的这一缺点可由其可靠的试验数据得到补偿，另外投资费用也比昂贵的几百吨甚至上千吨的半工业规模堆浸费用低得多。此外，一段柱浸指标不高，二段或多段柱浸有助于改善浸出的效果。

3. 搅拌浸出试验方法

对需要粉碎至1 mm以下才能获得满意的解离效果的矿石原料，采用渗滤柱浸效率差。因为床层的渗透性变差，浸液偏流严重，在这种情况下必须使用搅拌浸出。搅拌浸出设备是搅拌槽反应器，这种反应器的搅拌可通过机械的或空气搅动方式达到。实验室常用小型搅拌浸出设备是发酵罐和巴氏空气搅拌浸出槽，浮选机也是一种很好的实验室浸出设备，但需作耐酸防腐处理。

浸出通常在2~6个浸槽中以连续或半连续的方式进行，单槽浸出情况较少。单槽浸出与摇瓶试验相似，只不过搅拌充气优于摇瓶试验，其矿浆浓度一般高于摇瓶试验，其结果也较摇瓶试验更接近实际。搅拌浸出的起始参数一般由摇瓶试验结果提供，分半连续或连续工作两种方式。

(1)半连续浸出试验方法。

这是最简单的搅拌浸出方式，也称为重复给料分批浸出。得到浸出过程中定期有新鲜培养基补加进来，同时又定期有浸出液取出，可以保证细胞的消耗定期补充，有害代谢物的定期测定冲稀、排出，各槽中参数基本保持稳定。它是介于分批浸出与连续浸出之间的中间试验过程。

在半连续浸出过程中，可以考察摇瓶试验或其他分批处理浸出中无法考察的矿浆变化对浸出率的影响，它的主要缺点是周期给矿导致过程参数不稳定。

在过程建立阶段，给矿时间间隔应不断减小，使细菌适应不断变化的流动特性。当过程的主要微生物学、化学和物理化学参数稳定之后，半连续浸出也就达到稳定状态。所谓稳定状态即浸出时间与有价金属的浸出率达到稳定值的状态。有价金属的浸出时间与停留时间是一致的，浸出时间取决于有价金属的浸出率、矿石的化学和矿物组成、给料粒度、使用设备类型及传质特性等。与其他所有的浸出一样，停留时间越短，浸出率越低。在搅拌浸出过程中，最为关键的是要在不影响金属浸出率的情况下，最大限度缩短浸出时间。

具体过程如下：首先准备待浸物料与适应性菌种，此后进入浸出装置的充满阶段。第一槽中的细菌按批量试验确定的条件培养，如果结果稳定，即可以将槽中的少量矿浆转移到第二槽，随后在第一槽中补加等量的新鲜矿浆。矿浆转移量一般根据参数是否稳定取 $\Delta V=(0.1\sim0.3)V_1$，即取第一槽矿浆体积的10% ~30%。矿浆流量取决于转移量与转移频率，因而在每一阶段均需保持这几个参数恒定。在从批处理向重复给料浸出过渡阶段，两次转移之间的时间间隔取决于过程分析结果是否稳定，一般在36 ~48 h。第二槽通过从第一槽中多次转移矿浆而充满，且每次转移之后，第一槽中应补加等量新鲜矿浆。一旦第二槽充满了，即可转移等量矿浆到第三槽，第二槽由第一槽转移等量矿浆而补满，而第一槽则补加新鲜矿浆，依次进行。一旦各槽均已充满，则可从最后一槽转出 ΔV，作为最终产品，最后一槽又从其前一槽得到等量矿浆而得到补偿，依次直至在第一槽补加新鲜矿浆，如此，即有等量矿浆流在槽间流动。此后即进入第二阶段：稳定监测阶段。

停留时间可按下式计算(第 n 槽)：

$$t_n=\frac{V_n\cdot\tau}{\Delta V}$$

式中：t_n为第 n 槽中的停留时间，h；V_n为第 n 槽的矿浆体积，mL；ΔV 为矿浆转移量，mL；τ 为矿浆转移的时间间隔，h。

t_n的倒数即为 n 槽中矿浆稀释率 $D_n(h^{-1})$，如下式

$$D_n=\frac{1}{t_n}$$

总停留时间 T(h)等于各槽停留时间之和

$$T=\sum_{i=1}^{n}t_i$$

如各槽体积相等即 $V_1=V_2=\cdots=V_n$，则总浸出时间 T(h)为

$$T=\frac{V\cdot n\cdot\tau}{\Delta V}$$

式中：V 为各槽的体积(指矿浆体积)；n 为总槽数。

根据过程的要求，矿浆的转移量可以改变，但最大转移量不宜超过槽体积的50%。因为转移量过大对过程影响大，造成浸矿过程波动而不稳定，所以缩短浸出时间应从提高转移频率入手。整个试验过程中，均应化学分析，确定液相及固相的金属量，根据取样分析结果可计算出各槽中金属的浸出率。

(2)连续浸出试验方法。

如将上述几个重复给料浸出设备串联起来，第一个槽的流出物作为第二个槽的给料，而第二个浸槽的流出物又作为第三个浸槽的加料，如此直至最后一槽流出浸出产品，即可构成连续给料(第一槽)而又连续排出产品(最后一槽)的多级连续浸出过程。图10－15给出了气密型的连续浸出装置，矿浆流动依靠气流带动。也可以是其他串联方式，最简单的是利用高差自流，不论采用哪一种型式，流量必须可调，它是连续浸出的关键操作因素。

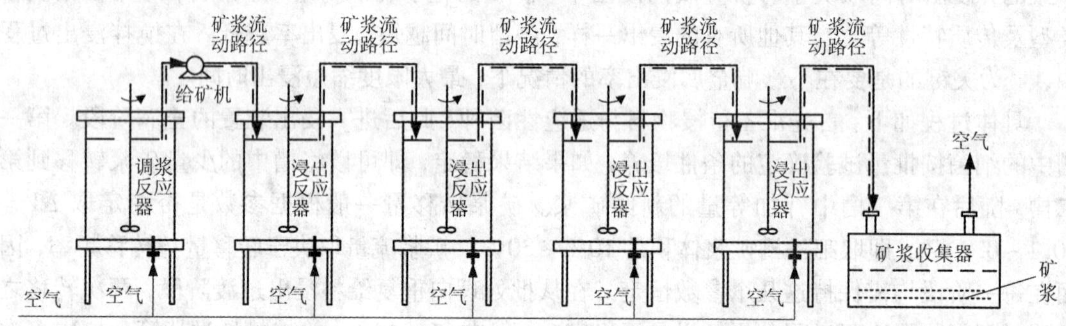

图10－15　连续生物搅拌浸出实验装置

第一个浸出槽一般作为矿样准备槽，只有当该槽参数稳定后，才能以较小的流量向第二槽给矿，也只有当第二槽参数稳定了，才能向第三槽给矿，依次类推，直至所有的浸槽均充满矿浆。充满阶段矿浆可能不是真正连续流动。当各槽参数稳定后(pH、E_h、生物量、菌活性、溶液中金属离子浓度等)才能逐步加大矿浆流量，每次增大15%～20%，并且每增加流量一次必须重新等参数稳定后，才能再次增加流量。同样地，试验过程中应监测各槽中各组分在液相与固相中的分布。n槽中浸出(停留)时间t_n(h)可按下式计算：

$$t_n = V_n/Q$$

式中：V_n为第n槽的矿浆体积，mL；Q为矿浆流量，mL/h。

总浸出时间T(h)为各槽浸出时间t_i之和，如下式：

$$T = \sum_{i=1}^{n} t_i = \sum V/Q$$

10.5　浸出液的处理试验

用浸出法从矿石中提取有用组分的过程是首先把有用组分转移到溶液中，然后进行固液分离并洗涤，以便得到含被浸组分的清液。对清液还必须进一步富集和除杂，才能沉淀出化学精矿。如果浸出的目的是除去杂质，有时也可以不经过处理而直接排出，但在大多数情况下由于考虑到减少对环境的污染和对剩余浸出剂的返回利用，也进行一定的处理。因此浸出液的处理是进行化学分选的一个重要环节，常用的方法有沉淀法、吸附法、萃取法、离子浮选和沉淀浮选法等。沉淀法是从浸出液中获得化学精矿必不可少的方法，从前多用于直接处理浸出液，近20年来已逐渐被吸附法和萃取法代替，现在往往是对吸附和萃取后的成品液采用沉淀法以便获得化学精矿。萃取法适于浓度较浓的溶液，而吸附法适于浓度较低的溶液，离子浮选和沉淀浮选正处于快速发展时期。

10.5.1 活性炭吸附试验

1. 概述

吸附法是利用某些天然或人造吸附剂选择性的吸附溶液中某些离子或组分，从而达到分离或富集目的的技术。吸附剂分无机和有机两种，在化学分选中使用较多的无机吸附剂有木炭和活性炭，有机吸附剂有离子交换树脂。

木炭吸附的主要缺点是吸附量太小，为了改善木炭的吸附性能，木炭经活化即可得到活性炭，两者吸附作用和机理完全相同。活性炭的吸附性能与其制备，与活化温度有关。

活性炭常用来吸附浸出液中的金、银等，金的容量可达到每吨炭几千克到几十千克，Cl^-、NO_3^-、SO_4^{2-}，S^{2-}的存在将使其吸附量减少，氰化物的浓度对其影响也很大。金、银在溶液中的含量会相互影响其在炭上的吸附量。载金活性炭（吸附金的活性炭）可用煮沸的碱性氰化物溶液使其解析，也可在7～8个大气压下用28%的浓氨水解吸。前者的解析液用电解法或锌粉置换法沉淀金，后者蒸干解吸液即可富集金，活性炭可循环使用。若是活性炭上同时有吸附金银，为使金和银分离，可用分步淋洗解析法，即先用硫化钠溶液从活性炭上解吸金，再用硝酸汞溶液从活性炭上解析银。

近年来炭浆法提金得到了应用，方法是将活性炭直接加到矿浆中，随后采用浮选法（对细粒活性炭）或筛分法（对粗粒活性炭）分离出活性炭，再解吸活性炭上的金，并从解吸液中沉淀金，该法特别适用于难过滤的矿浆。

2. 活性炭吸附试验的设备与操作

实验室静态法吸附试验可在烧杯、锥形瓶等玻璃器皿中进行，吸附过程采用振荡器震动强化液－固非均相之间的传质。活性炭吸附含金浸出液的试验步骤与方法如下。

(1)吸附。

称取活性炭1.0～2.0 g，加入盛有100～200 mL含金浸出液的500 mL锥形瓶中，利用NaOH或HCl调节溶液的pH到1.0～1.5，然后加入NaCl调节离子强度为Au(Ⅰ)浓度的200倍左右，在室温下利用振荡器振荡一段时间(2～4 h)，大部分金离子吸附到活性炭上，从而与溶液中其他杂质离子分离。

(2)固液分离。

吸附结束后，对悬浮液过滤，得到载金炭和贫液（吸附后的溶液）。

(3)吸附率测定。

贫液用等离子体光谱法或化学法分析金含量，计算吸附量q：

$$q=\frac{V(C_0-C)}{1000\times M}$$

式中：q为吸附量，mg/g；V为溶液体积，mL；C_0为吸附前溶液中金的浓度，mg/L；C为吸附后溶液中金的浓度，mg/L；M为吸附剂质量，g。

(4)解吸与还原沉淀。

将载金活性炭加入盛有解吸液($NaOH$ + 丙酮，或 $NaOH + Na_2S_2O_3$)的锥形瓶中，在升温(60 ~ 90℃)条件下搅拌 1 ~ 2 h，使活性炭上吸附的金转移到溶液相，然后过滤，得到的活性炭经再生处理后可循环利用，解吸液采用水合肼还原即可得到单质金沉淀。

10.5.2 离子交换试验

1. 概述

离子交换是借助固体离子交换剂对水溶液(或浸出液)中各组分吸附能力的不同，达到提取或去除溶液中某些组分的目的技术，它具有选择性高、回收率高、成本低、化学精矿产品质量好等优点，并可从浸出矿浆中直接提取目的组分(矿浆吸附法)，也可将浸出作业和吸附作业合在一起进行(矿浆树脂法)，以提高浸出率和省去固液分离作业。离子交换剂最常用的是离子交换树脂，它是一种具有三维多孔网状结构的高分子化合物，其中含有能进行离子交换的交换基团。离子交换法的主要缺点是交换树脂的吸附容量较小，只适于从稀溶液中提取目的组分，而且吸附速率较小，吸附循环周期较长。近年来离子交换法广泛用于分离性质相似的稀土元素和某些有色金属，以及工业用水的软化等。

离子交换法按淋洗剂和操作可分为简单离子交换分离法和离子交换色层分离法。简单离子交换分离法是将溶液流过离子交换柱，使目标离子吸附在树脂上而其他不起交换作用的离子随溶液流去，随后用水洗去交换柱中残留的溶液，再用适当的淋洗剂将已吸附在树脂上的离子淋洗下来，送下一工序回收有用金属。它主要用于从稀溶液中提取有用组分，进行有用组分分离、水的净化和废水处理等。

离子交换色层分离法主要用于性质十分相近、仅靠简单离子交换无法分离的元素之间的分离(如稀土元素的分离)。它是基于欲分离离子与树脂亲和力不同，将待分离的混合物浸出液流过离子交换柱，使欲回收的离子全部吸附到树脂上，用水洗去吸附柱中残留的溶液后，连通吸附柱和分离柱，用适当的淋洗剂流过吸附柱，由于吸附在树脂上的离子对树脂亲和力不同，随着淋洗剂的不断流入，被吸附的离子沿交换柱洗下来时，因自上而下移动的速度不同，逐渐分离成不同的离子吸附带，并先后由分离柱流出，或采用不同的淋洗剂先后将吸附的离子分别洗出，将流出液分别收集，即得到分离的纯化合物溶液，再从溶液中回收有价金属或化合物。

2. 离子交换试验装置和操作步骤

(1)离子交换试验装置。

离子交换试验可分为静态试验和动态试验，静态交换即离子交换树脂与料液在相对稳定的静止状态(有时也有搅动)下进行交换，一般只用于实验室试验，例如用梨形分液漏斗、三角烧瓶等作交换器。动态交换即离子交换树脂与料液在流动状态下进行交换，一般在交换柱内进行，动态交换在实验室和工业生产中广泛采用。动态交换又分固定式和连续式两种。固定式交换装置，即在交换柱内树脂处于静止状态，而料液不断流动，这种装置应用较多，如图 10 - 16 所示，离子交换柱是有机玻璃和硬质玻璃等，交换柱下部有一筛板，筛板上铺一层玻璃丝，以免树脂漏出，交换柱应垂直固定在支架上，柱间用塑料管或橡皮管连接。

离子交换柱分吸附柱和分离柱。一般吸附柱只有一根，分离柱视对产品纯度要求不同，可以是一根或数根。进行简单离子交换试验，只需一个高位瓶和一根直径为 10 mm、长为

300 mm 的玻璃管即可。

(2)离子交换试验的操作步骤。

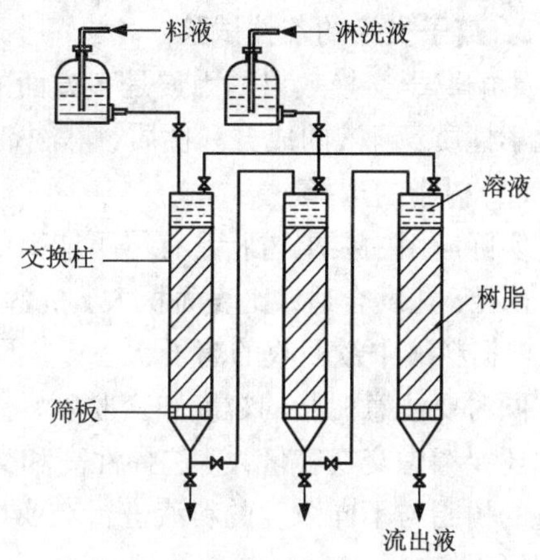

图10-16 固定式离子交换示意图

①树脂的预处理。市售离子交换树脂一般为 Na^+ 或 Cl^- 型，含水程度不等且含杂质，使用前要进行预处理。吸附柱树脂粒度用 180～250 μm，分离柱树脂粒度为 150～180 μm。新鲜树脂首先应经水洗静泡 12～24 h，使树脂充分溶胀，并漂洗去过细的树脂和杂物，再用醇浸泡一段时间除去醇溶物，再用 2 mol/L 的 NaOH 和 2 mol/L 的 HCl 溶液各浸泡几小时以除去酸溶物和碱溶物，然后根据不同类型的离子交换树脂，用酸或碱等浸泡 24 h 使树脂转型。通常阳离子交换树脂转成 H^+ 型和 Na^+ 型使用，阴离子交换树脂转成 Cl^- 型和 OH^- 型使用，转型后的树脂用水淋洗后即可装柱。

②装柱。交换柱充水至柱体容积的 1/3，将已预处理的树脂和水混合成半流体状，由柱顶连续均匀地加入交换柱，使树脂均匀而自由下沉，加入的树脂高度约为柱高的 60%，树脂层上面一定要保持一层水，以免空气进入树脂间隙而形成气泡，影响分离效果。树脂下沉后，再用纯水洗涤柱内树脂至中性或接近中性。

③树脂转型。根据试验需要将树脂转变为一定的离子型式。分离提纯稀土，吸附柱通常转为 NH_4^+ 型，分离柱通常转为 $Cu^{2+}-H^+$ 或 NH_4^+ 型，转型方法是将 $CuSO_4 : H_2SO_4 = 1:1$ 的混合液以 6 mm/min 流速通过分离柱，至流出液中有 Cu^{2+} 的颜色出现为止。转型后的树脂均需以去离子水将留在树脂空隙中多余的溶液洗出。

④吸附。将含有用金属的浸出液以一定流速通过吸附柱中的树脂床，需回收的金属离子离开水相而吸附于树脂相。当树脂吸附达到饱和后，流出液中便出现目标金属离子(称穿漏)，此时便停止给料。最后用纯水洗涤吸附柱，直至无金属离子流出为止。

⑤淋洗。淋洗条件取决于吸附物的成分和对产品的要求。吸附柱吸附完和分离柱转型后，接通吸附柱和分离柱，用配成一定浓度和 pH 的淋洗液以一定流速流过吸附柱和分离柱。淋洗完毕后，用去离子水洗出柱中存留的淋洗剂，收集并留待下一步回收，柱子重新转型后，可留待下一批进行交换分离试验。

⑥树脂的再生。使用过的树脂必须经再生处理方可恢复交换能力。树脂能够再生的根本原因是树脂的反应均是可逆反应，只要控制好条件，可使平衡朝着所需要的方向移动。每一种离子交换树脂的再生条件各不相同，再生条件与再生程度将直接影响到每一种树脂的使用价值。强酸性阳离子交换树脂可用 2 mol/L 的盐酸或 1 mol/L 硫酸等溶液处理使树脂再生，强碱性阴离子交换树脂可用 2 mol/L 的氢氧化钠等碱溶液处理再生。

离子交换试验除用交换床外，也可在平衡条件下进行，即从一定体积的浸出液与一定重量的树脂置于交换器中，并长时间振荡，直至达到平衡。在此条件下，任一金属离子交换树脂吸附的程度，可用分配系数 D 表示：

$$D = \frac{\text{树脂中金属离子浓度}}{\text{水相中金属离子浓度}}$$

D 值愈大，树脂对该金属离子的亲和力愈大。

3. 离子交换的条件试验

影响离子交换效果的因素是多方面的，实验室条件试验的主要项目包括树脂的物理性质和化学性质、料液的成分和性质、淋洗剂的浓度与 pH、流速、温度、柱形和柱比等。

(1)树脂的选择。

实际应用中要求树脂具有尽可能高的交换容量、机械强度和化学稳定性，并且结构性能好，孔径、孔度合适，比表面积大，抗污染性能好等。试验时首先需要了解料液的成分及酸度，根据料液中欲回收的离子状态，参照生产经验和文献资料，确定选用的离子交换树脂类型。同时要注意树脂的粒度和交联度，一般选用 250 ~ 150 μm 的粒度和 8% ~10% 的交联度。除此还要考虑交换容量大、选择性高和交换反应速度快等性能好的交换树脂，这三者可通过定量的树脂与不同浓度的料液进行交换反应后，测定料液的原始浓度和交换反应后溶液的浓度即可得知。

(2)料液的组成和性质。

悬浮物及胶体物质的含量：原液应预先用澄清、过滤等方法除去固体悬浮物和某些胶体物质，否则会堵塞树脂孔隙，增加压头损失。胶体物质会堵塞和覆盖树脂，由于条件变化，还可能沉积于树脂微孔中，降低交换速率使树脂中毒。矿浆吸附时也须预先用分级的方法除去粗砂，使稀矿浆的浓度和密度适于矿浆吸附的要求。

目的组分的浓度：离子交换吸附法一般适于处理稀溶液，被吸组分含量低时比较有利。若原液中被吸组分浓度高于 0.1 ~0.5 mol/L 时，常用树脂的交换容量很难满足要求，此时一次投入的树脂量大，使用周期短，操作费用高。

干扰离子浓度：原液中与被吸组分同类型离子的种类太多和浓度高时会降低树脂的操作容量，其中高价金属离子(如 Fe^{3+}、Al^{3+}、Cr^{3+} 等)及各种配合离子的不良影响更大。氧化剂(Cl_2、H_2O_2、O_2、H_2CrO_4 等)和还原剂($Na_2S_2O_3$、Na_2SO_3 等)也会干扰树脂的使用。

原液的 pH：原液的 pH 不仅影响树脂的交换能力，而且影响被吸组分的存在状态，如 Cr^{6+} 在碱性介质中主要呈 CrO_4^{2-} 形态存在，在微酸性介质中则以 $Cr_2O_7^{2-}$ 形态存在。因此，原液 pH 对树脂的选用和交换容量的影响较大。

(3)流速。

离子交换速度取决于离子扩散速度，而膜扩散速度与流速有关。适当提高流速，有利于膜扩散，可提高产能，但随着流速增大，树脂床的压头损失也增大。通常强酸、强碱树脂的交换速度较大，可用较高的流速，但弱酸、弱碱树脂的交换速度较慢，一般需用较低的流速。流速应与原液浓度、柱高相适应。通常空间流速为 5 ~40 m^3/(m^3树脂·h)，或采用线速度为 4 ~5 mm/min。浓度低用高流速，浓度高用低流速，整个吸附过程中要保持流速稳定。

(4)温度。

温度影响原液的黏度、交换速度。提高吸附过程的温度，有利于加快交换反应速度，并使配合物溶解度增加，因而可采用较高的淋洗液浓度，较快的淋洗速度，从而提高生产率。因而在不引起树脂氧化、热破坏的条件下，提高吸附温度对交换有利。苯乙烯强酸树脂的耐氧化性能较好，使用温度可以高些。酚醛树脂的耐温性能稍差。而阴离子树脂上的氮原子易氧化，耐氧化性能很差，使用温度一般不宜超过 60℃。生产中一般多采用常温。

(5)柱形和柱比。

柱形是交换柱直径与柱长之比，在交换树脂用量和料液流速相同的情况下，采用直径较小的交换柱，则两种相互分离组分的离子带重叠区相对减小，有利于提高产品回收率和分离效率。柱形的选择与树脂粒度、料液流速等因素有关，其比值变动范围较大，一般采用1∶20至1∶40。柱比是吸附柱和分离柱直径相同时的长度比。柱比大，即分离柱长，欲分离的离子在分离柱吸附—解析的重复次数增加，可提高分离效果，但增加了树脂和淋洗剂的用量及淋洗时间。因此在保证达到分离要求的情况下，宜采用最小的柱比。柱比与产品质量的要求、淋洗剂的种类和淋洗条件有关，合理的柱比必须通过试验确定。

(6)淋洗液的pH和浓度。

①淋洗剂的选择：淋洗剂的选择不仅关系到树脂的再生效果、金属回收率，而且关系到淋洗液的处理和利用。为了使被吸组分较完全淋洗下来，通常要求淋洗剂对被淋洗的饱和树脂应有较大的亲和力，能破坏被吸组分所生成的配合物，对被吸组分有更强的配合能力或使被吸组分转变为不被树脂吸收的离子状态，从而使被吸组分从饱和树脂上淋洗下来。淋洗剂对被吸组分的淋洗过程实质上是淋洗剂中有关离子从饱和树脂上将被吸组分"挤"和"拉"下来的过程。通常强酸树脂采用盐酸或硫酸液淋洗，而盐酸的淋洗效果较硫酸好。强碱树脂可用氯化钠与氢氧化钠混合液，硝酸铵与硝酸混合液、碳酸氢钠、硫氰化钠、硫化钠等溶液淋洗。弱酸树脂可用盐酸或硫酸淋洗，也可用铵盐淋洗。弱碱树脂可用碱(苛化钠、碳酸钠，碳酸氢钠、氨水)淋洗。

②淋洗剂浓度：在一定范围内，淋洗效率随淋洗剂浓度的增大而提高，常用的淋洗剂浓度为1%～10%。随淋洗剂浓度的增大，树脂体积会收缩脱水，使树脂层紧缩，而在冲洗阶段树脂又重新溶胀，易引起树脂破裂。因此，应据具体条件选定淋洗剂浓度，不可太高，一般不大于10%。为节省试剂，淋洗过程中可根据具体情况改变淋洗剂浓度，即初期和后期可以稍稀、中期稍浓。也可采用变浓梯度淋洗，即采用逐级增浓返回的淋洗方法，可以提高淋洗效率和提高合格液中目的组分的浓度。

③淋洗流速：为了使淋洗剂与树脂充分接触，提高淋洗效率，一般淋洗流速比吸附流速低，淋洗空间流速3～6 m^3/(m^3树脂·h)，淋洗剂用量常为4～8倍的饱和树脂体积。

④淋洗方式：淋洗可采用柱外淋洗和柱内淋洗两种方式。柱内淋洗又可分为并流淋洗和逆流淋洗两种。一般柱内淋洗效率高于柱外淋洗，柱内逆流淋洗效率高于柱内并流淋洗效率。

⑤淋洗温度：提高淋洗温度可以强化淋洗过程，提高淋洗效率，但受树脂热稳定性的影响，淋洗温度应控制在一定范围内。树脂的热稳定性与型式有关，一般盐型较酸型或碱型稳定，钠型磺化聚苯乙烯阳离子树脂可在150℃下使用，其氢型只能在100～120℃下使用，酚醛阳离子树脂只能在温水中使用。羟基缩聚树脂的使用温度不应超过30℃，聚苯乙烯类不应超过50～60℃，氯型可在80～100℃下使用。

总之，离子交换法富集比较大，但其生产率低，若与有机萃取法联合使用，形成互补，则能更好地发挥各自的优点。

10.5.3 沉淀试验

1. 概述

化学分选的产品为固体物料——化学精矿。因此，无论采用什么方法处理溶液，最终都必须通过沉淀法获得化学精矿。过去多对浸出液直接沉淀得出化学精矿，现在大都经过离子交换、萃取法富集、除杂后再采用沉淀法获得化学精矿。工业上常采用的沉淀方法主要有以下几种。

结晶沉淀：主要用于处理浓度接近饱和的溶液。沉淀方法有升高或降低溶液的温度、加入有机试剂（如向硫酸浸出液中加入40%乙醇可沉淀出硫酸铝铁）、加入配合剂等。

离子沉淀：主要是向溶液中加入电解质，在溶液中发生中和反应、氧化还原反应或复分解反应等，从而导致溶液中某些离子发生水解反应或直接生成难溶化合物。

金属置换沉淀：用一种相对较活泼（电对氧化势高）的金属从溶液中置换出另一种金属（电对氧化势低）的过程。

气体沉淀：向溶液通入某些气体，使其与溶液中的离子反应生成难溶化合物。

电积沉淀：溶液通电电解使某些金属阳离子在电极表面析出。

2. 置换沉淀试验方法

用置换沉淀法沉淀回收金属的方法有两个：从浸出液中置换沉淀或从浸出矿浆中置换沉淀。Fe/Fe^{3+}的电极电位为+0.036 V，而Cu/Cu^{2+}的电极电位为-0.337 V，前者的电位比后者高，故铁可以置换铜，现以铁置换铜为例具体说明试验方法。

第一步是用硫酸或细菌浸出铜矿石得到含铜浸出液。若浸出的矿浆中含泥量很少，浸出液易与滤渣分离，一般是把浸出液与滤渣分离，然后将浸出液送到装有铁屑或海绵铁的溜槽或沉淀槽中进行沉淀，得到含铜70%~85%的置换铜送去熔炼。另一个方案是浸出液与滤渣不分离，在浸出矿浆中进行置换沉淀，这个方案适于处理硫化铜-氧化铜混合型矿石，用硫酸浸出氧化铜，剩余的硫化矿表面被酸净化，再在矿浆中添加磨细的海绵铁，供溶解的铜以沉淀铜形式沉淀，硫化铜和沉淀铜在酸性或碱性矿浆中用一般浮选方法浮选。此外，也可加硫化剂（如硫化钠）使溶液中的铜变成硫化物沉淀，此法的优点是可以免去固液分离作业，且同时回收浸出法难以回收的硫化铜。

铁粉的用量根据理论上的计算为0.88 kg/kg 铜，实际上约需2 kg/kg 铜。一般可在矿浆pH为2的条件下，进行一系列试验来确定铁粉和海绵铁的用量。铁粉的粒度一般不大于0.11 mm，最好是-0.075 mm，搅拌时间5~10 min，搅拌时间长会使已沉淀的铜重新溶解。

硫化钠用量一般高于理论量1~4倍，在矿浆pH小于7的条件下，硫化沉淀铜的速度极快，在5 min内即可完成。

浮选试验要确定捕收剂和起泡剂的种类和用量、矿浆温度和pH。由于浮选多半在酸性矿浆中进行，所以最好采用甲酚黑药、复黄原酸等捕收剂。

10.5.4 溶剂萃取试验

1. 概述

溶剂萃取是利用溶液中各组分在两个不相溶的混合液体体系（溶液和有机相）之间分配性质的不同，或者溶解度的差异来实现组分分离或提纯的技术。溶剂萃取法具有速率快、效率高、容量大、选择性高、自动化程度高等优点，广泛用于核燃料、稀土、钽铌、锆铪等的分离提纯，以及大规模的用于铜等有色金属和黑色金属的提取工艺中。

萃取剂通常指萃取过程中的有机相，既可以是单一的萃取试剂（即与被萃取物相互反应的组分），也可以由萃取试剂、稀释剂和改良剂混合而成。稀释剂指能使萃取试剂均匀分散的试剂。改良剂也称促进剂，指改善有机相和水相相互混合现象的试剂。目前萃取剂的种类很多，常见的有如下几类：

(1)烃类及其含氯衍生物，如苯、甲苯、煤油、四氯化碳、三氯甲烷、二氯甲烷等；

(2)含氧的有机溶剂，如醇、酯、酮等；

(3)含磷有机化合物，如磷酸三丁酯、磷酸二丁醇、二(2－乙基已基)磷酸等；

(4)含氮的萃取剂，如伯胺、叔胺、季胺盐等。

选择萃取剂的一般原则为：

(1)有良好的萃取性能：具有较高的选择性，较高的萃取容量和较大的萃取速度；

(2)有良好的分相性能：具有较小的密度和黏度，有较大的表面张力；

(3)易反萃，不易乳化和生成第三相；

(4)贮存使用方便：无毒、不易燃、不挥发、不易水解、腐蚀性小、化学稳定性好等；

(5)价廉易得，水溶性小。

在工业上要完全满足上述要求是相当困难的，一般能满足其中一些主要要求即可使用。一般需针对具体的萃取原液，通过一些基本的萃取性能试验来确定萃取操作。

2．溶剂萃取试验流程、设备和操作技术

(1)溶剂萃取试验的原则流程。

萃取试验的原则流程包括萃取、洗涤和反萃取三个环节，如图10－17所示。

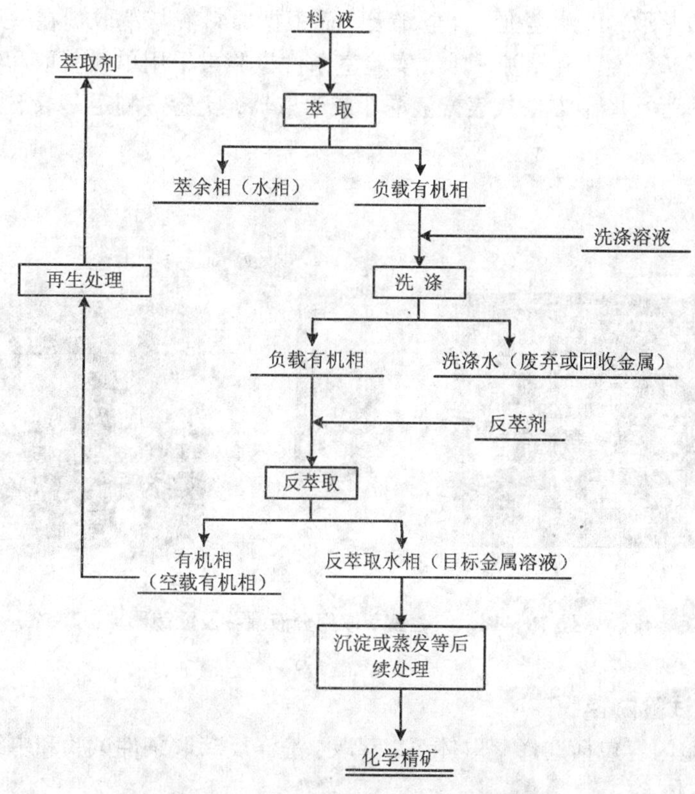

图10－17 溶剂萃取试验的原则流程

①萃取。将含有被萃取组分的水溶液与有机相充分接触，被萃取组分进入有机相。两相接触前的水溶液称为料液，两相接触后的水溶液称为萃余液。含有萃合物的有机相称为负载有机相。有机溶液与水溶液互不相溶，且它们是两相。

②洗涤。用某种水溶液(通常是空白水相)与负载有机相充分接触，使进入有机相的杂质洗回到水相，用作洗涤的水溶液称为洗涤剂。

③反萃取。用某种水溶液(如酸、碱等)与经过洗涤后的负载有机相接触，使被萃取物自有机相转入水相，这个与萃取相反的过程称为反萃取。所使用的水溶液称为反萃取剂，反萃后的水相称为反萃液。反萃取后的有机物，不含被萃取的无机物，此时的有机相称为空载有机相，通过反萃取，有机相获得“再生”，可返回再使用。

(2)溶剂萃取试验设备和操作技术。

实验室进行条件试验和串级模拟萃取试验时，常用60 mL或125 mL梨形分液漏斗、振荡器(见图10－18)来做萃取、洗涤和反萃取试验。把一定体积(20～100 mL)待分离的料液倒入分液漏斗，然后加入相应量的有机相，塞好分液漏斗的塞子，放在振荡器上震荡一段时间，使有机相和水相充分接触传质，待分配过程达到平衡后，静置，使负载有机相和萃余水相分层，然后转动分液漏斗下面的阀门，使萃余水相或负载有机相流入锥形瓶中，从而达到分离的目的。按上述方式每进行一次萃取，称为一级或单级萃取。有时一级萃取不能达到富集、分离的目的，则需采用多级萃取。将经过一级萃取后的水相和另一份新有机相充分接触，平衡后分相称为二级萃取，以此类推，直至 n 级。而根据原料液与萃取剂在萃取设备中流动方向的不同又分为并流、逆流和错流萃取，实验室条件试验常采用单级萃取和错流萃取。错流萃取如图10－19所示，图中方框代表分液漏斗或萃取器，实验室测定萃取剂的饱和容量就采用错流萃取。

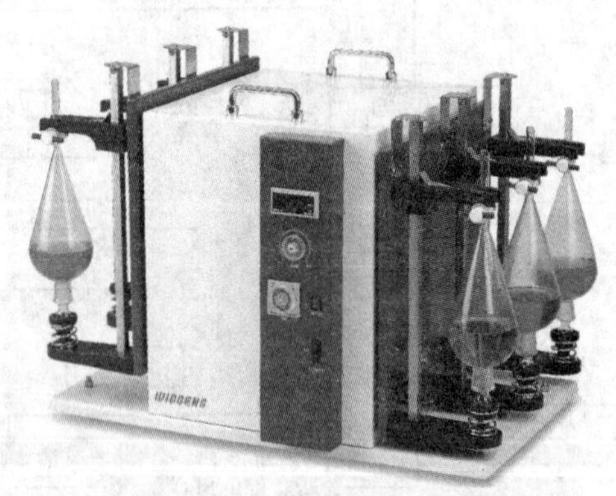

图10－18　实验室萃取用分液漏斗及振荡器

3. 溶剂萃取试验内容

溶剂萃取试验内容包括选择萃取体系、萃取、洗涤反萃取条件试验和串级模拟试验。

(1)选择萃取体系。

萃取体系的分类尚未统一，根据被萃取金属离子结构特征，分为简单分子萃取体系、中性配合物萃取体系、螯合物萃取体系、离子缔合萃取体系、协同萃取体系及高温萃取体系。

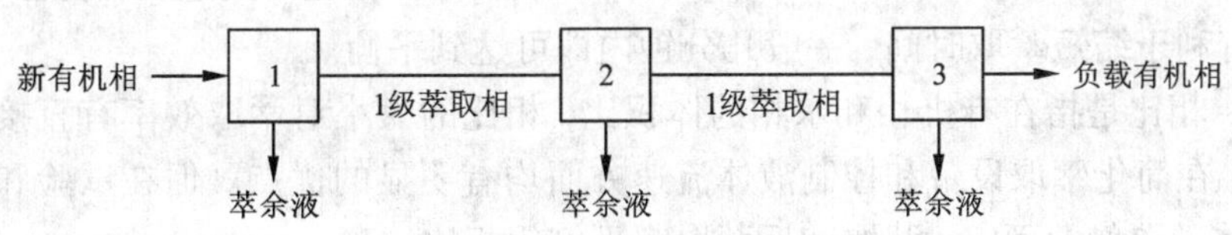

图10－19　错流萃取示意图

料液中萃取金属离子的结构不同，选择的萃取体系也不同。

试验时，首先必须将要研究的料液进行分析测定，了解料液的性质和组成，例如是酸性溶液还是碱性溶液？属哪一类酸或碱？浓度多高？被萃取组分和杂质存在形态、浓度如何等。并结合已有的生产经验和文献资料，选择萃取体系。例如，对于用硫酸或细菌浸出的氧化铜的料液，考虑到铜是以阳离子状态存在，且料液呈酸性，这时就应选用阳离子交换体系或螯合萃取体系，而不能采用铵盐类萃取体系；从钨酸钠溶液中提取钨，因为钨是以钨酸根阴离子状态存在，可选用离子缔合萃取体系，又因为料液是碱性溶液，因此只能选用离子缔合萃取体系中的铵盐萃取剂，而绝不能选用阳离子交换或螯合萃取体系。

为(选择分离)效果较好的萃取体系，在某些情况下，需要对原液的酸度与组成进行调整，甚至可改变提供料液的处理方法。

萃取体系的确定只是为选择萃取剂指明了一个方向，如果要确定有机相的组成，还必须综合考虑其他因素，如萃取剂的选择性、萃取容量等。

(2)溶剂萃取条件试验。

进行条件试验之前，首先应做探索试验，目的是初步考察选择的萃取剂分相和萃取效果，从而决定采用这种萃取剂的可能性。

影响萃取的因素很多，但在试验和生产中一般要考虑的因素有：有机相的组成和各组分浓度、萃取温度、萃取时间、相比、料液的酸度和被萃取组分的浓度、盐析剂的种类和浓度。条件试验的任务就是通过试验找出各因素对分配比、分配系数、萃取率的影响，从而确定各因素的最佳条件。有关条件试验的内容简要分述如下：

①有机相的组成和各组分浓度。有机相一般由萃取剂和稀释剂组成，有时还需添加添加剂。在某些情况下，只有萃取剂组成有机相。萃取剂是一种有机溶剂，它与被萃取物发生作用生成一种不溶于水而易溶于有机相的化合物。萃取剂的性质对整个工艺流程的合理性起着决定性的作用。稀释剂是一种用于溶解萃取剂和添加剂的有机溶剂，不萃取金属离子，但它会影响萃取的能力，常用的有煤油、苯等有机溶剂。添加剂是用来解决萃取过程出现乳化和生成三相的问题一种常用的有醇和酯等。

有机相的组成和各组分的浓度主要通过试验中测定萃取饱和容量、分离系数、平衡时间、相分离等基本萃取性能来确定。原则上尽量使用纯的萃取剂或萃取浓度高的有机相，以此增加萃取能力，提高产量。

②萃取温度。温度高低可以决定两相区的大小以及影响溶剂的黏度。温度升高，可加快分相速度，但同时也提高有机相在水中的溶解度加速稀释剂的挥发，故在萃取操作中应尽量保持常温。

③萃取时间。萃取时两相混合的时间保证了萃取物的浓度在两相中达到平衡。时间过

短，被萃取物的浓度在两相中达不到平衡，且萃取效率低。反之时间过长，设备生产率下降。加强搅拌，有利于缩短萃取时间，一般几分钟内即可达到平衡。

④相比。相比是指在有机相和水相的体积比，相比的大小对萃取效率有直接影响，当相比等于1时，在简化萃取设备和控制液体流速方面均有明显的优点。但在试验和生产中，往往是根据具体萃取作业而定，萃取和反萃取都不希望相比过高。

⑤料液的酸度和被萃取组分的浓度。料液酸度的高低，直接影响萃取剂活性基团（$—SO_3^-$、$—COO^-$、$—NH_2$、—NH 等）的解离度，从而影响萃取率和分配系数大小，因此应通过试验找出最适宜的酸度。料液中被萃取组分的浓度对分配比也有一定影响。

⑥盐析剂的种类和浓度。为提高萃取率和分配系数，经常在水相中添加盐析剂，特别是在含氧溶剂的萃取过程。例如用乙醚萃取 $UO_2(NO_3)_2$时，由于分配系数因溶液中 UO_2^{2+}离子浓度的降低而减小，而在萃取液中加入硝酸盐，分配系数会保持在一个相当大的数值，萃取就越彻底。一般而言，高价离子 Al^{3+}、Fe^{3+} 等具有较强的盐析作用。当离子的电荷相同时，离子半径愈小，盐析作用越强，因而不同的盐析剂的效果是不同的。

除了萃取条件试验，还有洗涤作业，反萃取作业的条件试验，例如洗涤剂种类和浓度、洗涤的温度、相比、接触时间；反萃取剂种类和浓度、反萃的温度、相比、接触时间等，这些条件试验可参照萃取试验的方法进行。

为了考察萃取结果，需对负载有机相进行反萃后所得的反萃液和萃余液进行化验，得到有机相和萃余液中的金属含量，以 g/L 表示，根据需要分别按下式算出分配比 D、分离系数 β、萃取率 E：

$$D=\frac{[\mathrm{A}]_{有}}{[\mathrm{A}]_{水}}$$

式中：D 为分配比；$[\mathrm{A}]_{有}$为有机相中溶质 A 所有化学形式的浓度；$[\mathrm{A}]_{水}$为水相中溶质 A 所有化学形式的浓度。

$$\beta=\frac{D_\mathrm{A}}{D_\mathrm{B}}$$

式中：β 为分离系数；D_A为溶质 A 的分配比；D_B为溶质 B 的分配比。

$$E=\frac{100\,[\mathrm{A}]_{有}}{[\mathrm{A}]_{有}+[\mathrm{A}]_{水}}(\%)=\frac{D}{D+1}\cdot 100\%$$

式中：E 为萃取率，%；$[\mathrm{A}]_{有}$为有机相中被萃取溶质 A 的浓度；$[\mathrm{A}]_{水}$为水相中被萃取溶质 A 的浓度；D 为分配比。

4. 逆流萃取串级模拟试验方法

串级模拟试验和实验室浮选闭路试验类似，也是一种模拟连续生产过程的分批试验，即用分液漏斗进行分批操作模拟连续多级萃取过程，这个方法比较符合实际，是实验室经常采用的一种方法。

试验目的是为了发现在多级逆流萃取过程中可能出现的各种现象，如乳化、三相等；验证条件试验确定的最佳工艺条件是否合理，能否满足对产品的要求；最终确定所需理论级数。理论级数在串级模拟试验前用计算法和图解法初步确定，再用试验进一步核定。实际生产中的级数一般比上述两种方法确定的级数多1～3级。

现以五级逆流萃取串级模拟试验为例，说明串级模拟试验方法。其他试验内容见有关书籍。五级逆流萃取串级模拟试验示意图如图10-20所示。

试验操作步骤如下：取五个分液漏斗，分别编号1，2，3，4，5，开始操作时，按图10-20箭头所指方向进行。从第3号分液漏斗开始试验，加入有机相和料液，置于电动振荡器振荡，使过程达到平衡，静置，待两液相澄清分层后，有机相转入第2号分液漏斗，水相移入第4号。在第4号分液漏斗中加入新有机相，在第2号分液漏斗中加入料液，第二次振荡第2、4两号分液漏斗，使过程达到平衡，静置分层后，第4号的有机相转入第3号，水相转入第5号，而第2号的有机相转入第1号，水相移入第3号。在第1号分液漏斗加入料液，第5号加入新有机相，第三次振荡1、3、5号分液漏斗，静置分层后，第1号分液漏斗中的有机相移出不要，水相移至第2号，第3号的有机相移入第2号，水相移入第4号，第5号的有机相转入第4号，水相转出不要。

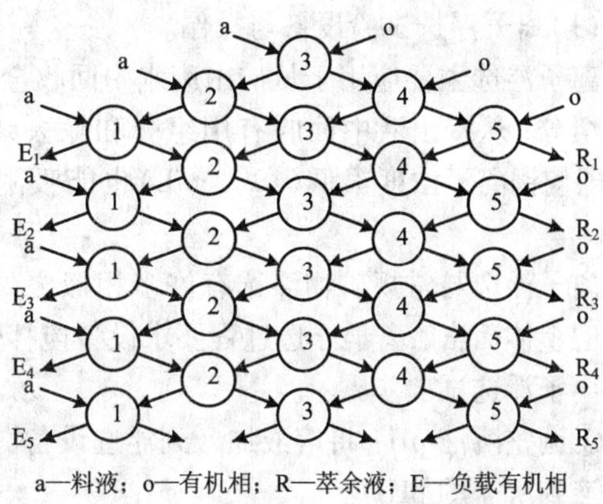

图10-20 五级逆流萃取串级模拟试验示意图

按上述步骤继续做下去，直至负载有机相E和萃余液R中被萃取组分的含量保持恒定，即萃取体系达到平衡，若负载有机相和萃余相中所含组分达到了预期的要求，则可结束试验。

如体系达到平衡后，没有获得预期的分离效果，则应调整级数，重新试验，直到获得预期的分离效果。

在试验过程中，判断萃取体系是否已达到平衡，可通过下列几方面进行判断：出料排数（如图10-20所示，第3号算第一排，第2、4号算第二排，第1、5号算第三排，自上而下，如此类推）是级数的两倍以上时，一般萃取体系达到平衡。化学分析估计达到平衡后的负载有机相和萃余液所含被萃取组分，如分析结果连续多次都是恒定的，则萃取体系已达平衡。除此还可以根据负载有机相和萃余液的某些物理性质（如颜色）恒定与否来判断过程是否稳定。

反萃取是萃取过程的逆过程，可参照萃取试验操作方式进行。但此时加入分液漏斗的溶液是经过洗涤的负载有机相和反萃取液，经多级反萃取后，获得空载有机相和反萃液。

按图10-17进行全流程试验时，可依萃取、洗涤和反萃取三个作业顺序分段进行。

在某些情况下，需在串级模拟试验基础上，进行连续串级试验。实验设备包括混合澄清槽、萃取塔、离心萃取器，其中以混合澄清槽应用较多。

10.5.5 离子浮选和沉淀浮选试验

离子浮选和沉淀浮选是20世纪60年代初期才发展起来的从溶液中富集或分离离子的一种方法。离子浮选是通过加入捕收剂与溶液中的离子相互作用，进而直接捕收溶液中的离子。而沉淀浮选是首先加入沉淀剂，使溶液中将要被捕收的离子沉淀，然后加入捕收剂，捕收沉淀物。因此，前者是捕收剂与目标离子的相互作用，后者是捕收剂与由目标离子组成的化合物的相互作用。由于离子浮选效果大都在离子水化倾向最弱、水解倾向最强或接近水解的条件下最好，因此，离子浮选和沉淀浮选有时很难严格分开。

1. 离子浮选试验

(1)离子浮选试验设备与操作。

离子浮选主要应用于从矿山废水中回收金属、净化选冶废水和其他工业污水并从中回收有用组分、从浸出液中回收有用组分和除去杂质。研究表明，当溶液表面分散有硬脂酸盐时，即使铜离子浓度很低(10^{-8} g/L)也能吸附在界面上，这可以采用离子浮选进行分离与富集。

离子浮选与常规矿物浮选有许多相似之处，一般离子浮选试验也可在挂槽浮选机上进行。但整体而言，离子浮选过程要求设备搅拌强度弱、充气量大且均匀，能形成较小的气泡。

离子浮选试验步骤：

①调整溶液 pH：将溶液加入到浮选设备，用酸(硫酸、盐酸)、碱(氢氧化钠、碳酸钠)调整溶液到所需的 pH。

②加入捕收剂：向溶液中加入阳离子或阴离子表面活性剂，使溶液中的离子与表面活性剂反应形成不溶的皂。充气搅拌，使溶液中目标离子富集于气液表面并上浮到溶液表面。

③泡沫分离：刮出上浮泡沫和它破裂后的浮渣，作为离子浮选精矿产品。

(2)常用离子浮选捕收剂。

用于离子浮选的捕收剂(表面活性剂)在溶液中必须分散成分子状态，不形成胶粒，故它在被浮选的溶液中的浓度要小于其临界胶束浓度。离子浮选用的捕收剂在溶液中临界胶束浓度一般很低且不易分散，通常在使用前先把它们溶解在诸如无水甲醇、酒精、丙酮等溶剂中。大多数阳离子表面活性剂，特别是季铵盐，在工业上为固体，一般都需要先溶解在酒精和丙醇的混合物中。此外用于离子浮选的捕收剂必须能离解，否则不能用于离子浮选，因为在离子浮选过程中，捕收剂离子与目标离子之间的相互作用主要是由库仑力引起的，只有与捕收剂离子带有相反电荷的离子才有可能被浮选。因此如果被捕收的为阳离子，则应选阴离子表面活性剂，相反则选阳离子表面活性剂。

表 10－9 是离子浮选常用的某些表面活性剂离子。其中 R 表示烃基，其通式为 $—C_nH_{2n+1}$。为了保证捕收剂离子自动地吸附在汽水界面上，其非极性基应有足够的疏水性，烃基 R 的长度通常为 10～16 碳，捕收剂用量通常应大于化学计算的捕收作用所需量，因为必须过量一部分使其产生气泡。

表 10－9　离子浮选常用的某些表面活性剂

表面活性剂名称	起捕收作用的离子	表面活性剂名称	起捕收作用的离子
烃基羧酸盐	$R—COO^-$	烃基磷酸盐	$R—O—PO_4^{2-}$
烃基硫酸盐	$R—O—SO_3^-$	脂肪胺	$R—NH_2$
烃基苯磺酸盐	$R—C_6H_5—SO_3^-$	伯胺	RNH_3^+
烃基 α－磺酸羧酸盐	$R—CHSO_3^-—COO^-$	仲胺	$R_1R_2NH_2^+$
烃基磺酸盐	$R—SO_3^-$	叔胺	$R_1R_2R_3NH^+$
季胺	$R_1R_2R_3R_4N^+$	吡啶	$R—C_5H_5N^+$

注：R 为烃基。

(3)影响离子浮选的因素。

影响离子浮选的主要因素有 pH、温度、搅拌强度、溶液中离子浓度。

①pH。通常在低 pH 时，捕收剂离子与溶液中离子作用所形成的产物易溶，泡沫发脆，不稳定。在高 pH 时，所形成的产物难溶，泡沫发黏，过于稳定。pH 的高低影响溶液中阳离子的水解和水化。在低 pH 时，阳离子水解倾向小、水化倾向大，因此较难浮选，这时只有本身是强酸的捕收剂如烷基硫酸、α－烷基磺酸等才能进行浮选。pH 升高，阳离子的水解倾向增加，水化倾向减弱，在溶液中易形成多核离子和氢氧化物沉淀，使浮选变易。但 pH 过高，溶液中许多离子均同时被浮选，从而使浮选的选择性被破坏。大量试验表明，pH 越高，所需的捕收剂越少。表 10－10 列出的是用烃基为 10～16 碳的脂肪酸皂浮选某些离子的适宜 pH，由表可知在不同 pH 下进行阶段浮选，可使溶液中的各种离子发生选择性分离。

②温度。如果浮选温度低于浮选产品熔点，则温度除对泡沫特性有稍许影响外，对整个浮选过程影响不大。如果浮选温度高于浮选产品的熔点，则排出的产物将不是固体浮渣，而是液体，这样将使浮选产品的排出变得十分困难。因此，离子浮选的温度必须控制在捕收产物熔点以下。

表 10－10　浮选某些离子的 pH

待浮选的目的金属名称	溶液 pH	浮选时间/min
Fe	3.5～4.0	3
Cu	5.0～6.0	5
Zn	6.3～7.3	5～7
Co	8.5～10.0	7～10
Ni	9.0～10.0	15～20

③搅拌强度。通常离子浮选无须矿物浮选那样强烈的搅拌，但要求充气量较大且均匀。为了使浮选体系中形成的某些氢氧化物和多核离子化合物不沉淀以及捕收剂在浮选体系中能均匀分散和在溶液中形成较大的气液界面，通常要求弱而均匀的搅拌。离子浮选的搅拌一般靠压缩空气完成。压缩空气除起搅拌作用外，还在溶液中形成许多小气泡，造成较大的气液界面。在离子浮选过程中气泡直径一般为 0.01 mm 左右。

④溶液中离子浓度。离子浮选通常适用的离子浓度在 100 mg/L 以下，低的也可到每升几毫克。研究表明，即使离子浓度低到 1 mg/L，浮选也能很顺利地进行。但如果更低，则需相当大的浮选槽，而这在实践应用上往往是很难实现的。一般当离子浓度大于 100 mg/L，有的甚至大于 50 mg/L 或更低时则采用吸附法。

离子浮选不能处理离子浓度较高的溶液，这与许多因素有关，其中最主要的是离子浮选的捕收剂是表面活性剂，它们在溶液中临界胶束浓度一般很低，一旦超过临界胶束浓度则形成胶粒，从而破坏浮选过程的进行。因此对浓度大的溶液有时先稀释，然后再进行离子浮选。

2. 沉淀浮选

沉淀浮选是首先加入沉淀剂使溶液中的目标离子沉淀，继而加入捕收剂把沉淀物以泡沫产品的形式浮选出来。沉淀浮选法的设备与步骤基本上与离子浮选相同。

常用的沉淀剂主要是碱类，其他如硫化物类、碳酸盐类、铁粉等沉淀溶液中离子的物质也常应用。表10－11为用碱作沉淀剂条件下某些金属离子的可浮性。在不同的pH下进行阶段浮选，可使溶液中离子达到选择性分离。

表10－11　用碱作沉淀剂某些金属离子的可浮性

金属	浓度/$(g \cdot L^{-1})$	浮选pH	捕收剂	可浮性指数	沉淀剂
镍	3.0	8.8	阿明C	中等	$NH_3 \cdot H_2O$
钴	3.0	9.1	NeOFAT265	中等	$NH_3 \cdot H_2O$
铁	0.25	5.8	NeOFAT265	极好	NaOH
铬	0.48	6.0	α－硫代月桂酸	极好	NaOH
镁	0.125	10.8	α－硫代月桂酸	好	NaOH
锌	0.1	10.0	NeOFAT265	好	NaOH

沉淀浮选的选择性取决于被分离金属离子沉淀的pH的差异，以及该pH下金属离子的浓度比。在不同的pH下进行沉淀浮选，虽然能使溶液中的离子分离，但对某些离子的分离效果较差，获得的金属沉淀物往往还必须再分离。

目前采用酸浸—硫化物沉淀—沉淀浮选法处理有色金属矿石细泥，如处理难选低品位氧化铜矿石（含Cu约0.5%），经过酸浸、硫化钠沉淀后用丁基黄药浮选，获得的铜精矿品位在18%以上，回收率可达80%～85%，比用直接浮选法铜的回收率提高了20%～30%。

习　题

1. 简述化学分选与物理分选、冶金之间的关系。
2. 化学分选主要用于哪些场合？其应用原则是什么？
3. 通过查阅相关文献，评述化学分选的主要发展趋势。
4. 试举例说明化学分选在环境治理领域的应用。
5. 简述焙烧过程的分类。
6. 简述还原焙烧步骤、内容及注意事项。
7. 简述浸出过程中浸出剂的选择原则。
8. 列出几种从低品位氧化铜矿石中提取铜的技术路线。
9. 从含金浸出液中回收金的方法有哪些？并简要说明其原理。
10. 比较溶剂萃取法与离子交换法的优缺点。
11. 简述离子浮选法、沉淀浮选法的原理。
12. 简述生物浸出过程的主要影响因素。
13. 设计一种低品位氧化铜矿石生物浸出—萃取—电积工艺的简单流程。

第11章 固液分离试验

本章内容提要： 主要介绍实验室沉降试验和过滤试验的内容、设备和操作技术。介绍了矿浆沉降过程的分区现象以及矿浆沉降过程的影响因素；介绍了细颗粒矿石形成团块的三类不同现象(凝聚、絮凝及团聚)及其对矿浆沉降过程及分区现象的影响；介绍了根据矿浆悬浮液在重力场中的沉降分区现象进行实验室沉降试验的方法，以及绘制沉降曲线和计算浓密机面积的方法；介绍了有关实验室过滤试验的设备、操作及试验内容，以及根据最佳条件测定过滤机生产率的方法。

矿物加工工厂(选矿厂)的分选作业大多数离不开水，因此选矿产品大都带有水，这些产品根据用途常需脱水(即固液分离)。如为降低冶炼成本，便于生产运输和回水利用的精矿脱水；由于操作的需要，中间产品的脱水；在某些情况下，为减少尾矿的运输量和回水利用的尾矿脱水等。在固液分离流程中，对粗粒产品，如重选产品和部分磁选产品，可利用重力自然脱水。对细粒产品，如浮选产品，需采用沉淀浓缩和过滤两段脱水作业，有时还采用加干燥的三段脱水作业。

设计一个新的选矿厂的固液分离设备和尾矿处理工程时，除根据类似厂的指标设计外，有时要做固液分离试验以提供设计数据。例如，计算浓密机的面积和高度，需对被浓缩的产品作沉降试验，提供沉降曲线；计算过滤面积，需对被过滤的产品作过滤试验，提供单位时间单位面积的处理量和滤饼含水量等数据；设计尾矿坝和沉降池面积，需作沉降试验以提供尾矿产品沉降速度等数据。

本章主要介绍实验室沉降试验和过滤试验的内容、设备和操作技术。

11.1 沉降试验

11.1.1 沉降过程的分区现象

将一定浓度的矿浆悬浮液置于大量筒中，均匀搅拌并静置于试验台上，不久，便可观察到沉降过程中出现分区现象，如图11-1所示。沉降开始前，矿浆分布均匀(如筒1)，经短暂时间后，矿石颗粒在重力作用下沉降，悬浮液沿筒高逐渐出现若干分区(筒2)。最上层是澄清区A，其下是沉降区B，有时A区与B区的分界面不清，难以判断(此时可用聚光灯透射以帮助判断)。D区为压缩区，在该区内颗粒或絮团借自身的压挤和相互干涉作用而沉降，其沉降速度比B区的沉降速度小得多。B区和D区之间，没有明显的分界面，仅存在一个过渡区C。筒3、筒4与筒2相似，随沉降时间延长，沉降区减小而压缩区增大。K区为粗粒区。筒5的临界点表示B区和C区刚消失，使A区与D区直接接触。筒6表示悬浮液已达到沉降的最终阶段，其压缩区浓度达到最终浓度。实际上，观察矿浆沉降情况时，除A区与B

区、A 区与 D 区外，其余各区没有明显的分界面。

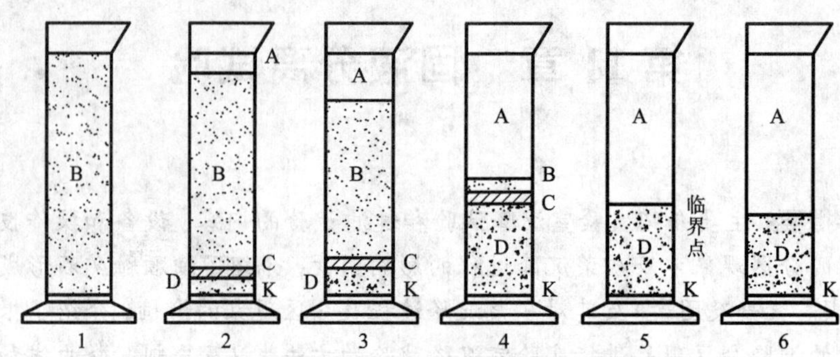

图 11-1　矿浆沉降过程的分区现象

A—澄清区；B—沉降区；C—过渡区；D—压缩区；K —粗粒区

在连续工作的浓密机中，矿浆沉降过程的分区现象与量筒内的沉降过程相似。但由于有矿浆的不断给入与排出，沉降区 B 总是存在，因此矿浆的澄清速度是以沉降区的沉降速度来计算的。做沉降试验时，在到达临界点之前，观察的是 A 和 B 界面在不同时间的沉降高度。在临界点以后，观察的是 A 和 D 界面在不同时间的沉降高度。

沉降试验的目的，是根据一定浓度的矿浆在不同时间的沉降高度绘出沉降曲线，所提供的数据可作为选矿厂设计的依据。

11.1.2　矿浆沉降过程的影响因素

矿石颗粒的自由沉降速度主要取决于颗粒的粒度、密度和流体的黏度。颗粒的干涉沉降速度除上述因素外还取决于沉降区域的液固比。

在实际矿浆的沉降过程中，有许多作用会导致上述参数发生变化，其中最显著的是矿石的泥化作用、细泥在水中的凝聚作用等。而影响矿石泥化的主要因素是矿石的破碎程度和矿物组成。影响细泥产生凝聚作用的因素，除细泥本身的性质外，还与水中溶解离子，特别是水的硬度(Ca^{2+}、Mg^{2+})有关。

因此，在进行矿浆沉降特性试验研究时，一般要对 -74 μm 的细泥进行显微组分定量分析，并对水质进行定量分析，此外，还要测定水中溶解性固体的含量。

众多因素影响的结果，使自然条件下的矿浆中存在一定量的极细颗粒，粒群粒度范围变宽，在沉降过程中不易形成明显的澄清界面和等浓度沉降区。为了消除微细和细粒级颗粒对沉降效果的影响要使分散在矿浆中的细颗粒较快地沉降分离，一种行之有效的办法就是使这些细颗粒相互结合在一起，形成较大的团块。

根据聚集状态作用机理的不同，细颗粒形成团块的现象可以分为三类。

(1)凝聚(凝结)。

细颗粒物料在无机电解质作用下，失去稳定性，形成凝结块。主要作用机理是外加电解质对颗粒表面电荷的中和作用，使阻碍颗粒相互接触的双电层受到压缩。

(2)絮凝。

细粒物料通过高分子絮凝剂的作用，形成具有三维空间结构的絮状体。主要作用机理是长链烃的高分子在颗粒之间形成架桥作用，在范德华力作用下将颗粒相互拉近。

(3)团聚。

细颗粒在捕收剂的作用下，表面形成疏水膜，颗粒之间疏水膜相连缔结成团块。

从三种聚集原理不难推出，凝聚作用所形成的凝结块颗粒仍然较小，沉降速度也比较小，在选矿工业上，凝聚作用常用做絮凝的预处理过程。絮凝作用产生絮状团块，一般含水量较大，需要进一步进行脱水处理。凝聚和絮凝相结合在选矿厂废水净化中有着广泛的应用。团聚工艺因需要大量昂贵的捕收剂，目前在工业上使用较少。

试验表明，只有当颗粒表面部分被絮凝剂覆盖时，絮凝作用效果较好。过量的絮凝剂将颗粒包裹，不利于与其他颗粒作用，而削弱絮凝作用，形成分散状态。此外，絮凝剂在溶液中多呈卷曲状态，分子量越大，卷曲就越严重。通过稀释、水解等方法处理，使卷曲的分子适当舒展、拉直，有利于架桥作用，提高絮凝效果。

在絮凝沉降过程中，细颗粒在药剂作用下，相互结合成一定粒度的絮块，固体的粒度范围变窄。料群在沉降过程中呈现显著的分区现象，澄清界面明显。因此，可以用澄清界面的下降速度来表征矿浆在絮凝条件下的沉降特性。

11.1.3　沉降试验操作

沉降试验就是根据矿浆悬浮液在重力场中的沉降分区现象，通过测定各区随时间的变化来研究矿浆悬浮液的沉降特性，再根据它们的特性选择和计算浓密机的型式和大小。

做沉降试验时是将待测的矿浆悬浮液配制成一定的浓度，充分搅匀后(常用图11－2所示搅拌器)静置，并立即观察计时，记录沉降区和澄清区界面在每个时刻的位置，即每个时刻的澄清区高度。试验开始时，记录时间间隔应短，矿浆悬浮液沉降速度越快，间隔应越短；随着矿浆悬浮液沉降速度减慢，记录时间间隔可增大，最后一次读数距试验开始可达24 h以上，而后将观测结果列表，如表11－1为某铜钼钴硫化矿浮选尾矿的沉降试验观测记录。

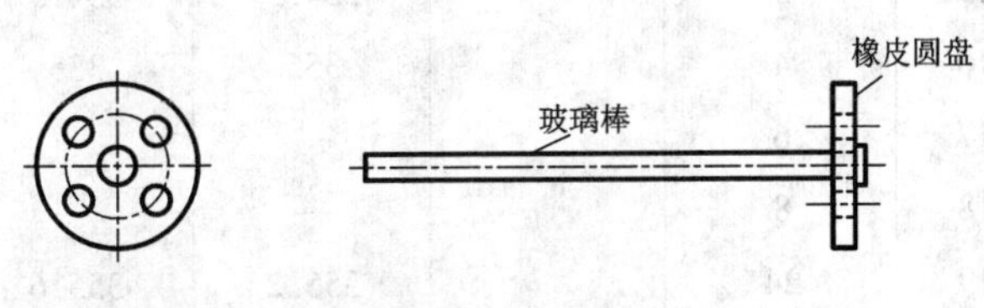

图11－2　搅拌器

为更确切地掌握矿浆悬浮液的沉降特性，应同时记录每一时间的D区高度，用来制作沉积曲线。

若在沉降过程中，因试验粒度太细或其他原因，矿浆沉降速度很慢，为加速沉降，必须加凝聚剂或絮凝剂(如石灰、酸、碱、明矾、高分子絮凝剂聚丙烯酰胺等)，使分散的颗粒聚合成为较大的凝聚体或絮团。此时，要做加凝聚剂和不加凝聚剂的对比沉降试验。记录表中要补充凝聚剂名称和用量一栏。此外加药剂沉降时，还要注意该药剂对过滤作业的影响。

温度对矿浆沉降速度有重要作用，因此应记录试验时的矿浆温度。

现场是以溢流中固体含量来衡量浓密机效果，试验时，要测量澄清液的固体含量(kg/L)，考察澄清液的金属损失情况。

表 11-1 某铜钼钴硫化矿浮选尾矿沉降试验观测结果

观测序号	观测时间		澄清层高度/mm				
	h	min	浓度 10%	浓度 15%	浓度 20%	浓度 25%	浓度 30%
1		2	—	35	27	23	10
2		8	77	65	48	40	26.5
3		12	111	94	69	57	37
4		16	142	120	88	74	48.5
5		20	174	146	108	90	69.5
6		24	206	176	128	106	70.5
7		28	240	203	148	123	81.0
8		33	278	235	176	142	94
9		39	338	275	201	165	109.5
10		45	345	307	228	186	124
11		57	—	324	269	222	150.5
12	1	9	—	326	287.5	244	174
13	1	30	351	330	297	270.5	207.5
14	2		353.5	332	300.5	275.5	241
15	3		354.5	334.5	305	281	249
16	4		355	335	307.5	284.5	253.5
17	6		—	—	310	288	259
18	8		—	—	310.7	298.5	262
19	24		355.2	355.6	311	290	264

11.1.4 绘制沉降曲线和计算浓密机面积

绘制沉降曲线和计算浓密机面积的方法可概括为两种。第一种方法要求做一系列不同浓度矿浆的沉降试验，根据这些试验结果经过多次计算才能求得所需面积，简称为多次沉降试验求算法。第二种方法是用一次沉降试验结果求算浓密机所需面积，简称为一次沉降试验求算法。以下分别进行介绍。

1. 多次沉降试验求算法

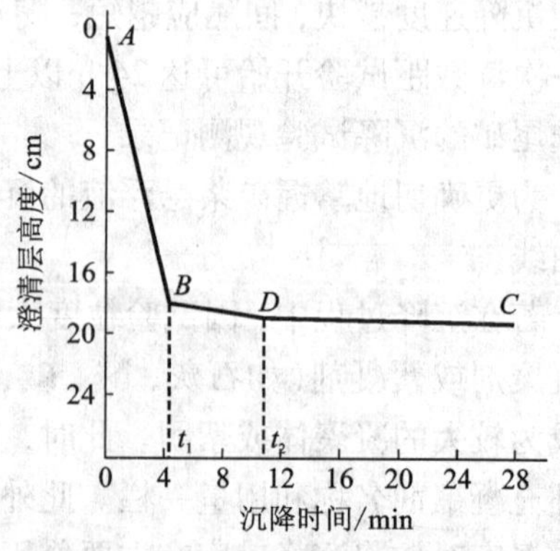

图 11-3 沉降速度观测结果

通过一系列不同浓度矿浆的沉降试验，分别获得不同时间的澄清层高度，然后分别绘制沉降曲线。图 11-3 是某铅锌矿的浮选锌精矿，经沉降试验得出的观测结果所绘制的沉降曲线。图中纵坐标表示澄清层高度(mm 或 cm)，横坐标表示沉降时间(min 或 h)，沉降曲线是 3 条相交的直线。直线 *AB* 相当于澄清区，直线 *BD* 相当于压缩区，直线 DC 相当于矿浆已达到最终压缩点。B 点为临界点，即澄清区与压缩区的分界点。绘制沉降曲线的用途是：找出临界点，确定达到临界点的时间 t_1 和清水层高度，计算沉降区的沉降速度，作为计算浓密机面积的依据；根据要求达到的矿浆浓度(即浓密机的排矿浓度)，找出达到该浓度的沉降时间 t_2，作为计算浓密机高度的依据；找出可能达到的最高浓度和达到该浓度的时间（即最终压缩时间 t_3）。

计算沉降速度和浓密机面积：要计算浓密机面积，首先要算出沉降速度，设达到临界点时清水层高度为 H(m)，相应的澄清时间为 t_1(h)，则在 $\frac{t_1}{24}d$ 的时间内的沉降速度(m/d)是：

$$V=\frac{24H}{t_1} \tag{11-1}$$

由此可知，由浓密机 1 m^2 的面积每日(1 d = 24 h)溢出 V m^3 的水。

若给入浓密机矿浆的液固比为 R_1，由浓密机排出的矿浆的液固比为 R_2，那么浓密机处理 1 t 固体所需排出的溢流为(R_1-R_2) t(或 m^3)水，澄清 1 t 干固体所需的面积(m^2)是：

$$S=\frac{R_1-R_2}{v} \tag{11-2}$$

利用试验数据计算矿浆的液固比 R 可按下式：

$$R=\frac{Vr-G}{rG} \tag{11-3}$$

式中：R 为矿浆液固比；V 为矿浆体积，做沉降试验时从量筒上直接读数；r 为矿浆密度(t/m^3)；G 为矿浆的固体质量(干矿)。

设计时，为保证浓密机在给矿浓度波动时工作不受影响，往往要用几种不同浓度的沉降试验结果来计算沉淀 1 t 固体所需面积，从中选取最大值，所以用这种方法需做一系列沉降试验，经过多次计算才能求得所需面积。

2. 一次沉降试验求算法

这个方法是用低浓度如液固比 10∶1 矿浆，做一次沉降试验，测定澄清区与沉降区或压缩区界面的沉降距离(H)，及达到相应沉降高度的时间(t)，做出 $H-t$ 沉降曲线(见图 11-4)，纵坐标为界面沉降距离(m)，横坐标为沉降时间(h)。

我们可以利用图 11-4 沉降曲线计算试验范围内任意矿浆浓度的沉降速度和沉淀 1 t 固体物料所需的沉降面积。设试验矿浆的固体含量为 C_0，单位为 kg/L 或 t/m^3，相对的矿浆界面高度为 H_0(m)，而给入浓密机的矿浆浓度为 C_p，由浓密机排出的矿浆浓度为 C_u。

为确定浓度为 C_p 的沉降速度 v_p，首先要算出 C_p 的矿浆界面高度 H_p，

$$C_0H_0=C_pH_p \tag{11-4}$$

$$H_p=\frac{C_0H_0}{C_p} \tag{11-5}$$

在图 11-4 的纵坐标找到 H_p 点，由 H_p 点作沉降曲线的切线，这根切线的斜率就等于浓度为 C_p 时的沉降速度 v_p，

$$v_p=\frac{H_p}{t_p} \tag{11-6}$$

由式(11-2)可知，浓密机的面积可按下式计算：

$$S = \frac{R_p - R_u}{v_p} \tag{11-7}$$

式中：S 为浓密机沉淀 1 t 固体所需面积；R_p为给入浓密机矿浆浓度为 C_p的液固比；R_u为浓密机排出矿浆浓度为 C_u 的液固比。

因为 $R = \frac{r_w\left(1 - \frac{C}{r}\right)}{C} = \frac{1 - \frac{C}{\delta}}{C}$（此处 r_w为水的重度，r 和 δ 分别为矿样的重度和密度），代入式(11－7)得：

$$S = \frac{\delta(C_u - C_p)}{C_u C_p v_p} \tag{11-8}$$

按式(11－8)，当 C_u 为定值时，逐点求算所需面积 S，取其最大者作为设计面积。这样计算过程比较复杂。

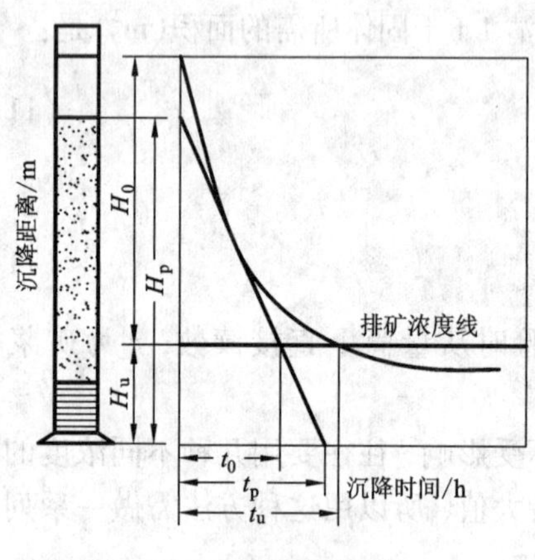

图 11－4　沉降曲线(1)

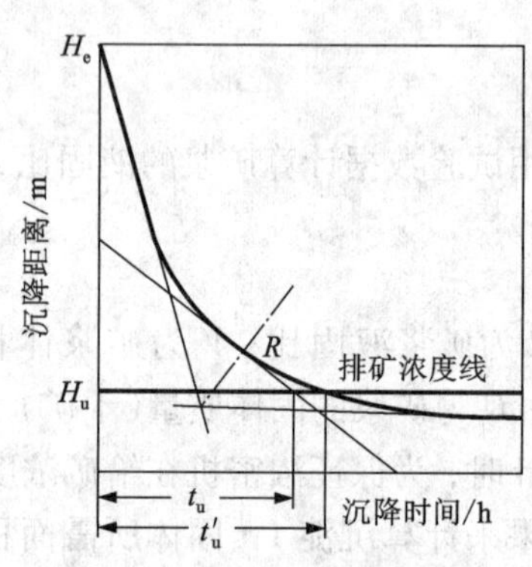

图 11－5　沉降曲线(2)

为简化计算，采用图解法(见图 11－4)。首先根据低浓度矿浆的沉降试验绘出沉降曲线，试验矿浆的浓度为 C_0(t/m³)，相应的界面高度为 H_0(m)；其次根据式(11－5)算出给入浓密机的矿浆浓度 C_p 的 H_p 值，从 H_p 作沉降曲线的切线，再算出浓密机排矿浓度 C_u 的 H_u 值，在纵坐标找到 H_u 点，通过 H_u 点作平行于横坐标的直线，与从 H_p 点作的切线相交，交点相应的时间为 t_0(d)，t_0为从浓密机单位面积排出 $H_p - H_u$ 水柱所必需的时间，也可以说是矿浆浓度由 C_p 浓缩至 C_u 所必需的时间。排矿浓度线和沉降曲线的交点的水平坐标值为 t_u(d)，从图 11－4 看出，t_0的最大值是 t_u，所以单位固体物料量所需的最大沉降面积 S_{max}为：

$$S_{max} = \frac{t_u}{H_0 C_0} \tag{11-9}$$

如果 H_u 与沉降曲线交点位于临界点以上，按上述图解法得 t_u 为最大。按式(11－9)算出的沉降面积亦是最大。如果 H_u 与沉降曲线的交点位于临界点以下(见图 11－5)，此时均以临界点的切线与排矿浓度线相交处的 t 作为式(11－9)的 t_u(见图 11－5)来计算浓密机的最大面积。求临界点的方法是：作等速沉降部分的延伸线和沉降至最终时等速压缩线的延伸线相交，作两线相交角的二等分线与沉降曲线相交于 R，R 点即临界点，对于矿浆中的固体物料部分粒度细，需较长压缩时间的难沉降物料，往往排矿浓度线与沉降曲线的交点位于临界点以下。在这种情况下就应采用图11－5的作图法，先找到临界点后，再求 t_u。

11.2 过滤试验

为了提供给选矿厂设计计算新建厂矿所需过滤机的面积和数量，和现场研究各操作参数对过滤机生产率和滤饼含水量的影响，常常需要进行过滤试验。以下介绍有关实验室过滤试验的设备、操作及试验内容。

11.2.1 试验设备

实验室用的真空过滤机装置如图11－6所示。

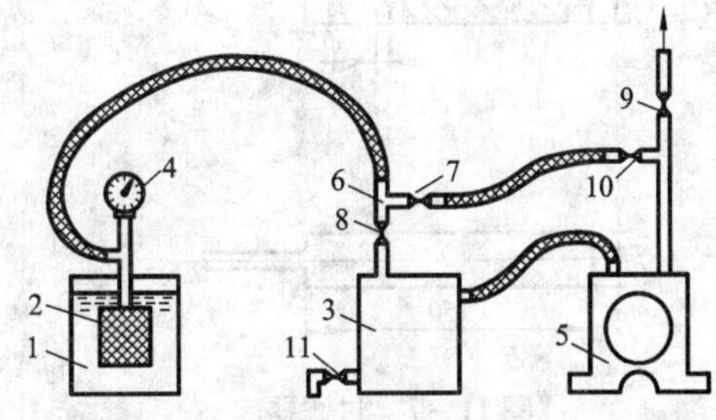

图11－6 实验室用真空过滤机装置示意图

1—矿浆桶；2—过滤器，3—真空室；4—真空表；5—真空泵；6—三通管；7、8、9、10、11—旋塞

真空过滤机装置主要由矿浆桶、真空泵、真空室、过滤器四个部件组成。矿浆桶1的容积应大于过滤器2，但不能过大，太大易使矿浆沉淀。为搅拌矿浆成悬浮状态，吸滤前可使用电动搅拌器或搅拌棒搅拌。过滤器的构造如图11－7所示，它是由白铁皮焊接成长150 mm，宽100 mm，厚20 mm的铁盒，盒的一面或两面钻有5 mm直径的小孔，孔与孔中心之间的距离为10 mm，盒的外面包裹了一层滤布，滤布用线缝合。真空室3的作用是稳定真空度和收集滤液，其容积应比滤液的体积大。真空表4用于测真空度，它可用水银气压表代替。过滤机由一条管与三通管6连接，通过三通管6上的旋塞8与真空室连接，通过三通管6上的旋塞7由一条管子与真空泵5上的吹气管连接。

11.2.2 试验操作

1. 试验操作条件的确定

试验操作条件应根据研究的精矿试样特性，参照类似物料的现场过滤机的生产条件确定。例如实验室过滤机一个工作周期的各个作业时间，可参照工业生产中过滤机旋转一转时各作业时间的分配。过滤机旋转一转要经过四个作业区，如图11－8所示。其作业区包括：过滤区、脱水区、卸料区、滤布清洗区。各作业区的工作时间分配有一定比例，其比例视料浆槽内料浆水平面高低而变化。一般过滤区吸浆时间约为过滤机转一转时间的三分之一，即30%左右。

2. 试验操作步骤

首先按试验要求的矿浆浓度制备矿浆，把试样装入矿浆桶中，并进行搅拌，使矿浆成悬浮状态。然后检查过滤机装置全部接头是否连接好？是否漏气？若无漏气，则开始试验。关闭旋塞7、10，打开旋塞8、9，开动真空泵，待达到要求时，将过滤器2放入矿浆桶中吸浆，吸浆时矿浆一定要搅拌均匀，同时开启秒表记录吸浆时间，并记下真空度。到达要求的吸浆时间时，取出过滤器，继续抽真空脱水，记录脱水时间。脱水作业完毕，关闭旋塞8、9，打开旋塞7，接通吹气管，将吹下的滤饼放在已称皮重的瓷盘中。若未吹干净，用小铲铲下，然后称重，记下湿重。停止吹气后，打开旋塞8、9、10，用量筒测量并记下总的滤液量。湿滤饼称重后，在温度110℃下烘干，冷却至室温后称重，记下干重。抽取若干块滤饼，测量其厚度，并求其平均厚度。试验结果记录表式样如表11－2所示。

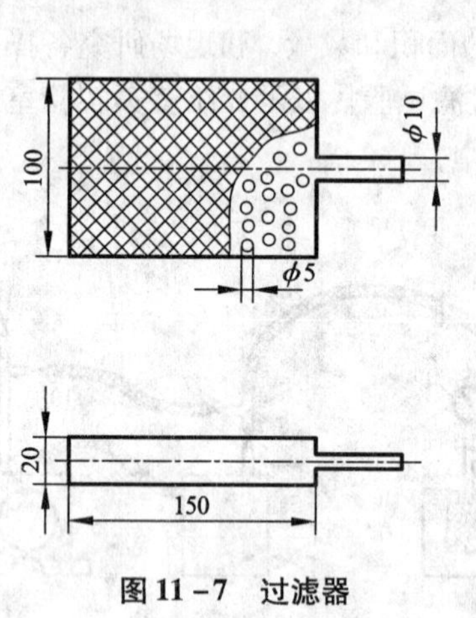

图11－7　过滤器

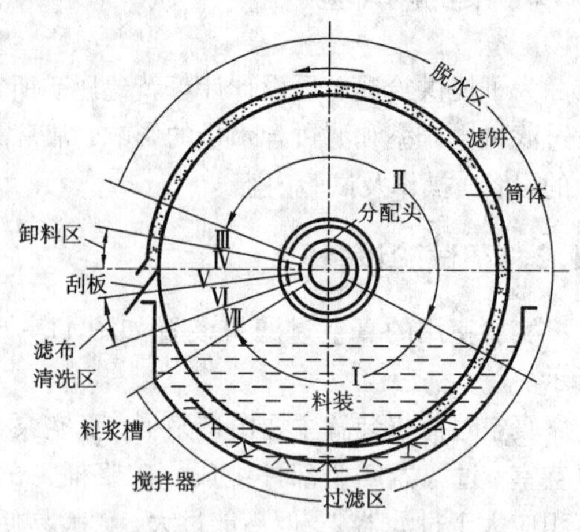

图11－8　外滤式过滤机工作原理示意图

表11－2　工作周期对过滤机生产率和滤饼水分影响的测定

试验编号	周期/min	吸浆时间/min	脱水时间/min	卸矿时间/min	给矿浓度/%		真空度/kPa	滤饼				生产率/($kg \cdot m^{-2} \cdot h^{-1}$)
					要求浓度	实测浓度		湿重/g	干重/g	水分/%	厚度/mm	
03	2.35	0.68	1.22	0.10	60	59.7	60	375	313	25.5	7	319.6
04	3	1	1.45	0.15	60	59.5	60	415	309.5	25.5	7	273.9
05	4	1.20	2.22	0.20	60	59.5	60	471.1	355	24.7	8	235.6
06	5	1.40	2.55	0.25	60	59.5	60	542.7	398	26	9	211.3

3．试验内容

根据试样的不同性质和设计单位的具体要求，每个过滤试验的内容是不同的。一般情况下，过滤试验包括条件试验，和根据最佳条件测定过滤器单位时间内单位面积的生产率的试验。

1）条件试验

条件试验内容包括滤布品种、矿浆浓度、工作周期时间、1个工作周期内各作业的时间分配、真空度等。各条件试验的方法不一一叙述，现以工作周期时间和矿浆浓度对过滤器生产率和滤饼含水量影响的测定为例说明。

（1）工作周期对过滤器生产率和滤饼含水量影响的测定。

工作周期相应于过滤机转一周的时间。如某氧化铜矿精矿过滤试验，固定真空度为60 kPa，各作业时间分配比例：过滤吸浆为33.3%，脱水为58.3%，卸料清洗为8.4%，改变工作周期时间为2.35 min、3 min、4 min、5 min，测定每组试验中滤饼的含水量和过滤机的生产率，就可根据试验结果确定一个最佳工作周期时间t(min)，从而设计过滤机每小时的转数：

$$n=\frac{60}{t}(\text{min}^{-1}) \tag{11-10}$$

表11－2列出了某氧化铜矿精矿过滤试验结果，表中结果说明，当滤饼含水量为25.5%，工作周期以2.35 min为宜。

(2)矿浆浓度对过滤机生产率和滤饼含水量影响的测定。

在其他条件相同的情况下，改变给料的矿浆浓度进行试验，可确定生产率高而滤饼水分低的最佳矿浆浓度。某氧化铜矿铜精矿试验结果如表11－3所示，试验结果说明，随矿浆浓度降低，生产率亦降低，而含水量升高。合适的矿浆浓度为50%～55%。

表11－3 矿浆浓度对过滤机生产率和滤饼水分影响的测定结果

试验编号	周期/min	吸浆时间/min	脱水时间/min	卸矿时间/min	给矿浓度/%		真空度/kPa	滤饼				生产率/(kg·m⁻²·h⁻¹)
					要求浓度	实测浓度		湿重/g	干重/g	水分/%	厚度/mm	
05	4	1.20	2.20	0.20	60	59.5	450	471.1	355	24.7	8	235.6
06	4	1.20	2.20	0.20	55	55	450	388.3	289.8	25.3	7	192.3
07	4	1.20	2.20	0.20	50	51	450	342.3	254.5	25.6	7	168.9
08	4	1.20	2.20	0.20	45	45	450	304.7	224.7	26.3	5	149.1

2)过滤机生产率的测定

在条件试验基础上，选择最佳过滤条件进行过滤机生产率的测定。设以q表示生产率，单位为$t/(m^2·h)$，以S表示实验室的过滤机面积，单位为cm^2，以t表示每一工作周期时间，单位为min，以G表示面积为S的过滤机每一工作周期过滤的滤饼干质量，单位为g，则

$$q=\frac{0.6G}{St} \tag{11-11}$$

根据实验室获得的q和新建厂矿的处理量，可设计该试样现场所需过滤面积和台数。但q用于设计时，应乘以0.66～0.8的系数。该系数是考虑在工作条件下过滤机工作的不均匀性、滤布的堵塞等问题而设定的。

以表11－2中06号试验(在此假设其试验条件为最佳条件)为例，该试验使用的过滤机面积是226 cm^2，工作周期时间是5 min，给矿矿浆浓度59.5%，真空度60 kPa，以过滤吸浆时间1.40 min进行试验，获得滤饼干质量为398 g，将有关数据代入式(11－11)，则

$$q=\frac{0.6\times398}{226\times5}=0.21\ (t\cdot m^{-2}\cdot h^{-1})$$

习 题

1. 矿浆悬浮液的沉降过程可分为哪几个区？各有何特点？
2. 影响矿浆沉降过程的主要因素有哪些？
3. 介绍细颗粒矿石形成团块的三类不同现象及其对矿浆沉降过程及分区现象的影响。
4. 介绍进行沉降试验的方法。
5. 简述绘制沉降曲线和计算浓密机面积的方法。
6. 介绍实验室真空过滤机的构造及其工作原理。
7. 如何确定过滤试验的操作条件？过滤试验的操作步骤有哪些？

8. 如何根据过滤试验结果确定过滤机的最佳工作周期时间?

9. 如何测定矿浆浓度对过滤机生产率和滤饼水分的影响?

10. 如何进行过滤机生产率的测定?

11. 假设过滤试验使用的过滤机面积是226 cm^2，工作周期时间是5 min，给矿矿浆浓度59.5%，真空度60 kPa，以过滤吸浆时间1.40 min进行试验，获得滤饼干质量为398 g，试计算过滤机生产率。

第12章 中间试验和工业试验

本章内容提要：主要介绍了实验室扩大连续试验、单机试验和试验厂试验等中间试验的目的、特点、设备、程序及取样检测方法，以及新设备单机、新建选矿厂、现场工艺流程的改革等工业试验的内容和程序，工业试验的取样和检测方法，并针对某银铅矿选矿工业试验案例进行了分析。

12.1 概 述

矿物加工试验研究的三个阶段中，实验室试验是后续中间试验和工业试验的基础。但实验室试验有局限性，如分批操作，作业之间和中矿返回的影响暴露不充分。有些试验受实验室条件的限制，与工业生产的条件和设备均有差异，故所得数据与实际生产存在出入。因此，在无生产经验的情况下，除了简单易选的矿石，或规模很小的矿山，可以将试验研究结果直接作为选矿厂设计或改造的依据之外，单凭实验室试验是不能获得设计所需要的数据的，通常必须扩大规模，进一步进行中间试验甚至工业试验。

12.2 中间试验

中间试验是介于实验室小型试验和工业试验间的中间规模的试验。中间试验的内容主要是用较多具有代表性的综合矿样进行流程结构验证、调整和完善。根据我国多年实践，按试验规模、深度、广度及模拟生产程度又可以分为：实验室扩大连续试验（亦称连续试验）和试验厂试验（包括单机试验）等类型。具体需要进行哪种试验，通常根据矿石特点及可选性、建厂规模、新技术、新工艺或新设备的采用等条件，由设计单位与相关单位商定。

12.2.1 实验室扩大连续试验

实验室扩大连续试验是对小型实验室试验推荐的选矿流程，在实验室条件下模拟生产状态的选矿流程而进行的连续试验。连续试验一般要求试验流程经调整达到平衡后仍能继续运转24～72 h，并在给料、给水、给药、产量、质量等方面达到平衡一个班后才开始取样。连续性试验的优点是：试验规模大，连续运行，试验指标稳定，模拟生产的程度高，试验结果的可信度高。缺点是：人力、物力、财力花费大，因此试验内容不能太多，持续时间不能太长；另一方面，设备规格仍然较小，其设备操作参数及技术经济指标对一般矿石可作为选矿厂设计的基本依据，但对新型和难选矿石，可作为预可行性研究的依据，不能作为选矿厂设计的依据。

1. 实验室扩大连续试验的目的

实验室连续性试验的主要目的是验证实验室条件下制定的工艺制度、流程和指标，考察中矿返回对流程指标的影响，为下一步试验提供产品和训练操作人员。

中矿返回的影响，是指中矿中带来的药剂、矿泥、难免离子对药剂制度等选别条件和指标的影响，以及中矿的分配对选别指标的影响。中矿返回的影响是逐步积累的，需要一定时间才能充分暴露出来，若时间过短，就可能出现假象。

2．实验室扩大连续试验的特点

(1)试验是连续的，矿浆流态与工业生产相似，可反映出中矿返回作业对过程的影响。

(2)试验规模较大，持续时间较长，可在一定程度上反映出操作的波动对指标的影响。

(3)试验结果接近工业生产指标。连续性试验与工业生产指标的差别主要取决于矿石的复杂程度以及选别的难易程度。

3．实验室扩大连续试验的分类和规模

根据试验的要求和内容，实验室连续试验可分为局部作业连续试验和全流程连续试验。局部作业连续试验可以是一个作业或两个作业的连续，一般应用于重、磁选作业，而全流程连续试验主要应用于浮选作业。

虽然重、磁选分选原理相对简单，分选过程的好坏可直接凭肉眼完成观察判断，且试样性质稳定，中矿返回量影响较小，入选物料粒度粗，试验设备容量大，但完成一个条件试验持续时间长，试验工作量较大，因此在实验室条件下重、磁选作业很难进行全流程连续试验。

而浮选作业过程影响因素较多，中矿的返回会明显地影响到原矿的选别条件和效率，间断操作与连续操作差别较大，因此一般必须做全流程连续试验。

实验室连续性试验的规模随矿石性质的复杂程度、品位高低、有用矿物种类而不同。品位高，产品少，规模可以小些；矿物共生关系复杂，品位较低，产品较多，规模相应要大一些。另外，还要从试验操作的可行性考虑规模的大小。总体来讲，实验室连续试验设备生产能力一般为30～1000 kg/h。

4．实验室扩大连续试验设备

试验设备必须满足下列要求：设备型式应与工业生产设备相同或相似；同一型式的设备要有多种规格；便于灵活配置和连接；便于操作和控制。

设备的配备和相互间的联系举例说明如下：

某铝土矿中主要含铝矿物为一水硬铝石，脉石矿物主要为高岭石，少量蒙脱石。矿物的嵌布特点是部分一水硬铝石与脉石矿物的嵌布粒度较粗，少量的嵌布粒度较细。根据原矿的性质，采用“阶段磨矿阶段选别”的工艺流程，即首先将原矿磨至－0.074 mm粒级占75%，浮选产出部分精矿，粗磨浮选的尾矿再磨至－0.074 mm粒级占95%后，浮选产出另一部分精矿。该扩大连续浮选试验规模为1.5 t/d，试验设备联系图如图12－1所示，设备明细表如表12－1所示。

从图12－1的扩大连续浮选试验可以看出，扩大连续浮选试验设备之间联系具有如下特点：各作业间矿浆的循环主要是通过不同规格的砂泵输送，而不是靠自流(工业生产可通过地势的高差形成自流)；为稳定各作业给矿以及药剂有足够的作用时间，采用了不同容积的搅拌槽；根据实验室工艺流程推荐的浮选时间及浮选浓度的参数计算扩大连续浮选试验浮选机的规格，在选择浮选机规格和数量时，规格宜大不宜小，数量宁少勿多。

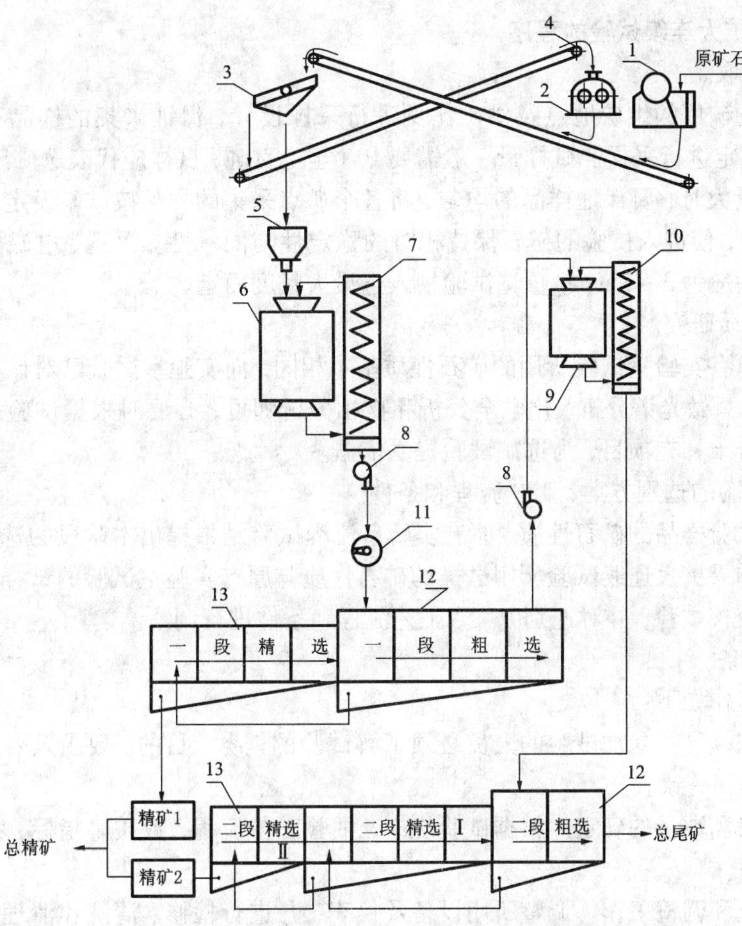

图 12－1　某铝土矿扩大连续浮选试验设备联系图

表 12－1　设备明细表

序号	设备名称	规格	数量/台
1	颚式破碎机	PE150×250	1
2	对辊破碎机	400×250 M/M	1
3	直线振动筛	1000×500 M/M	1
4	皮带运输机	B－300	2
5	细矿仓		
6	格子式连续球磨机	MQY 型 ϕ900×900	1
7	单螺旋分级机	ϕ500	1
8	砂泵	XBSL3/4 in	2
9	格子式连续球磨机	XMQL－79 型 ϕ420×450	1
10	单螺旋分级机	ϕ50	1
11	搅拌槽	ϕ500	1
12	机械搅拌式连续浮选机	FX24L	3
13	机械搅拌式连续浮选机	FX12L	5

注：1 in＝0.0254 m。

5. 实验室扩大连续试验的程序

(1)试样采取。

针对拟建选矿厂的供矿地点及供矿比例进行采样设计，保证采集的样品有充分的代表性，按照国家规定进行采样。试样量一般需要10 t至上百吨，试样应代表选矿厂3~5年的生产矿石。试样量大时，要保证样品的均匀，将各个矿点采集的样品按试验设定的比例进行加工、配矿和混匀，使进入试验的矿石保持相对的稳定性与同一性。浮选、电磁选试验样品的磨矿给矿粒度一般为3~7 mm，重选试验视入选最大粒度而定。

(2)矿石性质研究。

若矿石与原有实验室试验所用的矿石性质基本相同，而实验室试验已对矿石性质进行了研究，则对试样只做光谱分析、化学全分析和物相分析即可，必要时根据试验过程的需要在原有基础上作若干补充项目，为选矿试验提供依据。

(3)连续试验的选别方案、工艺流程和条件。

主要根据试验样品的矿石性质、原有实验室流程试验结果提出本阶段的选别方案、工艺流程和条件。如果扩大连续试验所用试样的矿石性质与原有实验室试验的试样不同，必须在实验室做补充校核试验，并对选别方案、工艺流程和条件进行调整。

(4)试验准备。

主要准备工作如下：

①加强组织领导。参加试验的人员必须了解试验的任务、目的、要求及各自的职责，做到目标明确，协调一致。

②设备规格和数量的确定。根据试验规模，试验工艺流程，数质量指标，矿浆流程等来计算和选择设备。

③全面检查和调整工作。调整所用设备及仪表，并进行检修、清洗和清理，然后按设备联系图进行设备的调配、安装，同时连接好管道。先用清水试车运行，检查电路、供水、设备运转是否正常。设备的备品备件要准备充分，以保证试验顺利进行。药剂准备充分，准备好药剂添加系统，按工艺流程各个添加点的布置配置，进行添加系统的清水试车，管路通畅后，进行药剂添加试验，检查和调整给药机的药剂给量。

④绘制取样流程图，图中需要标明取样点、试验的种类等，按作业顺序标号，并准备好取样工具装样器皿及卡片等物品。负荷试车，确保试验流程的畅通，及时发现并解决运转过程中的"跑、冒、滴、漏"等问题。

(5)预先试验。

因为采用的设备规格、试验规模不同等原因，必须对设备、设备间的连接、流程的内部结构和操作条件进行调整，使矿浆浓度、药剂、浮选条件、中矿量、浮选时间等各项操作参数适应矿样性质，以达到最佳的试验指标。

以浮选为例介绍各个参数的调整如下：

磨矿细度和磨矿浓度。磨矿细度是决定选别结果的一个关键因素。由于一般实验室磨矿是开路，而连续性试验是闭路，两者磨出的产品细度相同时，而粒度组成往往不同，因此在调整磨矿细度时，必须注意调整其粒度组成。调整的方法是找出合理的球径配比和浓度(调节球磨机前水量和后水量)。产品粒度过粗时，应增加大球比例和提高浓度。细磨时，可增加小球比例。在球磨机转速和球比一定时，要稳定磨矿细度和浓度，必须严格控制给矿量和补加水，形成定时补加球制度。

药剂制度。药剂制度由所使用的药剂类型、用量、在过程中的添加顺序以及药剂与矿浆的作用时间来决定。它是在实验室条件下制定并在连续试验过程中加以确定的。调整的内容包括药剂用量和加药地点。多数情况下连续浮选试验的药剂用量与实验室试验的药剂用量会有差异，需要进行调整。有些药剂的加药地点也要进行调整。调整这两个方面的主要依据是分析结果和肉眼观察的泡沫的变化情况。

浮选条件。浮选条件包括各作业的矿浆浓度、pH、液面高低、充气量大小等。矿浆的浓度可以通过补加水的大小调节。浮选密度大，粒度粗的矿物，一般采用较浓的矿浆。浮选密度小的矿物和矿泥，采用较稀的矿浆。pH 的控制，一是人工用 pH 试纸检测矿浆并调节 pH 调整剂的添加量；二是用 pH 计自动检测和自动控制调整剂添加量。充气量大小与浮选机转速、叶轮和盖板距离、进气孔大小有关。粗调是调节浮选机转速、叶轮和盖板距离，细调是调节进气孔大小。上述条件的调节，主要是根据泡沫颜色、大小、虚实，产品质和量的变化，快速化验结果进行操作。

中矿量。中矿的返回地点、循环量大小和中矿返回量的稳定性，对稳定操作和最终产品质量的影响极大，如果中矿量循环大则会恶化浮选指标，在不影响质量指标的前提下，中矿量控制越少越好。

浮选时间。根据流程考察分析结果，判断各作业的浮选时间是否适当，从而确定精、扫选的次数。如果扫选尾矿品位较高或精矿品位较低，可能是由于扫选时间不足或精选次数不够。

以上各项调整工作，一方面是根据操作人员的经验和直接观察的现象来调整；另一方面主要是根据快速分析、班试样和流程考察结果进行调整的。调整正常后，必须保持操作稳定。要使操作稳定，关键是稳定给矿量、磨矿细度、矿浆浓度和药剂添加量。试验稳定后，试验结果已接近或达到实验室流程试验指标后，则可以进行正式试验。

(6)正式试验。

在预先试验的基础上，各项操作达到稳定后，试验结果接近或达到小型实验室指标后可进行正式试验。正式试验连续运转时间一般应在 48 h 以上，若矿样量不足，最低限度也要运转 24 h。

6. 取样和检测

在预先试验和正式试验中，取样和检测工作由专人负责，取样检测包括即时考察样、当班检查样及流程考察样。

即时考察样是指在要求的取样点即时取样化验，方便适时调整流程。当班检查样每 15 min或 30 min 取一次样，试样每 2 h 合并，并化验一次，只化验原、精、尾矿，做快速分析，一个班化验 4 次。流程考察样是为计算数质量流程和矿浆流程、指导下班操作和作为设计依据而采取的，取样点的个数需根据必需的原始指标总数来确定。如浮选试验原始指标的总数可根据下式进行计算：

$$N=(n-a)c \tag{12-1}$$

式中：N 为计算流程所必需的原始指标数目(不包括已知的原矿指标)；n 为计算流程时所涉及的全部选别产品数目；a 为计算流程时所涉及的全部选别作业数目；c 为每一个选别作业可列出的平衡方程数目。

取样时，要留几个辅助取样点，以防某一取样点出问题时而做补充或用于校核数质量流程计算结果。每 30 min 或 1 h 取一次试样，每班取 8 ~ 16 次，每班化验，取平均值作为本次试验的结果。

试样要指定取样人员按固定的截取时间（3 ~ 10 s）截取，为避免取样对操作的影响，取样可以由后往前取，也可以统一信号指挥，分段同时截取。

实验室扩大连续试验的主要检测项目：给矿量和粒度组成，分析各粒级品位；磨矿和分级机溢流的细度和浓度；药剂浓度和用量；矿浆 pH 和温度；原矿和各产品的浓度、品位及粒度分析等。在正式试验的过程中还要进行流程考察，以提供数质量流程和矿浆流程。数质量流程计算时要考虑金属平衡，金属平衡分实际平衡和理论平衡。实际平衡，指产品的质量和产率是按实测结果计算的；而理论平衡，指产品的质量和产率是根据化验品位计算出来的。一般数质量流程和矿浆流程主要是按理论平衡进行计算的。

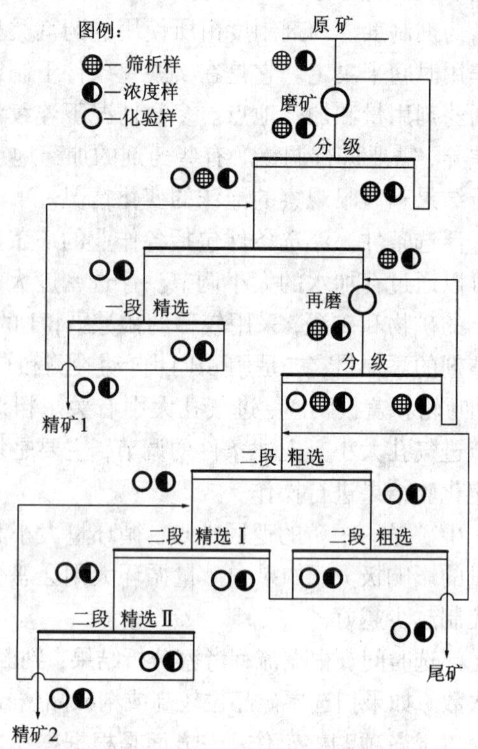

图 12-2 某铝土矿流程考察取样流程

图 12-2 是某铝土矿流程考察的取样流程。根据图中所示的取样分布图，可计算出数质量流程和矿浆流程。

12.2.2 试验厂试验（包括单机试验）

1. 单机试验

新设备试制过程，往往先做成半工业型样机进行连续试验，然后再扩大到工业型。新设备单机试验，主要是考察设备的最佳结构参数和操作参数，以及技术经济指标和适用范围，验证实验室试验结果及其工业应用的可能性，为扩大到工业型设备创造条件。对于大型设备的单机试验，通常需在专门建立的试验车间完成。另外，老设备用于选别新类型矿石时，也需进行单机试验。

2. 试验厂试验

试验厂试验主要是为了验证实验室试验推荐的流程方案和技术经济指标的稳定性和可靠性，并对其进一步改进和完善，以达到为新设计的选矿厂提供更为可靠的设计资料及节约基本建设投资的目的。试验在生产型设备上，模拟生产操作状态下进行，日处理量一般为数十吨/日，视处理的复杂程度而定。

试验厂试验的原矿性质是波动的，因此不能根据少数几个班的生产指标，或一两次流程考察结果提供设计数据，而应取较长时间的正常生产班次的指标进行统计，列出平均指标，故可以考察原矿性质波动对操作条件和工艺指标的影响，也可为处理矿区其他类型矿石进行试选，或进行各种工业改革试验，给工业生产提供条件，还可以为其他试验提供中间产品、为附近矿山做试验、给新建企业提供必要的技术资料、为新建厂投产培训技术人员等。

试验厂规模大小取决于所选择的选别方法和流程的复杂程度，除此之外，还与欲选有用矿物的品种数量和原矿品位有关。试验厂的规模应保证能从试验厂获得欲选有用矿物的最终合格产品。

12.3 工业试验

工业试验是在实验室试验和中间试验的基础上进行的具有工业生产规模的试验，试验范围包括全流程试验、局部作业试验、单项技术试验或单机设备检查试验。工业试验的目的是为了更可靠地将矿物加工试验结果应用于生产，研究重点是考察和解决一些实验室试验或中间试验阶段不能进行试验研究和解决的问题。

在下列情况下需要进行工业试验：①新设备在生产现场的考察定型试验（单机工业试验）；②为设计新选厂进行工业试验；③已经投入生产的选矿厂进行工艺改革试验。

工业试验大多是在与被试验矿石相近似的生产厂中一个生产系列或在试验厂中进行的。根据试验内容和要求，将一个生产系列或几个生产系列组合成适于工业试验生产条件就可进行。工业试验的内容、程序和取样等与中间试验基本相同。

工业试验研究的工作步骤或程序：委托单位提出研究任务，拟订工作计划→采取和制备矿样→制定试验方案→试验工作→整理结果和编写试验报告。

12.3.1 试验准备

试验前做好充分准备工作，是完成试验工作的重要前提。在进行工业试验之前，要做好以下几项工作：

1. 调查研究工作

主要包括：①收集资料，包括矿床的地质特征，矿石性质，前人研究工作的情况，矿区的自然环境和经济情况，水、电、燃料和药剂的供应情况，对环境保护的具体要求等；②考察类似矿石选厂的生产和科研情况等。

2. 试验计划制订

制订试验计划的目的是明确研究方向，以便有组织、有步骤、有计划完成试验，以节省人力、物力和时间。试验方案必须作充分详细的论证。

3. 组织管理工作

加强组织管理，是顺利完成试验的关键。工业性试验规模大，参加的单位和人员多，试验中任何一个操作环节的失误，都将影响整个试验结果，因此，必须加强组织管理，使所有参加人充分了解试验任务、目的、要求和各自的职责，做到统一指挥，统一步调。

4. 试样的采取和代表性

对试样的要求与中间试验一样。

5. 调整流程和设备

根据将要试验的试验流程，试验条件和指标，按现场设备规格进行计算，确定设备数量。若现场没有所需设备，应予添置和扩建安装。调整好各作业和设备之间的负载后，按试验流程和条件的需要检修好设备和管道。检修时，注意其灵活性，以便根据试验情况及时调整，同时为流程取样创造条件。最后，全面按试验流程和试验条件进行核定，确认核定无误，才开始试验。

6. 试验记录和数据分析

指定和培训专门人员完成试验记录和数据分析工作。试验工作的全部细节要做详细如实的记录，建立严格的记录和资料档案制度。试验数据必须用统计学原理进行整理和分析。

12.3.2 新设备的工业试验(单机工业试验)

新设备定型投入工业生产之前，必须在生产厂矿进行单机工业试验。试验目的是通过试验改进和完善设备的结构，找出其最佳结构参数和操作参数，确定设备的技术经济指标和应用范围，以便定型生产。

新设备的工业试验内容包括：

(1)调整试验。在按生产条件运转中，发现设备结构不足之处，通过调整或改进设备的结构参数，完善设备的结构构造。

(2)条件试验。找出该设备的最佳操作参数，可采用单因素试验法、正交试验法等；

(3)对比试验。与相似设备或起相似作用的老设备平行进行试验，对比试验应在物料性质相同的条件下，以各自的最佳操作条件进行较长时间的试验。在此基础上，肯定新设备的优越性。

(4)连续运转试验。在生产条件下连续运转一段相当长的时间，考核设备的机械性能和磨损情况。

通过上述一系列试验，最终得到以下信息提出以下资料：设备技术特性参数和结构特点；技术经济指标，如选矿的精矿品位和回收率、固定投资、消耗费用(即维修费用)；设备的应用范围。

12.3.3 设计新选矿厂进行的工业试验

对矿石性质复杂难选，或者采用新工艺、新设备的大中型选矿厂，在无类似生产现场经验可以借鉴而又未建立专门试验厂的情况下，应进行工业试验。

工业试验可以是局部作业的连续试验，也可以是全流程试验。局部作业试验是选择流程中关键性作业，利用已建现场的设备进行试验。

如柳州钢铁厂屯秋铁矿石用泗顶铅锌矿回转窑进行磁化焙烧工业试验时，采用原铅锌矿冶炼车间的主体设备 $\phi 2.3/1.9\ \mathrm{m} \times 32\ \mathrm{m}$ 的回转窑，有效容积为 $90\ \mathrm{m}^3$。为了适于做铁矿石还原磁化焙烧试验，增设了窑头摩擦环密封装置，滑环式窑身测温装置，风量、风压测量装置及焙烧矿排料装置等。

试验时将矿石破碎到15~10 mm与褐煤按一定配比混合入窑，进行还原焙烧。窑头用褐煤粉燃烧进行加温，物料从窑尾给入，随着回转窑转动至窑头排出，成为焙烧矿产品。

试验首先用屯秋粉矿对试验设备进行调整，接着做焙烧条件试验。在条件试验完成后做正式矿样的稳定试验。在焙烧过程中控制和调整焙烧温度、还原时间(窑的转速)、风压和风量、还原煤和燃烧粉煤量、产量、抽风机负压以及废气成分等。焙烧过程每20 min截取一次矿样，对每2 h的混合矿样进行一次化学成分分析和磁选试验，并对原煤、原矿、收尘等系统进行计量和测试。

试验结果表明，用回转窑焙烧屯秋赤铁矿在工业上是可行的，并且比较稳妥可靠，能够使天然赤铁矿较好地转变成人工磁铁矿。通过三段磁选工艺可以获得品位较高的铁精矿，回转窑的产量、煤耗、产品质量等都获得了工业条件下的技术指标。这为设计和生产提供了可靠的资料。

因此，利用生产厂矿的设备对新资源利用中的关键问题进行单机或某一作业工业性试验，与全流程工业性试验相比，这是一种多快好省的试验方法。

12.3.4　现场工艺流程改革试验

现场工艺流程改革试验内容包括：对常规的现场工艺流程、操作制度、设备性能的考察试验和查明影响某一部分选矿过程或机械操作的工艺因素方面的试验；应用新技术、新药剂、新工艺和新设备来改善和提高各项技术经济指标的试验。

现场工艺流程改革试验一般采用对比法。对比试验方法有两种：一种方法是在两个平行的系列上同时试验，其中一个系列保持原有的生产状态，另一个是进行改革的系列，试验时，要求两个系列处理同一性质的试料；另一种方法是在保证原矿性质基本一致的条件下，在同一系列上对几个试验方案分期进行试验。

对比试验的正确结论取决于试验结果的可比性。要保证试验结果的可比性，必须具备下列条件：

(1)各对比试验方案的给矿性质应基本一致。

(2)若各对比试验方案中采用的设备不相同，则应使各方案中采用的设备技术参数均处于最佳条件，否则将人为地扩大试验结果的差别，降低可比性。若采用同类设备，则最好在同一系列分期试验。

(3)对比试验各方案的试验结果，应取若干班(如10个班以上)的平均试验结果对比，而不能只取最佳班次的个别试验结果对比，这样可以避免偶然性。

12.3.5　工业试验的取样和检测

工业试验时取样和检测的目的、内容以及取样流程图的编制方法，均与实验室扩大连续性试验相同。取样和检测的方法，可采用离线的方法，即利用人工或普通机械取样机取样，将样品加工后分别送检测；也可采用在线的方法，依靠各种在线仪表进行直接的连续测量。即可实现工艺过程的自动最优化调节和控制。由于工业试验规模大，代价高，条件许可应尽可能地采用在线检测的方法代替一般人工取样离线检测的方法，以便及时调整操作，缩短试验周期。

在线检测的主要项目为：品位、粒度、浓度、pH和流量等。现将常用的在线自动检测仪表的基本原理和应用情况介绍如下：

1. 品位的自动检测

品位的自动检测目前均采用在线X射线荧光分析仪，这类设备目前已用于加拿大、澳大利亚、芬兰等许多国家的选矿厂，结构不断改进和更新，发展很快。国内也正在进行这方面的研究和应用。

2. 粒度的自动检测

粒度自动检测主要利用计数法，有时需同时进行浓度测量，常用的在线粒度测定仪为超声波式或激光式。

3. 浓度的自动检测

矿浆浓度的自动测量仪器类型较多，有自动矿浆秤、浮标(比重计)法、隔膜式浓度指示器、γ射线浓度计。目前应用较广泛的是γ射线浓度计及差压式浓度计。γ射线浓度计一般是采用铯[137]或钴[60]作射源，采用光电倍增管、GM计数管或电离室作探测器。它利用射线在不同的矿浆浓度中被阻断，从吸收量的差异来测量矿浆浓度。差压式浓度计是利用矿浆中高低不同的两点的压差为两点之间垂直距离与矿浆密度之乘积这一原理，测出矿浆密度后再换算出浓度值。

图12-3为γ射线浓度计的原理图。国内生产的MDJ-I型放射性同位素密度计是用钴[60]作放射源，测量密度范围1~2 g/cm^3；NNF-212型核辐射密度计，是用铯[137]作放射源，测量范围12~65 g/cm^2(=密度×管径)。铯[137]的能量和强度较小，因而有利于安全防护。

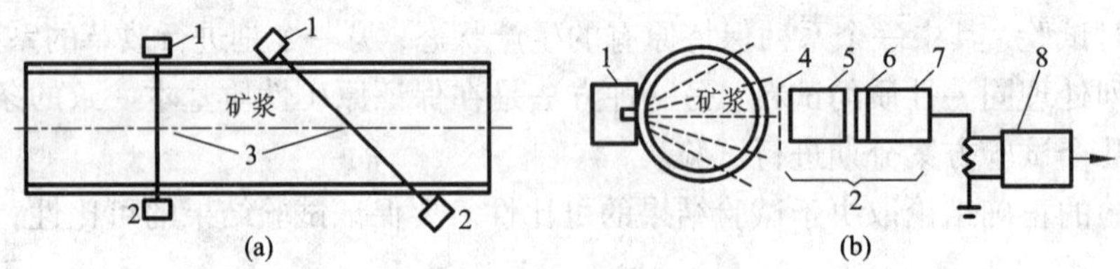

图12-3 γ射线密度计

1—放射源；2—探测器；3—纵剖面，表示传感探测装置可能的不同位置；4—滤光片；5—闪烁晶体；6—光电阴极；7—光电倍增管；8—放大器和射频衰减补偿

4. pH的自动检测

工业pH计用于选矿厂在国外早已采用，国内许多选矿厂也已陆续地采用了工业酸度计。如pHG-21B型工业酸度计，带有四种配套酸度发送器，测量精度0.2pH。

5. 矿浆流量的自动检测

矿浆流量的测量常用电磁流量计，电磁流量计的工作原理是：当矿浆在具有磁场的管道中流过并切割磁力线，按法拉第电磁感应定律，就会在矿浆中产生电势，其方向与磁场方向及矿浆运动方向垂直，其大小正比于矿浆的流速、磁场的磁通密度以及管道的直径，于是利用两个电极测量所产生的电势，就可以测量矿浆的流量。图12-4为电磁流量计原理图。

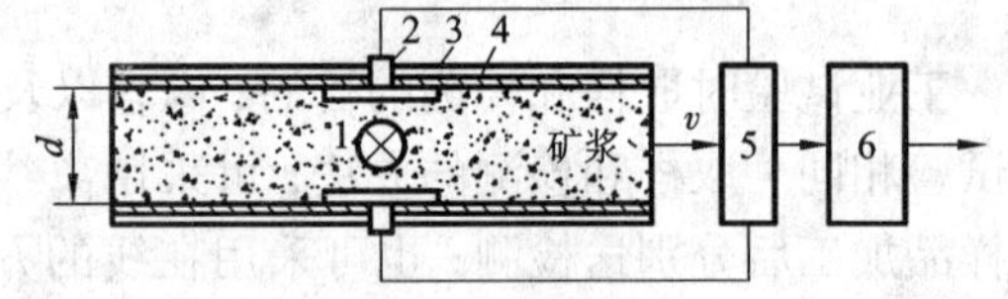

图12-4 电磁流量计原理图

1—与图平面垂直的磁场(H)；2—绝缘板；3—金属管；4—测量电极；5—放大器；6—电压电流变换器

我国一些仪器厂家已生产此类流量计。矿浆中磁性矿粒含量较高而且变化较大时，将会影响流量的测量结果，此时须采用磁补偿式电磁流量计。

12.3.6 某铅锌银矿选矿工业试验示例

某铅锌银矿工业试验采用的矿样是富银铅矿，其中Ag为146~237 g/t，Pb 6%~9%，Sn 0.227%~0.6%。为开发利用这一资源，进行了选矿小型试验，主要目的是研究综合回收该矿石中有价元素银、铅、锡的选矿工艺，并在此基础上进行了工业试验，取得了较好的效果。

1. 工业试验试料性质

(1)多元素分析。

试料多元素分析结果如表12-2所示。

表12-2 某银铅矿多元素分析结果 %

元素	Pb	Ag/($g \cdot t^{-1}$)	Sn	Fe	S	Cu	As	CaO	Mn	Bi	SiO_2	MgO	Zn	Al_2O_3
含量	10.81	195	0.452	41.40	0.68	0.179	1.082	2.44	0.582	0.022	1.76	1.22	1.98	2.28

(2)锡的形态分析。

锡主要以锡石形态存在，金属率占74.31%，酸溶锡占25.69%，锡石结晶粒度细，主要以微细粒嵌布于赤褐铁矿、白铅矿、锰结核中。单体主要以微细粒之聚集体产出，聚集体最大粒径1.9 mm，微细粒单晶最大为74 μm，一般多为37~19 μm，+74 μm粒级中基本上都是细微粒聚集体，随着粒度变细，聚集体含量减少，单晶增多，但在19~10 μm粒级中仍可见到聚集体，细微粒锡石主要呈半自形、不规则粒状及他形粒状。连生种类主要有毗邻连生，穿插连生及紧密包裹。

(3)铅的存在状态

铅主要以氧化矿物形态存在，主要铅矿物有方铅矿和白铅矿，另外还有少量的砷酸矿、铅矾、砷菱铅矾及铅铁矾。铅物相分析如表12-3所示。

表12-3 铅物相分析 %

物　相	白铅矿、铅矾	锰结核中铅	砷酸铅	方铅矿	铅铁矾	合　计
品　位	5.51	0.40	0.70	0.68	2.90	10.19
金属率	54.07	3.93	6.87	6.67	28.46	100.00

方铅矿粒度粗，+74 μm占72.75%，单体方铅矿占总铅解离度为2.49%，占方铅矿解离度为37.28%。白铅矿粒度也较粗，+74 μm占77.59%，单体解离度分别为：占白铅矿54.10%，占全铅29.23%。

方铅矿主要以不规则粒状产出，白铅矿主要以不规则形粒状产出，白铅矿、方铅矿及赤褐铁矿三者嵌镶关系复杂，主要有交代残余和镶边结构，连生关系主要有毗邻连生、浸染及紧密包裹。

(4)银的化学物相分析。

银主要呈自然银存在(占73.59%)，硫化银占8.69%，其他矿物含银17.72%。由于银矿物结晶粒度细(-15+2 μm)，属微粒范围，显微镜下不易找到，经电子探针查找，只见到辉银矿、硫化银矿。分散态银及相对富集区没有发现自然银及其他银矿物。辉银矿粒度为-15+2 μm，嵌布于方铅矿、白铅矿及赤褐铁矿中，并在其中有分散态银及银的相对富集区。

由于银矿物粒度细，不可能单体解离，并且银矿物主要赋存于方铅矿、白铅矿中，所以银随铅矿物得到回收。

2. 工业试验工艺流程的确定

在选择确定工业试验所采用的选矿工艺流程时，考虑了以下几个方面的情况：

(1)原矿性质变化大。

原矿主元素含量和铅矿物的物相变化都比较大，因此需要选择确定一个适应性较强的选矿工艺流程。

(2)应用该地区选矿厂的生产技术成果，能较快转化为生产力。

该地区选矿厂采用先重后浮流程已有26年的历史，被认为是处理铅、锡、银氧化矿比较成熟的工艺流程结构。近几年来，又采用重选回收浮选尾矿中锡，使这一工艺流程更加完善。将以上流程作为主流程加以完善和强化，用于处理该地区铅、锡、银氧化矿是适宜的。它有以下特点：

①采用先洗矿再三段磨矿、三段选别，沉砂单独处理的重选流程，能解决银铅矿在磨矿时易泥化而损失的问题。铅、银、锡是重砂矿物，尽管其物相有变化，但回收率变化不太大，指标相对稳定，而且3/4以上的产品从重选产出，脱水容易，成本低，产品损失小，经济效益好。重选分段回收粗粒矿物，能发挥重选设备的优势，选矿回收率较高。

②重选后的泥矿采用浮选处理，以发挥浮选的优越性，做到优势互补，充分回收有用矿物，且入选量减少，会降低药剂消耗，从而降低生产成本。浮选除受铅物相的影响，还受脉石矿物成分变化的影响，先重选回收了大量的铅银矿物后，可减轻上述物质组成变化对铅银总回收的影响程度。

③浮选尾矿再用重选进行扫选，能提高锡的回收率，锡的经济价值约为铅的10倍，再扫选经济上也是合理的。

由于铅矿物为银的载体，因此安排整个选矿工艺流程时，首先要考虑尽可能地回收铅，同时回收锡，这样铅、锡、银的回收率都较高。根据以上分析，决定采用重选—浮选—重选的选矿工艺流程结构。

3. 工业试验的技术条件

采用30个班进行了工业试验，共处理矿石1724 t，规模200 t/d。

(1)给矿均衡率。

15 min 检测一次，每班检测32次，每次处理率2 t，波动范围±0.35 t，工业试验全过程均衡率达80.4%。

(2)磨矿浓度、粒度。

粒度：一段磨矿1.2 mm；二段磨矿0.3 mm；三段磨矿0.15 mm；

浓度：一段65%、70%；二段34%、40%；三段45%、50%。

(3)浮选。

浓度：15% ~25%；

粒度：−74 μm 75%以上；

药剂：硫化钠2.15 kg/t；丁基黄药1.02 kg/t；水玻璃1.74 kg/t；起泡剂0.2 kg/t。

(4)脱泥溢流粒度。

−0.01 mm 产率占90%以上。

4. 工业试验的生产技术指标

工业试验整个过程的指标是比较稳定的、可靠的(见表12-4~表12-6)，与小试指标也比较接近。经专家鉴定，认为可作为设计的依据和安排生产的参考资料。

表 12-4 工业试验全过程生产指标

项目	作业	银	铅	锡
处理量/t	1742			
原矿品位/%		189 g/t	10.57	0.492
原矿量/t		325.84 kg	182.232	8.477
精矿品位/%	重选	740 g/t	34.90	2.292
	浮选	1100 g/t	43.95	0.185
精矿量/t	重选	186.074 kg	887.651	5.758
	浮选	44.53 kg	17.793	0.097
回收率/%	重选	57.10	48.10	67.92
	浮选	13.67	9.76	0.93
	合计	70.77	57.86	68.85
尾矿品位/%		62 g/t	5.18	0.282

表 12-5 工业试验全过程各选矿段指标

作业名称	原矿品位/%			精矿品位/%			回收率/%		
	银/(g·t⁻¹)	铅/(g·t⁻¹)	锡/(g·t⁻¹)	银/(g·t⁻¹)	铅	锡	银	铅	锡
一段床	189	10.57	0.492	812	37.26	1.807	39.77	32.62	35.72
二段床				600	30.52	2.352	9.63	8.76	14.51
沉砂床				700	34.63	3.54	1.18	1.05	2.30
复洗床				700	33.28	2.927	6.30	5.36	10.13
浮选				1100	43.95	0.185	13.67	9.76	0.93
扫选床				162	12.82	10.03	0.22	0.31	5.26
重选合计				740	34.00	2.292	57.10	48.10	67.92
重浮合计				790	36.15	2.001	70.77	57.86	68.85

表 12-6 工业试验全过程的铅相回收率 %

名称	铅钒及白铅矿	锰铅核中铅	砷铅矿	方铅矿	铅铁钒	合 计
重选精矿	69.11	11.67	22.25	47.36	12.60	48.10
浮选精矿	15.24	1.66	1.66	7.07	1.29	9.76
总精矿	84.35	13.23	23.91	54.43	13.89	57.86

12.4 中间试验和工业试验结果的计算

在中间试验和工业试验过程中，不仅需要提出最终指标，而且需要计算数质量流程和矿浆流程。

同实验室小型试验相比，中间试验和工业试验结果的计算方法具有下列特点：

(1)在实验室小型试验中，大部分产品的重量是实测的，按实测重量算出的产率是实际产率，按实际产率算出的回收率是实际回收率；在中间试验和工业试验中，产品的产率是根据产品的化验品位推算的，因而算出的产率和回收率是理论产率和理论回收率。当然，如果条件允许，我们仍希望尽可能用最终精矿计量，计算实际回收率，但中间产品很难全部计量。因而数质量流程和矿浆流程均主要是按理论平衡完成计算。

(2)在实验室小型试验中，精矿和尾矿以及中矿都可以计量、化验，因而在计算时是将产品的重量和品位(或粒度组成、浓度和水分等)作为原始指标，原矿的重量和品位是反推出来的。中间试验和工业试验时，原矿是干矿，计量比较准确，产品是矿浆，量大，很难准确计量，因而一般将原矿的重量和品位、水分等取作原始指标，而不采取反推。

(3)中间试验和工业试验持续时间较长，指标是波动的，不能仅仅依据一、二批试验数据计算推荐指标，而必须将试验稳定后的全部数据进行统计，算出其平均值，作为推荐指标，并应同时指出其波动范围，即误差界限。

数质量流程应反映出各产品的数量指标和质量指标。数量指标包括产量(t/h)、产率(%)、回收率(%)。质量指标包括品位(%)、富集比。一般提供设计的试验数质量流程只列出产率(%)、回收率(%)、品位(%)。

流程计算是一项非常细致的工作，我们必须仔细地做好这项工作，取得必需的原始指标。首先要检查这些指标是否符合正常情况，若反常，须重新化验进行校核。如在计算中不可避免要调整个别指标时，一般只可调整作业的尾矿指标，因为尾矿量大，相对精矿指标不易稳定。最终产品调整平衡后，即可进行系统计算。

流程计算程序：对全流程而言，应由外向里算，即先计算整个流程的最终产物全部未知数，然后才计算流程内部的各个作业；对作业(或循环)而言，应一个作业一个作业地进行计算；对产品而言，先算出精矿的指标，然后用相减的原则算出作业尾矿指标；对指标而言，先算出产率，依次算出回收率和品位。全部都要校核平衡，先校核产率，再校核回收率。

数质量流程计算的实质就是根据各个作业进出产品的重量(或产率)平衡和金属量平衡关系，计算未知的产率 γ、回收率 ε 和品位 β 值。其计算方法随着产品和金属品种的增加，相应地也会变得较复杂。

1. 单金属两产品流程计算

以铜为例，如图 12－5 所示。根据重量和金属量平衡列出下列方程式。

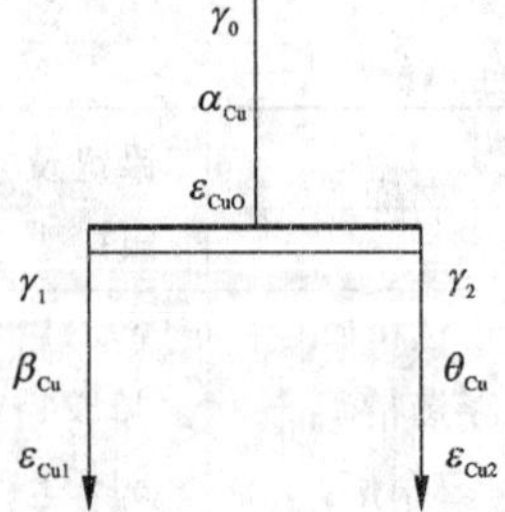

图 12－5 两产品流程

重量平衡：

$$\gamma_0 = \gamma_1 + \gamma_2$$

金属量平衡：

$$\gamma_0 \alpha_{Cu} = \gamma_1 \beta_{Cu} + \gamma_2 \theta_{Cu} \tag{12-2}$$

$\gamma_0 = 100\%$ 或 1，α_{Cu}、β_{Cu}、θ_{Cu} 均取样化验为已知数据解方程组，得：

$$\gamma_1 = \gamma_0 \frac{\alpha_{Cu} - \theta_{Cu}}{\beta_{Cu} - \theta_{Cu}} = \frac{\alpha_{Cu} - \theta_{Cu}}{\beta_{Cu} - \theta_{Cu}} \times 100(\%) \tag{12-3}$$

$$\gamma_2 = \gamma_0 \frac{\alpha_{Cu} - \beta_{Cu}}{\theta_{Cu} - \beta_{Cu}} = \frac{\alpha_{Cu} - \beta_{Cu}}{\theta_{Cu} - \beta_{Cu}} \times 100(\%) \tag{12-4}$$

校核：

$$\gamma_0=\gamma_1+\gamma_2$$

$$\varepsilon_{Cu1}=\frac{\gamma_1\beta_{Cu}}{\gamma_0\alpha_{Cu}}\times100=\frac{\beta_{Cu}(\alpha_{Cu}-\theta_{Cu})}{\alpha_{Cu}(\beta_{Cu}-\theta_{Cu})}\times100(\%) \quad (12-5)$$

$$\varepsilon_{Cu2}=(\varepsilon_{Cu0}-\varepsilon_{Cu1})\times100(\%)$$

2. 单金属三、四产品流程计算

以锡为例，如图12-6和图12-7所示。根据重量和金属量平衡列出三、四产品方程式。

三产品

重量平衡：
$$\gamma_0=\gamma_1+\gamma_2+\gamma_3$$

金属量平衡：
$$\gamma_0\alpha_{Sn}=\gamma_1\beta_{Sn1}+\gamma_2\beta_{Sn2}+\gamma_3\theta_{Sn}$$

四产品

重量平衡：
$$\gamma_0=\gamma_1+\gamma_2+\gamma_3+\gamma_4$$

金属量平衡：
$$\gamma_0\alpha_{Sn}=\gamma_1\beta_{Sn1}+\gamma_2\beta_{Sn2}+\gamma_3\beta_{Sn3}+\gamma_4\theta_{Sn}$$

上述方程组中$\gamma_0=100\%$或1，α_{Sn}、β_{Sn1}、β_{Sn2}、β_{Sn3}、θ_{Sn}等均取样化验为已知数据，但两个平衡方程式只能解两个未知数，因此对三产品流程需在试验中测量精矿重量Q_1而算出γ_1，对四产品流程还需测量精矿重量Q_2而算出γ_2。在此条件下，解方程组得出三产品中的γ_2、γ_3，四产品中的γ_3、γ_4。

然后按$\varepsilon_{Snj}=\dfrac{\gamma_j\beta_{Snj}}{\alpha_{Sn}}\times100\%$的关系式，分别求得各产品的回收率，式中$j=1$、2、3、4。

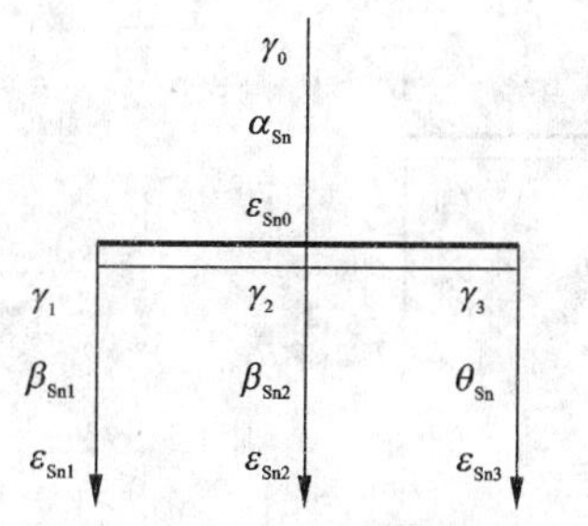

图12-6　三产品流程

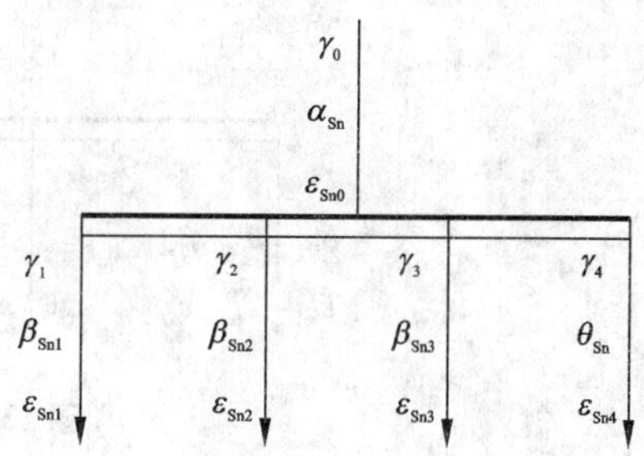

图12-7　四产品流程

3. 两种金属流程计算

以铅锌为例，如图12-8所示。根据金属平衡列出方程式。

重量平衡：

$$\gamma_0=\gamma_1+\gamma_2+\gamma_3$$

铅金属平衡：

$$\gamma_0\alpha_{Pb}=\gamma_1\beta_{Pb1}+\gamma_2\beta_{Pb2}+\gamma_3\theta_{Pb}$$

锌金属平衡：

$$\gamma_0\alpha_{Zn}=\gamma_1\beta_{Zn1}+\gamma_2\beta_{Zn2}+\gamma_3\theta_{Zn}$$

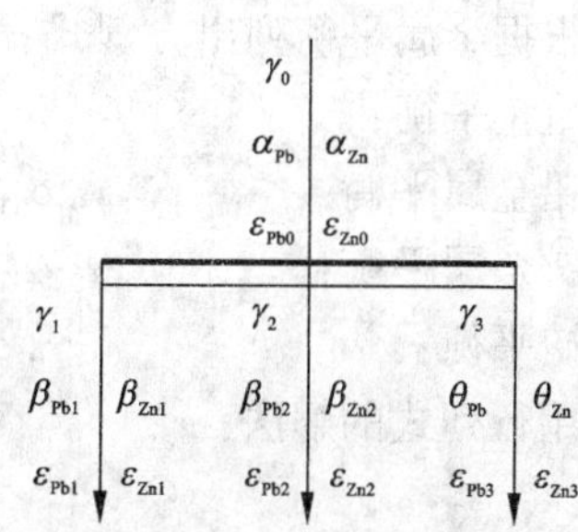

图12-8　两种金属流程

计算整个流程的全部未知γ：

解方程组，得出γ_1 和γ_2，而$\gamma_3=\gamma_0-\gamma_1-\gamma_2$，试验中$\gamma_0=100\%$，各产品的铅、锌品位通过取样化验为已知数据，故可进行计算：

$$\gamma_1=\frac{(\alpha_{Pb}-\theta_{Pb})(\beta_{Zn2}-\theta_{Zn})-(\beta_{Pb2}-\theta_{Pb})(\alpha_{Zn}-\theta_{Zn})}{(\beta_{Pb1}-\theta_{Pb})(\beta_{Zn2}-\theta_{Zn})-(\beta_{Zn1}-\theta_{Zn})(\beta_{Pb2}-\theta_{Pb})}\times 100(\%) \quad (12-6)$$

$$\gamma_2=\frac{(\alpha_{Zn}-\theta_{Zn})(\beta_{Pb1}-\theta_{Pb})-(\beta_{Zn1}-\theta_{Zn})(\alpha_{Pb}-\theta_{Pb})}{(\beta_{Pb1}-\theta_{Pb})(\beta_{Zn2}-\theta_{Zn})-(\beta_{Zn1}-\theta_{Zn})(\beta_{Pb2}-\theta_{Pb})}\times 100(\%) \quad (12-7)$$

γ_1、γ_2 算出以后，求铅精矿的回收率ε_{Pb1}，锌精矿的回收率ε_{Zn2}，铅精矿中锌的回收率ε_{Zn1}和锌精矿中铅的回收率ε_{Pb2}，就比较简单了。其计算如下：

$$\varepsilon_{Pb1}=\gamma_1\frac{\beta_{Pb1}}{\alpha_{Pb}}\times 100(\%)$$

$$\varepsilon_{Zn2}=\gamma_2\frac{\beta_{Zn2}}{\alpha_{Zn}}\times 100(\%)$$

$$\varepsilon_{Zn1}=\gamma_1\frac{\beta_{Zn1}}{\alpha_{Zn}}\times 100(\%)$$

$$\varepsilon_{Pb2}=\gamma_2\frac{\beta_{Pb2}}{\alpha_{Pb}}\times 100(\%)$$

4. 三种金属流程计算

以铅锌硫为例，如图 12－9 所示。

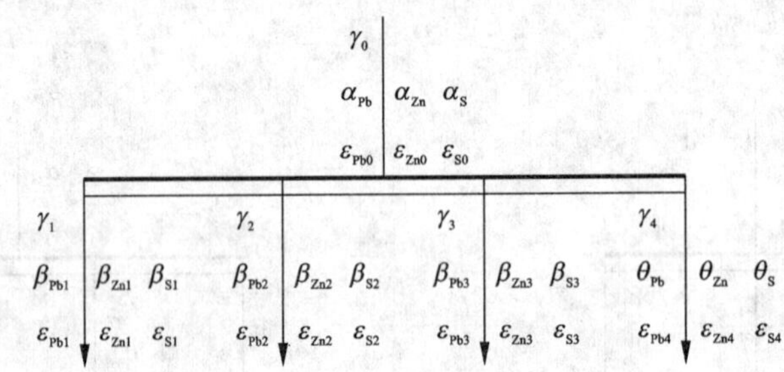

图 12－9　三种金属流程

三种金属平衡的计算，用联立方程的一般代数求解比较麻烦，用行列式降阶解法较方便。

根据金属平衡列出方程式：

重量平衡：$\gamma_0=\gamma_1+\gamma_2+\gamma_3+\gamma_4$

铅金属平衡：$\gamma_0\alpha_{Pb}=\gamma_1\beta_{Pb1}+\gamma_2\beta_{Pb2}+\gamma_3\beta_{Pb3}+\gamma_4\theta_{Pb}$

锌金属平衡：$\gamma_0\alpha_{Zn}=\gamma_1\beta_{Zn1}+\gamma_2\beta_{Zn2}+\gamma_3\beta_{Zn3}+\gamma_4\theta_{Zn}$

硫平衡：$\gamma_0\alpha_S=\gamma_1\beta_{S1}+\gamma_2\beta_{S2}+\gamma_3\beta_{S3}+\gamma_4\theta_S$

用行列式的解法：

$$\Delta = \begin{vmatrix} 1 & 1 & 1 & 1 \\ \beta_{Pb1} & \beta_{Pb2} & \beta_{Pb3} & \theta_{Pb} \\ \beta_{Zn1} & \beta_{Zn2} & \beta_{Zn3} & \theta_{Zn} \\ \beta_{S1} & \beta_{S2} & \beta_{S3} & \theta_{S} \end{vmatrix} \tag{12-8}$$

$$\Delta_1 = \begin{vmatrix} 1 & 1 & 1 & 1 \\ \alpha_{Pb} & \beta_{Pb2} & \beta_{Pb3} & \theta_{Pb} \\ \alpha_{Zn} & \beta_{Zn2} & \beta_{Zn3} & \theta_{Zn} \\ \beta_{S} & \beta_{S2} & \beta_{S3} & \theta_{S} \end{vmatrix} \tag{12-9}$$

$$\Delta_2 = \begin{vmatrix} 1 & 1 & 1 & 1 \\ \beta_{Pb1} & \alpha_{Pb} & \beta_{Pb3} & \theta_{Pb} \\ \beta_{Zn1} & \alpha_{Zn} & \beta_{Zn3} & \theta_{Zn} \\ \beta_{S1} & \alpha_{S} & \beta_{S3} & \theta_{S} \end{vmatrix} \tag{12-10}$$

$$\Delta_3 = \begin{vmatrix} 1 & 1 & 1 & 1 \\ \beta_{Pb1} & \beta_{Pb2} & \alpha_{Pb} & \theta_{Pb} \\ \beta_{Zn1} & \beta_{Zn2} & \alpha_{Zn} & \theta_{Zn} \\ \beta_{S1} & \beta_{S2} & \alpha_{S} & \theta_{S} \end{vmatrix} \tag{12-11}$$

$$\gamma_1 = \frac{\Delta_1}{\Delta} \tag{12-12}$$

$$\gamma_2 = \frac{\Delta_2}{\Delta} \tag{12-13}$$

$$\gamma_3 = \frac{\Delta_3}{\Delta} \tag{12-14}$$

$$\gamma_4 = \gamma_0 - \gamma_1 - \gamma_2 - \gamma_3 \tag{12-15}$$

然后可以计算各产品回收率。

习 题

1. 简述进行中间试验和工业试验的主要目的。
2. 简述实验室连续试验的程序。
3. 工业试验的准备工作有哪些?
4. 工业试验的种类有哪些? 各自的试验内容是什么?
5. 工业试验的在线检测方法有哪些?
6. 简述浮选中间试验和工业试验时预先试验中调整参数的种类和目的。
7. 以浮选为例, 简述中间和工业试验时主要检测项目有哪些?

第13章 矿物材料制备与加工试验

本章内容提要：主要论述矿物粉体加工试验的方法、矿物材料的提纯试验方法、矿物材料的表面改性试验和评价方法以及碳酸钙、氢氧化镁、滑石和硫酸钙晶须四种典型矿物材料的制备与加工方法。

矿物材料是指以天然矿物或岩石为主要原料，经不以提纯金属和化工原料为目的的加工、改造所获得的材料或者能直接应用其物理、化学性质的矿物或岩石产品。制备矿物材料的主要原料是非金属矿物，非金属矿物是指除了矿物燃料以外的且其化学组成或技术和物理性能可供工业应用并具有经济价值的所有非金属矿物与岩石，一般又称为工业矿物。

13.1 粉体加工试验

矿物粉体材料加工的目的是通过一定的技术、工艺、设备生产出满足市场要求的具有一定粒度和粒度分布、纯度或化学成分、物理化学性质、表面或界面性质的粉体材料以及一定尺寸、形状、机械性能、物理性能、化学性能、生物功能等的功能性产品。下面介绍几种处理方法。

13.1.1 粉碎

粉碎与分级是以满足应用领域对粉体原(材)料粒度大小及粒度分布要求的粉体加工技术。用机械的方法克服固体物料内部凝聚力而将其分裂的操作称为粉碎。根据所处理的物料尺寸大小的不同，粉碎作业的详细区分如表13-1所示。

表13-1 粉碎作业详细区分表

粉 碎	破 碎	粗碎——处理后物料尺寸大于100 mm
		中碎——处理后物料尺寸为30~100 mm
		细碎——处理后物料尺寸为3~30 mm
	粉磨(微粉碎)	粗磨——处理后物料尺寸为0.1~3 mm
		细磨——处理后物料尺寸为0.1 mm以下
		超细磨——处理后物料尺寸为0.02~0.04 mm以下
	超微粉碎	处理后物料尺寸为0.0001~0.02 mm

常用的破碎和粉磨设备有颚式破碎机、锤式破碎机、反击式破碎机、轮碾式破碎机、振

动磨机、搅拌磨机、悬辊式粉碎机(雷蒙磨机)、塔式粉碎机、高速粉碎机、胶体磨机、离心磨机、挤压磨机、气流式超细粉碎机等。

13.1.2 筛分分级

把固体物料按尺寸不同分为若干级别的操作过程称为分级。为了完成分级作业，把物料放在具有一定孔径的筛面上摇动或振动，使小于筛孔尺寸的物料颗粒通过筛孔，而大于筛孔尺寸的物料颗粒则留在筛面上，这种分级方法称为筛分。通过筛孔的物料称为筛下料，留在筛面上的物料称为筛上料，而进入筛分过程的物料称为筛分原料。

按筛分原料含水量的不同，筛分操作分为干法和湿法两种。筛分含水量少、呈干燥状态的物料称为干法筛分(简称干筛)，在水介质中筛分因含水量多而成为泥浆状的物料称为湿法筛分(简称湿筛)。筛分机械种类很多，按其运动方式的不同分为摇动筛、振动筛和旋转筛等几种。

在超细粉碎过程中，随着粉碎时间的延长，物料粒度逐渐变细。由于其表面积大，微细颗粒呈现相互聚结趋势，当达到一定细度时，出现粉碎与聚结的动态平衡。此时再延长粉碎时间，也难使物料粉碎得更细，甚至因颗粒聚结变大而使粉碎工艺恶化。解决这一问题的有效措施是采用超细分级设备，与超细粉碎机配合形成闭路，将合格细粒产品及时分离出来，粗粒返回再磨，以提高粉碎效率和降低能耗。

常用的超细分级设备也分为干式和湿式两种，与超细粉碎机配套时大多采用干式气流分级机，主要设备有回转叶片式风力分级器、转子型风力分级器、MS型超细风力分级机、气流分级机等；湿式超细分级设备有水力旋流器、离心式分级机、超细水力旋分机等。

13.1.3 矿物超细粉体材料制备

对矿物进行超微细化处理，不仅能达到深加工的目的，更是制备功能矿物材料的重要途径，其价格比传统矿物提高3~10倍。超细粉体的主要制备方法如下：

1. 机械法制备超细矿物粉体

用机械法制备矿物粉体材料是最常用和最简单的方法，具有制备流程简单、产量高、成本低等优点，但其存在颗粒尺寸较粗且易受污染的缺点。机械法超细粉体材料的制备方法如下：

(1)球磨。利用介质和物料之间的相互研磨和冲击使物料颗粒粉碎，经长时间的球磨，可使小于1 μm的颗粒达20%。

(2)振动磨。利用球或棒等研磨介质在一定振幅振动的筒体内对物料进行冲击、摩擦、剪切等作用而使物料粉碎。可获得小于2 μm的颗粒达90%，甚至可获得0.5 μm的超微颗粒。

(3)搅拌磨。由一个静止的研磨筒和一个旋转搅拌器构成。根据其结构和研磨方式可分为间歇式、循环式和连续式三种类型。一般使用球形研磨介质，其平均直径小于6 mm。用于超微粉碎时，一般小于3 mm。

(4)胶体磨。利用一对固体磨子和高速旋转磨体的相对运动所产生强大剪切、摩擦、冲击等作用力来粉碎或分散物料颗粒。被处理的浆料通过两磨体之间的微小间隙，可以被有效地粉碎、分散、乳化、微粒化。在短时间内，经处理的产品粒径可达1 μm。

(5)气流粉碎机。利用高压气流(压缩空气或过热水蒸气)使物料互相受到冲击(碰撞)、摩擦及剪切作用而达到粉碎目的，是一种应用广泛、高效的超微粉碎设备。常用的设备主要有扁平式、循环管式、特罗斯特型及流态床式(沸腾床式)气流粉碎机等。气流粉碎机是最常用的超细磨矿设备之一，其产品粒度一般可达1~5 μm，经过预先磨矿，降低入磨粒度，这种磨机可得到平均粒度小于1 μm的产品。

2. 气相法制备超细矿物粉体

气相法是最常见的一种化学制备法，与机械粉碎法不同，化学法制备粉体是通过化学反应或物相变化，从物质的原子、离子或分子入手，经过核生成颗粒，并使颗粒在控制之下长大到尺寸达到要求时而成为粉体，这是使颗粒尺寸由小变大的制备方法。其优点是能得到极微细的颗粒，尺寸范围处于超微颗粒尺寸较小的一侧，而且颗粒尺寸比较均匀，颗粒的纯度高。不足之处在于制备流程比较复杂，产量低，成本高。

气相法制备超微粉体的试验方法如下：

(1)物理气相沉积法(PVD)。用热或机械冲击等物理手段使固体原料气化，在由此生成的气相系统中不发生化学反应，而仅仅是通过凝缩固化析出过程使物质固化析出，又称广义的蒸发凝缩法。如果只是通过加热器的加热使固体原料蒸发，则叫狭义的蒸发凝缩法或升华法。如果在真空中进行蒸发，则叫真空气相沉积法。根据所使用的物理手段不同可分为利用辉光放电的离子敷涂法、喷镀法及利用电弧放电的离子溅射法。

(2)化学输送法(CVT)。在固体原料中加入称为输送剂的添加物，发生化学反应而使原料气化，然后在凝缩区发生与此相反的逆反应，使物质固化析出，其特点是在一封闭的管内进行。此法多数用来由粉状制备单晶体及膜体，由于晶体是在接近平衡的条件下合成的，所以组成均匀。该方法的缺点是生长速度缓慢，很难大型化，无法避免载体气体作为不纯物混入，在封闭管中操作性差等。

(3)化学气相沉积法(CVD)。送入在常温下稳定的气体原料，在凝缩区气相系统发生化学反应，从而析出新组成的固相。只用电炉作加热控制时称低压CVD或常温CVD，如将反应气体引入燃烧焰中时，则称为化学焰法。

化学气相沉积法是在相当高的温度下，混合气体与基体表面相互作用，使混合气体中的某些成分分解，并在基体上形成一种金属或化合物的固态薄膜或镀层。气相沉积的化学反应可由等离子体的产生或激光的照射而得以激活。据反应条件的不同，化学气相沉积法可生成薄膜、晶须、晶粒、颗粒和超微颗粒。

气相法可以制备出超细氧化物粉体、氮化物粉体、碳化物粉体和硼化物粉体。

3. 液相法制备超细矿物粉体

液相法是通过液相氧化还原反应来制备超细材料。由液相法制备的超细颗粒可简单地分为物理法和化学法两大类。物理法：从水溶液中迅速析出金属盐。它是将溶解度高的盐水溶液雾化成小液滴，使其中盐类呈球状均匀地迅速析出。为了使盐类快速析出，可以通过加热干燥使水分迅速蒸发，或者采用冷冻干燥使其生成冰，再使它在低温下减压升华成气体脱水，最后将这些微细的粉末状盐类加热分解，即可得到氧化物微粉。化学法：通过溶液中反应生成沉淀，使溶液通过加水分解或离子反应生成沉淀物。生成沉淀的化合物种类很多，如氢氧化物、草酸盐、碳酸盐、氧化物、氮化物等。将沉淀的粒子加热分解，可制成超细颗粒。

液相法制备超细矿物粉体的主要方法如下：

(1)化学沉淀法。

化学沉淀法是指利用各种在水中溶解的物质，经反应生成不溶性的氢氧化物、碳酸盐、硫酸盐、硝酸盐等，再将沉淀物加热分解，得到最终所需化合物产品。根据最终产物的性质，也可不进行热分解工序，但沉淀过程必不可少。沉淀法可以广泛用来合成单一或复合氧化物超细颗粒，其突出优点是：反应过程简单，成本低，便于推广到工业化生产。主要包括共沉淀法和均匀沉淀法。

共沉淀法是在混合的金属盐溶液(含有两种或两种以上的金属离子)中加入合适的沉淀剂。由于解离的离子是以均一相存在于溶液中，所以经反应后可以得到各种成分具有均一相组成的沉淀，再进行热分解得到高纯超细颗粒。共沉淀法的优点是通过溶液中的各种化学反应能够直接得到化学成分均一的复合粉料，且容易制备粒度小且较均匀的超细颗粒。

均匀沉淀法是利用某一化学反应使溶液中的构晶离子(构晶阴离子或构晶阳离子)从溶液中缓慢地、均匀地产生出来的方法。在该法中，加入溶液中的沉淀剂不应立刻与被沉淀组分发生反应，而是通过化学反应使沉淀剂在整个溶液中均匀地释放出来，从而使沉淀在整个溶液中缓慢均匀地析出。

(2)溶剂蒸发法。

溶剂蒸发中不需加沉淀剂，在该法制备过程中，为了保持溶剂蒸发过程中液体的均匀性，必须使溶液分散成小滴以使成分偏析的体积最小，因此，需用喷雾法。用喷雾法时，如果没有氧化物成分蒸发，则粒子内各成分的比例与原溶液相同。又因为不产生沉淀，故可合成复杂的多成分氧化物粉末。另外，采用喷雾法生成的氧化物粒子一般为球状，流动性好，易于处理。由喷雾液滴制备氧化物粉末可采用冷冻干燥、喷雾干燥和喷雾热解等方法。其中喷雾干燥法是将溶液喷雾至热风中，使之急剧干燥的方法。喷雾热解法是将金属盐溶液喷雾至高温气氛中，使溶剂蒸发和金属盐热解同在瞬间发生，用一道工序制得氧化物粉末的方法。冷冻干燥法是利用低温、负压使冻成固相的原液相介质在负压下升华，以达到排除液相目的的方法。

(3)醇盐水解法。

醇盐水解法是一种新的合成超细颗粒的方法，它不需要添加碱就能进行加水分解，也没有有害阴离子和碱金属离子。其突出的优点是反应条件温和、操作简单，是制备高纯度颗粒原料最理想的方法之一，但生产成本昂贵。醇盐法是目前制取超细陶瓷粉很有前途的新方法。

(4)溶胶—凝胶法。

溶胶—凝胶法是一种借助于胶体分散系的制粉方法，是指金属有机或无机化合物经过溶液—溶胶—凝胶而固化，再经热处理而生成氧化物或其他化合物的方法。超细颗粒的溶胶—凝胶法制备过程如图13-1所示，有五个步骤。例如，试剂级的金属盐在化学过程中转变为可分散的氧化物，加入稀酸或H_2O后形成溶胶，溶胶脱水后形成球、纤维、碎片或涂层状的干凝胶，这个转变一般说来是可逆的。在空气中将凝胶煅烧，干凝胶将分解成氧化物。对非氧化物陶瓷来说，(碳化物及氮化物)在溶胶阶段加入碳，在一定控制的气氛下加热可得到含碳凝胶。对多组分氧化物，可用在凝胶化之前将溶胶混合在一起的方法制得。

4. 固相法制备超细矿物粉体

固相法是将金属盐或金属氧化物按一定的比例充分混合，研磨后进行煅烧，发生固相反

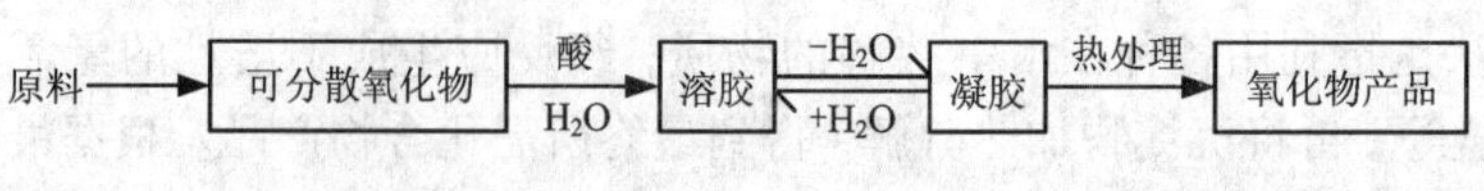

图 13－1　溶胶—凝胶法制备超细颗粒过程示意图

应后，直接或再研磨得到超微粒子的一种制备方法。该法主要用于对粉体的纯度和粒度要求不高的情况。固相法包括机械合金化和固相反应法。

(1)机械合金化。机械合金化高能球磨技术始于 20 世纪 60 年代后期，最初用来制备氧化物弥散强化合金。其原理是：利用高能球磨的方法，使大粒金属分散为纳米粒子，或两种大块金属在分散的同时又化合为合金，形成合金纳米粒子。其过程是把钢或其他高比重磨球和混合粉按一定比例混合装入不锈钢罐中，抽真空，充入惰性气体后，进行长时间球磨。由于高能球磨过程在合金粉末中引入大量的应变、缺陷等，使其合金化过程不同于普通的固态反应过程，因而可制备常规条件下难以合成的许多新型亚稳材料。机械合金化的特点是操作简单，成本较低，但易引进杂质，降低产品纯度，颗粒分布也不均匀。

(2)固相反应法。该法是将金属盐或金属氧化物按一定比例充分混合，研磨后进行煅烧，通过发生固相反应直接制得超细粉，或再次粉碎得超细粉。例如，现在常用的钛酸钡超微粉体就是将二氧化钛和碳酸钡等摩尔混合后煅烧，使之发生固相反应合成钛酸钡后，再进行粉碎制得的。还有众多的草酸盐和碳酸盐都可通过热分解反应再研磨得到氧化物超微粉。

13.1.4　矿物材料水热法制备

水热法又叫热液法，是在高温(100～374℃)高压(＜15 MPa)下在水(水溶液)或蒸汽等流体中进行有关化学反应，发生粒子的成核和生长，从而产生形貌及大小可控的氧化物、非氧化物或金属超细颗粒的过程。

水热法是在密闭反应器(高压釜)中以水溶液作为反应体系，通过将水溶液加热至临界温度(或接近临界温度)来进行材料制备。它可将金属或其前驱体直接合成氧化物，避免了一般液相合成需要经过煅烧转化为氧化物这一步骤，从而极大地降低或避免了硬团聚的形成，制备的粉体具有晶粒发育完整、粒度小、分布均匀、分散性较好等优点。

水热法制备陶瓷粉体又可分为水热氧化、水热沉淀、水热晶化、水热合成和水热分解等。利用超临界的水热合成装置，可连续地获得 Fe_2O_3、TiO_2、ZrO_2、$BaO \cdot 6Fe_2O_3$、Fe_3O_4、NiO、CeO_2等一系列纳米氧化物粉体。水热法比较适合氧化物材料合成和少数对水不敏感的硫化物的制备。国外采用气相氢氧焰水解法大批量生产纳米二氧化钛粉体。在水热法的基础上，用有机溶剂代替水，则可扩大水热法的应用，可以合成其他一些非氧化物纳米粉体。

13.2　矿物材料提纯试验

矿物材料选矿提纯是以满足相关应用领域，如高级和高技术陶瓷、耐火材料、微电子、光纤、石英玻璃、涂料、油墨及造纸填料和颜料、密封材料、有机/无机复合材料、生物医学、环境保护等现代高技术和新材料对非金属矿物原(材)料纯度要求的重要的非金属矿物粉体材料加工技术之一，主要包括以下几种方法：

13.2.1 重选

重力选矿提纯的试验方法见第8章。非金属矿物材料的重选是根据其密度差异进行分选的，部分矿物材料重选原理及适用范围如表13-2所示。

表13-2 部分矿物材料重选原理及适用范围

矿物种类	基本原理及适用范围
石棉	利用石棉纤维与脉石颗粒在介质中的悬浮速度或沉降速度差异而分离，可分选Ⅰ—Ⅳ级长、短纤维，可用水力旋流器等方法分选
重晶石	利用重晶石与伴生矿物密度差异进行分选，适用于沉积型矿石，矿石经洗矿、破碎、筛分后用跳汰或其他方法选出精矿
天青石	利用天青石与脉石的密度差进行分选，适用于嵌布粒度较粗的矿石，可用振动溜槽、跳汰、摇床等方法分选
蓝晶石	用于粗粒嵌布、细粒结核状矿及粗细粒混合嵌布的矿物，可用摇床、水力旋流器等方法分选
金刚石	利用金刚石与脉石的密度差进行分选，多用于粗选(0.5~30 mm)，有时也用于精选。可用淘洗盘、跳汰、重介质等方法分选
硅藻土	对于高品位矿，采用干法分选并加热干燥，除去有机物及水分，对于低品位矿，采用湿法分选。可用空气分离器、水力旋流器分选
石榴石	利用石榴石与脉石的密度差进行分选，除去长石、石英、云母等低密度矿。可用摇床、跳汰等方法分选
高岭土	利用黏土矿物和非黏土矿粒度组成不同，在重力或离心力场中的运动速度不同，实现按粒度分级。可用螺旋分级、水力旋流器等方法分选
菱镁矿	由于菱镁矿与伴生矿密度差小，因此需经煅烧以改变矿物密度，适合分选脉石矿物为蛇纹石、纯橄榄岩的菱镁矿。可用水力旋流器等方法分选
云母	矿石经破碎，云母成片状，而脉石如长石等成块状，预先将其分成窄粒级，根据其在气流中悬浮速度差异，以专用风选设备分选
磷矿	采用磁铁矿或硅铁或二者混合物作为加重剂，使溶液比重介于碳酸盐矿物和磷酸盐矿物之间，比重轻者上浮，反之则下沉，即重介质分选。适用于碳酸盐和磷酸盐矿的预先选别
金红石和钛铁矿	由于含钛矿密度大于4 g/cm^3，因此用重选法将密度小的(<3 g/cm^3)脉石丢掉，常用于粗选。可采用跳汰、螺旋选矿、摇床溜槽等方法分选
砂	根据不同粒度矿物在水中沉降速度不同，在上升水流作用下按粒级分选；或根据矿物密度的差异进行分选，除去铁等重矿物颗粒
钾盐	利用盐类与石盐及其他伴生矿密度的不同，采用重介质选矿方法分选
蛭石	利用蛭石与脉石的比重差异进行选别，蛭石顺流漂浮，脉石沉入水槽底部

13.2.2 磁选

磁选试验方法见第9章。在矿物材料领域，金刚石、石榴石、高岭土、磷矿等多种非金属矿物都可采用磁选工艺进行粗选和精选，表 13－3 列出了可用磁力进行分选的非金属矿及其分选原理。

表 13－3　矿物磁选基本原理及适用范围

矿物种类	基本原理及适用范围
金刚石	当原矿中含有较多磁性矿物时，利用金刚石与脉石的磁性差异进行分选
蓝晶石	用于回收或脱除原料中的磁性矿物和消除精矿中的有害杂质
长石	铁等磁性较强的矿物在外加磁场作用下与长石分离，以除去铁等磁性矿物
石榴石	利用石榴石与脉石矿物的比磁化系数差异进行分选，主要用于精选作业，以除去精矿中磁铁矿、钛铁矿及少量石英、长石
高岭土	高岭土中非黏土矿物粒度细，多属弱磁性矿物。采用聚磁介质，使磁场强度和梯度大大提高，分离出 Fe_2O_3 和 TiO_2 等弱磁性杂质
硫矿	适用于磁黄铁矿，利用磁黄铁矿磁性较好的特点，在外加磁场的作用下，与非磁性脉石矿物分离
磷矿	含铁磁性矿物在外加磁场的作用下与非磁性的脉石矿物分离，以回收含铁磁性矿物
金红石与钛铁矿	主要用于含钛矿物的精选中，可采用弱磁场磁选机从粗精矿中分选出磁铁矿、钛铁矿等磁性产品。为了使钛铁矿与其他非磁性矿物分离，可采用强磁选的方法
硅砂	含铁、铬等磁性矿物，在外加磁场作用下与非磁性的石英分离，用于玻璃砂中除去铁、铬等磁性矿物颗粒
滑石	根据滑石与脉石矿物磁性差异进行分选

13.2.3　浮选

浮选试验方法见第 7 章。

浮选法是加工精选非金属矿的一种重要方法，其主要矿种的浮选基本原理及适用范围如表 13－4 所示。

表 13－4　矿物浮选原理及适用范围

矿物种类	基本原理及适用范围
金刚石	利用金刚石与脉石的表面疏水性差异进行分选
长石	利用长石与杂质成分的表面疏水性差异，除去云母、铁矿物和石英等
萤石	对于石英—萤石型、碳酸盐—萤石型和硫化矿—萤石型等不同类型的萤石矿都采用浮选法，一般情况下需经磨矿—粗选—再磨—再多次精选
石榴石	利用石榴石与脉石组分的表面性质差异进行分选，除去石英等杂质成分
石墨	采用浮选方法获得鳞片石墨粗精矿，需再经多次精选，土状石墨选矿工艺相对较简单
高岭土	在浮选过程中，加入矿物载体如云解石等，利用捕收剂将极细的杂质如锐钛矿等吸附到矿物载体上，然后浮到泡沫层实行分离

续表 13-4

矿物种类	基本原理及适用范围
石灰岩	利用方解石与脉石矿物表面性质差异进行分选，适用于除去石灰岩矿石中的石英、云母类、氧化铁、硫铁矿等杂质
菱镁矿	菱镁矿与脉石矿物嵌布粒度粗且易单体解离，采用胺类捕收剂反浮选脱硅，再用脂肪酸类捕收剂正浮选菱镁矿，选别效果好
云母	采用酸性阳离子法或碱性阴、阳离子法或二者联合使用进行分选
磷矿	对于岩浆型磷块岩和沉积型硅—钙质磷块岩，采用正浮选法，以脂肪酸作捕收剂；对于高品位沉积型钙质鳞块岩，采用反浮选法，即以硫酸等作为磷矿物抑制剂，以脂肪酸类将含钙碳酸盐浮起
金红石和钛铁矿	可应用在原生矿的含钛矿石的选矿，特别是用于选别细粒级含钛矿石，有时也应用在含钛粗精矿的精选中
硅砂	根据石英与其他矿物表面物化性质的差异，在浮选药剂作用下使之与杂质矿物分离。应用于铸钢用树脂砂和浮法玻璃在优质砂中除去长石、岩屑、铁及其他重矿物
钾盐矿	利用钾盐矿与其他伴生矿物(如石盐)表面润湿性的差异进行分选，盐类矿物本身具有可溶性，浮选过程必须在其盐类的饱和溶液中进行，且饱和溶液要回收并循环使用
滑石	根据滑石亲油、脉石矿物亲水的表面性质差异进行浮选分离，通常片状滑石只用起泡剂就能浮起，纤维状滑石需要添加胺类辅助剂
蛭石	在选择合适捕收剂等条件下进行浮选或浮游跳汰，适用于蛭石与脉石共生紧密或蛭石与碎石(特别是大量蛇纹石)混在一起，用简单的重选方法很难选别的场合

13.2.4　化学提纯

矿物化学提纯的方法很多，如化学浸出、离子交换、离子浮选等，应用最多的是利用化学试剂浸出工艺脱除矿物中的金属杂质成分。

浸出过程中使用的试剂按其作用可分为四类：浸出剂、氧化剂、还原剂和溶剂。浸出过程中与固体欲浸组分发生化学反应并形成可溶化合物的试剂称为浸出剂。溶解其他试剂和浸出物的试剂称为溶剂。若物料中欲浸组分在原有的价态下不易发生浸出反应或反应的产物不溶，则需改变其氧化还原价态，此时就应加入氧化剂或还原剂。在浸出过程中，只起氧化作用的试剂称为氧化剂，起还原作用的称为还原剂。溶剂通常为水。

化学提纯的主要方法有酸浸、碱浸、盐浸、水浸和生物浸出等。其具体提纯方法见第10章。

13.3　矿物材料表面改性试验

表面改性是以满足应用领域对粉体原(材)料表面性质及分散性与其他组分相容性要求的粉体材料深加工技术。对于超细粉体和纳米粉体材料，表面改性是提高其分散性能和应用性能的主要手段之一。

矿物的改性即是通过改变矿物的界面性质(吸附性、亲水性、亲油性等),改变矿物的物理结构和性质(孔隙率、膨胀性等),改变矿物的离子交换种类以及其他各种物理化学性能,以改变矿物的应用性能的方法和技术。

13.3.1 表面改性方法

工业矿物的种类繁多,对其应用性质的要求也有很大差异,因此对其进行改性加工的方法和技术也是多种多样,主要包括以下几种方法:

1. 表面处理改性

表面处理改性是指利用各类材料或助剂,采用物理、化学等方法对粉体表面进行处理,根据应用的需要有目的地改善、改变粉体表面的物理化学性质或物理技术性能。

表面处理改性的基本方法可分为包覆处理改性、沉淀反应包膜、表面化学包覆、机械化学改性、胶囊化处理等。

(1)包覆处理改性。

包覆也称涂敷,利用无机或有机高聚物或树脂等对粉体表面进行"包覆"以达到改善粉体表面性能的方法。影响表面涂敷的主要因素有颗粒的形状、比表面积、孔隙率、涂覆剂的种类及用量、涂敷处理工艺等。颗粒越细(比表面积越大)的粉体表面涂敷的高聚物量越多,涂层越薄;另外,带孔隙的颗粒,由于毛细管的吸力作用,涂敷材料(即高聚物)进入孔隙中,表面涂敷效果较差,无孔隙的高密度球形颗粒的涂敷效果最好。

(2)沉淀反应包膜。

是指利用化学方法将生成物沉淀在矿物颗粒表面形成一层或多层改性层的工艺。粉体经过"包膜"处理后,其表面性质,如光泽、着色力、遮盖力、保色性、耐候性、耐热性等得以改善。

粉体的沉淀反应包膜改性大多采用湿法,即在分散的粉体水浆液中,加入所需的改性(包膜)剂,在适当的 pH 和湿度下,使无机改性剂以氢氧化物或水合氧化物的形式均匀沉淀在颗粒表面,形成一层或多层包膜,然后经过洗涤、脱水、干燥、焙烧等工序,使该包膜牢固地固定在颗粒表面,从而达到改进粉体表面性能的目的。表面沉淀反应改性一般在反应釜或反应罐中进行。影响沉淀反应改性效果的因素比较多,主要有浆液的 pH、浓度、反应温度、反应时间、颗粒的粒度、形状以及后续处理工序(洗涤、脱水、干燥、焙烧)等。其中 pH 及温度因直接影响无机改性剂(如钛盐等)在水溶液中的水解产物,是沉淀反应改性最重要的控制因素。

(3)表面化学包覆。

利用表面化学方法,如有机物分子中的官能团在物料粒子(填料或颜料)表面的吸附或化学反应对颗粒表面进行局部包覆,使颗粒表面有机化而达到表面改性的方法。这种方法还包括利用游离基反应、整合反应、溶胶吸附以及偶联剂处理等进行表面改性。表面化学改性是目前生产中应用最广泛的改性方法。它主要用来加工生产在橡胶和塑料中使用的以补强作用为目的的矿物填料。表面化学方法改性常用的改性剂主要有偶联剂、高级脂肪酸及其盐、不饱和有机酸和有机硅等,偶联剂是最常用的表面改性剂,按照化学结构分为硅烷类、钛酸酯类、铝酸酯类、锆类和有机配合物等类型。

改性主要有预处理法和整体掺合法两种途径。

预处理法是将颗粒粉体首先进行表面改性，再加入基体中形成复合体。可分为干式和湿式两种处理方法。

干法改性试验时，可称取一定量的被改性物料，加入高速混合机中，加热搅拌，在一定温度下加入经液体石蜡稀释的改性剂，恒温反应一定时间，停止搅拌得到改性产品。工艺流程如图13－2所示。

试验时，首先把混合器的端盖放下并盖好，从端盖的开口处加入被改性物料，加热搅拌至一定温度后，停止加热，加入表面活性剂和液体石蜡的混合物，改性反应一定时间，停止搅拌，使端盖上移，倾斜混合锅，倒出改性产品。

湿法改性试验时，首先称取被改性物料配成一定浓度的悬浮液，用量筒量取1000 mL悬浮液，加热搅拌，在一定温度下，逐渐加入含有改性剂的无水乙醇溶液，停止加热，保持恒温，改性处理一定时间后趁热过滤，滤饼干燥，粉碎得到改性产品。工艺流程如图13－3所示。

图13－2 干法表面改性工艺流程图

图13－3 湿法表面改性工艺流程图

试验开始时，首先将一定量的无水乙醇溶液经水浴加热到预定温度，然后把称量好的表面改性剂加入无水乙醇溶液中，开始搅拌，待改性剂在无水乙醇溶液中分散均匀后，再加入适量的被改性物料，保持改性温度恒定，并控制改性时间，反应一段时间后得到改性产品的料浆。将改性料浆趁热在过滤机上抽滤，得到的改性产品滤饼放入到恒温干燥箱中恒温干燥一段时间。然后，再将干燥的物料解聚，便得到了改性产品。

整体掺合法是将塑料等制品的部分加工工艺与矿物填料的改性工艺相结合，在矿物填料与高分子聚合物混炼时加入偶联剂原液，然后经成型加工或高剪切混合挤出，直接制成母料。

表面化学包覆改性一般在高速加热混合机或捏合机、流态化床、研磨机等设备中进行。这是因为粉体(如填料)的表面改性处理大多是在粉体物料中加入少量表面改性剂溶液进行的操作。如果在溶液中进行表面改性处理(如浸渍)也可以在反应釜或反应罐中进行，处理完后再进行脱水干燥。

(4)机械化学改性。

机械化学改性是利用超细粉碎及其他强烈机械力作用有目的地对物料表面进行激活，在一定程度上改变粒子表面的晶体结构、溶解性能(表面无定型化)、化学吸附和反应活性(增加表面的活性点或活性基团)等。

此改性方法虽然效率高，程序简单，在实际生产中应用得多，但它对超纯超细颗粒具有污染性。由于在超细粉碎过程中，机械力激活矿物表面实现改性，由此加入有机体或偶联剂在粉碎过程中可实现高效改性。

如用胶体振动磨机湿法研磨石英和方解石，在假塑性流体区间的条件下，实施矿物表面改性的试验结果表明，研磨 2 h 后，石英比表面积增大 100 倍，在石英被超细粉碎的同时，以亚硫酸氢钠做引发剂实现了体系内甲基丙烯酸甲酯的酯合反应并黏附于矿物表面。

(5)胶囊化处理。

胶囊化改性是在颗粒表面覆盖均质且有一定厚度薄膜的一种表面化学改性方法。由药品药效的缓释性需求而出现的固体药粉的胶囊化改性是胶囊化改性的最初发展起因，微小胶囊化改性的另一个特点是能够将液滴固体(胶囊)化。

胶囊化改性工艺中，一般称芯物质为核物质，包膜物为膜物质。胶囊的作用是控制芯物质的放出条件，即控制制造胶囊的条件以调节芯物质的溶解、挥发、发色、混合以及反应时间，对在相互起反应的物质可起到隔离作用，以备长期保存，对有毒物质可以起到隐藏作用。

粉体的微胶囊化是正在发展的领域，微胶囊壳体直径为 1 ~ 100 μm，壳体壁膜厚度从几分之一微米到几微米。胶囊皮膜的制造方法有化学方法、物理化学方法和机械物理方法三大类。

(6)接枝改性。

接枝改性是在一定的外部激发条件下，将单体烯烃或聚烯烃引入矿物表面的改性过程，有时还需在之后使单体烯烃聚合，由于烯烃和聚烯烃与树脂等有机高分子基体性质接近，所以增强了矿物填料与基体之间的结合。

产生接枝聚合的外部激发条件有许多种，如化学接枝法、电解聚合法、等离子接枝聚合法、氧化法和紫外线与高能电晕放电法等。在烯烃单体中研磨物料实现接枝聚合物在物料表面的附着也属于一种接枝改性的激发手段。

2. 化学改性

化学改性是指使用化学处理方法来改变目的矿物的物理与化学性能的工艺方法。化学改性处理的矿物，主要是指具有阳离子交换能力的矿物，以及矿物晶体间(晶层)或内部结晶中可被浸出而能改变(增加)比表面积与吸附功能的一类矿物。因此，化学改性主要是使矿物产生大量的结构孔隙或比表面积，从而提高其吸附性与选择性吸附(分子筛)及离子交换能力，形成一类活性矿物材料。如酸处理石墨可形成石墨酸类层间化合物，锂盐、铵盐、钠盐或其他药剂可对结构层间产生离子交换和促使化学膨胀等。

3. 热加工处理改性

热加工是指对矿物或岩石材料进行干法加热处理与改性。这是一种利用热物理方法来改变矿物(或岩石)材料状态的一种手段，它具有十分重要与广泛的用途，其加工方法也较多。

热加工可分为干燥脱水和热处理两大类，加热条件则主要依据被处理材料的热分析结果来确定。干燥脱水是采用热物理方法排除矿物颗粒或材料的自由水和吸附水(去湿)。热处理则是在较高温度下脱去矿物或材料的吸附水及化合水，或同时脱除其他易挥发物质，进行热分解(轻烧)，也可能是在更高温度下使矿物再结晶(重烧)、烧结或熔融，变为另一类人造矿物材料。因此热加工虽然是一类热物理作业，但也常伴随有热化学分解反应。

按照矿物处理后在形态、组成、结构等方面的变化，可将矿物热处理分为改性热处理、高温膨胀燃烧、高温分解燃烧和高温熔融四种。若经过热处理后，矿物内部晶体结构或物理构造方面有所变化，但此种变化除了表面自由水、内部吸附水或结构水发生分解外，其他化学成分变化不大，这类处理方法可归结为改性热处理。矿物的热处理改性一般是在各种工业窑炉或其他加热装置中进行。窑炉的主要形式有立式窑、隧道窑、回转窑等。

13.3.2 表面改性设备

针对不同的表面改性方法，国外研制出了多种类型的表面改性专用设备，如瑞典AGMW公司制造的三筒连续高速强烈混合表面改性机、英国Attritor有限公司制造的干燥式粉碎及表面改性机、德国ALPLAN公司制造的AM型机械融合机等。用于专门改性的表面处理机在日本已得到广泛的应用，工业上应用的主要品牌有：宇都兴产株式会社生产的CF磨机，冈田精工株式会社生产的新机械磨和奈良机械制造所生产的HYB系统高速气流冲击式粉体表面处理机，其中以HYB系统改性处理机最具代表性。

目前国内主要改性设备有：混合机、高速搅拌机、高速捏合机、液态化床、能流磨和反应釜等。目前国内填料干法包覆改性主要使用高速捏合机和混合机。兼有改性功能的超细粉碎设备如球磨机、振动磨机和介质搅拌球磨机等在湿法改性中应用也较广泛。目前研制成功的改性设备有SLG三筒连续式粉体表面改性机和PSC连续粉体表面改性机。

13.3.3 表面改性效果评价

改性效果的评价是表面改性领域的重要研究内容之一。目前，改性效果的评价方法很多，但是还没有统一的标准。一般来说，改性评价可分为预先评价法和应用结果评价法两种。

1. 预先评价法

预先评价法是指考察改性产品的表面特性及若干物理化学性质在改性前后的变化而对改性效果做出预先评价的方法。这种方法可以避免因考察其加工制品性能而由制品的其他加工条件带来的评价误差，并且操作简单、易行。

表面性质的变化是预先评价改性效果的最主要依据。对于以改性剂吸附的方式实现的矿物改性，是通过评判药剂吸附量、表面润湿性和表面自由能来评价改性的效果。此外，采用红外光谱、热分析、X射线衍射、XPS光电子能谱等现代分析技术，可研究表面改性剂与矿物表面的作用机理，也是预先评价改性效果的手段。

(1)药剂吸附量评价法。通过测定矿物表面的药剂吸附量来评价改性效果。但是，改性效果的好与坏不仅与矿物表面的药剂吸附量有关，还与改性剂与矿物表面的作用形式有关。如果两者之间只是以物理吸附相结合，则改性产品不稳定；如果是以化学键结合，则改性产品稳定。

(2)润湿性评价法。润湿性包括接触角、活化指数、沉降体积、悬浮体黏度、水渗透速度、吸油率等指标，是衡量填料与聚合物相容性好坏的主要指标之一。

接触角反映了改性产品与液体介质之间的润湿能力。其原理和测定方法见第7章。对于非金属矿物填料的疏水化改性，通过比较改性前后接触角的大小，可对改性效果做出评价。

活化指数是指样品中漂浮部分的质量与样品总质量之比。它反映了改性产品表面活化的程度。活化指数在0至1之间变化，其值越大表面改性效果越好。

沉降体积是根据疏水聚团沉降体积大于相同颗粒粉体非聚团沉降体积的原理，用改性前后样品的沉降体积变化来评价产品的团聚行为，以达到对改性效果的评价。

悬浮体的黏度与颗粒表面和液体间的润湿亲和作用有关。在相同的条件下，悬浮体黏度低则表明其亲和性强，否则亲和性弱。对于亲水性物料的疏水改性，常用它与有机液体组成的悬浮体进行黏度测定。相反，对于亲水改性，常用水作为悬浮介质。

水渗透速度通常是先将粉体压成块，然后在其表面滴加少量蒸馏水，测定水的渗透速率，以评价改性效果。

吸油率的测定常用蓖麻油作为测定用油，在搅拌的同时将蓖麻油加入一定量的粉体中，当粉体刚好黏结成团时，停止加油并记录用油量。吸油量的变化反映了物料的改性效果。

(3)表面自由能评价法。大多数非金属矿物都具有较大的表面自由能，而表面改性剂的表面能与之相比却小得多。经表面改性后，改性剂吸附在矿物表面使其表面能降低。因此，表面能的降低可以反映改性剂的吸附程度，从而也反映了改性效果。

(4)分析技术评价法。分析技术评价法是利用现代分析技术，如红外光谱、热分析等对表面改性的作用机理进行研究。其具体分析原理和方法见第14章。

通过对改性前后的样品进行红外光谱分析，根据特征峰的变化，可研究表面改性剂的作用机理。

热分析是指在高温过程中测量物质热性能的所有技术的总称。热分析方法种类繁多，应用最广的是热重法(TG)、差热分析法(DTA)和差示扫描量热法(DSC)。热分析在表面改性中的应用是通过分析改性前后样品热分析曲线的差异，如放热峰或吸收峰的位置、峰面积的大小，来反映热效应的强弱，从而分析表面改性的效果及作用机理。

固体表面分析新技术是近十年来发展起来的高新技术，如电子能谱、二次离子质谱等。它们的共同基础是低能初级粒子和固体表面相互作用，产生散射或发射出次级粒子。通过分析射出粒子的能谱、质谱或光谱，得到粉体表面的有关信息，进而了解改性前后的变化。另外，表面分析新技术在对深层次的理论研究、揭示改性剂和粉体表面作用机理等方面，具有独到的优越性。

2. 应用结果评价法

应用结果评价法是指通过考察改性无机填料填充形成的制品的性能，特别是力学性能对改性效果做出直接评价。这种方法耗资费力，但结论可靠，在表面改性的研究和应用中，一直被广泛地采用。

13.4 典型矿物材料的制备与加工试验

13.4.1 碳酸钙

碳酸钙是目前高聚物基复合材料中用量最大的无机填料，在造纸、塑料、涂料等领域具有广泛的应用。碳酸钙填料的主要优点是原料来源广泛、价格便宜、无毒性。根据碳酸钙生产方法的不同，可以将碳酸钙分为轻质碳酸钙、重质碳酸钙和纳米碳酸钙。

重质碳酸钙简称重钙，是用机械方法直接粉碎天然的方解石、石灰石、白垩、贝壳等而制得。重质碳酸钙的生产工艺流程有两种，一是干法生产工艺流程，二是湿法生产工艺流程。图13－4和图13－5分别是重质碳酸钙的干法和湿法生产工艺流程。

轻质碳酸钙的制备方法包括碳化法、纯碱氯化钙法或碳酸钾—氯化钙法、苛化法、联钙法、苏尔维法，最常用的方法是碳化法。

碳化法制备轻质碳酸钙时，将石灰石等原料煅烧生成石灰(主要成分为氧化钙)和二氧化

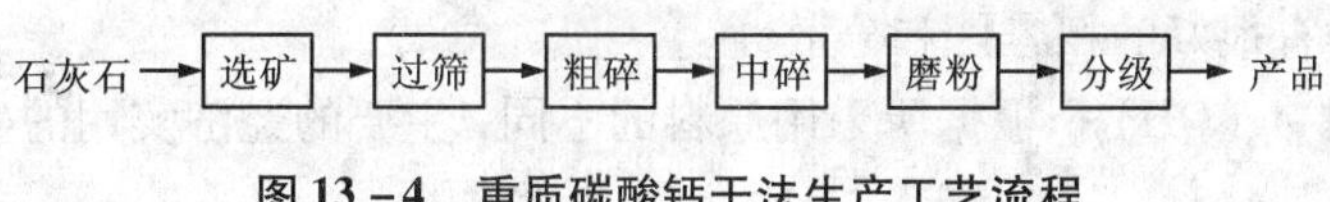

图 13-4 重质碳酸钙干法生产工艺流程

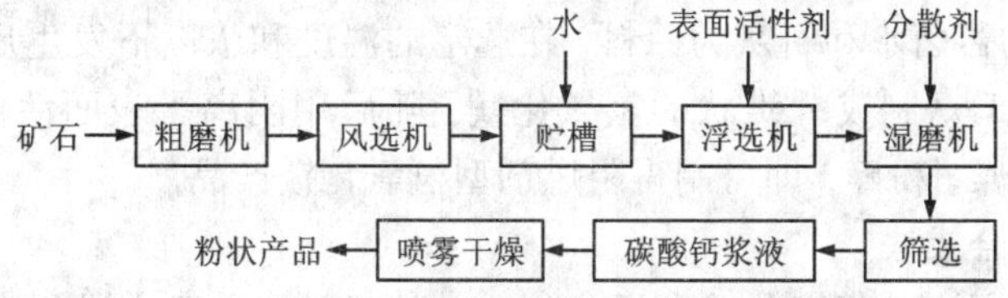

图 13-5 重质碳酸钙湿法生产工艺流程

碳，再加水消化石灰生成石灰乳（主要成分为氢氧化钙），然后再通入二氧化碳碳化石灰乳生成碳酸钙沉淀，最后碳酸钙沉淀经脱水、干燥和粉碎便制得轻质碳酸钙。图 13-6 为轻质碳酸钙生产过程。

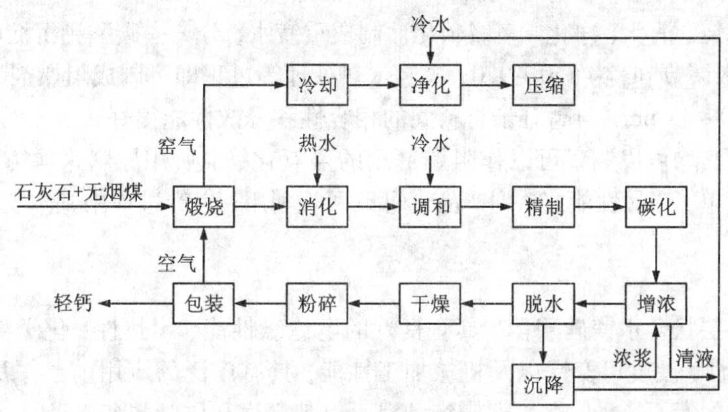

图 13-6 轻质碳酸钙生产过程

13.4.2 氢氧化镁

氢氧化镁是一种环保型绿色阻燃剂，其热分解温度高，热稳定性好，粒径小，对设备磨损小，同时原料易得，生产成本低，具有相当强的竞争力。可广泛用于聚丙烯、聚乙烯、聚氯乙烯、高抗冲击聚苯乙烯和 ABS 等塑料、橡胶行业。

氢氧化镁阻燃剂生产方式有两种：一是利用化学合成法，即通过利用含有氯化镁的卤水、卤矿等原料与苛性碱类物料在水介质中反应，生成的氢氧化镁经过滤、洗涤干燥就可得到；另一种方式是通过天然矿物水镁石经磨细到所需粒度制得，包括精选、微粉碎、湿法超细磨、表面活化处理等工序。

为了制备阻燃性能良好的氢氧化镁，需采取特殊的合成工艺，并对常温合成的氢氧化镁进行水热处理，以便生成比表面积小、晶型较好的氢氧化镁，然后再进行表面处理，改善它与高分子材料的相容性。因此，化学合成法制备阻燃剂氢氧化镁通常需要经过三个阶段：常温合成（<100℃），水热处理（100~373℃）和表面改性。

阻燃剂氢氧化镁具有特殊的结构要求，即颗粒表面极性小、粒子不易集聚或成团结块，在非极性材料中具有很好的相容性和分散性。

为制得阻燃剂 $Mg(OH)_2$，根据所采用原料的不同，主要的经济实用的生产方法包括以下几种：

(1)苦卤水—石灰中和法。

该方法以廉价的苦卤水和石灰为原料，在选定的温度和浓度下发生反应，生成针状碱式氯化镁，再经水热处理，制成纤维状的氢氧化镁，随后用阴离子表面活性剂进行表面处理，再经洗涤、过滤、干燥、粉碎，即可制得阻燃剂型氢氧化镁产品。

(2)卤水的氨水合成法。

该方法以卤水为原料，经净化除杂后，在一定温度下加入氨水进行合成反应，再经水热处理、固液分离、表面处理、干燥、气流粉碎，即可制成阻燃剂型氢氧化镁。

(3)菱镁矿法。

菱镁矿经煅烧、盐酸处理而制成氯化镁溶液，经除杂后，加入氨水中和，水热处理后制成氢氧化镁，再经表面改性处理、干燥和粉碎，即得到阻燃剂成品。

(4)白云石多级碳化—水解合成法。

白云石经煅烧、消化、净化、多级碳化而制成重镁水，分离去碳酸钙沉淀(加工为轻钙或活性钙)，用氨水调节 pH 为 8.0 ~ 9.0，再经水热处理等过程即可制成阻燃剂型氢氧化镁，产品粒径平均在 30 ~ 45 nm，与高分子材料间的相容性和分散性能很好。

以上四种方法均可以制备可以作阻燃剂用的氢氧化镁，所用原料来源方便，价格低廉，生产工艺也较简单，产品性能好，副产品也可以回收利用，生产过程中基本上无污染。

13.4.3 滑石

滑石是一种层状含水镁硅酸盐，具有良好的电绝缘性能、耐热性、化学稳定性、吸油性和遮盖力、润滑性、硬度可变性以及机械加工性能，具有广泛的应用前景。我国辽宁、山东等地蕴藏有丰富的滑石资源，尤以辽宁产的滑石以其规模和质量闻名于世。

具有层状结构的滑石较易破碎和粉磨，因此细磨和超细磨是滑石所必需的加工技术。粗碎一般采用颚式破碎机或重型锤式破碎机；经过粗碎后的矿石，可以进入中细碎作业。中细碎一般采用反击式破碎机，也可采用锤式破碎机。筛分可结合破碎作业同时进行，常采用固定钢条筛和自定中心振动筛两种。经过中细碎的矿石进入磨碎工艺。

目前滑石的粉碎加工主要采用干法工艺。对湿法粉碎虽有研究，但工业上很少应用。干法生产设备主要有高速机械冲击式磨机、气流粉碎机、离心自磨机、旋磨机以及振动磨、搅拌磨和塔式磨等。除了气流粉碎机外，其他粉磨设备一般还需配制精细分级设备，常用的精细分级设备是各种涡轮式空气离心分级机等。

滑石的高速机械冲击超细粉碎工艺流程如下：滑石块→破碎(锤式粉碎机)→高速机械冲击式超细粉碎机→涡轮式精细分级机→旋风集料→包装。

滑石的离心自磨机和旋磨机超细磨工艺大体上与高速机械冲击超细粉碎工艺相似。此外，塔式磨机、振动磨机、搅拌磨机等也已用于滑石的超细粉碎。

对于低品位滑石矿，一般需经选矿以提高品位。滑石的分选方法有干法和湿法分选，干法适宜品位较高的矿床，包括手选、电选、磁选和光电选矿等；湿法则适用于品位较低的矿床，包括浮选法和擦洗法两种。

滑石粉广泛应用于聚丙烯、尼龙等高聚物基复合材料的增强填料。对其进行表面改性可有效改善滑石粉与聚合物的亲和性及滑石粉填料在高聚物基料中的分散状态，从而提高复合材料的力学性能。滑石粉表面改性使用的表面改性剂有各种表面活性剂、石蜡、钛酸酯偶联剂和锆铝酸盐偶联剂、硅烷偶联剂、磷酸酯等。改性主要采用干法改性工艺。改性机主要有连续式的流态化改性机、连续涡流式分体表面改性机（SLG 型）、高速加热混合捏合机等。

13.4.4　硫酸钙晶须

硫酸钙晶须是无水硫酸钙的纤维状单晶体，具有完善的结构、完整的外形、特定的横截面、稳定的尺寸，其平均长径比一般为 50～80。

硫酸钙晶须且有很好的增强与增韧作用。硫酸钙晶须作为塑料、橡胶、聚氨酯等材料的增强组元，可以显著提高制品的弯曲弹性模量、抗拉强度、尺寸稳定性和热畸变温度。硫酸钙晶须可广泛用作啤酒、饮料、果汁以及药品的过滤。硫酸钙晶须用于摩擦材料代替石棉，具有补强增韧作用。硫酸钙晶须作沥青填料可提高沥青的软化点。

硫酸钙晶须的主要制备方法是水热法。水热法是将石膏和水的悬浮液在密闭反应釜中不断搅拌、加热到一定的温度，达到一定压力后生成的。此反应过程实质上是颗粒状石膏向纤维状半水石膏的转化过程。

硫酸钙晶须制备的工艺流程如图 13－7 所示。

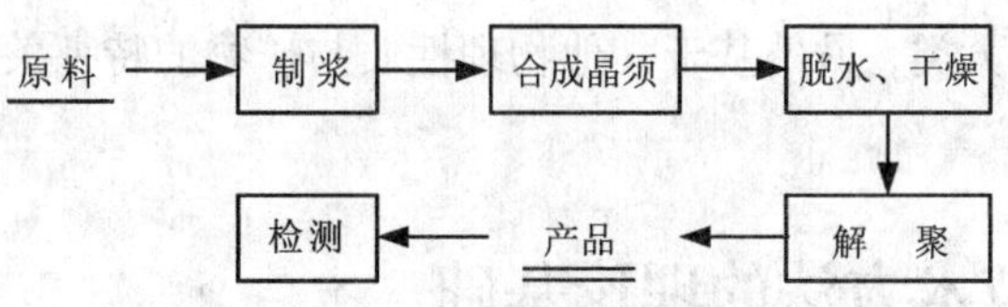

图 13－7　硫酸钙晶须制备工艺流程图

石膏原料与水配制成一定浓度的悬浮液，然后在反应釜中加热到一定温度、压力后形成硫酸钙晶须，对所得的晶须进行脱水干燥、稳定化处理后得到最终产品。

习　题

1. 矿物粉体材料加工的目的是什么？主要有哪几种加工方法？
2. 筛分和分级的主要区别是什么？
3. 简述机械法制备矿物粉体的主要方法。
4. 简述气相法制备超细粉体的主要方法。
5. 简述液相法制备超细粉体的主要方法。
6. 简述固相法制备超细粉体的主要方法。
7. 简述矿物材料水热法制备方法的特点。
8. 举例说明矿物材料的主要提纯试验方法。
9. 叙述矿物材料表面改性的主要方法和表面改性效果的评价方法。
10. 简述碳酸钙、氢氧化镁、滑石和硫酸钙晶须的主要制备方法。

第 14 章　现代测试技术

本章内容提要： 主要阐述了在矿物加工和矿物材料研究中目前国内外常用的现代测试仪器的原理、仪器构成和应用。重点介绍了 X 射线衍射分析(XRD)、扫描电子显微镜(SEM)、电子探针显微分析(EPMA)、X 射线荧光分析(XRF)、X 射线光电子能谱仪(XPS)、热分析、红外光谱(IR)和拉曼光谱(Ramam)测试技术，简单介绍了先进的扫描隧道显微镜(STM)、原子力显微镜(AFM)、核磁共振(NMR)、俄歇电子能谱(AES)等测试技术。如对文中涉及仪器的要有进一步了解，需学习有关测试仪器的著作。

随着科学技术的快速发展和生产实践领域的不断扩大，对测试技术提出了越来越高的要求，因此也促进了测试仪器以及测试技术的迅速发展。在矿物加工工程和矿物材料等领域的研究过程中，现代分析仪器及其技术也发挥着越来越重要的作用，不仅大大提高了分析的灵敏度和自动化程度，还可提供更加丰富的关于物质(矿石、矿物、材料等)成分、结构、微观形貌与缺陷等信息。目前可把现代测试技术分析方法分为光谱分析、电子能谱分析、衍射分析与电子显微镜分析四大类，另外基于其他物理性质与矿物的特征关系建立的热分析也是现代分析的重要方法。

14.1　现代测试技术方法的理论基础

14.1.1　电磁波谱

电磁波是在空间传播的交变电磁场，即电磁辐射，反射、折射、干涉、衍射、偏振等是电磁辐射波动性的表现，描述电磁波波动性的主要物理参数有：波长(λ)或波数(σ 或 κ)、频率(ν)及相位(φ)等。电磁波同时具有微粒性，描述其微粒性的主要物理参数有：光子能量(E)和光子动量(P)等。按一定波长范围将电磁波分为若干波谱区，各波谱区电磁波按波长(或频率)顺序排列构成了电磁波谱。各波谱区电磁波的特征如表 14－1 所示。

表 14－1　电磁波谱表

波谱区名称		波长范围	波数/cm^{-1}	频率范围/MHz	光子能量/eV	产生机理
γ射线		10^{-5} ~ 10^{-1} nm	10^{12} ~ 10^{8}	3×10^{16} ~ 3×10^{12}	1.2×10^{8} ~ 1.2×10^{4}	核反应
X 射线		10^{-3} ~ 10 nm	10^{10} ~ 10^{6}	3×10^{14} ~ 3×10^{10}	1.2×10^{6} ~ 1.2×10^{2}	内层电子跃迁
紫外线	远	10 ~ 200 nm	10^{6} ~ 5×10^{4}	3×10^{10} ~ 1.5×10^{9}	125 ~ 6	外层电子跃迁
	近	200 ~ 400 nm	5×10^{4} ~ 2.5×10^{4}	1.5×10^{9} ~ 7.5×10^{8}	6 ~ 3.14	
可见光		400 ~ 750(800) nm	2.5×10^{4} ~ 1.3×10^{4}	7.5×10^{8} ~ 4.0×10^{8}	3.1 ~ 1.7	

续表 14-1

波谱区名称		波长范围	波数/cm^{-1}	频率范围/MHz	光子能量/eV	产生机理
红外线	近	0.75 ~ 2.5 μm	$1.3\times10^4\sim4\times10^3$	$4.0\times10^8\sim1.2\times10^8$	1.7 ~ 0.5	分子振动能级跃迁
	中	2.5 ~ 50 μm	4 000 ~ 200	$1.2\times108\sim6.0\times10^6$	0.5 ~ 0.02	
	远	50 ~ 1 000 μm	200 ~ 10	$6.0\times10^6\sim10^5$	$2\times10^{-2}\sim4\times10^{-4}$	分子转动能级跃迁
微波		0.1 ~ 100 cm	10 ~ 0.01	$10^5\sim10^2$	$4\times10^{-4}\sim4\times10^{-7}$	
射频		1 ~ 1 000 m	$10^{-2}\sim10^{-5}$	$10^2\sim0.1$	$4\times10^{-7}\sim4\times10^{-10}$	电子自旋、核自旋

14.1.2 光谱的分类

电磁辐射与物质相互作用，产生辐射的吸收、发射、光电离等，是现代测试分析方法的主要技术基础。按辐射与物质相互作用的性质不同，光谱分为吸收光谱、发射光谱与散射光谱(拉曼散射谱)。吸收光谱与发射光谱按发生作用的物质微粒不同，可分为原子光谱和分子光谱等。由于吸收光谱与发射光谱的波长与物质微粒辐射跃迁的能级能量差相应，而物质微粒能级跃迁的类型不同，能级差的范围也不同，因而吸收或发射光谱波长范围(谱域)不同。据此，吸收或发射光谱又可分为红外、紫外、可见光谱等。常用的吸收光谱和发射光谱如表 14-2所示。

表 14-2 吸收与发射光谱分类表

光谱(分类)名称		作用物质	能级跃迁类型	吸收或发射辐射种类	备注
吸收光谱	穆斯堡尔谱	原子核	原子核能级	γ射线	
	X射线吸收谱	原子(内层电子)	电子能级跃迁(低—高)	X射线	Z大于10的重元素，自由(气态)原子
	原子吸收光谱	原子(外层电子)	价电子能级跃迁(低—高)	紫外线、可见光	自由(气态)原子
	紫外线、可见吸收光谱	分子(外层电子)	分子电子能级跃迁(低—高)	紫外线、可见光	
	红外吸收光谱	分子	分子振动能级跃迁(低—高)	红外线	
	顺磁共振波谱	原子(未成对电子)	电子自旋能级(磁能级)跃迁	微波	
	核磁共振波谱	原子核	原子核能级跃迁	射频	
发射光谱	X射线荧光光谱	原子中电子	原子能级跃迁(光子激出能层电子，外层电子向空位跃迁)	二次X射线(荧光)	光激发(光致发光)
	原子发射光谱	原子(外层电子)	价电子能级跃迁(高—低)	紫外线、可见光	自由原子
	原子荧光光谱	原子(外层电子)	价电子能级跃迁(高—低)	紫外线、可见光(原子荧光)	光激发(光致发光)，自由原子
	分子荧光光谱	分子	分子能级	紫外线、可见光(分子荧光)	光激发(光致发光)
	分子磷光光谱	分子	分子能级	紫外线、可见光(分子磷光)	光激发(光致发光)

14.1.3 电子束与物质的相互作用

高速运动的电子束轰击样品，与固体样品相互作用产生各种物理信号，主要表现如图14－1所示。

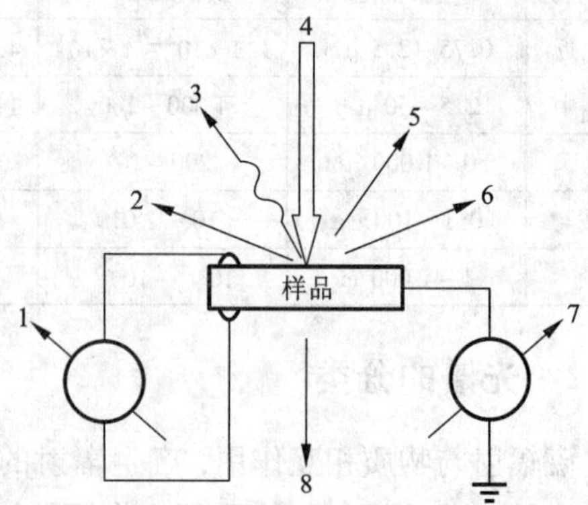

图14－1 电子束与固体样品相互作用产生的各种物理信号

1—电子束感生电效应；2—阴极荧光；3—特征X射线；4—入射电子束；5—背散射电子；6—二次电子；7—吸收电子或样品电流；8—透射电子

1. 二次电子(secondary electron)

二次电子是指被入射电子轰击出来的样品中原子的核外电子。二次电子来自表面5～10 nm的区域，能量为0～50 eV，大部分为2～3 eV。它对试样表面状态非常敏感，能有效地显示试样表面的微观形貌。二次电子的分辨率一般可达到5～10 nm。扫描电镜的分辨率一般就是二次电子分辨率。二次电子产额随原子序数的变化不大，它主要取决于表面形貌。因此一般所说的电子显微镜照片即是指收集到的二次电子信号转化成的图象，简称形貌像。

2. 背散射电子(back－scattered electron)

背散射电子是指被固体样品原子反射回来的一部分入射电子，其中包括弹性背散射电子和非弹性背散射电子。弹性背散射电子是指被样品中原子核反弹回来的，散射角大于90°的那些入射电子，其能量基本无变化(几到几十keV)。非弹性背反射电子是入射电子和核外电子撞击后产生非弹性散射，不仅能量变化，而且方向也发生变化。能量范围很宽，从数十到数千电子伏特。从数量上看，弹性背散射电子远比非弹性背散射电子所占的份额多。背散射电子的产生范围在样品的100～1 mm深度，能量在几十到几keV。背散射电子成像分辨率一般为50～200 nm(与电子束斑直径相当)。背散射电子的产额随原子序数的增加而增加，背散射电子作为成像信号不仅能分析形貌特征，也可以用来显示原子序数衬度，进行定性地成分分析。原子序数高的元素，背散射能力强，背散射电子像亦称为成分像。

3. 透射电子(transmitted electron)

如果样品的厚度小于入射电子的有效穿透深度，将有相当数量的电子穿透样品，称之为透射电子。只有透射电子显微镜可以探测这种信号。用于观察高倍形貌、晶格条纹像、电子衍射及微区晶体结构分析等。

4. 吸收电子(absorption electron)

随着入射电子与样品中原子核或核外电子发生非弹性碰撞次数的增多，电子的能量和活动能力不断降低，以致最后被样品全部吸收。用检测电流的方式可以得到吸收电子的信号像，它是背散射电子像和二次电子像的负像。现在一般不采用这种方式获得照片。

5. 特征X射线(X－ray)及俄歇电子(auger electron)

高能电子与试样物质的核外电子相互作用除引起大量的价电子电离外，还引起一定数量的内层电子电离。当内层(如K层)电子被击出时，低能级上出现空位，使原子处于能量较高的激发状态。这是一种不稳定状态，较高能级上的电子(如L_2层电子)将迁入低能级空位，使原子能量降低，趋向较稳定的状态，该过程称为跃迁。在跃迁过程中伴随能量的释放（如释放的能量为 $E_K - E_{L_2}$）。

能量释放的形式有两种，即特征X射线和俄歇电子形式。特征X射线形式是一种辐射形式。由于每种元素的 E_K、E_{L_2} 都有确定的特征值，发射的X射线波长也有特征值，故称特征X射线。可以通过试样上方放置的X射线接收系统信号确定。主要用来进行微区元素的定量及定性分析，也可直接作X射线图像。

俄歇电子释放形式是将核外另一电子打出，脱离原子成为二次电子。它与发射特征X射线的形式两者必居其一。俄歇电子也具有固定的能量值，随元素不同而不同。由于俄歇电子是二次电子，故能量较低。在试样较深处产生的俄歇电子向表层运动时会因不断碰撞而损失能量（甚至被吸收），使之失去具有特征能量的特点。检测到的具有特征能量俄歇电子主要来自试样表面2~3个原子层（即表层0.5~2 nm），因此适用于表层化学成分的分析。

6. 阴极荧光（cathodo - iuminescence）

一些不导电的样品，在高能电子的作用下，可发射出可见光信号，称之为阴极荧光。它是由这些物质的价电子，在受激态和基态之间能级跃迁直接释放的波长比较长、能量比较低的光波，波长在可见光范围内。主要用于物质的阴极荧光特点分析，如分析物质晶体的成长过程等。

在以上各种物理信号中用得最普遍的是二次电子（作形貌观察）、特征X射线信号（作微区成分分析）。其次是背散射电子及吸收电子，作为前两者的补充。后面将讨论的扫描电子显微镜（scanning electron microscopy，SEM）、透射电子显微镜（transmission electron microscopy，TEM）、电子探针（electron probe microscopic analyer，EPMA），分别侧重于对上述某一方面或几方面的信息进行测量分析的。

14.2 X射线衍射分析

1895年德国物理学家伦琴研究阴极射线管时，发现阴极射线管能放出一种有穿透力的肉眼看不见的射线——X射线。1912年，劳厄发现了X射线通过晶体时产生衍射现象，观察到X射线的波动性和晶体内部结构的周期性之间的内在联系。同年，布拉格提出了著名的布拉格方程，不仅成功地解释了劳厄的实验，同时还清楚地阐述了X射线晶体衍射的本质。这些为X射线衍射分析方法的应用奠定了基础。

14.2.1 X射线衍射原理

采用X射线研究晶体结构，主要是根据X射线在晶体上产生的衍射信息。晶体中原子呈周期性排列，由于各原子的散射波之间存在固定的相位关系而产生干涉作用，即形成衍射波。衍射波具有两个基本特征：衍射线在空间的分布规律（衍射方向）和衍射强度。衍射线的分布规律是由晶胞的大小、形状和相位决定的，衍射强度取决于原子在晶胞中的位置、数量和种类。因此，根据衍射波的特征可以进行定性和定量分析。

X射线衍射最直接的理论依据是布拉格方程，即：

$$n\lambda = 2d\sin\theta \tag{14-1}$$

式中：d 为垂直于相邻平行晶面的面间距；θ 为入射线与样品的夹角，也称布拉格角；λ 为波长；n 为衍射级数。

式(14－1)是应用方便的衍射几何规律表达式，满足式(14－1)才能产生衍射，衍射方向为产生干涉加强的反射方向，如图14－2所示。产生选择反射的方向是满足布拉格方程的方向，也是各原子面反射线干涉一致加强的方向。

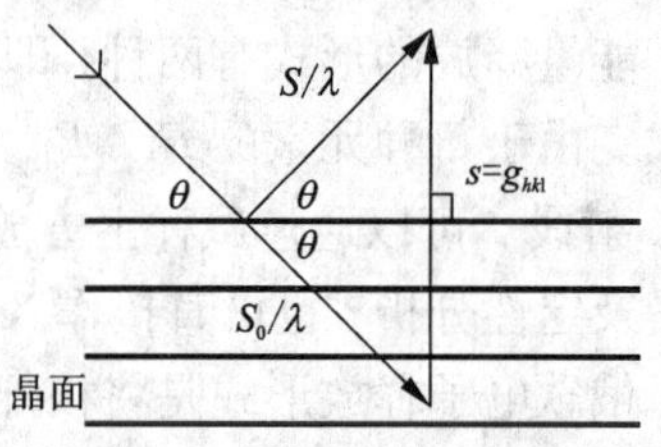

图14－2　110晶面产生符合布拉格方程式的衍射

由式(14－1)可知，

$$n\lambda \leqslant 2d \qquad (14-2)$$

对衍射而言，n 的最小值为1，此时式(14－2)为，

$$\lambda/2 \leqslant d \qquad (14-3)$$

这是在任何可观测的衍射角下，产生衍射的极限条件。利用此式可以判断一定条件下可能出现的衍射线数目的多少。衍射级数 n 为整数，$n=1$，为一级衍射，$n=2$，3，…则为二级衍射、三级衍射……由于布拉格方程将晶体周期性特点的晶面间距 d、X射线波长 λ 与衍射角 θ 结合起来。因此，利用衍射实验，只要知道其中两个量，即可算出另一个，进而可以研究晶体的结构。

衍射强度可用式(14－4)表达

$$I = I_0 \cdot K \cdot |F_{hkl}|^2 \qquad (14-4)$$

式中：I_0 为入射的单色 X 射线的强度；K 是一个综合因子，它与实验时的衍射几何条件，试样的形状、吸收性质，温度以及一些物理常数有关。

F_{hkl} 为结构因子，它是指一个晶胞中所有原子沿某衍射方向(hkl)所散衍射的X光的合成波。此合成波的振幅为 $|F_{hkl}|$，称为结构振幅。

结构振幅＝一个晶胞中全部原子所散射的X射线合成波的振幅/一个电子所散射的 X 光振幅，即结构因子的具体表示方法：

$$F_{hkl} = \sum f_n \cdot \exp[2\pi i(hx_n + ky_n + lz_n)] \text{（复指数表达方式）} \qquad (14-5)$$

$$F_{hkl} = \sum f_n \cdot \cos 2\pi(hx_n + ky_n + lz_n) + i\sum f_n \cdot \sin 2\pi(hx_n + ky_n + lz_n) \qquad (14-6)$$

式中：f_n 是晶体单胞中第 n 个原子的散射因子，(x_n、y_n、z_n)是第 n 个原子的坐标，h、k、l 是所观测的衍射线的衍射指标。

14.2.2　X射线衍射仪

早期的X射线衍射分析方法，大多采用底片来记录衍射线。目前，由于计算机技术的引入，现代X射线衍射分析方法采用衍射仪法，具有高稳定性、高分辨率、多功能等特性，可以自动给出大多数X射线衍射实验结果，已成为很普遍的一种分析方法。如图14－3、图14－4所示，X射线衍射仪主要由X射线管、样品台、测角仪及检测器等部件组成。测试时使X射线管和探测器做圆周同相运动，探测器的角速度为X射线管的2倍，使二者保持1∶2的角度关系。探测器将射线的强度转变为相应的电信号(一般采用正比计数器)，在探测器后再用高度分析器将杂乱信号过滤，用定标器进行脉冲计数等，最终得到“衍射强度－2θ 衍射曲线”。

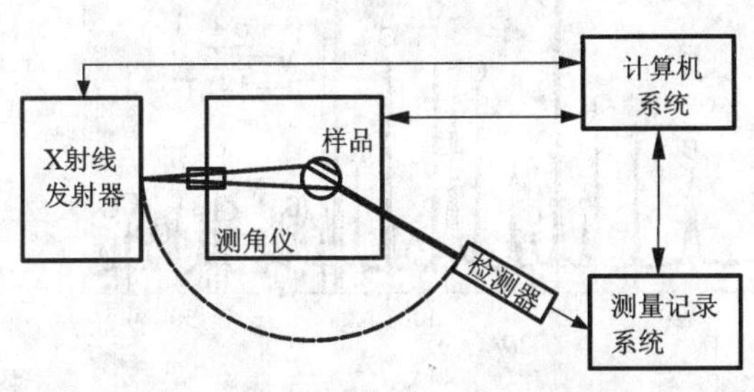

图 14-3 多晶(粉末)X 射线衍射仪的构成方块图

图 14-4 多晶(粉末)X 射线衍射仪

因为不同的晶体尺寸、不同的光源特征、不同的仪器种类，所获得的实测衍射强度是完全不可比较的，所以无法真正获得绝对的衍射强度数据，在记录衍射强度的时候，按相对强度记录(I/I_0)。

14.2.3 样品制备

(1)粉末样品，一般要求颗粒的大小在0.1～10 μm。X 射线的衍射强度及重现性在很大程度上取决于样品的粒度。一般来说，颗粒越大，参与衍射的晶粒数就越少，X 射线衍射强度及其重现性变差。为了取得满意的重现性，还要求样品制备必须均匀。

对于样品量较少的粉体样品，一般采用黏结分散在胶带纸上或分散在石蜡中的方法进行分析。只有分散均匀及每次分散量都控制相同，才能保证测量结果的重现性。

(2)对于薄膜样品，由于 X 射线的穿透力很强，应注意薄膜的厚度问题。一般来说，应选择较厚并有足够面积的薄膜样品进行分析。当薄膜比较平整、表面粗糙度小时，才能获得具有代表性的结果。

14.2.4 X 射线衍射方法的应用

晶体的 X 射线衍射图谱实质上是对晶体微观结构形象的一种精细复杂的变换，因此 X 射线衍射方法是在微观结构的深度上，对物质和材料的组成和原子级结构进行研究和鉴定的不可缺少的基本工具。X 射线衍射分析常用于:

(1)确定物质和材料中的各种化合物的各种原子是怎么排列的，研究材料和物质的一些特殊性质与其原子排列的关系。

(2)确定物质和材料含有哪些化合物(物相)。

(3)确定各种化合物(物相)的百分比。

(4)测定纳米材料的晶粒大小。

(5)材料中的应力、织构、取向度、结晶度等。

(6)薄膜的表面和界面的粗糙度、薄膜的厚度。

在矿物加工研究领域主要是对试样中各种元素形成的具有固定结构的化合物进行定性和定量分析。

图 14－5 是用衍射仪检测一种样品的 X 射线衍射图谱。通过分析可知，该样品中含有方解石、霰石和水镁石。

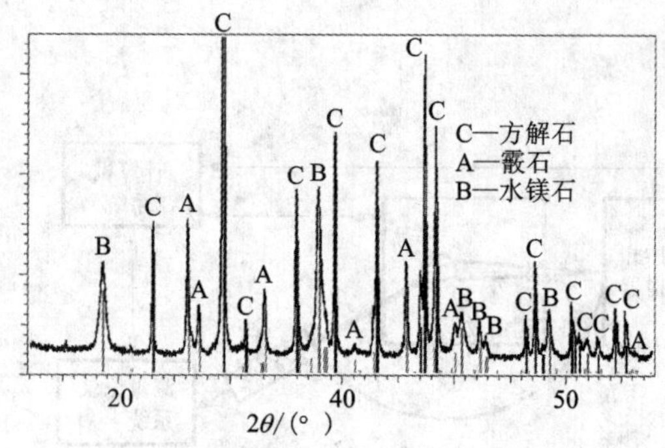

图 14－5　一种样品的 X 射线衍射图谱

矿物定量分析是确定各所含矿物的百分含量。XRD 定量分析是利用 X 射线衍射线的强度来确定矿物的含量。每一种矿物都有各自的特征衍射线，而衍射线的强度与矿物的质量分数呈正比。各矿物衍射线的强度随该矿物含量的增加而增加。目前，对于 XRD 矿物定量分析常用的方法主要有单线条法、直接比较法、内标法、增量法以及无标法，详细描述见相关书籍。

14.3　电子显微镜(electron microscope, EM)

电子显微镜是用高能的电子束作光源，用磁场作透镜制造的具有高分辨率和高放大倍数的电子光学显微镜。目前常用的电子显微镜仪器有：①扫描电子显微镜(scanning electron microscope, SEM)；②透射电子显微镜(transmission electron microscope, TEM)；③电子探针显微分析(electron probe micro－analysis, EPMA)，将 SEM 和 EPMA 结合起来，则可进行显微形貌观察，同时进行微区成分分析；④扫描透射电子显微镜(scanning transmission electron microscope, STEM)，STEM 同时具有 SEM 和 TEM 的双重功能，如配上电子探针的附件(分析电镜)则可实现对微观区域的组织形貌观察，晶体结构鉴定及化学成分分析测试三位一体的同位分析。下面主要介绍扫描电子显微镜和电子探针显微分析。

14.3.1　扫描电子显微镜(SEM)

扫描电子显微镜(SEM)是近十几年来获得迅速发展的一种新型电子光学仪器。它是以类似电视摄影显像的方式，用细聚焦电子束在样品表面扫描时激发产生的某些物理信号来调制成像。扫描电子显微镜具有样品制备简单，放大倍数连续调节范围大、景深大、分辨本领比较高等特点，它既可以直接观察大块的试样，又具有介于光学显微镜和透射电子显微镜之间的性能指标，是进行样品表面分析研究的有效工具，尤其适合于比较粗糙的表面如金属断口和显微组织三维形态的研究。当扫描电子显微镜分别与电子探针或透射电子显微镜等兼有多种分析功能的仪器组合使用，往往在获得样品表面形貌放大像后，能在同一台仪器上进行原位化学成分或晶体结构分析，从而提供包括形貌、成分、晶体结构或位向在内的丰富资料，因此在材料、冶金、矿物、生物学等领域获得了广泛的应用。

1. 扫描电子显微镜的构造和工作原理

扫描电子显微镜是用聚焦电子束在样品表面逐点扫描成像。成像信号可以是二次电子、背散射电子或吸收电子，其中二次电子是最主要的成像信号。二次电子信号被探测器收集转换成电信号，经视频放大后输入显像管栅极，调制与入射电子束同步扫描的显像管亮度，得到反映样品表面形貌的二次电子像。

扫描电子显微镜及其结构原理如图14－6所示，主要由电子光学系统(镜筒)、信号检测放大系统、图像显示系统、真空系统和电源系统组成。

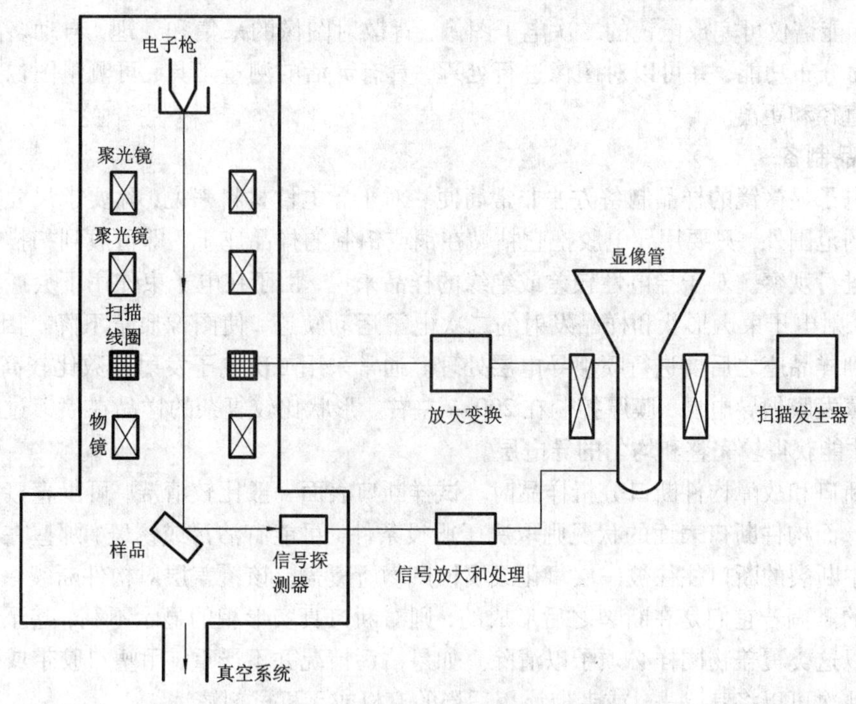

图14－6　扫描电子显微镜构造原理图

电子光学系统由电子枪、电磁聚光镜、光阑、样品室等部件组成，用于获得扫描电子束。SEM的电子枪发出的电子束经过栅极静电聚焦后成为直径为50 μm的点光源，然后在加速电压(2～30 kV)作用下，经过电子光学系统，汇聚成几十埃的电子束聚焦到样品表面。在末级透镜上有扫描线圈，在它的作用下，电子束对样品表面进行扫描。电子束与样品发生不同的相互作用，产生各种信号(二次电子、背散射电子、吸收电子、X射线、俄歇电子、阴极发光和透射电子等)，所获得的显像意义也不一样。内置于扫描线圈的电流与显像管的相应偏转电流同步，因此样品表面任意点的发射信号与显像管荧光屏的亮度一一对应。由于样品表面形貌不同，对应于许多不相同的单元(像束)，它们在电子束轰击后，能发出为数不等的二次电子、背散射电子等信号，依次从各像束检出信号，再一一送出去，得到所要的信息。

在扫描电镜中，成像信号主要来自二次电子、背散射电子和吸收电子，用得最多的是二次电子(SE)衬度像，而成分分析的信号主要来自X射线和俄歇电子。

2．能谱

扫描电子显微镜中，利用特征X射线可以方便地进行微区成分分析，分析方法有两种：一种是能量分散谱(energy dispersive spectroscopy)，简称能谱(EDS)；另一种是波长分散谱(wavelength dispersive spectroscopy)，简称波谱(WDS)。能谱是指X射线强度为纵坐标，能量为横坐标的谱图。目前大多数SEM都配有X射线能谱仪，而WDS用得较少。

能谱仪是利用X射线的光量子的能量不同来进行元素分析的方法。由于X射线的光量子的能量不同，产生的脉冲高度也不同，经过放大器整形后输入多道脉冲高度分析器。X 射线的光量子的能量和数目是不同的物理量，每一种元素的 X 射线的光量子有其特定的能量 ΔE，对应着该元素 X 谱线出现的位置；X 射线的光量子的数目与该元素在样品中的含量相对应。目前，能谱仪可完成电镜的二次电子图像、背散射图像的采集和处理，自动多点分析功能，元素面分布功能，并可以对图像进行处理，具有灵活的测量工具，可测量图像中任意方向的微粒直径和距离。

3. 样品制备

扫描电子显微镜的样品制备方法非常简便。对于导电性材料来说，除要求尺寸不得超过仪器规定的范围外，只要用导电胶把它粘贴在铜或铝制的样品座上，即可放到扫描电子显微镜中直接进行观察。对于导电性较差或绝缘的样品来说，由于在电子束作用下会产生电荷堆积，影响入射电子束斑形状和样品发射的二次电子运动轨迹，使图像质量下降。因此，这类样品粘贴到样品座之后要进行喷镀导电层处理。通常采用二次电子发射系数比较高的金、银或碳真空蒸发膜做导电层，膜厚控制在 200 A 左右。形状比较复杂的样品在喷镀过程中要不断旋转，才能获得较完整和均匀的导电层。

试样断口和故障构件断口分析样品时。试样断口表面一般比较清洁，可以直接放到仪器中去观察。而构件断口表面的状况则取决于服役条件，可能有沾污或锈斑，那些在高温或腐蚀性介质中断裂的断口往往被一层氧化或腐蚀产物所覆盖。该覆盖层对构件断裂原因的分析是有价值的。倘若它们是在断裂之后形成的，则对断口真实形貌的显示不利，甚至还会引起假象。所以这类覆盖物同样必须予以清除。如果沾污情况并不严重，用塑料胶带或醋酸纤维薄膜干剥几次可以将其除去，或者应该用适当的有机或无机试剂清洗。

4. 扫描电镜的应用

(1) 显微组织三维立体形态的观察和分析。利用扫描电子显微镜景深大的特点，可获得无论是光学显微镜还是现代电子显微镜等其他显微镜都无法解决的组成相三维立体形态的显示，为进一步分析组成相形成机理及其三维立体形态特征提供了一种有效的方法。所以在多相结构材料、共晶材料和复合材料的显微组织观察和分析方面多有应用。

(2) 化学成分分析。利用背散射电子、吸收电子和特征 X 射线等信号对微区原子序数或化学成分的变化，来进行化学成分分析。可以判断相应区域内原子序数的相对高低，也可以分析金属及合金的显微组织。另外，还可以利用样品发射的某元素的特征 X 信号分析元素在样品表面的分布图像。

(3) 断口分析。对试样或构件断口进行分析，不需要制备复型，是扫描电子显微镜的优势。它可以在很宽的倍率范围内连续观察，并进行低倍大视域观察，并在此基础上确定某些感兴趣的区域进行高倍观察分析，显示断口形貌的细节特征。

(4) 动态分析。在试样原位动态分析方面，扫描电子显微镜采用较为符合实际的块状试样；样品室尺寸大，样品台的设计和换装比较灵活，在动态分析过程中可以方便地利用扫描电子显微镜本身附有的电视扫描来显示和录像，方便地观察试验过程中样品表面形貌的变化。

(5) 电子通道分析。通过电子通道的分析可以确定晶体的衍射晶面间距，取得微区晶体学位向、晶体对称性等资料。同时也可用来研究晶体的变形和应变程度等。

图 14－7 为黄铁矿细菌浸出 18 天后浸渣的 SEM 图(a)和对图(a)十字处能谱 EDS 分析。SEM 与 EDS 结合起来使用，能得到较全面的形貌、微结构和元素组成等方面的信息。

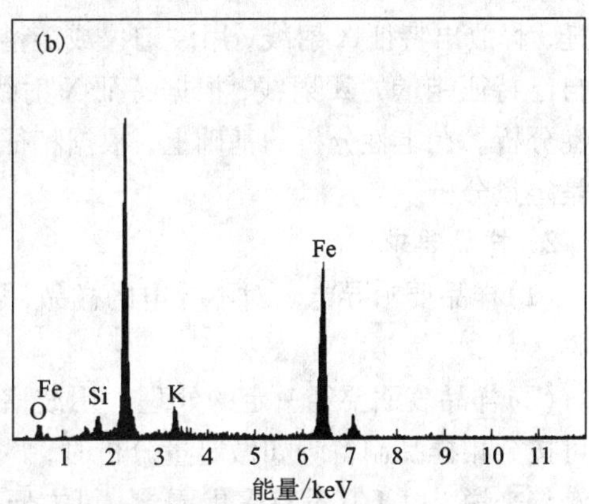

图 14－7　黄铁矿细菌浸出 18 天后浸渣的 SEM 图(a)和对图(a)十字处能谱 EDS 分析

14.3.2　电子探针 X 射线显微分析(电子探针仪)

电子探针 X 射线显微分析仪(习惯上简称电子探针仪，EPMA)是目前较为理想的一种微区化学成分分析手段，用于研究材料组织结构和元素分布状态，在地质、陶瓷、半导体材料、石油化工、生物及医学等各方面，特别是冶金领域，都得到广泛的应用。

电子探针分析的特点是：

(1)分析区域可小到几个微米，能提供元素微观尺度上成分的不均匀信息。

(2)分析的灵敏度达到 $10^{-4} \sim 10^{-6}$ g，而绝对量可达到 $10^{-15} \sim 10^{-8}$ g。

(3)把分析成分与显微组织观察有机地结合。

1. 电子探针仪的结构和原理

电子探针仪的结构示意如图 14－8 所示，由图可见，电子探针仪除 X 射线谱仪外，其余部分与扫描电子显微镜相似。X 射线谱仪分为波谱仪和能谱仪。

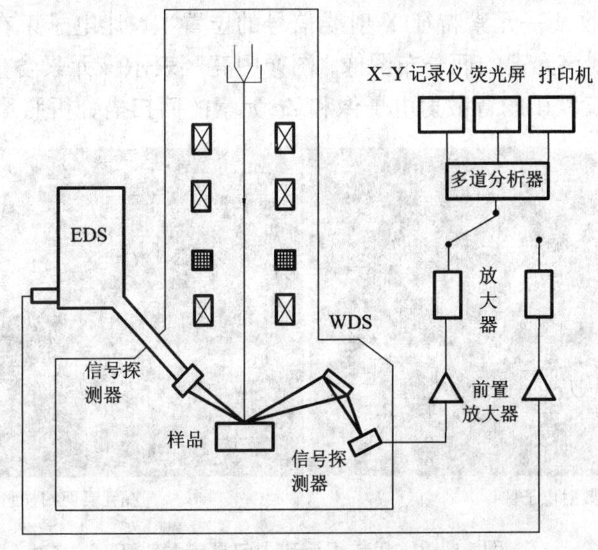

图 14－8　电子探针仪的结构示意图

电子探针分析原理是，用聚焦电子束轰击试样表面的待测微区，使试样原子的内层电子跃迁，释放出特征 X 射线，用波谱仪或能谱仪进行展谱分析，得到 X 射线谱。每一种元素都有自己特征能量的 X 射线，根据特征 X 射线的能量或波长就可鉴别所含元素的种类，这就是定性分析。在定性分析的基础上，根据特征 X 射线的相对强度确定各种元素的相对含量，这就是定量分析。

2．样品要求

(1)样品要求导电。对不导电的样品，需要在表面蒸发沉积对 X 射线吸收少的碳、铝等薄膜。

(2)样品表面要经一定的处理。用波谱仪做成分分析时，对定性和半定量分析来说，试样可按金相样品制备。如做定量分析时，试样表面要求很平，最好是抛光态，不要浸蚀。对能谱仪来说，由于其没有聚焦要求，可方便地对表面粗糙的试样(如断口)进行定性和半定量的成分分析。

(3)样品尺寸由不同型号仪器要求决定。特别小的样品要用导电材料镶嵌起来。

3．电子探针的应用

电子探针分析有 3 种基本分析方法：定点分析、线扫描分析、面扫描分析。

(1)定点分析。

将电子束固定在需要分析的微区上，分析该区化学成分，用波谱分析时可改变分光晶体和探测器的位置，即可得到分析点的 X 射线谱线；用能谱仪则几分钟可直接从荧光屏上得到微区内全部元素的谱线。

(2)线扫描分析。

将谱仪(波谱仪或能谱仪)固定在所要测量的某一元素的特征 X 射线信号(波长或能量)的位置上，使电子束沿着指定的路径作直线轨迹扫描，便可得到这一元素沿该直线的浓度分布曲线。

(3)面扫描分析。

将谱仪固定在接收某一元素特征 X 射线信号的位置上，让电子束在样品表面作光栅扫描，则在荧光屏上得到该元素的面分布图像，图像中亮区表示该元素含量较高。图 14－9 是粗粒闪锌矿中包裹磁黄铁矿的背散射电子像和 Zn 元素的面扫描分析照片。

背散射电子像

Zn元素面扫描照片

图 14－9　粗粒闪锌矿中包裹磁黄铁矿

Sp－闪锌矿；Pr－磁黄铁矿

14.4 X射线荧光光谱分析(XRF)

作为成分分析的主要手段之一，X射线荧光(XRF)光谱可用于各类物料中主要、少量和痕量元素的分析。它具有灵敏度高、分析元素范围广($^{4}Be \sim ^{92}U$)、分析浓度范围宽，从常量组分到痕量杂质都能测定和可直接分析固体、粉末和液体试样等特点，因而在冶金、地质、化工、建材、石油和半导体等工业部门及大学、科研单位的成分分析实验室中得到了广泛的应用。

荧光X射线的波长取决于原子序数。因此，根据荧光X射线的波长和强度使用X射线荧光光谱仪可确定待测样品中的元素种类和含量。现代X射线荧光光谱仪根据激发源或激发方式的不同可分为同步辐射光激发X射线荧光光谱、质子激发X射线荧光光谱、放射性同位素激发X射线荧光光谱、X射线管激发X射线荧光光谱、全反射X射线荧光光谱、微区X射线荧光光谱等。根据能量分辨原理不同可分为波长色散X射线荧光光谱和能量色散X射线荧光光谱仪，此外还有非色散谱仪。

X射线荧光光谱仪一般由样品激发系统、色散系统、探测系统、谱仪控制系统和数据处理系统等几部分组成，下面主要介绍常用的能量色散X射线荧光光谱仪。

14.4.1 能量色散X射线荧光光谱仪

能量色散X射线荧光光谱采用脉冲高度分析器将不同能量的脉冲分开并测量。经过三十多年的发展，能量色散X射线荧光光谱仪现已成为一种强有力的分析测试技术。它在石油化工、建筑材料、金属和无机非金属材料、陶瓷、文物鉴定、生物材料、药物、半导体材料、有毒物质、地质矿产、核反应材料和薄膜材料等诸多领域的样品分析方面发挥着很大的作用。特别是在现场或在线分析中实时获取多种数据的特点，目前还难有其他分析方法可以替代。

能量色散X射线荧光光谱仪中，X射线管产生的原级X射线光谱辐照到样品上，或通过次级靶所产生的X射线辐照到样品上，样品所产生的X射线荧光光谱直接射入探测器，不同能量的X射线经由多道谱仪等组成的电路处理，可获得特征X射线荧光光谱的强度。图14-10是一种典型的能量色散X射线荧光光谱仪结构。包括：

(1)激光源。

X射线管、放射性核素源、同步辐射光源和质子都可作为能量色散X射线荧光光谱的激发源。

(2)滤光片。

作用是改善激发源的谱线能谱成分，同时在进行多元素分析时，滤光可用来抵制高含量组分的X射线荧光，提高待测元素的测量精度。能量色散X射线荧光光谱仪有两种类型滤光片：①初级滤光片：是置于X射线管和样品之间的滤光片，目的是为了得到单色性更好的辐射和降低待分析元素谱范围内由原级谱散射引起的背景。不同的探测器，选用的初级滤光片种类和数目不同。②次级滤光片：是指放置于样品和探测器之间的滤光片，主要用于非色散谱仪，目的是对试样中产生的多元素X射线荧光光谱进行能量选择，提高待测元素的测量精度。

(3)探测器。

探测器的分辨率是评价能量色散X射线荧光光谱仪性能指标之一，不同探测器分辨率不同，常用的探测器有Si(Li)半导体探测器、封闭式正比计数管和闪烁计数管。

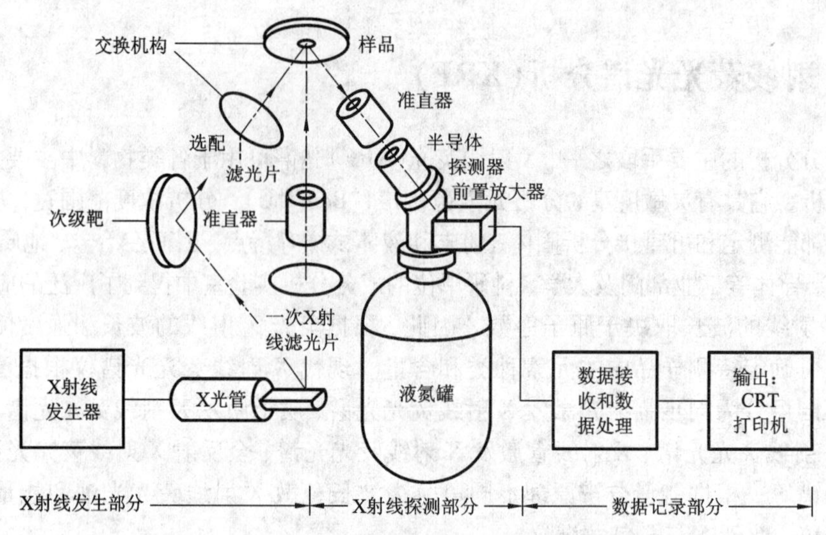

图 14－10　能量色散 X 射线荧光光谱仪结构示意图

(4)多道脉冲幅度分析器。

现代能量色散 X 射线荧光分析仪使用的多道脉冲幅度分析器是一种基于模数转换和计算机存储原理而工作的装置，包括模数转换器(ADC)、地址寄存器、读出加"1"寄存器、存储器和读出显示器。其过程是，首先将脉冲幅度变换成数字量(按脉冲幅度大小分类编号 CA/D 变换)；然后接分类编码分别记入存储器相应的各个地址单元中；最后将存储数据取出，并显示所测谱线。

(5)谱线位和谱强度数据的提取。

主要依靠操作系统软件提取。

14.4.2　样品制备

X 射线荧光光谱测定的试样，其物理形态可以是固体(粉末、压片、块样)、气体、液体等。样品一般需要通过制样的步骤，得到一种能表征样品的整体组分并可为仪器测试的试样。

1. 样品预加工

对岩石、矿物、陶瓷等数量较多的试样，样品加工一般包括研磨、缩分、干燥和保存等步骤。对于大块物料其取样和制样流程为：大块→颚式破碎机(<5 mm)→玛瑙研磨(<120 μm)。选择用于研磨的料钵时，也要注意其材质和物性对样品污染。

2. 固体样品的制备方法

(1)粉末压片法。

粉末压片法制样步骤为干燥、焙烧、混合、研磨、压片。干燥的目的是除去附着水，提高制样的精度。焙烧过程可改变矿物的结构，从而克服矿物效应对分析结果的影响，焙烧也除去结晶水和碳酸根，但若样品中存在还原性物质，在空气中焙烧，也会引起氧化。样品经混合研磨可降低或消除不均匀效应，即使是纳米级粉末，也需经研磨克服其"团聚"现象。

(2)熔融法。

如果样品组成的物质成分非常复杂，如碱性辉长岩矿，磨成很小颗粒也是不均匀的，只有通过熔融形成玻璃体，才能消除矿物效应和颗粒度效应。熔融玻璃片法的制样过程较为复杂，必须预先进行条件实验，以获得理想的熔片。具体方法见相关书籍。

3. 液体样品的制备方法

液体样品可直接放在液体样杯中预测，也可经富集，再转移到滤纸片，MgLar 膜或聚四氟乙烯基片上。对金属及合金样品用分解法，而对无机非金属材料和生物样品制备传统是用消解法制得溶液。由于很费时，目前采用微波技术。微波消解样品常用冲压微波熔样品和常压微波熔样品。

14.4.3 X 射线荧光光谱的应用

XRF 可对待测样品进行定性、半定量和定量分析，可检测元素周期表上绝大部分的元素，测试浓度范围在(10^{-4} ~100%)，并且对样品无破坏性。

如需检测试样中是否存在某个指定元素，只需选择合适的测量条件，并对该元素的主要谱线进行定性扫描，从所得的扫描图得出答案。若需对未知试样中所有元素进行定性，可用仪器自带的定性分析软件，自动对扫描图谱进行搜索和匹配，确定峰位、背景峰位的净强度。而匹配则是从 XRF 特征谱线数据库中进行配对，以确定是何种元素的哪条谱线。但注意有时软件也会出现错判，需分析者根据专业知识予以判断。

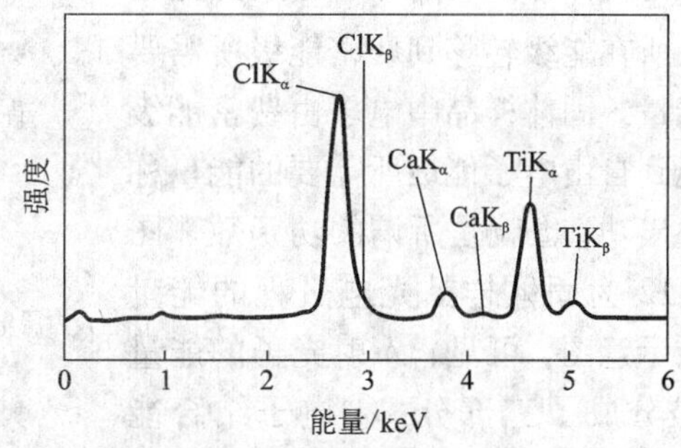

图 14-11 塑料样品的 XRF 光谱图

图 14-11 为塑料样品的 XRF 光谱图。由图 14-11 可以看出，在 2.6 keV、3.7 keV、4.5 keV 处出现较强的能谱峰，分别对应于 Cl、Ca 和 Ti 的 K_a 峰，说明此塑料制品中含有 Cl、Ca 和 Ti 元素。

14.5 X 射线光电子能谱分析

X 射线光电子能谱(X-ray photoelectron spectroscopy，XPS)是目前在表面分析技术中应用最广泛的方法之一，不仅可以定性分析测试样品组成(除了 H、He 以外的所有元素)、化学价态等，还可以半定量分析测试样品表面的组成。对于不同的物质，XPS 的表面检测深度不同，如对于无机物约为 2 nm，对于有机物和高聚物，一般小于 10 nm，表面检测灵敏度 $\leqslant 1 \times 10^{-2}$ nm 单层。

14.5.1 XPS 的基本原理

1. 光电效应

物质受光作用放出电子的现象称为光电效应，也称为光电离。原子中不同能级上的电子具有不同的结合能，当具有一定能量 $h\nu$ 的入射光子与试样中的原子相互作用时，单个光子把全部能量交给原子中某壳层(能级)上一个受束缚的电子，这个电子就获得了能量 $h\nu$。如果 $h\nu$ 大于该电子的结合能 E_b，那么这个电子就将脱离原来受束缚的能级，剩余的光子能量转化为该电子的动能，使其从原子中发射出去，成为光电子，原子本身则变成激发态离子。

当光子与试样相互作用时，从原子中各能级发射出来的光电子数是不同的，而是有一定的概率，这个光电效应的概率常用光电效应截面 σ 表示，它与电子所在壳层的平均半径 r、入射光子频率 υ 和受激原子的原子序数 Z 等因素有关。σ 越大，说明该能级上的电子越容易被光激发，与同原子其他壳层上的电子相比，它的光电子峰的强度就较大。各元素都有某个能级能够发出最强的光电子线(最大的 σ)，这是通常做 XPS 分析时必须利用的一点，同时光电子线强度是 XPS 分析的依据。

2. 电子结合能 E_b

对固体样品，E_b 可以定义为把电子从所在能级转移到费密能级所需要的能量。固体样品中电子由费密能级跃迁到自由电子能级所需要的能量称为逸出功，也就是所谓的功函数。图 14-12 为固体样品光电过程的能量关系示意图，可见，入射光子的能量 $h\nu$ 被分成了三部分：①电子结合能 E_b，②逸出功 W_s，③自由电子所具有的动能 E_k。

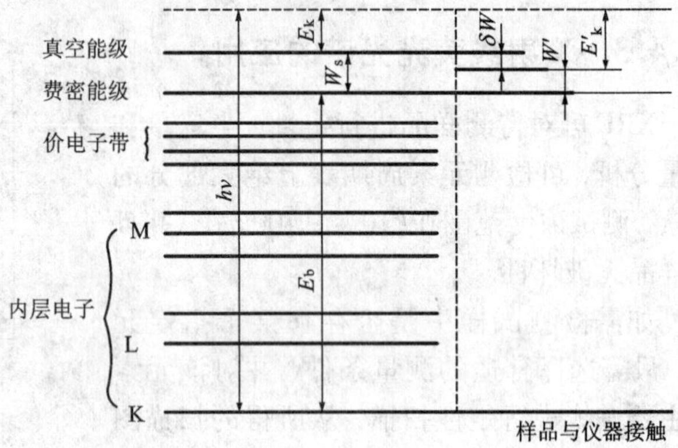

图 14-12 固体样品光电过程的能量关系示意图

由此可得出：

$$h\nu = E_b + E_k + W_s \tag{14-7}$$

在 X 射线光电子能谱仪中，样品与谱仪材料的功函数的大小是不同的(谱仪材料的功函数为 W')。但固体样品通过样品台与仪器室接触良好，且都接地，根据固体物理的理论，它们二者的费密能级将处在同一水平。于是，当具有动能 E_k 的电子穿过样品至谱仪入口之间的空间时，受到谱仪与样品的接触电位差 δW 的作用，使其动能变成了 E'_k，由图 14-12 可以看出，有如下的能量关系：

$$E_k + W_s = E'_k + W' \tag{14-8}$$

式(14-8)代入式(14-7)得：

$$E_b = h\nu - E'_k - W' \tag{14-9}$$

对一台仪器而言，仪器条件不变时，其功函数 W' 是固定的，一般在 4 eV 左右。$h\nu$ 是实验时选用的 X 射线能量，也是已知的。因此，根据式(14-9)，只要测出光电子的动能 E'_k，就可以算出样品中某一原子不同壳层电子的结合能 E_b。

3. 化学位移

能谱中表征样品芯电子结合能的一系列光电子谱峰称为元素的特征峰。因原子所处化学环境不同，使原子芯电子结合能发生变化，则 X 射线光电子谱谱峰位置发生移动，称之为谱峰的化学位移。所谓某原子所处化学环境不同，一是指与它相结合的元素种类和数量不同；二是指原子具有不同的价态。例如，纯金属铝原子在化学上为零价 Al^0，其 2p 能级电子结合能为 72.4 eV，当它被氧化反应化合成 Al_2O_3 后，铝为正三价 Al^{3+}，由于它的周围环境与单质铝不同，这时 2p 能级电子结合能为 75.3 eV，增加了 2.9 eV，即化学位移为 2.9 eV。

除化学位移外，由于固体的热效应与表面荷电效应等物理因素也可能引起电子结合能改变，从而导致光电子谱峰位移，称之为物理位移。在应用 X 射线光电子谱进行化学分析时，应尽量避免或消除物理位移。

4. 伴峰和谱峰分裂

能谱中出现的非光电子峰称为伴峰。因种种原因，会导致能谱中出现伴峰或谱峰分裂现象。伴峰如光电子输运过程中因非弹性散射（损失能量）而产生的能量损失峰，X 射线源（如 Mg 靶的 $K_{\alpha1}$ 与 $K_{\alpha2}$ 双线）的强伴线（Mg 靶的 $K_{\alpha3}$ 与 $K_{\alpha4}$ 等）产生的伴峰、俄歇电子峰等。而能谱峰分裂有多重态分裂与自旋—轨道分裂等。

如果原子、分子或离子价（壳）层有未成对电子存在，则内层芯能级电离后会发生能级分裂从而导致光电子谱峰分裂，称之为多重分裂。图 14－13 O_2 分子 X 射线光电子谱多重分裂。电离前 O_2 分子价壳层有两个未成对电子，内层能级（O 1s）电离后谱峰发生分裂（即多重分裂），分裂间隔为 1.1 eV。

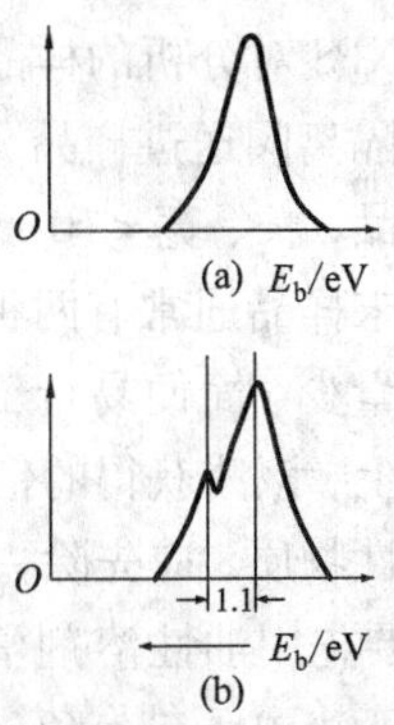

图 14－13 O_2 分子 X 射线光电子谱多重分裂

（a）氧原子 O ls 峰；

（b）氧分子中 O ls 峰分裂

一个处于基态的闭壳层（闭壳层指不存在未成对电子的电子壳层）原子光电离后，生成的离子中必有一个未成对电子。若此未成对电子角量子数 $l>0$，则必然会产生自旋—轨道偶合（相互作用），使未考虑此作用时的能级发生能级分裂（对应于内量子数 j 的取值 $J=l+1/2$ 和 $j=1-l/2$ 形成双层能级），从而导致光电子谱峰分裂，此称为自旋—轨道分裂。

14.5.2 X 射线光电子能谱仪

光电子能谱仪的主要组成有 X 射线光子源、能量分析器和探测器、试样操作台和温度控制装置、超高真空分析室（真空系统）和预处理室以及清洁用的离子枪。典型的组成部件如图 14－14 所示。

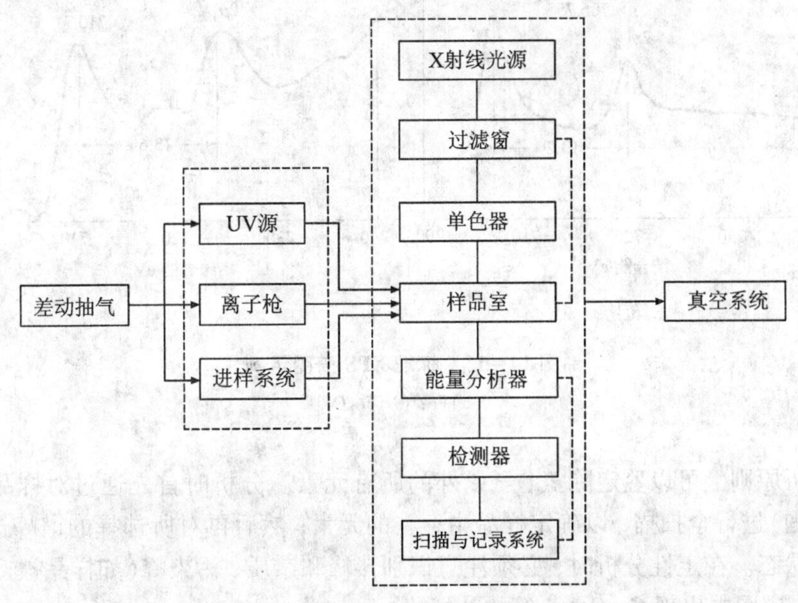

图 14－14 XPS 组成结构框

14.5.3 样品制备

XPS 对分析的样品有特殊的要求，一般只能进行固体样品的分析。由于样品要通过超高真空隔离阀送进样品分析室，因此样品预处理很重要。①尺寸必须符合要求。对于块状和薄膜样品，长、宽 <10 mm，高 <5 mm。对于体积大的样品应做适当处理，使其大小合适。对于粉末样品通常有两种样品制备方法，一是用双面胶直接将粉体固定在样品台上，这种方法用样量少、简便易行，但胶带成分可能会产生干扰；二是把粉末样品压成薄片，再固定到样品台上，该法获得的信号强度比前者高得多，但用样量大，抽真空时间长。②如果样品中有挥发性物质，应先除去，以减少抽真空的时间。另外，表面不清洁的样品不能直接进入样品室，要先用油性溶剂清洗掉样品表面的油污，再用乙醇清洗掉有机溶剂，然后自然晾干。③由于光电子带有负电荷，即使在微弱磁场下，也会发生偏转，最后不能到达分析器，得不到正确的 XPS 谱。当样品的磁性很强时，还可能引起分析器头及样品架磁化。因此，有磁性的样品绝对不能进入分析室，必须将样品退磁之后才可进行 XPS 分析。

14.5.4 X 射线光电子能谱分析的应用

1. 元素(及其化学状态)定性分析

元素(及其化学状态)定性分析即以实测光电子谱图与标准谱图相对照，根据元素特征峰位置(及其化学位移)确定样品(固态样品表面)中存在哪些元素(及这些元素存在于何种化合物中)。标准谱图中有光电子谱峰与俄歇谱峰位置并附有化学位移数据。图 14－15 为标准 XPS 谱图示例。

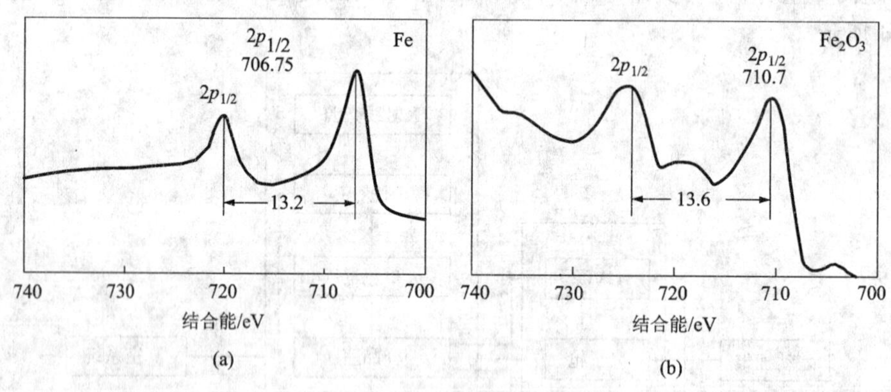

图 14－15 标准 XPS 谱图示例

(a) Fe；(b) Fe_2O_3

定性分析原则上可以鉴定除氢、氦以外的所有元素。分析时首先通过对样品(在整个光电子能量范围)进行全扫描，以确定样品中存在的元素；然后再对所选择的谱峰进行窄扫描，以确定化学状态。在定性分析时，必须注意识别伴峰和杂质、污染峰(如样品被 CO_2、水分和尘埃等玷污，谱图中出现 C，O，Si 等的特征峰)。

2. 定量分析

一般来说，光电子强度的大小主要取决于样品中所测元素的含量(或相对浓度)。因此，通过测量光电子的强度就可进行XPS定量分析。但在实验中发现，直接用谱线的强度进行定量，所得到的结果误差较大。目前应用最广的是元素(原子)灵敏度因子法定量分析。

3. 化学结构分析

X射线光电子能谱可以直接测量原子内壳层电子的结合能化学位移，通过谱峰化学位移的分析可以确定元素原子存在于何种化合物中，及研究样品的化学结构。

14.6 热分析技术

热分析(Thermal Analysis)是指在程序控制温度条件下，测量物质的物理性质随温度变化的函数关系的技术。热分析法的技术基础在于物质在加热或冷却的过程中，随着其物理状态或化学状态的变化，通常伴有相应的热力学性质(如热焓、比热、导热系数等)或其他性质(如质量、力学性质、电阻等)的变化，因而通过对某些性质(参数)的测定可以分析研究物质物理变化或化学变化过程。表14-3所列为几种主要的热分析法及其测量的物理参数。本节介绍其中常用和具有代表性的三种方法：热重法(thermogravimetry，TG)、差热分析法(differential thermal analysis，DTA)和差示扫描量热法(differential scanning calorimetry，DSC)。

热分析技术必须满足下述三条标准：①必须测量物质的某种物理性质。如质量、热学、力学、电学、光学、磁学和声学等。因此，热分析技术所涉及的范围极其广泛。②测量的物理量必须直接或间接表示为温度关系。③测量的物理量必须在程控温度下测定。

表14-3 常用热分析法及其测定的物理化学参数

热分析法	定义	测量参数	温度范围/℃	应用范围
差热分析法(DTA)	程序控温条件下，测量在升温、降温或恒温过程中样品和参比物之间的温度差	温度	20~1600	熔化及结晶转变、二级转变、氧化还原反应、裂解反应等的分析研究，主要用于定性分析
差示扫描量热法(DSC)	程序控温条件下，直接测量样品在升温、降温或恒温过程中所吸收或释放出的能量	热量	-170~725	DTA大致相同，但能定量测定多种热力学和动力学参数，如比热、反应热、转变热、反应速度和高聚物结晶度等
热重法(TG)	程序控温条件下，测量在升温、降温或恒温过程中样品质量发生的变化	质量	20~1000	熔点、沸点测定，热分解反应过程分析与脱水量测定等；生成挥发性物质的固相反应分析，固体与气体反应分析等
动态热机械法(DMA)	程序控温条件下，测量材料的力学性质随温度、时间、频率或应力等改变而发生的变化量	力学性质	-170~600	阻尼特性、固化、胶化、玻璃化等转变分析，模量、黏度测定等
热机械分析法(TMA)	程序控温条件下，测量在升温、降温或恒温过程中样品尺寸发生的变化	尺寸、体积	-150~600	膨胀系数、体积变化、相转变温度、应力应变关系测定，重结晶效应分析等

14.6.1 热重法(TG)

1. 仪器构成

用于热重法的仪器是热天平(热重分析仪),由天平、加热炉、程序控温系统与记录仪等几部分组成。热天平测定样品质量变化的方法有变位法(利用质量变化与天平梁的倾斜成正比的关系,用直接差动变压器控制检测)和零位法。零位法是靠电磁作用力使因质量变化而倾斜的天平梁恢复到原来的平衡位置(即零位)的方法,施加的电磁力与质量变化成正比,而电磁力的大小与方向是通过调节转换机构中线圈的电流实现的,因此检测此电流值即可知质量变化。通过热天平连续记录质量与温度的关系,即可获得热重曲线。图 14-16 为带光敏元件的自动记录热天平示意图。天平梁倾斜(平衡状态被破坏)由光电元件检出,经电子放大后反馈到安装在天平梁上的感应线圈,使天平梁又返回到原点。

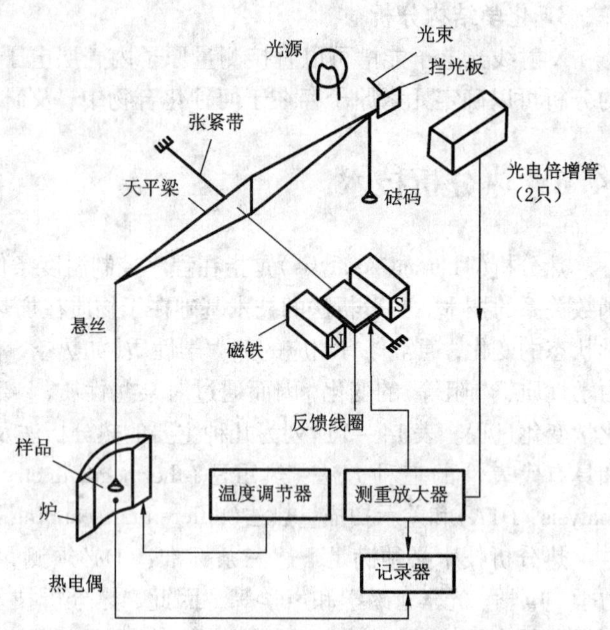

图 14-16 带光敏元件的自动记录热天平示意图

凡物质受热时发生质量变化的物理或化学变化过程,均可用热重法分析和研究。

2. 热重(TG)与微商热重(DTG)曲线

热重法(TG)是在程序控制温度条件下,测量物质的质量与温度关系的热分析方法。热重法记录的热重曲线以质量(m)为纵坐标(从上到下质量减少),以温度(T)或时间(t)为横坐标(从左到右温度增加),即 $m-T$(或 t)曲线。理想的 TG 曲线为一些直角台阶,但实际上表现为一个个过渡和斜坡。

(1)热重 TG 曲线(如图 14-17 所示)。

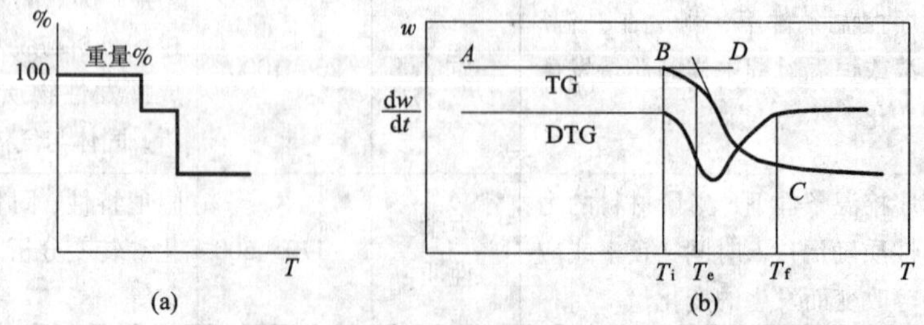

图 14-17 TG 曲线(a)理想的热重曲线;(b)$K[Al_3(OH)_6](SO_4)_2$的实际热重曲线

AB 段为热重基线;B 点对应的 T_i 为热分解的起始温度;C 点所对应的 T_f 是热分解反应终

止温度；T_i—T_f为反应区间；D 点（外推基线与 TG 曲线最大斜率切线的交点）对应的 T_e为外推起始温度。

(2)微商热重曲线(DTG 曲线)。

对热重曲线进行一次微分，就能得到微商热重曲线(differential thermal gravity，DTG)，它反映样品质量的变化率和温度(时间)的关系。横坐标为温度 T 或时间 t，纵坐标是 dw/dt 或 dm/dT。微商热重曲线与热重曲线(图 14－18)的对应关系是：热重曲线上的一个台阶，在微商曲线上是一个峰，峰面积与失重成正比。

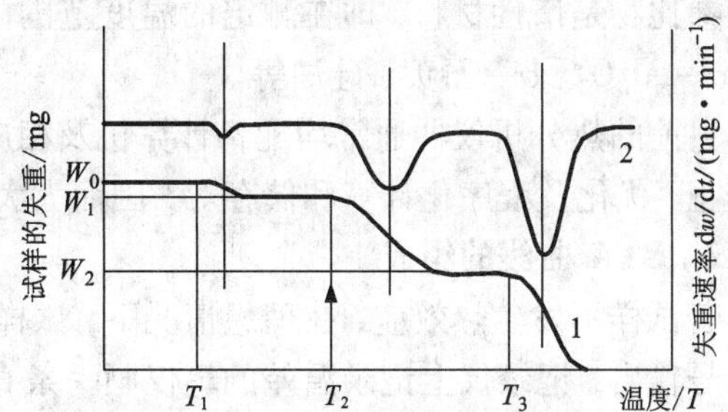

图 14－18 DTG 和 TG 曲线的对比

1—热重曲线；2—微分热重曲线

14.6.2 差热分析(DTA)

1. 基本原理与差热分析仪

差热分析(DTA)是在程序控制温度条件下，测量样品与参比物(基准物，是在测量温度范围内不发生任何热效应的物质，如 $\alpha-Al_2O_3$、MgO 等)之间的温度差与温度(或时间)关系的一种热分析方法。在实验过程中，将样品与参比物的温差作为温度或时间的函数连续记录下来。

差热分析装置称为差热分析仪。图 14－19 为差热分析仪结构示意图。在差热分析仪中，样品和参比物分别装在两个坩埚内，两个热电偶是反向串联的(同极相连，产生的热电势正好相反)。样品和参比物同时进行升温，当样品未发生物理或化学状态变化时，样品温度(T_s)和参比物温度(T_r)相同，$\Delta T=T_s-T_r$，相应的温差电势为 0。当样品发生物理或化学变化而发生放热或吸热时，样品温度(T_s)高于或低于参比物温度(T_r)，相应的温差热电势讯号经放大后送入记录仪，从而可以得到以 ΔT 为纵坐标，温度(或时间)为横坐标的差热分析曲线(DTA 曲线)，如图 14－20 所示。其中基线相当于 $\Delta T=0$，样品无热效应发生，向上和向下的峰分别反映了样品的放热和吸热过程。

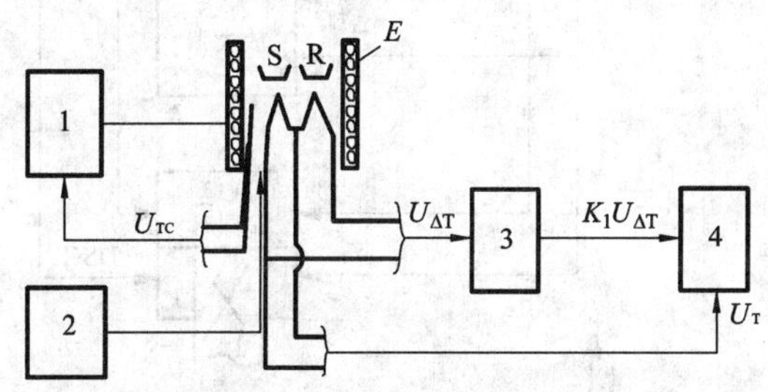

图 14－19 差热分析仪结构示意图

S—试样；U_{TC}—由控温热电偶送出的毫伏信号；

R—参比物；U_T—由试样下的热电偶送出的毫伏信号；

E—电炉；$U_{\Delta T}$—由差示热电偶送出的毫伏信号

1—温度程序控制器；2—气氛控制；3—差热放大器；4—记录仪

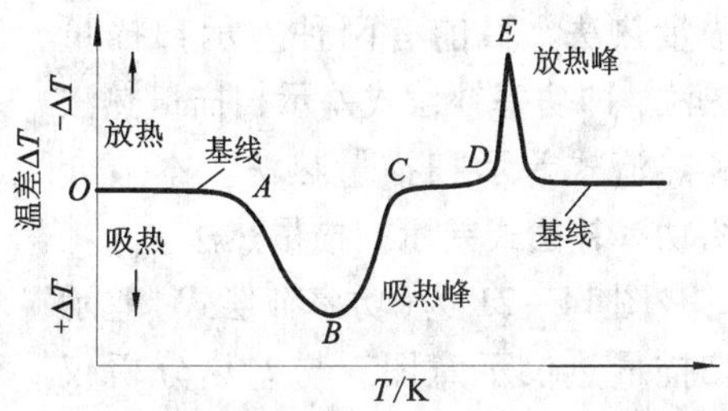

图 14－20 典型的 DTA 曲线

基线—ΔT 近于零(图中的 OA、CD 段)；

峰—ACB；峰面积—ABCA。

参比物是惰性材料，即在测定的温度范围内，不产生任何热效应（放热、吸热）的材料。如：$\alpha-Al_2O_3$、α－石英、硅油等。

目前的热分析仪器通常均配备计算机及相应软件，可进行自动控制、实时数据显示、曲线校正、优化及程序化计算和储存等，因而大大提高了分析精度和效率。

2. DTA 曲线的组成

若试样不发生热效应，在理想情况下，试样温度和参比物温度相等，$\Delta T=0$，差示热电偶无信号输出，记录仪上记录温差的笔仅画一条直线，称为基线。

DTA 曲线（图 14－20）的纵坐标表示温差（ΔT），吸热向下，放热向上。横坐标为温度 T（或时间 t）。

3. DTA 曲线分析与应用

（1）依据差热分析曲线特征，如各种吸热与放热峰的个数、形状及相应的温度等，可定性分析物质的物理或化学变化过程，还可依据峰面积半定量地测定反应热。

（2）差热分析法用于测定相图。

对不同成分比的混合物，由各种不同比例混合物样品的 DTA 曲线分析获得相图。

（3）差热分析法可用于部分化合物的鉴定。

通过样品实测 DTA 曲线与卡片对照，实现化合物鉴定。

14.6.3　差示扫描量热法（DSC）

1. 基本原理与差示扫描量热仪

差示扫描量热法是在程序控制温度条件下，测量输入给样与参比物的功率差与温度关系的一种热分析方法。针对差热分析法是间接以温差（ΔT）变化表达物质物理或化学变化过程中热量的变化（吸热和放热），且差热分析曲线影响因素很多，难于定量分析的问题，所以发展了差示扫描量热法。目前有两种差示扫描量热法，即功率补偿式差示扫描量热法和热流式差示扫描量热法。本节介绍功率补偿式差示扫描量热法。

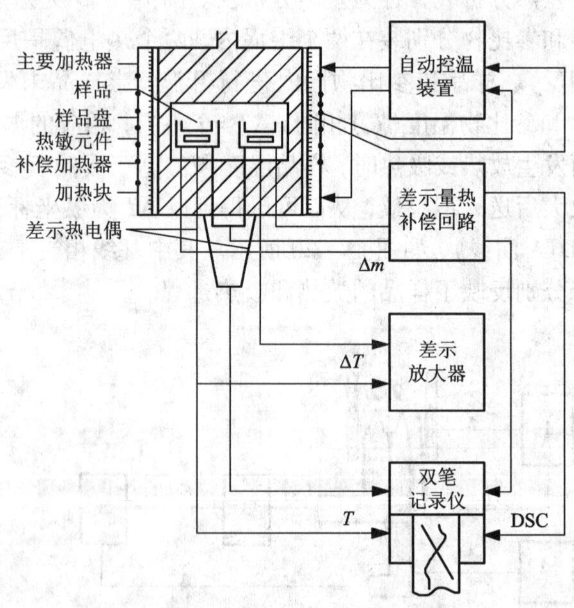

图 14－21　功率补偿式差示扫描量热仪示意图

图 14－21 为（功率补偿式）差示扫描量热仪示意图。与差热分析仪比较，差示扫描仪有功率补偿放大器，而样品池（坩埚）与参比物池（坩埚）下装有各自的热敏元件和补偿加热器（丝）。热分析过程中，当样品发生吸热（或放热）时，通过对样品（或参比物）的热量补偿作用（供给电能），维持样品与参比物温度相等（$\Delta T=0$）。补偿的能量（大小）即相当于样品吸收或放出的能量（大小）。

典型的差示扫描量热（DSC）曲线以热流率（dH/dt）为纵坐标、以时间（t）或温度（T）为横坐标，即 $dH/dt—t$（或 T）曲线，如图14－22所示。图中曲线离开基线的位移即代表样品吸热或放热的速率（mJ/s），而曲线中峰或谷包围的面积即代表热量的变化。因而差示扫描量热法可以直接测量样品在发生物理或化学变化时的热效应。差示扫描量热曲线上吸热峰或放热峰面积实际上代表样品传导到温度传感器装置的那部分热量变化。

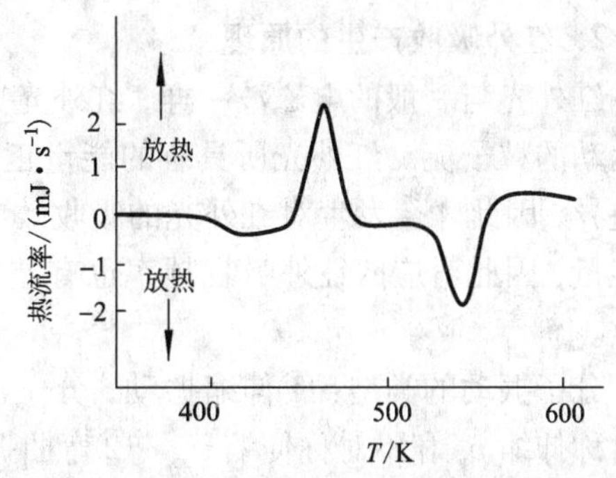

图14－22 典型的差示扫描量热（DSC）曲线

2. 差示扫描量热法的应用

差示扫描量热法与差热分析法的应用功能有许多相同之处，但由于差示扫描量热法克服了差热分析法以 ΔT 间接表达物质热效应的缺陷，具有分辨率高、灵敏度高等优点，因而能定量测定多种热力学和动力学参数，且可进行晶体细微结构分析等工作。

（1）样品焓变（ΔH）的测定。

若已测定仪器常数 K，按测定 K 时相同的条件测定样品差示扫描曲线上峰面积，则按式（14－10）可求得其焓变。

$$\Delta H = K' \cdot \Delta W \tag{14-10}$$

式中：ΔH 为热焓变化量；ΔW 为（补偿电）功率的变化量；K' 为校正常数。

（2）样品比热容的测定。

差示扫描量热法采用线性程序控温，升（降）温过程中，升（降）温速率（dT/dt）为定值。样品的热流率（dH/dt）是连续测定的，所测定的热流率与样品瞬间比热成正比，有

$$\frac{dH}{dt} = mC_p \frac{dT}{dt} \tag{14-11}$$

式中：m 为样品的质量；C_p 为定压比热容。

14.7 红外光谱分析和激光拉曼光谱分析

14.7.1 红外光谱分析

1. 概述

红外光谱属于分子振动光谱（infrared spectrometry，IR）。当样品受到频率连续变化的红外光照射时，分子吸收了某些频率的辐射，并使得这些吸收区域的透射光强度减弱。记录红外光的百分透射比与波长关系的曲线，即为红外光谱，所以又称之为红外吸收光谱。样品吸收红外辐射的主要原因是分子中的化学键。

红外光区介于可见光与微波之间，波长范围为0.76～1000 μm，一般根据波长把红外光谱分为：①近红外，0.76～2.5 μm，13158～4000 cm^{-1}，主要为OH，NH，CH的倍频吸收；②中红外，2.5～25 μm，4000～400 cm^{-1}，主要为分子振动，伴随振动吸收；③远红外，25～1000 μm，400～10 cm^{-1}，主要为分子的转动吸收。其中，中红外区是研究的最多、最深的区域，一般所说的红外光谱就是指中红外区的红外吸收光谱。红外光谱分析通常用波数（wave number)表征峰位。

2. 红外吸收产生的原理

红外光与一般的电磁波一样，红外光亦具有波粒二象性，既是一种振动波，又是一种高速运动的粒子流。红外光所具有的能量正好相当于分子(化学键)的不同能量状态之间的能量差异，因此才会发生对红外光的吸收效应。分子的振动所需的能量远大于分子的转动所需的能量，因此对应的红外吸收频率也有差异。中红外区，波长短、能量高，对应分子的振动吸收。

分子振动的类型：①伸缩振动，分子沿成键的键轴方向振动，键的长度发生伸缩变化，分对称伸缩 υ_s 和不对称伸缩 υ_{as}。②弯曲振动，亦称变形振动，记为 δ。

3. 红外吸收产生的条件

(1)振动的频率与红外光波段的某频率相等。即分子吸收了这一波段的光，可以把自身的能级从基态提高到某一激发态。这是产生红外吸收的必要条件。

(2)偶极矩的变化。分子在振动过程中，由于键长和键角的变化，而引起分子的偶极矩的变化，结果产生交变的电场，这个交变电场会与红外光的电磁辐射相互作用，从而产生红外吸收。而多非极性的双原子分子(H_2，N_2，O_2)，虽然也会振动，但振动中没有偶极矩的变化，因此不产生交变电场，不会与红外光发生作用，不吸收红外辐射，称之为非红外活性。

4. 红外吸收光谱仪

现在常用的傅立叶变换红外光谱仪(fourier transform Infrared spetrophotometer，FTIR)。仪器结构与功能示意图如图 14－23 所示。

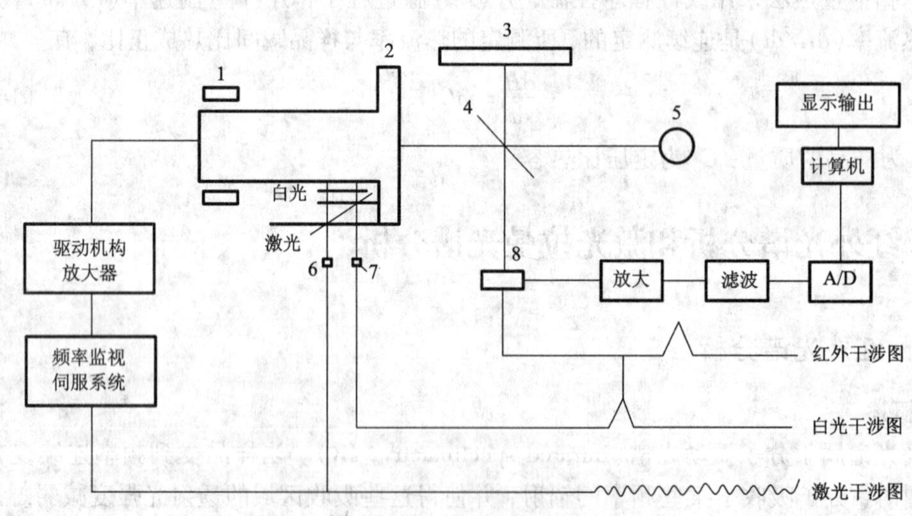

图 14－23　FTIR 光谱仪结构与功能示意图

1—动镜驱动机构；2—移动镜；3—固定镜；4—分束器；5—光源；6—激光检测器；7—白光检测器；8—红外检测器

FTIR 光谱仪由光学系统、电子电路、计算机数据处理、接口和显示系统等部分组成。光学系统由固定镜、移动镜、分束器组成的主干涉仪和激光干涉仪、白光干涉仪、光源、检测器以及红外反射镜组成。电子电路的主要任务是把检测器得到的信号经放大器、滤波器处理后送到计算机接口，再经处理后送至计算机数据处理系统。另一功能是按键盘输入指令对干涉仪移动镜运动，光源、检测器、分束器的调整更换进行控制，以实现自动操作。计算机通过接口与光学测量系统的电路相连，把测量的模拟信号转变为数字信号，在计算机内进行运算处理，把计算结果输给显示器、绘图仪及打印机。

5. 样品制备

(1)气体样品。一般都灌注于专用气体槽内(气槽先抽真空)进行分析测定。

(2)液体样品。液体或固体样品溶在适当溶剂中后注入固定池(样品池)中进行分析，称为溶液法。对于溶剂的要求是：在样品光谱范围内具有良好的透明度(即对红外线无吸收，或溶剂吸收峰很少而且弱)，对样品有良好的溶解性且不与样品发生化学反应等。

(3)固体样品制备。除溶液法外，还常用糊状法、压片法和薄膜法等。压片法是分析固体样品时应用最广的方法，通常是用300 mg的KBr与1～3 mg样品共同研磨后放入模具中用油压机压成片状。

6. 应用

(1)定性分析。

①已知物质及其纯度的定性鉴定。例如，在选矿中精矿的纯度，有机或高分子合成时，验证产物是否是预计得到的已知化合物(结构)。在产品的制备与分离过程中鉴定杂质分离程度等。基本分析方法是将样品红外谱图与纯物质的标准谱图进行对照。

②对于具有一定可疑范围的未知物的鉴定(判定为某物质)，同样可采用样品图谱与已知物标准图谱对照的方法进行，例如鉴定矿物。

③测定未知物结构。通过样品图谱与已知有机和无机基团的频率(或波数)对比确定被测分子中官能团的存在，借此进行定性分析。IR可用于鉴别化合物中的化学键类型，可对分子结构进行推测。既适用于晶体，也适用于非晶体。

(2)定量分析。

根据比例法、内标法、标准曲线等可进行红外定量分析。

除了研究晶格振动特性外，红外吸收光谱还可以用来研究固体表面化学吸附或物理吸附分子单层的特性，研究半导体中自由载流子的吸附等。

14.7.2　激光拉曼(Raman)光谱

1. 基本原理

在分子的振动中，有些振动由于偶极矩的变化表现了红外活性，能吸收红外光，从而出现了红外吸收光谱，但有些振动却表现了拉曼活性，产生了拉曼光谱谱带。这两种方法都能提供分子振动的信息，起到相互补充的作用，采用这两种方法，可获得振动光谱的全貌。

拉曼效应是光在与物质分子作用下产生的联合散射现象。当高频率的单色激光束打到物质分子上时，它和电子发生较强烈的作用，使电子云相对原子核位置产生波动，如果在物质分子中诱导了振动偶极矩，那么分子就被极化了。如果这种振动偶极矩集合体以入射激光的频率向所有方向散射光，在这过程称为瑞利散射，瑞利散射被看作分子和光子间的弹性碰撞，它是分子体系中最强的光散射现象。碰撞的第二种类型是非弹性碰撞，少部分的散射光的频率和入射光的频率不一样，光子从分子中得到或失去能量，失去或得到的能量相当于振动能量。这种效应称作拉曼(Raman)效应，所得的光谱称为拉曼光谱，也称为“联合散射光谱”。散射光的能量与瑞利线的能量的差具有确定值，称之为拉曼位移，相当于振动能级。

拉曼散射对称地分布于瑞利线两侧，其中频率较低的称为斯托克斯(Stokes)线，频率较高的称为反斯托克斯(anti－Stokes)线。位于瑞利线低频一侧的斯托克斯线通常只有瑞利线的10^{-5}数量级的强度，斯托克斯线的强度又较高于反斯托克斯线的强度。通常拉曼光谱记录的是斯托克斯线。

同一种物质分子，随着入射光频率的改变，拉曼线的频率也改变，但拉曼位移Δv始终保持不变，因此拉曼位移与入射光频率无关，它与物质分子的振动和转动能级有关。不同物质分子有不同的振动和转动能级，因而有不同的拉曼位移。如以拉曼位移(波数)为横坐标，强度为纵坐标，而把激发光的波数作为零(频率位移的标准，即v_0)写在光谱的最右端，并略去反斯托克斯谱带，便得到类似于红外光谱的拉曼光谱。

一般的光谱只有两个基本参数，即频率(或波长、波数)和强度，但拉曼光谱还有一个去偏度，以它来衡量分子振动的对称性，这增加了有关分子结构的信息。

2. 激光拉曼光谱仪

激光拉曼光谱仪的基本组成如图14－24所示，有激光光源、样品池、单色器和检测记录系统四部分，并配有微机控制仪器操作和处理数据。

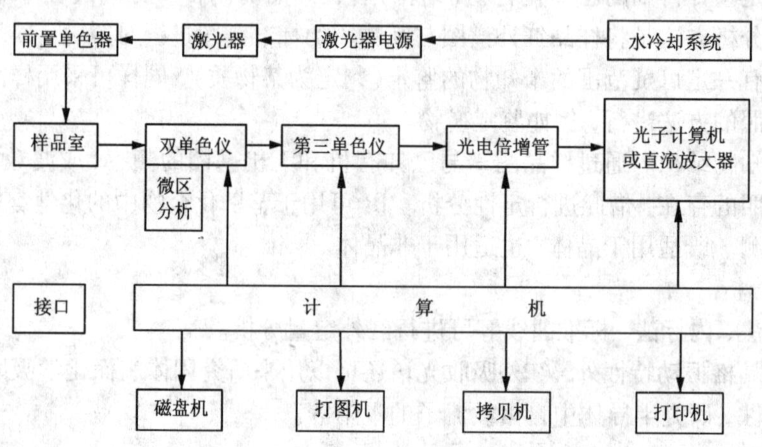

图14－24　激光拉曼光谱仪的基本组成

3. 拉曼光谱的特点

(1)扫描范围宽，4000～5 cm^{-1}区域可一次完成，特别适宜红外光谱不易获得的低频区域的光谱。

(2)水的拉曼散射较弱，适宜于测试水溶液体系，这对于开展电化学、催化体系和生物大分子体系中含水环境的研究十分重要。例如生化物质大部分只溶于水而不溶于有机溶剂。而在红外光谱中，水的信号很强，不易办到。

(3)可用玻璃作光学材料，样品可直接封装于玻璃纤维管中，制样简便。而玻璃器具在较宽广的红外区却是不透明的。

(4)选择性高，可分析复杂体系。因为其特征谱带十分明显。

(5)待测样品可以是不透明的粉末或薄片，这对于固体表面的研究及固体催化剂性能的测试都有独到的便利之处。

(6)从拉曼光谱的退偏比(去偏度),能够给出分子振动对称性的明显信息。

(7)拉曼光谱和红外光谱在分子振动光谱的研究中可以互为补充。

4. 激光拉曼光谱的应用

(1)矿物材料研究中的应用。例如陶瓷原料高岭土、多水高岭土、地开石和珍珠陶土的鉴别。

(2)高分子材料研究中的应用。有机物结构分析,高分子聚合物研究,如对含有黏土、硅藻土等无机填料高聚物,可以直接检测。

(3)定量分析。用于有机化合物和无机阴离子的分析。拉曼谱线的强度与入射光的强度和样品分子的浓度成正比,当实验条件一定时,拉曼散射的强度与样品的浓度呈简单的线性关系。

14.8　其他测试技术

14.8.1　扫描隧道显微镜(STM)

扫描隧道显微镜(scanning tunneling microscope, STM)是以原子尺度的探测针尖和金属样品作为两个电极,通过它们之间的隧道电流来揭示样品表面结构形貌的。

扫描隧道显微镜(STM)的结构原理如图14-25所示,由扫描隧道显微镜主体、控制电路、控制计算机(测量软件和数据处理软件)三大部分组成,扫描隧道显微镜主体包括针尖的平面扫描机构、样品与针尖间距控制调节机构及系统与外界振动的隔离装置。常用的STM针尖安放在一个可进行三维运动的压电陶瓷支架上,L_x、L_y、L_z 分别控制针尖在 x、y、z 方向上的运动。在 L_x、L_y 上施加电压,便可使针尖沿表面扫描;测量隧道电流 I,并以此反馈控制施加在 L_z 上的电压 V_z;再利用计算机的测量软件和数据处理软件将得到的信息在屏幕上显示出来。

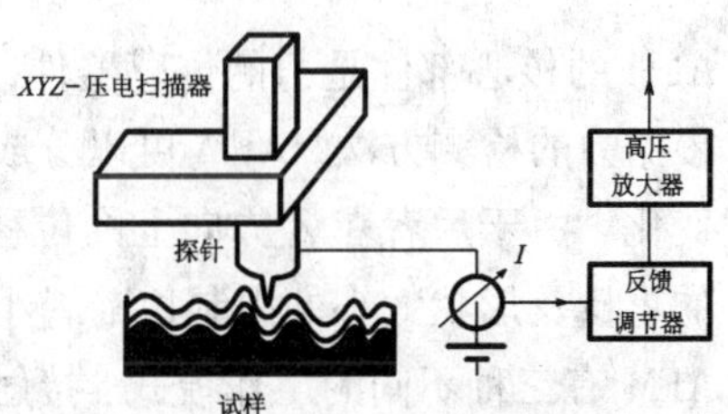

图14-25　STM的结构原理图

STM的应用:①具有原子级高分辨率。STM在平行和垂直于样品表面方向的分辨率分别可达0.1 nm和0.01 nm,即可分辨出单个原子。②可实时得到物体的三维图像,可用于具有周期性或不具备周期性的表面结构研究。这种可实时观测的性能可用于表面扩散等动态过程的研究。③可以观察单个原子层的局部表面结构,而不是整个表面的平均性质。因而可以直接观察到表面缺陷、表面重构、表面吸附体的形态和位置,以及由吸附体引起的表面重构等。④配合扫描隧道谱可以得到有关表面电子结构的信息,如表面不同层次的电子云密度、表面电子阱、电荷密度分布、表面势垒的变化和能隙结构等。⑤STM可以在真空、大气、常温等不同环境下工作,样品甚至可以浸在水或其他液体中。工作过程不需要特别的制样技术,并且探测过程对样品无损伤。这些特点特别适用于研究生物样品和在不同实验条件下对样品表面的评价。例如对多相催化机理、超导机制、电化学反应过程中电极表面变化的监测等。

14.8.2 原子力显微镜(AFM)

原子力显微镜(atomic force microscope, AFM)是通过探针与被测样品之间微弱的相互作用力(原子力)来获得物质表面形貌的信息。因此，AFM除导电样品外，还能够观测非导电样品的表面结构，且不需要用导电薄膜覆盖，其应用领域更为广阔。AFM得到的是对应于样品表面总电子密度的形貌，可以补充STM对样品观测得到的信息，且分辨率亦可达到原子级水平。

AFM的工作原理如图14-26所示。在AFM中用一个安装在对微弱力极敏感的微悬臂上的极细探针代替STM中的简单的金属极细探针。当探针与样品接触时，由于它们原子之间存在极微弱的作用力(吸引力或排斥力)，会引起微悬臂偏转。扫描时控制这种作用力恒定，带针尖的微悬臂将对应于原子间作用力的等位面，在垂直于样品表面方向上起伏运动，通过光电检测系统(通常利用光学、电容或隧道电流方法)对微悬臂的偏转进行扫描，测得微悬臂对应于扫描各点的位置变化，将信号放大与转换从而得到样品表面原子级的三维立体形貌图像。

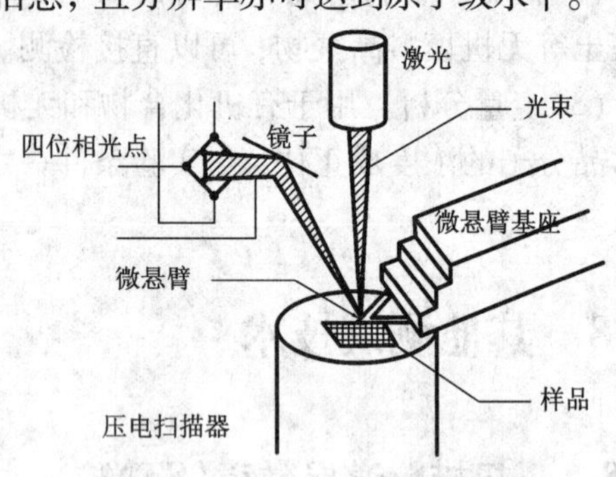

图14-26 AFM的工作原理

AFM的核心部件是力的传感器件，包括微悬臂(cantilever)和固定于其一端的针尖。

根据力的检测方法，AFM可以分成两类：一类是检测探针的位移；另一类是检测探针的角度变化。由于后者在Z方向上的位移是通过驱动探针来自动跟踪样品表面形状，因此受到样品的重量及形状大小的限制比前者小。

AFM有三种不同的工作模式：接触模式(contact mode)、非接触模式(noncontact mode)和轻敲模式(tapping mode)。

(1)接触模式。

接触模式是探针与样品表面紧密接触并在表面上滑动，针尖与样品之间的相互作用力是两者相接触原子间的排斥力，为$10^{-8}\sim10^{-11}$ N，接触模式通常就是靠这种排斥力来获得稳定、高分辨样品表面形貌图像。接触模式包括恒力模式(constant force mode)和恒高模式(constant height mode)。在恒力模式中可以通过改变样品的上下高度来调节针尖与样品表面之间的距离，这样样品的高度值较准确，适用于物质的表面分析。在恒高模式中，对样品高度的变化较为敏感，可实现样品的快速扫描，适用于分子、原子图像的观察。

(2)非接触模式。

非接触模式是探针针尖始终不与样品表面接触，在样品表面上方5~20 nm距离内扫描。针尖与样品之间的距离是通过保持微悬臂共振频率或振幅恒定来控制的。在这种模式中，样品与针尖之间的相互作用力是吸引力——范德华力。由于吸引力小于排斥力，故灵敏度比接触模式高，但分辨率比接触模式低，非接触模式不适用于在液体中成像。

(3)轻敲模式。

在轻敲模式中，通过调制压电陶瓷驱动器使带针尖的微悬臂以某一高频的共振频率和

0.01～1 nm 的振幅在 Z 方向上共振，而微悬臂的共振频率可通过氟化橡胶减振器改变。同时反馈系统通过调整样品与针尖间距来控制微悬臂振幅与相位，记录样品的上下移动情况，即在 Z 方向上扫描器的移动情况来获得图像。适用于柔软、易脆和黏附性较强的样品，且不对它们产生破坏。这种模式在高分子聚合物的结构研究和生物大分子的结构研究中应用广泛。

AFM 的应用有：

(1)获得原子级图像。在矿物加工领域，应用 AFM 可获得层状化合物(如石墨、柱撑年)的原子图像，另外在大气环境下可得到非导体氟化锂等离子晶体的原子级分辨率图像。

(2)研究矿物在空气或液体中的表面性质。获得样品表面之间的范德华力、双电层静电斥力、水化力及疏水力等。

(3)进行晶体生长机理研究。利用它的高分辨率和可以在溶液和大气环境下工作的能力，能够精确地实时观察生长界面的原子级分辨图像，了解界面生长过程和机理，观测发展到深入研究高分子的纳米级结构和表面性能。

另外，AFM 用于观察吸附在基体上的有机分子、生物样品以及观察电化学、电沉积和电腐蚀，还可测量样品表面的纳米级力学性质。

14.8.3　核磁共振(NMR)

磁性原子核相互作用，引起磁性原子核在外磁场中发生磁能级的共振跃迁，从而产生吸收信号，这种原子对射频辐射的吸收称为核磁共振。核磁共振谱(nuclear magnetic resonance spectroscopy，NMR)是利用物质原子核本身性质的差异，通过对核磁共振图谱上吸收峰位置、强度和精细结构分析，用于有机、金属有机以及生物分子结构和构象鉴定、定量分析、相对分子质量的测定及化学动力学的研究等的方法。

核磁共振波谱仪(NMR)由磁铁、探头、射频发生器、扫描发生器、接收器与记录仪等部件组成，如图 14－27 所示。随着核磁共振技术的发展，研制出了各种类型核磁共振仪，如连续波核磁共振谱仪，脉冲傅立叶变换谱仪。

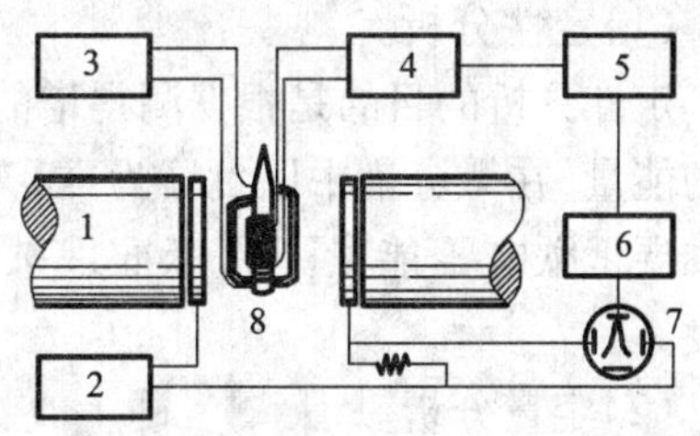

图 14－27　核磁共振波谱仪组成示意图

1—磁铁；2—扫描线圈和扫描发生器；3—射频发生器；4—射频放大器；5—检波器；6—音频放大器；7—示波器和记录器；8—探头

目前，核磁共振谱法在材料分析、高分子化学、医学、药学、生物学等领域的应用得到迅速发展。应用核磁共振技术对样品进行定性和定量的分析，确定反应过程及反应机理；确定有机化合物分子结构和变化，原子的空间位置和相互间的关联；研究高分子化合物聚合度、高分子材料的分子结构的动态变化；研究硅酸盐材料中硅结构的变化，水泥中硅的聚合度；研究硅酸盐玻璃中铝的配位结构及其变化；在药学中分析各种中药和西药的结构；在日用化学和食品工业中，使用核磁测量物质的含水量和含油量以及其他性质；在膜的研究中，有关膜的制备及分离或合成物质的结构鉴定、物质结构环境的变化及跟踪膜催化的反应机理等；环保中水质稳定剂和水质处理剂的机理、过程研究，合成反应过程的在线监控和原料、最终产品的质量监控等。

核磁共振适合于液体、固体。如今的高分辨技术，还将核磁用于半固体及微量样品（微升量级）的研究。核磁谱图已经从过去的一维谱图（1D）发展到如今的二维（2D）、三维（3D）甚至四维（4D）谱图，陈旧的实验方法被放弃，新的实验方法迅速发展，它们将分子间的关系表现得更加清晰。

14.8.4 俄歇电子能谱（AES）

俄歇电子能谱（auger electron spectrocopy，AES）分析是用具有一定能量的电子束（或X射线）激发样品俄歇效应，通过检测俄歇电子的能量和强度，从而获得有关表面层化学成分和结构信息的方法。俄歇电子能谱仪的构造主要有电子枪、样品台、溅射离子枪、电子能量分析器、显示记录系统及真空系统等。俄歇电子能谱仪结构如图14－28所示。

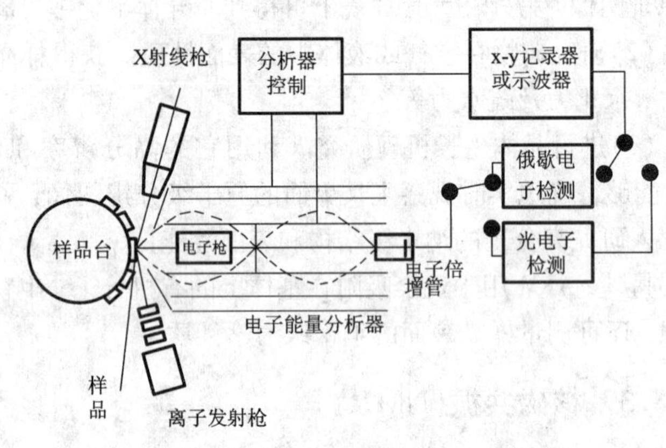

图14－28　俄歇电子能谱仪结构

俄歇电子能谱可以分析除氢、氦以外的所有元素。适合于表面元素定性和定量分析，同样也可以用于表面元素化学价态的研究。配合离子束剥离技术，ASE具有卓越的深度分析和界面分析能力。另外，由于ASE的电子束束斑非常小，具有很高的空间分辨率，可进行微区分析、元素选点分析、线扫描分析和面扫描分析。

（1）定性分析。

定性分析的目的是根据测得谱的位置和形状以识别元素种类。常用的方法是根据测得的峰的能量（在微分谱中以负峰为准）与标准的谱图手册进行对比。标准图谱手册提供各元素的主要俄歇电子能量图和标准俄歇谱图，给出各元素的俄歇峰的出峰位置、形状和相对强度。

（2）定量分析。

俄歇电子谱的定量分析是根据测得的俄歇信号强度以确定元素在表面的浓度。

（3）化学效应。

化学效应是指俄歇电子峰的出峰位置的能量和峰的形状等因原子的化学环境而引起的改变，它携带了固体表面原子所处的化学环境的信息，可作为化学状态分析的参考。俄歇电子谱化学效应主要表现为：化学位移，谱峰形状变化，主峰强度的变化和伴随主峰的电子能量损失峰的变化。俄歇峰的出峰位置和形状，在某些场合下可作为样品的化学状态的指纹鉴定。

（4）深度剖析。

元素的俄歇深度剖面分析（简称深度剖析）是指对分析样品元素的组分及含量随深度的变化的三维分析。分为非破坏性和破坏性两类。进行深度剖析时，一般采用能量为

500 ~ 5 keV 的离子溅射逐层剥离样品，并同时以俄歇电子谱仪对样品进行分析。有效的剖析深度约为数百纳米。

习 题

1. 电子束入射固体样品主要会激发哪些信号？叙述它们的特点和用途。

2. 已知 α－石英的 $d_{100}=4.257$ Å，$d_{101}=3.343$ Å，$d_{112}=1.8179$ Å；若采用 $Cu_{K\alpha}$射线和 $Fe_{K\alpha}$射线作光源，则这三组晶面的衍射角分别是多少？（$\lambda Cu_{K\alpha}=1.5418$ Å；$\lambda Fe_{K\alpha}=1.9373$ Å）

3. 用于表面分析的电子显微镜的主要类型有哪些？

4. 差示扫描量热法与差热分析方法比较有何优越性？并简述两种方法的应用范围。

5. 热重法与微商热重法相比有何特点？

6. 简述红外光谱产生的原理和研究对象。

7. 简述激光拉曼光谱、核磁共振技术的应用。

8. 如果揭示浮选药剂与矿物的作用机理，可以应用哪几种测试仪器表征？

9. 同族黏土矿物，如何确定其矿物种的名称？

10. 根据哪几种测试技术，可表征矿物填料和高分子聚合物的界面结构及其相互作用机制？

第 15 章 科技论文、试验报告的写作

本章内容提要： *矿物加工研究取得的成果，通常可以以发表科技论文、提交试验报告的形式体现。科技论文和试验报告是承载研究成果的良好载体。本章主要介绍了中文科技论文、英语科技论文和试验报告的分类、特点、基本格式和写作要求。通过对本章的学习可以使学生了解和掌握科技论文的写作知识和写作技巧，提高科研素质和科研能力。*

15.1 科技论文写作

科技论文是自然科学技术论文的总称。它是指在科学研究、科学实验的基础上，对自然科学和专业技术领域里的某些现象或问题进行专题研究、分析和阐述，以揭示这些现象和问题的本质及其规律性而撰写成的论文。因此，凡是运用概念、判断、推理、论证或反驳等逻辑思维手段，来分析阐明自然科学原理、定律和各种问题的论文，均属科技论文的范畴。我国国家标准《科学技术报告、学位论文和科技论文的编写格式》(GB/T 7713—1987)中指出：科技学术论文是某一学术课题在实验性、理论性或观测性上具有新的科学研究成果或创新见解和知识的科学记录；或是某种已知原理应用于实际取得新进展的科学总结，用以提供学术会议上宣读、交流和讨论；或在学术期刊上发表；或作其他用途的书面文件。因此科技论文写作对科技人员具有重要意义，它是科技工作的组成部分，是科学研究的必要手段，是科技成果的重要标志，是科技交流的理想工具。

15.1.1 科技论文的种类和基本要求

1. 科技论文的种类

科技论文的分类根据不同的角度，选用不同的标准而各不相同。主要有按发挥的作用进行的划分，和按研究的方式和论述的内容进行的划分。

按发挥的作用可将科技论文划分为 3 类。

(1)学术性论文。指研究人员提供给学术性期刊发表或向学术会议提交的论文，以报道学术研究成果为主要内容。学术性论文反映了该学科领域最新的、最前沿的科学水平和发展动向，对科学技术事业的发展起着重要的推动作用。这类论文应具有新的观点、新的分析方法和新的数据或结论，并具有科学性。

(2)技术性论文。指工程技术人员为报道工程技术研究成果而提交的论文，这种研究成果主要是应用已有的理论来解决设计、技术、工艺、设备、材料等具体技术问题而取得的。技术性论文对技术进步和提高生产力起着直接的推动作用。这类论文应具有技术的先进性、实用性和科学性。

(3)学位论文。指学位申请者提交的论文。依学位由低到高分为 3 种：学士论文、硕士论文和博士论文。学士论文指大学本科生申请学士学位须提交的论文，一般只涉及不太复杂

的课题，论述范围较窄，深度较浅，严格意义上说还不能作为科技论文发表。硕士论文指硕士研究生申请硕士学位须提交的论文。它需具有一定程度的创新性，强调作者的独立思考。合格的硕士论文应该基本达到发表水平。博士论文指博士研究生申请博士学位须提交的论文。它通常是1篇论文或相互关联的若干篇论文的总和。博士论文应反映出作者具有扎实、宽广的基础理论和系统、深入的专业知识，具有独立从事科学技术研究工作的能力，还应反映出研究的科学技术领域最前沿的独创性成果。因此，博士论文通常被视为重要的科技文献。

按研究的方式和论述的内容可将科技论文分为以下5类。

(1)理论型论文。理论型论文以报道科学技术研究成果为主要内容。通常是根据已有实践或文献资料的论述发现或提出新问题，经过分析、推理、论证及说明，得出新的结论、结果或新的规律、新的定理。这类论文应反映该学科领域里国内外最前沿的科学技术水平和发展动向。理论型论文一般是用数学工具和逻辑推理来证明自己的新见解和新成果，研究对象包括各种科学专题以及这些专题现象之间的关系；研究方法主要有数学推导、理论证明、综合分析等。这类论文广泛应用于数学、物理、化学、天文、地理、生物等基础性学科及其他各种应用技术性学科，其在写作上要求围绕主题取材，论证严密而合乎逻辑，文句准确而有说服力。

(2)实验型论文。实验型论文的研究对象相对单一，其主要特点是对实验进行观测和分析。这种论文在科技领域运用最为广泛，它有比较固定的结构格式，要求将实验结果和理论分析结合起来。实验研究型论文的正文一般包含材料方法、实验结果、分析讨论三个部分，但也可因材而异，灵活运用。

(3)综述型论文。综述型论文是指在综合分析和评价已有资料的基础上，提出在特定时期内相关专业课题的发展演变规律和趋势。这类论文的研究对象是在科技发展上有重要价值的新发现和新技术，主要研究方法是描述和比较，通常采用的写法分两类：一类是以汇集文献资料为主，辅以注释，非常客观而少有评述；另一类则是提出合乎逻辑的具有后发性的评价和建议。综述型论文通常具有一定的权威性，往往能对相关学科领域的发展起到引导作用。

(4)描述型论文。描述型论文是指人类对新发现的事物或现象进行的详细叙述，是在观察和积累之中得到的。描述型论文的主要研究方法是描述说明，目的是介绍其所具有的科学价值，重点说明这一新事物是什么现象或不是什么现象。因此，描述型论文是科技论文的重要类型之一。描述型论文的正文结构形式比较固定，通常具有描述和讨论两个部分。

(5)科普型论文。科普型论文的特点是用深入浅出、生动活泼的语言，论说科学道理，从而使深奥的科技知识得以普及。科普型论文与其他科技论文相比，除了应具有科学性外，还应具有思想性、通俗性和艺术性的特点。

2. 科技论文的特点和基本要求

科技论文同普通的科技文章一样，要求写作应准确、鲜明、生动，同时作为科技论文，它又有自身的特殊属性。一篇科技论文必须具有下述特点，且满足下述写作基本要求。

(1)科学性。

科学性是科技论文的基本属性，是其区别于非科学论文的主要特征。科技论文的科学性主要表现在三个方面：在研究内容上，得出的科研成果是自然现象及其规律的客观反映，是被实践检验的真理，并能为他人提供重复实验，具有较好的实用价值，即论文内容真实、成熟、先进、可行；在表现形式上，结构严谨清晰，逻辑思维严密，语言简明确切，对应用的各个符号、图文、表格及数据，须做到正确无误，且表述准确、明白、全面；在表述过程中，应具有严肃的科学态度，不肆意夸大、伪造数据，谎报成果，不剽窃、抄袭，不因个人偏好而随意褒贬、武断轻信，甚至篡改事实。

(2)创新性。

创新性是衡量科技论文价值的根本标准。科技论文是为交流学术新成果，发表研究新理论，探索研究新方法而写的，科技论文的创新性体现在作者具有独到的见解，能提出新的观点，新的理论。不同研究的创新程度有大有小，通常而言只要在科学研究范围内有独到见解，并能在丰富科学技术知识和推动科学技术发展中起到一定的作用，就算有创新性。如果仅仅是重复他人的工作，尽管确实有作者“研究”所得的“成果”，也不属于创新。在实际研究中，有很多课题是在引进、消化、移植国内外已有的先进科学技术，以及应用已有的理论来解决本地区、本行业、本系统的实际问题，只要对丰富理论、促进生产发展、推动技术进步有效果或作用，由此形成的科技论文也应视为有一定程度的创新。

(3)理论性。

理论性是科技论文区别于非科技论文的重要标志。它是指科技论文需具有一定的学术价值。理论性具有两方面的含义：一是对实验、观察或用其他方式所得到的结果，要从一定的理论高度进行分析和总结，形成一定的科学见解，包括提出并解决一些有科学价值的问题；二是对提出的科学见解或问题，要用事实和理论进行逻辑论证或分析说明，实现从实践到理论的提升。实际上科技论文的写作过程就是作者在认识上的深化和在实践基础上进行科学抽象的过程。只有具有理论性的科技论文才具有实用价值和学术价值。

(4)可读性。

撰写科技论文的主要目的是为了交流、传播、储存新的科技信息，让他人合理有效利用，因此，科技论文必须按一定格式写作，必须具有良好的可读性。可读性主要体现在文字表达上，要求语言准确，条理清楚，层次分明，论述严谨。在技术表达上，包括科技术语、数字符号的使用，图文表格的设计，计量单位的使用，文献的著录等都应符合规范化要求。

当然，科技论文的写作还要满足一般论文写作的基本要求，如主题明确，中心突出；结构严谨，层次分明；逻辑严密，自成系统；论证充分，说理透彻；提出问题，解决问题；语言简洁，概念准确等等。

15.1.2 科技论文的基本格式及写作方法

科技论文的内容涉及方方面面，不同作者的写作风格也各有特色，但科技论文写作的格式完全可以统一。一般来说，科技论文的组成部分和排列次序为：题名、署名、摘要、关键词、引言、正文、结论(和建议)、致谢、参考文献、附录、注释。这些部分各自有不同的基本格式，写作时需满足其对应的规范要求。

1. 题名

题名，又称为题目、标题，是论文的总纲，是能反映论文最重要的特定内容的，最恰当、最简明的词语的逻辑组合。

(1)题名的一般要求。

题名需要准确得体，即题名应能准确地表达论文的中心内容，恰如其分地反映研究的范围和达到的深度，不能使用笼统的、泛指性很强的词语和华而不实的辞藻。

题名应该简短精练，使读者印象鲜明，便于记忆和引用。国家标准规定，题名“一般不宜超过20字”。我们应把这“20字”视为上限，在保证能准确反映“最主要的特定内容”的前提下，题名字数越少越好。

题名还需便于检索，题名所用词语必须有助于选定关键词和编制题录、索引等二次文献，以便为检索提供特定的实用信息。

题名也应容易认读，题名中应当避免使用非共知共用的缩略词、首字母缩写字、字符、代号等。

(2)题名的文字要求。

题名在文字表达上具有一些特殊的要求，即题名比论文内容的行文要求更高，必须符合现代汉语的语法、修辞和逻辑规则，绝不能出现语病，同时还要尽量做到给人以美感。在表达时应达到下面的要求：①结构合理。尽可能不用动宾结构；习惯上题名不用动宾结构，而用以名词或名词性词组为中心的偏正词组。注意选用定语词组的类型；不注意定语词组类型的选择，有时会产生歧义。②选词准确。题名用词应仔细选取，否则会使语意不明或产生逻辑错误。③详略得当。题名应简洁，“多余”是拟定题名的大忌。但也不能随便省略。省去了不该省的词语，称为“苟简”，苟简会造成语法和逻辑错误。另外要特别注意避免“的”的多用和漏用，语法规则要求联合词组、偏正词组、主谓词组、动宾词组、介词词组做定语时，中心语之前需用“的”，而修辞规则则要求多项定语中的“的”字不宜多用。因此，题名中某个位置是否用“的”，既要用语法规则，又要用修辞规则来检查。④语序正确。题名的语序不对，容易造成语意混乱，使人不知所云。

2. 署名

(1)署名的意义。

署名是拥有著作权的声明，受到国家法律的保护。署名表示作者对该作品拥有著作权，任何个人和单位不能侵犯。署名还表明作者及其劳动成果得到社会的承认和尊重。

署名表示文责自负的承诺。署名者对发表论文负有法律责任，负有政治上、科学上的责任。如果论文中存在剽窃、抄袭的内容，或者政治上、科学上或技术上存在错误，署名者应完全负责，署名即表示作者愿意承担这些责任。

署名便于他人同作者联系及文献检索。署名也是为了建立作者与读者的联系。读者如有问题需要同作者商榷，或者需要询问、质疑、请教，可以直接与作者联系。署名即表示作者有同读者交流的意向，愿意为联系提供可能。另外，文献检索机构，常将作者的姓名作为检索目录，因此可通过署名帮助读者检索查阅。

(2)署名对象。

署名对象应包括也只包括那些参与选定研究课题和制定研究方案、直接参加全部或主要部分研究工作并做出主要贡献，以及参加论文撰写并能对内容负责，同时对论文具有答辩能力的人员。如果只是参加部分工作的合作者、按研究计划分工负责具体细节内容的工作者、某项测试任务的承担者，以及接受委托进行分析检验和观察的辅助人员等，均不应署名，但署名者可以将他们作为参加工作的人员列入“致谢”，或注于篇首页的底脚。

个人的研究成果，个人署名；集体的研究成果，集体署名(一般应署作者姓名，不宜只署课题组名称)。集体署名时，按对研究工作贡献的大小排列名次。

(3)署名的位置与格式。

署名置于题名下方，当作者分属于几个单位时，在姓名的右上角标明序号，需注明单位、城市和国籍。

个人作者和多位作者中第一作者的相关信息，如性别、年龄、职称、职务等，可以注于篇首页的底脚处。

3. 摘要

(1)摘要的概念和作用。

摘要是对论文的内容不加注释和评论的简短陈述。对科技论文撰写摘要，其作用主要体现在两个方面，一方面让读者尽快了解论文的主要内容，以补充题名的不足。科技文献数量大，读者不可能通读每一篇文章。某篇论文是否值得或需要通读全文，除了从题名上进行判断外，主要就是根据摘要来决定。所以，摘要担负着吸引读者和介绍文章主要内容的任务。另一方面摘要可为科技情报人员和计算机检索提供方便。论文发表后，文摘杂志对摘要可以不作修改或稍作修改而直接利用，从而可避免由他人编写摘要可能产生的误解、欠缺和错误，这就为科技文献的检索和利用提供了极大的方便。

(2)摘要的分类。

①报道性摘要。报道性摘要即资料性摘要或情报性摘要。它用来报道论文中作者的主要研究成果，向读者提供论文中全部创新内容和尽可能多的定量或定性的信息。尤其适用于试验研究和专题研究类论文，多为学术性期刊所采用。篇幅以200～300字为宜。

②指示性摘要。指示性摘要即概述性摘要或简介性摘要。它只简要地介绍论文的论题，或者概括地表述研究的目的，仅使读者对论文的主要内容有一个大致的了解。篇幅以50～100字为宜。

③报道—指示性摘要。报道—指示性摘要是以报道性摘要的形式表述论文中价值最高的那部分内容，其余部分则以指示性摘要形式表达。篇幅以100～200字为宜。

以上3种摘要形式可根据不同的需要选用。一般来说，向学术性期刊发表的论文，应选用报道性摘要形式，只有创新内容较少的论文，其摘要可写成报道—指示性摘要或指示性摘要。摘要形式选用不合适，往往会给文献检索带来麻烦，如对价值较高的论文采用指示性摘要形式，可能失去较多的读者，将直接妨碍研究成果的应用和推广。

(3)摘要的内容。

摘要中应写的内容一般包括研究工作的目的、方法、结果和结论，而重点是结果和结论。当然在行文方式上，无须机械地用“本文的目的是……”“所用的方法是……”和“结果是……”这样的语句格式。在具体行文时，目的、方法、结论等哪项应详写，哪项可略写，还有研究的背景、成果的意义等是否写，如何写，是因文而异的，不必千篇一律。

(4)摘要的写作要求。

根据有关规定，可以把摘要的写作要求归纳成如下几点。

①用第三人称。作为一种可供阅读和检索的独立使用的文体，摘要只能用第三人称而不用其他人称来写。

②简短精练，明确具体。应有较多且有用的定性和定量的信息。文字表达上应语言通顺，结构严谨，标点符号准确。字数一般要求50～300字。

③格式要规范。尽可能用规范术语，不用非共知共用的符号和术语。不得简单地重复题名中已有的信息，并切忌罗列段落标题来代替摘要。摘要中一般不出现插图、表格，以及参考文献序号，一般不用数学公式和化学结构式，不分段。摘要的位置一般在作者及其工作单位之后，关键词之前。

4. 关键词

关键词是为了满足文献标引或检索工作的需要而从论文中选取出的词或词组。

关键词通常包括主题词和自由词：主题词是专门为文献的标引或检索而从自然语言的主要词汇中挑选出来并加以规范的词或词组；自由词则是未规范化的即还未收入主题词表中的词或词组。

根据不同期刊的要求，论文中可列出3~8个关键词，它们应能反映论文的主题内容。其中主题词应尽可能多一些，它们可以从汉语主题词表和专业性主题词表中选取。而那些确能反映论文的主题内容但现行的主题词表还来不及收入的词或词组可以作为自由词列出，以补充关键词个数的不足或为了更好地表达论文的主题内容。

关键词作为论文的一个组成部分，列于摘要段之后。

5. 引言

(1)引言的概念和内容。

论文的引言又叫绪论。撰写引言的目的是向读者表述研究的来龙去脉，其作用在于引起读者的注意，使读者对论文建立有一个总体的了解。

引言中要写的内容大致有①研究的理由、目的和背景。包括问题的提出，研究对象及其基本特征，前人对这一问题做了哪些工作，存在哪些不足，希望解决什么问题，该问题的解决有什么作用和意义，研究工作的背景是什么。②理论依据、实验基础和研究方法。如果是沿用已知的理论、原理和方法，只需提及一笔，或标注出有关的文献。如果要引出新的概念或术语，则应加以定义或阐明。③预期的结果及其地位、作用和意义。

(2)引言的写作要求。

①言简意赅，突出重点。引言中要求写的内容较多，而篇幅有限，这就需要根据研究课题的具体情况确定阐述重点。共知的、前人文献中已有的不必细写，主要写好研究的理由、目的、方法和预期结果，意思要明确，语言要简练。

②尊重科学，不落俗套。作者应避免在引言部分对自己的研究工作或能力表示谦虚，表达客套，如“限于时间和水平”“由于经费有限，时间仓促”“不足或错误之处在所难免，敬请读者批评指正”等。因为，第一，不符合科学论文严肃性的要求。第二，既是论文，作者应有起码的责任感和自信心。这里的责任感表现在自我要求不能出差错，自信心表现为主要问题上不会有差错。第三，水平高低，质量好坏，应让读者去评论。

确实需要作说明或表示歉意，可以在文末处写，但要有分寸，实事求是，同时要具体写，不能抽象和笼统。当然，必要时引言中可以交代方法和结果等可以供哪些人、干什么做参考。

③如实评述，切忌吹嘘自己或贬低别人。

6. 正文

正文即论证部分，是论文的核心部分。论文的论点、论据和论证都在这里阐述，因此它要占主要篇幅。

由于论文作者的研究工作涉及的学科、选题、研究对象和研究方法、工作进程、结果表达方式等差异很大，所以对正文要写的内容不能做统一规定。但是，总的思路和结构安排应当符合“提出论点，通过论据来对论点加以论证”这一共同的要求。

1）正文的写作要求

（1）对主题的要求。

主题即作者总的意图或基本观点的体现，对论文的价值起主导和决定作用。对科技论文主题的基本要求是：新颖、深刻、集中、鲜明。

主题新颖，就是要研究、解决、创立和提出前人没有研究和解决的问题。要使主题新颖，选题时必须广泛查阅文献资料，了解与本课题有关的前人的工作；研究时应从新的角度去探索；写作时应认真分析研究实验、观察、测试、计算及调查、统计结果，得出新的见解和观点。

主题深刻，就是要抓住问题的本质，揭示事物的主要矛盾，总结出事物存在、运动、变化和发展的客观规律。要使主题深刻，就不能停留在简单地描述现象，堆砌材料，和盘托出实验或观测、统计数据的阶段上，而应透过现象抓住事物的本质，在分析材料、整理实验或观察结果的基础上提出能反映客观规律的见解，将实践知识上升为理论，得出有价值的结论。

主题集中，就是一篇论文只有一个中心。要使主题集中，就不能面面俱到，凡与本文主题无关或关系不大的内容不应涉及，更不能过多阐述，否则会使问题繁杂，脉络不清，主题淡化。

主题鲜明，就是论文的中心思想地位突出，除了在论文的题名、摘要、引言、结论部分明确地点出主题外，在正文部分更要注意突出主题。

（2）对材料的要求。

材料是指为表现主题而收集的各种事实、数据和观点等。按材料来源可分 3 种：直接材料，即作者亲自通过调查或科学实验得到的材料；间接材料，即作者从文献资料中得到的或由他人提供的材料；发展材料，即作者对直接材料和间接材料加以整理、分析、研究而形成的材料。

选择材料时应遵循以下原则：一是必要而充分。必要即必不可少，写作时应紧紧抓住这类材料，而与主题无关的材料不要采用。充分即量要足够，必要的材料若没有一定的数量，则难以论证清楚问题，有了足够的量，才能从中选出足够的必要材料。二是真实而准确。真实即不虚假，材料来自社会调查、生产实践和科学实验等客观实际，而不是虚拟或编造的。准确即完全符合实际。任何不真实、不准确的材料，都会使观点失去可信度和可靠性，因此，研究方法、调查方式和实验方案的选取要合理，实验操作和数据的采集、记录及处理要正确。写作时要尽量选用直接材料，对间接材料要分析、核对和取舍，避免断章取义，更不能歪曲原意。形成发展材料时，要保持原有材料的客观性，力求避免由主观因素可能造成的失真。三是典型而新颖。典型即材料能反映事物的本质特征，这样的材料能使道理具体化，描述形象化，有极强的说服力。新颖即新鲜，不陈旧。要使材料新颖，关键是要做开拓性工作，不断获得创新性成果。同时，收集文献资料面要广，量要大，并多做分析、比较，从中选取能反映新进展、新成果的新材料，而摒弃过时的陈旧材料。

（3）对结构的要求。

正文以至整篇论文的结构，是指节、段的层次及其划分。不同内容的正文，有其各自合理的结构，总的要求是层次清楚，节、段安排符合逻辑，便于读者认识和理解。

(4)对论证的要求。

论证是指用论据证明论点的推理过程，其作用是说服读者理解作者论题的正确性，即“以理服人”。论证是科技论文的主要表达方式，当然也是在正文部分所要采用的基本写作手段。

常用的论证方法有：举例、引申、反证、类比、对比、因果互证和归谬法等。论证的过程必须遵守如下一些逻辑规则。首先论题应当清楚、确切，不应含糊其词，不应有歧义。因为论题是整个论证的靶子，只有把论题清楚、确切地规定出来，论证才可能是有的放矢的和有效的。其次论题应当保持统一，在一个论证中论题只能有 1 个，并且在整个论证过程中保持不变，如果在同一个论证过程中任意变换论题，便无法达到论证的目的。还要注意论据应当是真实的判断，在论证中论据是论题的根据，只有论据的真实才能推出论题的真实。最后须注意论据应能推出论题。所谓论据能推出论题，就是说论据是论题的充足理由，从论据的真实性可以推出论题的真实性。论证时必须避免“论据与论题不相干”和“论据不足”的情况出现，同时应遵守有关的推理规则或要求。

总之，正文写作中应恰当地使用各种论证方式，并遵守论证的逻辑规则，在组织好真实而充分的材料即论据的基础上，通过符合逻辑的推理和论证，使论文的主要论点即作者的主要观点为读者所接受。

2)正文的内容

通常而言，正文可分若干段落来写，各个段落列何标题，也没有固定的格式，大体上可以有以下几个部分(以试验研究报告类论文为例)。

(1)理论分析。

理论分析，又称基本原理，包括论证的理论依据，对所作的假设及其合理性的阐述，对分析方法的说明。其要点是：假说、前提条件、分析的对象、适用的理论、分析的方法、计算的过程等。写作时应注意区别哪些是已知的，哪些是作者首次提出来的，哪些是经过作者改进的，这些须交代清楚。

(2)实验材料和方法。

材料的表达主要指对材料的来源、性质和数量，以及材料的选取和处理等事项的阐述。

方法的表达主要指对实验的仪器、设备，以及实验条件和测试方法等事项的阐述。

该部分内容主要包括：实验对象，实验材料的名称、来源、性质、数量、选取方法和处理方法，实验目的，使用的仪器、设备(包括型号、名称、量测范围和精度等)，实验及测定的方法和过程，出现的问题和采取的措施等。

材料和方法的阐述必须具体、真实。引用他人方法需注明出处，改进他人方法则要交代改进之处，而如果是自己提出的，则应详细说明，必要时可辅以示意图、方框图或照片图等进行表述。

(3)实验结果及其分析。

这是论文的关键部分，也是其价值所在。包括给出结果，并对结果进行定量或定性的分析。撰写时主要是以绘图、列表等手段整理实验结果，通过数理统计和误差分析说明结果的可靠性、再现性和普遍性，进行实验结果与理论计算结果的比较，说明结果的适用对象和范围，分析不符合预见的现象和数据，检验理论分析的正确性等。

实验结果应尽量避免用所有数据进行堆积，而要对数据进行整理和选择。结果分析时，必须以理论为基础，以事实为依据，认真仔细推敲，既要肯定结果的可信度和再现性，又要进行误差分析，并与理论结果做比较，说明存在的问题。分析问题要切中要害，不能空泛议论。要简缩众所周知的一般性道理，省略不必要的中间步骤或推导过程，突出创新成果或结论。

(4)结果的讨论。

对结果进行讨论，目的在于阐述结果的意义，说明与前人所得结果不同的原因，根据研究结果继续阐述作者自己的见解。

撰写时应解释所取得的研究成果，说明其意义，指出自己的成果与前人研究成果或观点的异同，讨论尚未定论之处和相反的结果，提出研究的方向和问题。最主要的是突出新发现、新发明，说明研究结果的必然性或偶然性。

7. 结论和建议

结论又称结束语、结语。它是在理论分析和实验验证的基础上，通过严密的逻辑推理而得出的富有创造性、指导性、经验性的结果描述。结论与引言相呼应，同摘要一样，其作用是便于读者阅读和为他人引用文献时提供依据。其内容一般包括研究结果说明的含义，得出的结论，解决的问题，对前人关于该问题的看法做出的修正、补充、发展或否定，研究的不足之处或遗留问题。

结论段的内容较多，可以分条来写，并编号；结论段内容较少，可以不分条写，整个为一段。结论里应包括必要的数据，但主要是用文字表达，一般不再用插图或表格。

8. 致谢

研究工作通常需要他人或团队的合作与帮助，当研究成果以论文形式发表时，作者应对他人或团队的劳动予以肯定，并表示感谢。

致谢的对象包括对研究直接提供过资金、设备、人力以及文献资料等支持和帮助的团体和个人。

9. 参考文献

参考文献是指为撰写或编辑论著而引用的有关图书资料。按规定，在科技论文中，凡是引用已发表的文献中的观点、数据和材料等，都要对它们在文中出现的地方标明，并在文末列出参考文献，称做参考文献著录。

参考文献著录反映作者的科学态度并说明论文具有真实、广泛的科学依据，也反映出该论文的起点和深度。参考文献著录能把作者的成果与前人的成果予以区别，这不仅表明作者对他人劳动的尊重，而且也免除抄袭、剽窃的嫌疑。参考文献著录还能起索引作用，也有利于节省论文篇幅，同时也有助于情报研究和文献计量学研究。

参考文献著录的原则包括：只著录最必要、最新的文献，只著录公开发表的文献，采用标准化的著录格式。

参考文献著录的方法有多种，目前我国科学技术期刊普遍采用的是顺序编码制。

10. 附录

附录是论文主体的补充项目，对于每一篇科技论文并不是必需的。

为了体现整篇论文材料上的完整性，但写入正文又可能有损于行文的条理性、逻辑性和精练性，这类材料可以写入附录段。

附录段大致包括如下一些材料:

(1)比正文更为详尽的理论根据、研究方法和技术要点更深入的叙述,建议可以阅读的参考文献题录,对了解正文内容有用的补充信息等。

(2)由于篇幅过长或取材于复制品而不宜写入正文的资料。

(3)不便于写入正文的罕见珍贵资料。

(4)一般读者并非必要阅读,但对本专业同行很有参考价值的资料。

(5)某些重要的原始数据、数学推导、计算程序、框图、结构图、统计表、计算机打印输出件等。

11. 注释

解释题名项、作者及论文中的某些内容,均可使用注释。能在行文时用括号直接注释的,尽量不单独列出。

15.1.3 英语科技论文写作

随着国际交流的日趋广泛,英语科技论文的写作与发表已成为科技人员必备的素质之一。在撰写英语科技论文的时候,除了满足上述中文科技论文的基本要求之外,还要注意英语自身的特点及英语科技论文的规范。

1. 题名

英语科技论文的题名确定原则同中文科技论文一样要求尽量做到准确、简练和清晰,题名不应过长,国外科技期刊对题名字数有限制,一般应在10个词以内,不宜超过15个词。当然这也并非绝对,如确有必要时也可以超过。同一篇论文,其英文题名与中文题名内容上应一致。

题名的构成应以名词短语为主,即全部题名由一个或多个名词加上其前置定语或后置定语构成,因此在题名中出现的一般有名词、形容词、介词、冠词和连接词,个别情况下出现代词,动词一般以V-ing或V-ed的形式出现。题名通常起标示作用,因此一般不用陈述句形式。题名中的词语要正确使用,次序要正确表达,否则容易造成理解的困难,如介词of的使用,如果题名中一个of套一个of,连续出现3个就会引起混淆,一般可用其他介词on, for等来代替,也可用"s"的所有格形式,或用名词来修饰名词。又如冠词,近年来研究性论文的题名趋向简洁的风格,定冠词可用可不用的时候均可不用,但这只是指题名,摘要和正文中该要的地方决不能省。题名中的缩略词,一般只用全称较长,缩写形式得到公认的,否则难以被其他领域的读者理解。

题名的书写通常有3种形式:一是每个实词的首字母大写,这种用法相对普遍,但要注意题名中的冠词(a, an, the)和连接词(and, but, or, nor),及字母少于5个的介词(of, in, on, to, from, with等)的首字母不大写。但当这些词位于题名中或副标题中的最前面时首字母要大写,当题名最后一词是少于5个字母的介词时也要大写首字母。题名中5个或5个以上字母的介词要大写首字母,如about, between。题名中带有连字符的复合词,则其两个词的首字母均要大写。二是全部字母均大写,但如pH, α, β, γ等不大写。三是整个题名中只首词的首字母大写,其余均小写。

当然不同的检索机构在题名上各有自己的特有要求,如EI(工程索引)对题名的要求是:①题名中第一个词尽量不用冠词;②题名首字母大写,其余小写,下列情况除外:专有名词首字母大写，首字母缩略词全大写，句号后任何词的首字母大写；③主、副题名必须用句号分开，不得用分号、破折号或冒号；④题名中尽量少用缩略词，必须用时要在括号中注明其全称；⑤题名中尽量不用或少用特殊字符及数字和希腊字母。

2. 作者

英语科技论文的作者署名，其原则和中文科技论文一致，作者的数量不宜过多，通常署名的作者不超过6人为宜，如果论文属于整个研究组进行的工作，可以署集体或团队名，但应标注出研究工作的联系人。作者的单位和地址均要清楚注明，单位名称在作者署名之后，联系地址可在首页地脚部分标明，最好包括较详细的通信地址、E－mail 邮箱或电话号码等。

作者姓名的写法，不同的国家有不同的规定，我国的规定是中国作者的姓名按姓在前，名在后的方法，用标准汉语拼音表示，姓和名的首字母均大写，姓名之间无连字符，复姓也同样，注意的是如果音节的界限发生混淆，需用隔音符号(′)隔开，如 Zhang Xi′an，应为张西安，如无隔音符号则为张贤。

目前国内的英语期刊为了与国际接轨，在论文格式上大部分要求也基本和外文期刊一致，因此其作者署名一律采用名前姓后，姓名的拼写也有两种形式：字母全大写或首字母大写。

国内地名均按国家标准《汉字拼音正词的基本规则》(GB/T16159—1996)拼写，旧的译名已被淘汰，如北京译为 Beijing，不用 Peking；西藏译为 Xizang，而不用 Tibet。但港澳台地区目前还保留原译名，如香港仍用 Hong Kong，澳门仍用 Macao。在地名的英文译文中，其顺序是先写小地名再写大地名。对于论文中作者单位的邮编放置的位置，我国目前尚无明确的规定，一般是写在地名后，而不是省名后，邮编前面不加逗号，直辖市的邮编直接写在城市名后。

3. 关键词

英语科技论文中的关键词选取和中文科技论文一样。

关键词一般译为 key word，有的期刊也写成 keywords 或 key word 的形式。英文关键词一般编排在英文摘要之后，另起一行开始，过去各个关键词之间多用两个空格进行分隔，现在多采用分隔符来间隔各关键词，如有用“;”的，也有用“,”的。英文关键词一般多采用全小写的形式。

4. 摘要

摘要(abstract)通常是正文叙述内容的高度概括，它突出正文的重点，即是正文实质性内容的介绍。摘要与正文的关系明确，它虽然不是正文的一部分，但却不能脱离论文而单独印刷发行。摘要通常与中文摘要同时存在，编排时可以中文摘要在前，英文摘要紧跟在后，也可把英文摘要放在中文科技论文全文的最后。摘要必须写得准确、简练、清晰，这对读者了解论文的主要内容非常关键。

英文摘要和中文摘要的分类实质上一致，分为指示型摘要(indicative abstract)、信息性摘要(informative abstract)和指示－信息性摘要(indicative－informative abstract)。不同类型的摘要长度不一样，信息型摘要使用较多，其长度也较长，一般国际上的检索机构要求长度100～150个字(words)。其他类型的摘要长度可适当短些。要在有限的字数内准确、简练和清晰地表达正文的主要内容，需要注意采用以下一些方法，如摘要中的第一句话尽量不要与题名重复，取消一些不必要的词句，如 In this paper…，It is reported that…，The author discusses…等，可以对物理量单位及一些通用词适当简化，如 five kilometer 简化为 5 km，The United States 简化为 U.S；尽量避免重复单元，遇到重复单元也应采用简化措施，如 at a high pressure of 10 MPa 可简化为 at 10 MPa。

摘要在撰写时一般不分段，且应尽量使用短句子，但也要注意变化，避免简单的重复。摘要的文词应朴实，不必用华丽的词语修饰，也不需要文学性的描写。在时态上，英文摘要多采用一般现在时和过去时，其中采用一般现在时来说明研究的目的，描述研究的内容，得出结果和结论等，采用一般过去时是描述作者过去某一时刻或时段的发现，研究的过程等。英文摘要与英语科技论文正文的不同之处是现在的摘要很少用现在完成时，更少用过去完成时等。

摘要在撰写时，要注意避免使用以第一人称 We，I 为主语的句子，以便于二次文献编辑的加工和引用，我国国家标准《文摘编写规则》(GB6447－86)要求中文摘要用第三人称撰写，但在英文摘要中，句子不能直接由第三人称的动词如 presents，discusses，provides 等开头，必须写成完整的句子，主语不能省略，且多采用被动式，这实际上是省略了第三人称的主语。摘要中不允许引用参考文献标号，不允许使用"如[X]"或"见 Ref.[X]"等。摘要中可用动词的情况下应尽量避免使用动词的名词形式，要正确使用定冠词 the 和不定冠词 a，an 等。要避免使用长系列的形容词或名词来修饰名词，可用预置短语分开或用连字符断开名词组，应尽量使动词靠近主语，且尽量用重要的事实开头，少用短语或从句开头，也可以删繁就简，用短语代替子句，用单词代替短语。

5. 正文

在撰写科技论文时除了必须符合基本的英语语法、结构外，还应遵守科技英语的文体、词汇和语法等各方面的特点，如被动句、虚拟语气句、定语从句等应用多，某些句子成分的后置修饰词和短语很普遍，有些学科祈使句和第一人称主动句出现率高。总之，在正文写作中，与英文摘要部分不同，它可展开写，所以一般具有"句子长，长句多"的特点。正文的写作重点应注意科技英语在语法和结构上的特点，还要重视标点符号的规范使用。本文仅对英语科技论文中容易出现错误的地方进行重点介绍。

1)英语科技论文的语法问题。

(1)主谓一致。

科技英语表述中，主语的人称和数必须和谓语动词保持一致。要做到主谓一致的关键是对主语的数做出正确的判断，并以此为依据确定谓语动词的形式。

在主语中含并列连词 and 时，应正确区分是单个主语还是并列主语，若是单个主语，谓语动词为单数形式，若为并列主语，则谓语动词应为复数形式。

当两个以上的主语以 or，neither…nor，either…or，not only…but also 等组句时，谓语动词应与其最近的名词在人称和数上保持一致。

集合名词以整个组合才有意义则取单数谓语动词，并在这类集合名词前冠以定冠词 the；若集合名词指集合的个体，则取复数谓语动词，这时常在集合名词前冠以不定冠词 a。这类集合名词有：contents，majority，range，couple，number，series，dozen，pair，variety，group。

Data 可以是单数名词也可以为复数名词，应根据实际使用时的意义进行判断，度量单位视为集合名词，取单数谓语动词，某些特殊变化的复数名词不可误认为单数名词，如 analyses，bacteria，criteria，formulae，phenomena，spectra，fungi 等作主语，谓语动词应用复数形式。

以 ics 结尾指某一学科的名词通常是单数名词，含有单词 each，every 和 everybody 的并列主语可取单数谓语动词。

不定代词本身作句子主语时，不同的情况采用的单复数不一样，如果是不定代词 each，either，neither，no one，every one，anyone，someone，everyone，anybody，somebody 和 everybody 取单数谓语动词，不定代词 several，few，both 和 many 取复数谓语动词，不定代词 some，any，none，all 和 most 或取单数，或取复数，这主要取决于上下文。介词宾语的数决定于介词宾语相关的不定代词的数。

抽象名词作主语时，谓语动词用单数形式，物质名词作主语时，谓语动词也用单数形式，定语从句中关系代词作主语时，谓语动词的数应与该从句所修饰的名词保持一致。动词不定式短语、动名词短语和从句作主语时，谓语动词用单数形式。

当分数作句子主语时，紧跟着的介词宾语的数决定主语的数，当主语与其表语数不一致时，谓语动词取主语的数。

(2)悬垂修饰语。

悬垂修饰语是指对句子中的一个词或一个短语与句子中的另一个词或短语关系不清晰并不符合逻辑的非谓语动词短语。通常这类短语的逻辑主语应与主句的主语一致。如果一个修饰词是在句子的主语之前，它必须修饰那个主语，并以逗号分隔，否则就是悬垂修饰语。

短语 based on 在句子中必须修饰一个名词或代词，通常该短语紧跟被修饰的名词或代词之后，应以“on the basis of”开头的短语去修饰一个动词，即一个句子可以 On the basis of 开头，而不是 Based on 开头。

Due to 的意思是 attributable to(归因于)，用它去修饰一个名词或代词，在句子中直接将其前置，或在动词“to be”的某种形式之后。

在句子中出现的与句子的其余部分在语法上无联系的词、短语和从句称为独立结构，由于它们是修饰句子的其余部分，有时将其称为句子修饰词。这种独立结构可出现在句子的任意处，并以逗号分隔，它们不是垂悬修饰语。以 assuming 和 taking 开头的独立短语常用作句子修饰语，它们也不是垂悬修饰语。

子句或省略句、不定式短语都可用作句子修饰语。

(3)虚拟语气的使用。

表示虚拟语气最常见的是 if 引导的从句，但也还有其他方式。某些动词后的宾语从句中，动词应用虚拟式，这种虚拟式用助动词 should + 动词原形，有时 should 也可以省略。这样的动词包括 suggest，propose，require，demand，ask，order，recommend，insist，request，desire，maintain，decide，determine，prefer 等。虚拟式的这种用法与虚拟条件无关，只用以表达某种语气，如建议、命令、请求、坚持等。如果宾语从句的动词是否定的，否定词 not 的位置应在动词原形之前。

在下列情况下要求动词用虚拟式：It is + 上述动词的过去分词，其后所跟的主语从句的动词用原形。上述动词相应的名词形式作主语 + 系动词，其后的表语从句中动词用原形。对上述动词相应的名词进行解释的同位语从句中动词用原形。

当 It is + 形容词如 necessary，important，essential，imperative，urgent，preferable，desirable 作表语时，其后 that 引导的主语从句的谓语动词应用虚拟语气。

(4)比较。

英语中有三种基本的比较形式：同级比较、比较级比较和最高级比较。

同级比较的形式是 as…as…，在第一个 as 之后跟的是一个形容词或副词，不能用 same 来代替第一个 as。用 the same…as 表示比较时，same 后面跟的是名词。as…as…表示肯定的意义，not so…as…表示否定的比较。

比较级和最高级有两种构成方式，一种是比较级加词缀 - er，最高级加词缀 - est；另一种是在形容词或副词前加 more 或 most。一般的规则是单音节词用加词缀的方式构成比较级和最高级，双音节或多音节词用 more 或 most。有些词如 clever 则两种方式都可以使用。

三种基本的比较形式在使用中不要误用。比较级用于两个同类事物之间的比较，这两个事物在句子中通常出现。最高级表示某一事物在特定范围中处于最高、最优、最低或最劣的地位，因此在最高级使用时句子中通常出现 among，of，in 等介词短语，表示比较的范围。

2)英语科技论文中的常见结构表达

(1)形状和特征。

在表述物体形状的句型中，常用的词大多来源于几何学的词汇，因此，在使用时应注意在不同句型中使用不同词性的同源词。在描述物体的形状和特征时，如果所用的形容词不是非常准确，可以用副词 roughly 或 nearly 进行修饰。

表述物体形状的主要句型有“n. - phrase + be + adj. + in shape”“n. - phrase + have + adj. + n”“n. - phrase + is shaped like + n”等。

表示材料特性通常用形容词，此时动词采用一般现在时。表示颜色特性通常用名词或形容词。

(2)位置关系。

事物与事物之间准确的空间位置关系一般用方位介词表示。科技英语中表达位置关系的方法有两种，一种是借相对于某个共同参照物的关系进行表达；另一种是用互为参照物的关系进行表达。这种表达位置的常用词组有 at the top of，on the right of，inside，in the middle of，以及 above，beside，below，between，near，next to 等。

表达地理位置时常用的词组有 be situated in，to the west of，in the south of，be found in，be distributed throughout 等。

表示物体某个部位及其性质时，除了上述的词组外，还有一些常用的词，如 interior，exterior，front，back，tip，end，bottom 等。

(3)物体或系统的结构。

描述物体或系统的内部结构时，主要需要表述部分与整体，部分与部分以及物体或系统的分解或组合等方面的内容。

部分与整体之间关系的常用表达方式包括主动形式有 contain，consist of，include，there is …between…等，被动形式有 to be connected + prep. - phrase，to be divided + prep. phrase，to be supported by，to be situated，fitted into，held in place by 等。其中主动形式主要用于描述过程，被动形式主要用于描述状态。

部分与部分之间关系的常用表达词有 connect，attach，detach，separate 等，但要注意动词前后相关的部分，一般它们之间会有某种主次、动宾或因果等联系。动词 join(ed)常与有生命的东西用在一起，能使相关的各部分从某一种关系改变成另一种关系。fix(ed)的含义是各部分固定、不能动的，fit(ted)用于人造的东西，表示一部分包含在另一部分里。

结构的分解常用的表达方式有 to be made of + n. ，to be filled with + n. ，to be divided into

+n. , to be surrounded by +n. 。

(4)度量的表述。

在英语中量词可分为表示量度的词，表示度量单位的词，表示计量单位的词和表示分量的词。这些词可能是专门的术语，可能是短语，也可能是表示动量的词。一般说来英语的量词含义比中文量词窄，也比较具体。

与量相关的常用表达方式有：和 amount，quantity，number 一起用的表达量的短语；可数的和不可数的表达量的短语，如 a few，a little 等；修饰比较级的副词，如 slightly more 等；too much/little + uncountable n(不可数名词)，too many/few + countable(可数名词)，too + adj. to do sth. /for doing sth. , be adj. +enough + for n. phrase/to do sth. 。

与比例有关的表达包括比率、百分比、正比和反比等，这种表达经常用于比较句型。科技英语中关于比例的表达常是定量的而非定性的，需要注意这种句型中常常出现省略，或者替代，常见的与比例有关的表达方式有 majority，minority，in proportion to，relatively + big/small，percentage，ratio of X to Y is…，directly/inversely proportional to 等。

与确定性和可能性程度有关的表达常用某些表示可能性的性态动词、表示频率的副词、表示程度副词、表示数量的不定代词表示，如 to be likely to do sth，to happen in…tend to…more and less likely，than 等。

3)英语标点符号的规范使用

中文标点符号的常规用法在国家标准《标点符号用法》(GB/T15834—95)中有明确的规定，英文中的标点符号与中文有许多相同的地方，但英文中也有一些较特殊的用法，使用时应重视。如英文里的句号是一个点“.”，而不是一个圈“。”；英文里只有逗号“，”，没有顿号“、”；英文的省略号是3点居下“. . .”，而中文的省略号为6点居中“……”；中文里没有撇号“’”和“&”，英文里没有书名号“《》”；中、英文都各有三个线形符号，但长短和用法各有不同。

句号用于陈述句的末尾，但不与另外的标点重复使用。如引语中已有标点，或者句子以含有实圆点的某一缩略语结尾，都不再另加句号，但省略号位于句末时，末尾的句号则不能省略。

逗号的使用需遵守如下规则：用于分开一连串同等成分的词、短语或从句；用于主句前面的从句或短语之后；用于句首是非限定性动词的短语之后；用于将连接语、转变语气的词或短语与句中其余部分隔开；用在任何一个割裂句子的部分的前后；用在同位语或非限定性关系的从句前后；有时用来分隔由一连接词连接的主句，尤其当第一个从句过长时。

冒号主要用于主副标题之间，将冒号置于动词及其表语或宾语之间是不正确的，冒号用于引出一系列对等成分，也用于 as follows，the following 和类似的表达之后。

分号用于分隔不是以连词连接的独立分句，用于一系列单词、短语或数据组的各项之间，如果一个或多个项已经包含逗号，分号也用于连接副词或诸如 that is，however，therefore，hence，indeed，accordingly，besides 和 thus 等常用短语连接的独立分句之间。

连接号在英文里有三种，分别为“ - ”“-”“—”，最短的为连字符(hyphen)，稍长的为连接符(en dash)，最长的为破折号(em dash)。其中连字符用于标示转行，或者用其构成合成词。连接符用于表示数值的区间，连接两个人名，或者表达某种关系。而破折号与中文标点的破折号用法有所区别，主要用在插入语、同位语和概括语之前，也可表示引出语的出处，还用于表示事后或顺带的想法，引出例子或解释。

6. 致谢

致谢(acknowledgment)是在科技论文正文完成后，单独列出的一小段，对给过论文帮助或支持的个人或单位进行正式的感谢，它的字号可以略小于正文字号。

撰写致谢时，应注意两点：一是内容应该尽量具体，言辞应该诚恳，并且实事求是；二是用词要恰当，用朴实、简洁的语言显示致谢的严肃性。致谢常用的句型有 be grateful to sb. for…, acknowledge sth./sb. for…, special thanks to sb. for…等。

7. 参考文献

参考文献的著录没有固定的格式，尽管国际上有 ISO 标准规范，但不同的英文科技期刊由于其风格不同而不受规范的约束，以显示出自己的独特。我国制定有“著者—出版年制”和“顺序编码制”两种方法，目前主要采用顺序编码制。

如美国期刊 Science 的著录特点是：①名前姓后，有缩写符；②对期刊文章的著录项中没有文章题名；③书名、刊名等均采用斜体编排；④多作者时也有采用第一作者加 et al. 的形式。

15.2 试验报告编写

试验报告是科研活动中，为检验某种科学理论或假说，或进行创造发明，或解决实际问题，而进行科学实验，通过观察和程序操作，如实将试验过程和结果加以记录，经过整理、分析、综合，撰写成的文章。

15.2.1 试验报告的种类和基本要求

试验报告根据试验的目的可以分为探索试验报告、验证试验报告及可行性研究报告等。虽然报告类型各有不同，但撰写报告的总体要求相同：科学性和创造性；公正性和准确性；学术性和通俗性。

通常要形成一篇高质量的试验报告，需要满足以下具体要求：

(1)精心做好实验。

实验是报告的基础，报告是实验的归纳。将实验中的各种现象和数据认真地记录下来切实掌握大量的第一手材料，写好科研试验报告就有了厚实的基础。

(2)细心绘制图表。

图和表是表达实验结果的有效手段，比文字叙述更直观更简洁。充分发挥图表的示意功能，能使报告的表述达到事半功倍的效果。图表的制作要规范、准确，要与文字的表述相互配合。

(3)讲究文字表达。

试验报告的文字要平易流畅、准确简洁，尽可能采用专业术语来表达实验过程和结果。行文要讲究逻辑关系，层次清晰，突出“严谨”的特色。具体在写作中，又需要把握以下几个原则：

①理清思路。试验报告的写作是一件难度较大的工作，最关键和首要的工作是要理清思路。要了解不同试验报告格式所要求的思路，并将格式的各个项目与自己的研究工作建立对应关系，回顾和确立实验研究的假设与依据、措施与效果之间的因果关系。

②掌握资料。在撰写报告之前，要尽可能了解和占有材料。这些材料包括：实验研究的实施(过程)材料、实验研究的效果材料、实验研究的参考材料以及原来写作的实验研究的文

件材料等。能否全面地掌握材料，关系到实验研究报告在多大程度上能反映出实验工作的深度和广度，以及实验成果的理论价值和实践价值。

③加强思考。在理清思路和掌握材料后，动笔写作之前还要加强思考。这一步不同于理清思路，它的重点是对实验研究过程的资料进行分析、概括和提炼，将好的做法原则化，上升到理论的高度，并将理论联系实际后进行思考，深化原有的理论认识。

④语言规范。撰写试验报告时需注意语言、标题序号、标点符号等符合相关的规范要求，同时需注意论证的严密，逻辑关系的顺畅。使试验报告体现出学术的严谨性。

⑤注意技巧。实验研究报告的写作要用到一定的技巧，如数据的处理可以用图表形式，有关的内容可以用图示或表格形式加以简化等，恰当的使用图表可以使报告更简洁、直观，内容更易理解。

15.2.2 试验报告的基本格式及编写方法

探索实验和验证试验报告的基本格式，一般按以下基本格式撰写。

1. 标题

反映实验研究的实质，要求具体、简洁、鲜明、确切。

2. 作者及其单位

作者指该实验的主要参与者，按其贡献大小先后排列，并在作者姓名的左边或底下标出作者的工作单位，作者的工作单位亦可置于正文之后。

3. 引言

介绍实验背景和条件，说明撰写试验报告的目的等内容。

4. 正文

正文是科研试验报告的主体，包括以下内容：

实验目的；实验原理；实验设备或材料；实验步骤；数据记录；计算与作图；误差分析；实验结果；结论或讨论。

科研试验报告一般包括了以上内容，但某些报告由于内容的特殊性可能会省略其中某些项目。

5. 参考文献

详细列明实验所参考的主要科技文献，既为实验提供了理论依据，也是对他人的科研工作表示尊重。

可行性研究报告由于研究分析的对象、内容不同，有着特殊的写法和要求，且由于项目的大小和复杂程度不同，所以内容有繁有简。不过，可行性研究工作从开始到得出结论的整个过程是有规律性的。

以矿物加工专业的试验报告为例，如矿石可选性试验报告，应说明的主要问题包括：

(1)试验任务。

(2)试验对象——试样。

(3)试验技术方案——选矿方法、流程、条件等。

(4)试验结果——推荐的选矿方案和技术经济指标。

为了说明试验条件同生产条件的接近程度和结果的可靠性，一般还要对所使用的试验设备、药品、试验方法和实验技术等做出简明扼要的描述。连续性选矿试验和半工业试验，特别是采用了新设备的，必须对所用的设备的规格、性能、以及与工业设备的模拟关系做出准确的说明，以便能顺利地实现向工业生产的转化。

试验的中间过程只需要在报告的正文中摘要阐述，目的是为了使阅读者了解实验工作的详细程度和可靠程度，确定最终方案的依据，以及在需要时可据此进行进一步的工作。详细材料可作为附件或原始资料存档。

报告的格式可以灵活调整，基本要求是简明扼要，一般可分为以下几个部分：

(1)封面。注明报告的名称、试验单位、编写日期等。

(2)前言。对试验任务、试样以及试验指标和推荐的选矿方案简单介绍，使读者首先对试验工作的基本情况有所了解。

(3)矿床特性和采样情况的简要说明。

(4)矿石性质。

(5)选矿试验方法和取得的指标。

(6)结论，主要介绍所推荐的选矿方案和指标，并给以必要的论证和说明。

(7)附录或附件。

如果是供选矿厂设计用的试验报告，则一般要求包括下列具体内容：

(1)矿石性质。

包括矿石的物质组成，以及矿石及其组成矿物的理化性质，这是选择选矿方案的依据，不仅试验阶段需要，设计阶段也需要了解。因为设计人员在确定选厂建设方案时，并非完全依据试验工作的结论，在许多问题上还需要参考现场生产经验做出判断，此时必须有矿石性质的资料作为依据，才能进行对比分析。

(2)推荐的选矿方案。

包括选矿方法、流程和设备类型(不包括设备规格)等，要具体到指明选别段数、各段磨矿细度、分级范围、作业次数等。这是对选矿试验的主要要求，它直接决定着选厂的建设方案和具体组成，必须慎重考虑。若有两个以上可供选择的方案，各项指标接近且试验人员无法做出最终判断时，也应该尽可能阐述清楚自己的观点，并提出足够的对比数据，以便设计人员能据此进行对比分析。

(3)最终选矿指标。

最终选矿指标以及与流程计算有关的原始数据，是试验部门能向设计部门提供的主要数据，但有关流程中间产品的指标往往要通过半工业或工业试验才能获得，实验室试验只能提供主要产品的指标。

(4)与计算设备生产能力有关的数据。

如可磨度、浮选时间、沉降速度、设备单位负荷等，但除相对数字(如可磨度)外，大多数都要在半工业或工业试验中确定。

(5)计算与水、电、材料消耗等有关的数据。

如矿浆浓度、补加水量、浮选药剂用量、焙烧燃料消耗等，但也要通过半工业或工业试验才能获得较可靠的数据，实验室试验数据只能供参考。

(6)选矿工艺条件。

实验室试验所提供的选矿工艺条件，大多数只能给工业生产提供一个范围，说明其影响规律，具体数字往往要到开工调整生产阶段才能确定，并且在生产中也还要根据矿石性质的变化不断调节。因而除了某些与选择设备、材料类型有关的资料，如磁场强度、重介质选矿加重剂类型、浮选药剂品种等必须准确提出以外，其他属于工艺操作方面的因素，在实验室试验阶段主要是查明其影响规律，以便今后在生产上进行调整时有所依据，而不必过分追求其具体数字。

(7)产品性能。

包括精矿、中矿、尾矿的物质成分和粒度、比重等物理性质方面的资料，作为考虑下一步加工(如冶炼)方法和解决尾矿堆存等问题的依据。

习 题

1. 什么是科技论文？简述科技论文的分类和特点。
2. 科技论文撰写和编排应包括哪些主要部分？简述各部分的写作要求。
3. 以摘要为例，说明英语科技论文写作中应注意的规范。
4. 简述矿石可选性试验报告包括的主要内容和基本格式。

附录一　F 分布表

$\alpha=0.10$

n_2 \ n_1	1	2	3	4	5	6	7	8	9	10	12	15	20	24	30	40	60	120	∞
1	39.86	49.50	53.59	55.83	57.24	58.20	58.91	59.44	59.86	60.19	60.71	61.22	61.74	62.00	62.26	62.53	62.79	63.06	63.33
2	8.53	9.00	9.16	9.24	9.29	9.33	9.35	9.37	9.38	9.39	9.41	9.42	9.44	9.45	9.46	9.47	9.47	9.48	9.49
3	5.54	5.46	5.39	5.34	5.31	5.28	5.27	5.25	5.24	5.23	5.22	5.20	5.18	5.18	5.17	5.16	5.15	5.14	5.13
4	4.54	4.32	4.19	4.11	4.05	4.01	3.98	3.95	3.94	3.92	3.90	3.87	3.84	3.83	3.82	3.80	3.79	3.78	3.76
5	4.06	3.78	3.62	3.52	3.45	3.40	3.37	3.34	3.32	3.30	3.27	3.24	3.21	3.19	3.17	3.16	3.14	3.12	3.10
6	3.78	3.46	3.29	3.18	3.11	3.05	3.01	2.98	2.96	2.94	2.90	2.87	2.84	2.82	2.80	2.78	2.76	2.74	2.72
7	3.59	3.26	3.07	2.96	2.88	2.83	2.78	2.75	2.72	2.70	2.67	2.63	2.59	2.58	2.56	2.54	2.51	2.49	2.47
8	3.46	3.11	2.92	2.81	2.73	2.67	2.62	2.59	2.56	2.54	2.50	2.46	2.42	2.40	2.38	2.36	2.34	2.32	2.29
9	3.36	3.01	2.81	2.69	2.61	2.55	2.51	2.47	2.44	2.42	2.38	2.34	2.30	2.28	2.25	2.23	2.21	2.18	2.16
10	3.28	2.92	2.73	2.61	2.52	2.46	2.41	2.38	2.35	2.32	2.28	2.24	2.20	2.18	2.16	2.13	2.11	2.08	2.06
11	3.23	2.86	2.66	2.54	2.45	2.39	2.34	2.30	2.27	2.25	2.21	2.17	2.12	2.10	2.08	2.05	2.03	2.00	1.97
12	3.18	2.81	2.61	2.48	2.39	2.33	2.28	2.24	2.21	2.19	2.15	2.10	2.06	2.04	2.01	1.99	1.96	1.93	1.90
13	3.14	2.76	2.56	2.43	2.35	2.28	2.23	2.20	2.16	2.14	2.10	2.05	2.01	1.98	1.96	1.93	1.90	1.88	1.85
14	3.10	2.73	2.52	2.39	2.31	2.24	2.19	2.15	2.12	2.10	2.05	2.01	1.96	1.94	1.91	1.89	1.86	1.83	1.80

续上表

n_2 \ n_1	1	2	3	4	5	6	7	8	9	10	12	15	20	24	30	40	60	120	∞
15	3.07	2.70	2.49	2.36	2.27	2.21	2.16	2.12	2.09	2.06	2.02	1.97	1.92	1.90	1.87	1.85	1.82	1.79	1.76
16	3.05	2.67	2.46	2.33	2.24	2.18	2.13	2.09	2.06	2.03	1.99	1.94	1.89	1.87	1.84	1.81	1.78	1.75	1.72
17	3.03	2.64	2.44	2.31	2.22	2.15	2.10	2.06	2.03	2.00	1.96	1.91	1.86	1.84	1.81	1.78	1.75	1.72	1.69
18	3.01	2.62	2.42	2.29	2.20	2.13	2.08	2.04	2.00	1.98	1.93	1.89	1.84	1.81	1.78	1.75	1.72	1.69	1.66
19	2.99	2.61	2.40	2.27	2.18	2.11	2.06	2.02	1.98	1.96	1.91	1.86	1.81	1.79	1.76	1.73	1.70	1.67	1.63
20	2.97	2.59	2.38	2.25	2.16	2.09	2.04	2.00	1.96	1.94	1.89	1.84	1.79	1.77	1.74	1.71	1.68	1.64	1.61
21	2.96	2.57	2.36	2.23	2.14	2.08	2.02	1.98	1.95	1.92	1.87	1.83	1.78	1.75	1.72	1.69	1.66	1.62	1.59
22	2.95	2.56	2.35	2.22	2.13	2.06	2.01	1.97	1.93	1.90	1.86	1.81	1.76	1.73	1.70	1.67	1.64	1.60	1.57
23	2.94	2.55	2.34	2.21	2.11	1.05	1.99	1.95	1.92	1.89	1.84	1.80	1.74	1.72	1.69	1.66	1.62	1.59	1.55
24	2.93	2.54	2.33	2.19	2.10	2.04	1.98	1.94	1.91	1.88	1.83	1.78	1.73	1.70	1.67	1.64	1.61	1.57	1.53
25	2.92	2.53	2.32	2.18	2.09	2.02	1.97	1.93	1.89	1.87	1.82	1.77	1.72	1.69	1.66	1.63	1.59	1.56	1.52
26	2.91	2.52	2.31	2.17	2.08	2.01	1.96	1.92	1.88	1.86	1.81	1.76	1.71	1.68	1.65	1.61	1.58	1.54	1.50
27	2.90	2.51	2.30	2.17	2.07	2.00	1.95	1.91	1.87	1.85	1.80	1.75	1.70	1.67	1.64	1.60	1.57	1.53	1.49
28	2.89	2.50	2.29	2.16	2.06	2.00	1.94	1.90	1.87	1.84	1.79	1.74	1.69	1.66	1.63	1.59	1.56	1.52	1.48
29	2.89	2.50	2.28	2.15	2.06	1.99	1.93	1.89	1.86	1.83	1.78	1.73	1.68	1.65	1.62	1.58	1.55	1.51	1.47
30	2.88	2.49	2.28	2.14	2.05	1.98	1.93	1.88	1.85	1.82	1.77	1.72	1.67	1.64	1.61	1.57	1.54	1.50	1.46
40	2.84	2.44	2.23	2.09	2.00	1.93	1.87	1.83	1.79	1.76	1.71	1.66	1.61	1.57	1.54	1.51	1.47	1.42	1.38
60	2.79	2.39	2.18	2.04	1.95	1.87	1.82	1.77	1.74	1.71	1.66	1.60	1.54	1.51	1.48	1.44	1.40	1.35	1.29
120	2.75	2.35	2.13	1.99	1.90	1.82	1.77	1.72	1.68	1.65	1.60	1.55	1.48	1.45	1.41	1.37	1.32	1.26	1.19
∞	2.71	2.30	2.08	1.94	1.85	1.77	1.72	1.67	1.63	1.60	1.55	1.49	1.42	1.38	1.34	1.30	1.24	1.17	1.00

$\alpha = 0.05$

n_2 \ n_1	1	2	3	4	5	6	7	8	9	10	12	15	20	24	30	40	60	120	∞
1	161.4	199.5	215.7	224.6	230.2	234.0	236.8	238.9	240.5	241.9	243.9	245.9	248.0	249.1	250.1	251.1	252.2	253.3	254.3
2	18.51	19.00	19.16	19.25	19.30	19.33	19.35	19.37	19.38	19.40	19.41	19.43	19.45	19.45	19.46	19.47	19.48	19.49	19.50
3	10.13	9.55	9.28	9.12	9.01	8.94	8.89	8.85	8.81	8.79	8.74	8.70	8.66	8.64	8.62	8.59	8.57	8.55	8.53
4	7.71	6.94	6.59	6.39	6.26	6.16	6.09	6.04	6.00	5.96	5.91	5.86	5.80	5.77	5.75	5.72	5.69	5.66	5.62
5	6.61	5.79	5.41	5.19	5.05	4.95	4.88	4.82	4.77	4.74	4.68	4.62	4.56	4.53	4.50	4.46	4.43	4.40	4.37
6	5.99	5.14	4.76	4.53	4.39	4.28	4.21	4.15	4.10	4.06	4.00	3.94	3.87	3.84	3.81	3.77	3.74	3.70	3.67
7	5.59	4.74	4.35	4.12	3.97	3.87	3.79	3.73	3.68	3.64	3.57	3.51	3.44	3.41	3.38	3.34	3.30	3.27	3.23
8	5.32	4.46	4.07	3.84	3.69	3.58	3.50	3.44	3.39	3.35	3.28	3.22	3.15	3.12	3.08	3.04	3.01	2.97	2.93
9	5.12	4.26	3.86	3.63	3.48	3.37	3.29	3.23	3.18	3.14	3.07	3.01	2.94	2.90	2.86	2.83	2.79	2.75	2.71
10	4.96	4.10	3.71	3.48	3.33	3.22	3.14	3.07	3.02	2.98	2.91	2.85	2.77	2.74	2.70	2.66	2.62	2.58	2.54
11	4.84	3.98	3.59	3.36	3.20	3.09	3.01	2.95	2.90	2.85	2.79	2.72	2.65	2.61	2.57	2.53	2.49	2.45	2.40
12	4.75	3.89	3.49	3.26	3.11	3.00	2.91	2.85	2.80	2.75	2.69	2.62	2.54	2.51	2.47	2.43	2.38	2.34	2.30
13	4.67	3.81	3.41	3.18	3.03	2.92	2.83	2.77	2.71	2.67	2.60	2.53	2.46	2.42	2.38	2.34	2.30	2.25	2.21
14	4.60	3.74	3.34	3.11	2.96	2.85	2.76	2.70	2.65	2.60	2.53	2.46	2.39	2.35	2.31	2.27	2.22	2.18	2.13
15	4.54	3.68	3.29	3.06	2.90	2.79	2.71	2.64	2.59	2.54	2.48	2.40	2.33	2.29	2.25	2.20	2.16	2.11	2.07
16	4.49	3.63	3.24	3.01	2.85	2.74	2.66	2.59	2.54	2.49	2.42	2.35	2.28	2.24	2.19	2.15	2.11	2.06	2.01
17	4.45	3.59	3.20	2.96	2.81	2.70	2.61	2.55	2.49	2.45	2.38	2.31	2.23	2.19	2.15	2.10	2.06	2.01	1.96
18	4.41	3.55	3.16	2.93	2.77	2.66	2.58	2.51	2.46	2.41	2.34	2.27	2.19	2.15	2.11	2.06	2.02	1.97	1.92
19	4.38	3.52	3.13	2.90	2.74	2.63	2.54	2.48	2.42	2.38	2.31	2.23	2.16	2.11	2.07	2.03	1.98	1.93	1.88

续上表

n_2 \ n_1	1	2	3	4	5	6	7	8	9	10	12	15	20	24	30	40	60	120	∞
20	4.35	3.49	3.10	2.87	2.71	2.60	2.51	2.45	2.39	2.35	2.28	2.20	2.12	2.08	2.04	1.99	1.95	1.90	1.84
21	4.32	3.47	3.07	2.84	2.68	2.57	2.49	2.42	2.37	2.32	2.25	2.18	2.10	2.05	2.01	1.96	1.92	1.87	1.81
22	4.30	3.44	3.05	2.82	2.66	2.55	2.46	2.40	2.34	2.30	2.23	2.15	2.07	2.03	1.98	1.94	1.89	1.84	1.78
23	4.28	3.42	3.03	2.80	2.64	2.53	2.44	2.37	2.32	2.27	2.20	2.13	2.05	2.01	1.96	1.91	1.86	1.81	1.76
24	4.26	3.40	3.01	2.78	2.62	2.51	2.42	2.36	2.30	2.25	2.18	2.11	2.03	1.98	1.94	1.89	1.84	1.79	1.73
25	4.24	3.39	2.99	2.76	2.60	2.49	2.40	2.34	2.28	2.24	2.16	2.09	2.01	1.96	1.92	1.87	1.82	1.77	1.71
26	4.23	3.37	2.98	2.74	2.59	2.47	2.39	2.32	2.27	2.22	2.15	2.07	1.99	1.95	1.90	1.85	1.80	1.75	1.69
27	4.21	3.35	2.96	2.73	2.57	2.46	2.37	2.31	2.25	2.20	2.13	2.06	1.97	1.93	1.88	1.84	1.79	1.73	1.67
28	4.20	3.34	2.95	2.71	2.56	2.45	2.36	2.29	2.24	2.19	2.12	2.04	1.96	1.91	1.87	1.82	1.77	1.71	1.65
29	4.18	3.33	2.93	2.70	2.55	2.43	2.35	2.28	2.22	2.18	2.10	2.03	1.94	1.90	1.85	1.81	1.75	1.70	1.64
30	4.17	3.32	2.92	2.69	2.53	2.42	2.33	2.27	2.21	2.16	2.09	2.01	1.93	1.89	1.84	1.79	1.74	1.68	1.62
40	4.08	3.23	2.84	2.61	2.45	2.34	2.25	2.18	2.12	2.08	2.00	1.92	1.84	1.79	1.74	1.69	1.64	1.58	1.51
60	4.00	3.15	2.76	2.53	2.37	2.25	2.17	2.10	2.04	1.99	1.92	1.84	1.75	1.70	1.65	1.59	1.53	1.47	1.39
120	3.92	3.07	2.68	2.45	2.29	2.17	2.09	2.02	1.96	1.91	1.83	1.75	1.66	1.61	1.55	1.50	1.43	1.35	1.25
∞	3.84	3.00	2.60	2.37	2.21	2.10	2.01	1.94	1.88	1.83	1.75	1.67	1.57	1.52	1.46	1.39	1.32	1.22	1.00

附录2 常用正交表

(1) $L_4(2^3)$

试验号＼列号	1	2	3
1	1	1	1
2	1	2	2
3	2	1	2
4	2	2	1

(2) $L_8(2^7)$

试验号＼列号	1	2	3	4	5	6	7
1	1	1	1	1	1	1	1
2	1	1	1	2	2	2	2
3	1	2	2	1	1	2	2
4	1	2	2	2	2	1	1
5	2	1	2	1	2	1	2
6	2	1	2	2	1	2	1
7	2	2	1	1	2	2	1
8	2	2	1	2	1	1	2

(3) $L_8(2^7)$二列间的交互作用表

列号＼列号	1	2	3	4	5	6	7
	(1)	3	2	5	4	7	6
		(2)	1	6	7	4	5
			(3)	7	6	5	4
				(4)	1	2	3
					(5)	3	2
						(6)	1
							(7)

(4) $L_8(2^7)$ 表头设计

列号 因子数	1	2	3	4	5	6	7
3	A	B	A×B	C	A×C	B×C	
4	A	B	A×B C×D	C	A×C B×D	B×C A×D	D
4	A	B C×D	A×B	C B×D	A×C	D B×C	A×D
5	A D×E	B C×D	A×B C×E	C B×D	A×C B×E	D A×E B×C	E A×D

(5) $L_{16}(2^{15})$

列号 试验号	1	2	3	4	5	6	7	8	9	10	11	12	13	14	15
1	1	1	1	1	1	1	1	1	1	1	1	1	1	1	1
2	1	1	1	1	1	1	1	2	2	2	2	2	2	2	2
3	1	1	1	2	2	2	2	1	1	1	1	2	2	2	2
4	1	1	1	2	2	2	2	2	2	2	2	1	1	1	1
5	1	2	2	1	1	2	2	1	1	2	2	1	1	2	2
6	1	2	2	1	1	2	2	2	2	1	1	2	2	1	1
7	1	2	2	2	2	1	1	1	1	2	2	2	2	1	1
8	1	2	2	2	2	1	1	2	2	1	1	1	1	2	2
9	2	1	2	1	2	1	2	1	2	1	2	1	2	1	2
10	2	1	2	1	2	1	2	2	1	2	1	2	1	2	1
11	2	1	2	2	1	2	1	1	2	1	2	2	1	2	1
12	2	1	2	2	1	2	1	2	1	2	1	1	2	1	2
13	2	2	1	1	2	2	1	1	2	2	1	1	2	2	1
14	2	2	1	1	2	2	1	2	1	1	2	2	1	1	2
15	2	2	1	2	1	1	2	1	2	2	1	2	1	1	2
16	2	2	1	2	1	1	2	2	1	1	2	1	2	2	1

(6) $L_{16}(2^{15})$二列间的交互作用

列号 \ 列号	1	2	3	4	5	6	7	8	9	10	11	12	13	14	15
	(1)	3	2	5	4	7	6	9	8	11	10	13	12	15	14
		(2)	1	6	7	4	5	10	11	8	9	14	15	12	13
			(3)	7	6	5	4	11	10	9	8	15	14	13	12
				(4)	1	2	3	12	13	14	15	8	9	10	11
					(5)	3	2	13	12	15	14	9	8	11	10
						(6)	1	14	15	12	13	10	11	8	9
							(7)	15	14	13	12	11	10	9	8
								(8)	1	2	3	4	5	6	7
									(9)	3	2	5	4	7	6
										(10)	1	6	7	4	5
											(11)	7	6	5	4
												(12)	1	2	3
													(13)	3	2
														(14)	1

(7) $L_{16}(2^{15})$表头设计

列号 / 因子数	1	2	3	4	5	6	7	8	9	10	11	12	13	14	15
4	A	B	A×B	C	A×C	B×C		D	A×D	B×D		C×D			
5	A	B	A×B	C	A×C	B×C	D×E	D	A×D	B×D	C×E	C×D	B×E	A×E	E
6	A	B	A×B D×E	C	A×C D×F	B×C E×F		D	A×D B×E C×F	B×D A×E	E	C×D A×F	F		C×E B×F
7	A	B	A×B D×E F×G	C	A×C D×F E×G	B×C E×F D×G		D	A×D B×E C×F	B×D A×E C×G	E	C×D A×F B×G	F	G	C×E B×F A×G
8	A	B	A×B D×E F×G C×H	C	A×C D×F E×G B×H	B×C E×F D×G A×H	D	H	A×D B×E C×F G×H	B×D A×E C×G F×H	E	C×D A×F B×G E×H	F	G	C×E B×F A×G D×H

(8) $L_{27}(3^{13})$

试验号 \ 列号	1	2	3	4	5	6	7	8	9	10	11	12	13
1	1	1	1	1	1	1	1	1	1	1	1	1	1
2	1	1	1	1	2	2	2	2	2	2	2	2	2
3	1	1	1	1	3	3	3	3	3	3	3	3	3
4	1	2	2	2	1	1	1	2	2	2	3	3	3
5	1	2	2	2	2	2	2	3	3	3	1	1	1
6	1	2	2	2	3	3	3	1	1	1	2	2	2
7	1	3	3	3	1	1	1	3	3	3	2	2	2
8	1	3	3	3	2	2	2	1	1	1	3	3	3
9	1	3	3	3	3	3	3	2	2	2	1	1	1
10	2	1	2	3	1	2	3	1	2	3	1	2	3
11	2	1	2	3	2	3	1	2	3	1	2	3	1
12	2	1	2	3	3	1	2	3	1	2	3	1	2
13	2	2	3	1	1	2	3	2	3	1	3	1	2
14	2	2	3	1	2	3	1	3	1	2	1	2	3
15	2	2	3	1	3	1	2	1	2	3	2	3	1
16	2	3	1	2	1	2	3	3	1	2	2	3	1
17	2	3	1	2	2	3	1	1	2	3	3	1	2
18	2	3	1	2	3	1	2	2	3	1	1	2	3
19	3	1	3	2	1	3	2	1	3	2	1	3	2
20	3	1	3	2	2	1	3	2	1	3	2	1	3
21	3	1	3	2	3	2	1	3	2	1	3	2	1
22	3	2	1	3	1	3	2	2	1	3	3	2	1
23	3	2	1	3	2	1	3	3	2	1	1	3	2
24	3	2	1	3	3	2	1	1	3	2	2	1	3
25	3	3	2	1	1	3	2	3	2	1	2	1	3
26	3	3	2	1	2	1	3	1	3	2	3	2	1
27	3	3	2	1	3	2	1	2	1	3	1	3	2

(9) $L_{27}(3^{13})$ 表头设计

因子数 \ 列号	1	2	3	4	5	6	7
3	A	B	$(A\times B)_1$	$(A\times B)_2$	C	$(A\times C)_1$	$(A\times C)_2$
4	A	B	$(A\times B)_1$ $(C\times D)_1$	$(A\times B)_2$	C	$(A\times C)_1$ $(B\times D)_1$	$(A\times C)_2$

因子数 \ 列号	8	9	10	11	12	13
3	$(B\times C)_1$			$(B\times C)_2$		
4	$(B\times C)_1$ $(A\times D)_1$		$(A\times D)_2$	$(B\times C)_2$	$(B\times D)_2$	$(C\times D)_2$

(10) $L_{27}(3^{13})$ 二列间的交互作用表

列号 \ 列号	1	2	3	4	5	6	7	8	9	10	11	12	13
	(1)	3	2	2	6	5	5	9	8	8	12	11	11
		4	4	3	7	7	6	10	10	9	13	13	12
		(2)	1	1	8	9	10	5	6	7	5	6	7
			4	3	11	12	13	11	12	13	8	9	10
			(3)	1	9	10	8	7	5	6	6	7	5
				2	13	11	12	12	13	11	10	8	9
				(4)	10	8	9	6	7	5	7	5	6
					12	13	11	13	11	12	9	10	8
					(5)	1	1	2	3	4	2	4	3
						7	6	11	13	12	8	10	9
						(6)	1	4	2	3	3	2	4
							5	13	12	11	10	9	8
							(7)	3	4	2	4	3	2
								12	11	13	9	8	10
								(8)	1	1	2	3	4
									10	9	5	7	6
									(9)	1	4	2	3
										8	7	6	5
										(10)	3	4	2
											6	5	7
											(11)	1	1
												13	12
												(12)	1
													11

参考文献

[1] 许时. 矿石可选性研究[M]. 北京: 冶金工业出版社, 1989.
[2] 肖明耀. 误差理论与应用[M]. 北京: 计量出版社, 1985.
[3] 王常珍. 冶金物理化学研究方法[M]. 北京: 冶金工业出版社, 1982.
[4] 高允彦. 正交及回归正交试验设计方法[M]. 北京: 冶金工业出版社, 1988.
[5] 茆诗松, 等. 回归分析及其试验设计[M]. 上海: 华东师大出版社, 1981.
[6] 许定奇, 等. 科学试验导论[M]. 北京: 石油大学出版社, 1990.
[7] 徐南平. 钢铁冶金试验技术和研究方法[M]. 北京: 冶金工业出版社, 1995.
[8] 王青宁. 实验研究的技能与方法[M]. 成都: 西南交通大学出版社, 2007.
[9] 陈建设. 冶金试验研究方法[M]. 北京: 冶金工业出版社, 2005.
[10] 栾军. 试验设计的技术与方法[M]. 上海: 上海交通大学出版社, 1987.
[11] 水蕴华. 科学技术研究方法[M]. 兰州: 西北工业大学出版社, 1988.
[12] 黄津孚. 学位论文写作与研究方法[M]. 北京: 经济科学出版社, 2000.
[13] 周乐光. 工艺矿物学: 第3版[M]. 北京: 冶金工业出版社, 2007.
[14] 常丽华, 陈曼云, 金巍, 等. 透明矿物薄片鉴定手册[M]. 北京: 地质出版社, 2006.
[15] 北京大学地质学系岩矿教研室. 光性矿物学[M]. 北京: 地质出版社, 1979.
[16] 任允芙. 冶金工艺矿物学[M]. 北京: 冶金工业出版社, 1996.
[17] 林培英. 晶体光学与造岩矿物[M]. 北京: 地质出版社, 2005.
[18] 秦善. 晶体学基础[M]. 北京: 北京大学出版社, 2004.
[19] 曾广策等. 透明造岩矿物与宝石晶体光学[M]. 北京: 中国地质大学出版社, 1997.
[20] 鲁伟明. 结晶学与岩相学[M]. 北京: 化学工业出版社, 2008.
[21] 韩秀丽. 无机材料岩相学[M]. 北京: 化学工业出版社, 2006.
[22] 邵国有. 硅酸盐岩相学[M]. 武汉: 武汉工业大学出版社, 1991.
[23] 李德惠. 晶体光学[M]. 北京: 地质出版社, 1984.
[24] 陈祖荫. 矿石学[M]. 武汉: 武汉工业大学出版社, 1987.
[25] 徐国风. 矿相学教程[M]. 武汉: 武汉地质学院出版社, 1986.
[26] 矿物X射线粉晶鉴定手册编写组. 矿物X射线粉晶鉴定手册[M]. 北京: 科学出版社, 1978.
[27] 潘兆橹. 结晶学及矿物学(上下册)[M]. 北京: 地质出版社, 1993.
[28] 全宏东. 矿物化学处理[M]. 北京: 冶金工业出版社, 1984.
[29] 周剑雄. 矿物微区分析概论[M]. 北京: 科学出版社, 1980.
[30] 祁玉海, 李昌寿. 乌努格吐山铜钼矿石工艺矿物学研究[J]. 黄金, 2008, 29(4): 42-44.
[31] 王玲, 赵战锋, 刘广宇, 等. 济源新安难处理高磷铁矿工艺矿物学特性[J]. 有色金属工程, 2007, 59(3): 80-84.
[32] 汪立今, 张娜, 宋来忠. 新疆巴里坤膨润土的工艺应用矿物学特性研究[J]. 矿物学报, 2008, 28(1): 84-88.
[33] 贾木欣. 国外工艺矿物学进展及发展趋势[J]. 矿冶, 2007, 16(2): 95-99.
[34] 石和彬, 王树林, 梁永忠, 等. 云南中低品位硅钙质磷块岩工艺矿物学研究[J]. 武汉工程大学学报, 2008, 30(2): 5-8.

[35] 李光辉，董海刚，肖春梅，等. 高铁铝土矿的工艺矿物学及铝铁分离技术[J]. 中南大学学报(自然科学版)，2006，37(2)：235－240.

[36] 傅贻谟. 凡口铅锌矿选矿厂生产流程的工艺矿物学评价[J]. 矿冶，2002，11(4)：32－38.

[37] 黄易勤. 广西某氧化镍矿的工艺矿物学特征[J]. 矿产保护与利用，2007(3)：34－37.

[38] 曾令熙. 某金矿工艺矿物学研究及其与选矿工艺的相关性分析[J]. 中国矿业，2008，7(4)：73－75.

[39] 富维俊，关艳华，吴东国. 某铜矿多金属矿石工艺矿物学研究[J]. 有色矿冶，2008，24(2)：26－29.

[40] 王庚辰，魏德洲，张凯. 锡铁山铅锌矿床银的工艺矿物学研究[J]. 矿物学报，2005，25(2)：165－169.

[41] 肖仪武. 会泽铅锌矿深部矿体工艺矿物学研究[J]. 有色金属工程，2003，55 (2)：67－70.

[42] 蔡劲宏. 南京栖霞山铅—锌—银矿银的工艺矿物学研究[J]. 矿产与地质，2007，21 (2)：196－199.

[43] 罗立群，管俊芳，曹佳宏. 酒钢目前入选粉矿的矿石性质研究[J]. 金属矿山，2007，(4)：26－29.

[44] 任爱军，赵希兵. 山西某金红石矿选矿试验研究[J]. 有色金属(选矿部分)，2008，(2)：15－19.

[45] 宋翔宇. 河南省西峡红柱石矿选矿工艺研究[D]. 北京：中国地质大学，2007.

[46] 高利坤，张宗华，李春梅. 河南方城金红石矿选矿试验研究[J]. 矿产综合利用，2003(3)：3－8.

[47] 许表富. 澜沧难选富银铅锌矿选矿试验研究[D]. 昆明理工大学，2006.

[48] Moen K. Quantitative Measurements of Mineral Microstructures [D]. Trondheim: Norwegian University of Science and Technology, 2006.

[49] 罗正杰. 北海高岭土与云母分选技术研究[J]. 中国非金属矿工业导刊，2007(3)：41－43.

[50] Pangum L S, Glatthaar J W, Manlapig E V. Process Mineralogy of Fluorosilicate Minerals in Ok Ted1 Ores [J]. Minerals Engineering, 2001, 14(12): 1619－1628.

[51] Benvie B. Mineralogical Imaging of Kimberlites Using Sem－Based Techniques[J]. Minerals Engineering, 2007, 20(5): 435－443.

[52] Felhi M, Tlili A, Gaied M E, et al. Mineralogical Study of Kaolinitic Clays From Sidi El Bader in the Far North of Tunisia. Applied Clay Science 2008, 39: 208－217.

[53] 刘炯天，樊民强. 试验研究方法[M]. 北京：中国矿业大学出版社，2006.

[54] 林国梁. 矿石可选性研究[M]. 北京：冶金工业出版社，1998.

[55] 刘树贻. 磁电选矿学[M]. 长沙：中南工业大学出版社，1994.

[56] 王常任. 磁电选矿[M]. 北京：冶金工业出版社，1986.

[57] 蒋朝澜. 磁选理论及工艺[M]. 北京：冶金工业出版社，1994.

[58] 刘岫峰. 沉积岩实验室研究方法[M]. 北京：地质出版社，1991.

[59] 丘继存. 矿石可选性研究方法[J]. 沈阳：东北工学院.

[60] 米特罗法诺夫. 冶金工业部有色金属工业管理局编辑科译. 矿石可选性研究[M]. 北京：冶金工业出版社，1957.

[61] 于金吾，李安. 现代矿山选矿新工艺、新技术、新设备与强制性标准规范全书[M]. 当代中国音像出版社，2003.

[62] 王资. 浮游选矿技术[M]. 北京：冶金工业出版社，2006.

[63]《黑色金属矿石选矿试验》编写组. 黑色金属矿石选矿试验[M]. 北京：冶金工业出版社，1978.

[64] 周晓四. 重力选矿技术[M]. 北京：冶金工业出版社，2006.

[65] 魏德洲. 固体物料分选学[M]. 北京：冶金工业出版社，2009.

[66] 孙玉波. 重力选矿[M]. 北京：冶金工业出版社，1982.

[67] 选矿设计手册编委会. 选矿设计手册[M]. 北京：冶金工业出版社，1988.

[68] 刘岫峰. 沉积岩实验室研究方法[M]. 北京：地质出版社，1991.

[69] 黄尔君. 化学选矿[M]. 北京：冶金工业出版社，1990.

[70] 李洪桂. 湿法冶金学[M]. 长沙：中南大学出版社，2002.

[71] 童雄. 微生物浸矿的理论与实践[M]. 北京：冶金工业出版社，1997.

[72] 胡岳华，冯其明. 矿物资源加工技术与装备[M]. 北京：科学出版社，2006.
[73] 黄礼煌. 化学选矿[M]. 北京：冶金工业出版社，2012.
[74] 杨守志，孙德堃，何方箴. 固液分离[M]. 北京：冶金工业出版社，2003.
[75] 罗茜. 固液分离[M]. 北京：冶金工业出版社，1997.
[76] 第四届全国金银选冶学术会论文集[C]. 大会筹备组，1993.
[77] 刘开平，王尉和，宫华，等. 矿物材料及其纳米技术改造[J]. 中国矿业，2005，14(2)：53－57.
[78] 邱冠周，袁明亮，杨华明，等. 矿物材料加工学[M]. 长沙：中南大学出版社，2003.
[79] 李洪庆，要国臣，李青山. 氢氧化镁/聚烯烃阻燃技术新进展[J]. 化学工程师，2000，(2)：45－47.
[80] 方晓萍. 聚丙烯/氢氧化镁复合体系界面和性能的研究[J]. 机车电传动，2003(S1)：53－56.
[81] 徐旺生，张翼. 新型无机阻燃剂的研究进展[J]. 江苏化工，2002，30(4)：20－22.
[82] 马正先，李慧. 硅灰石针状粉制备技术的现状与设想[J]. 硅酸盐通报，2000，19(6)：42－45.
[83] 于漧. 关于硅藻土精选的试验研究[J]. 非金属矿，1985(3)：24－26.
[84] 王泽民. 硅藻土提纯研究Ⅱ[J]. 非金属矿，1996(2)：20－23.
[85] 于漧. 关于硅藻土煅烧的试验研究[J]. 非金属矿，1987(4)：30－32.
[86] 汤大忠. 云南腾冲团田中品位硅藻土精选和作食品添加剂的研究[J]. 建材发展导向，1994(1)：43－46.
[87] 郑水林. 我国黏土质硅藻土矿的提纯研究[J]. 非金属矿，1994(2)：24－27.
[88] 王世林. 湖泊相型硅藻土综合利用及其热浮选工艺研究[J]. 非金属矿，1992(3)：10－13.
[89] 王宝娴. 四川某地低品位硅藻土选矿试验研究[J]. 中国非金属矿工业导刊，1993(4)：17－22.
[90] 蔡怀智. 四川米易硅藻土提纯试验研究[J]. 矿产综合利用，1992(6)：3－10.
[91] 乔景慧. 纳米级硫酸钙晶须的制备[D]. 沈阳：东北大学，2004.
[92] 孔海滨. 硫酸钙晶须稳定化处理研究[D]. 沈阳：东北大学，2000.
[93] 费文丽，李征芳. 硫酸钙晶须的制备及应用述评[J]. 化工矿物与加工，2002，31(9)：31－32.
[94] 韩跃新，于福家. 以生石膏为原料合成的硫酸钙晶须及其应用研究[J]. 国外金属矿选矿，1996(4)：50－52.
[95] 王泽红，乔景慧. 硫酸钙晶须的制备及应用[J]. 有色矿冶，2004，(增刊)：53－55.
[96] 王泽红，乔景慧. pH 对硫酸钙晶须直径的影响[J]. 金属矿山，2004(10)：39－42.
[97] 黄新民，解挺. 材料分析测试方法[M]. 北京：国防工业出版社，2006.
[98] 廖立兵，李国武. X 射线衍射方法与应用[M]. 北京：地质出版社，2008.
[99] 漆璿，戎咏华. X 射线衍射与电子显微分析[M]. 上海：上海交通大学出版社，1992.
[100] 彭志忠. X 射线分析简明教程[M]. 北京：地质出版社，1982.
[101] 刘粤惠，刘平安. X 射线衍射分析原理与应用[M]. 北京：化学工业出版社，2003.
[102] 常铁军，祁欣. 材料近代分析测试方法[M]. 哈尔滨：哈尔滨工业大学出版社，1999.
[103] 郭伟强. 现代分析测试技术研究与应用[M]. 杭州：浙江大学出版社，2007.
[104] 祁景玉. 现代分析测试技术[M]. 上海：同济大学出版社，2006.
[105] 朱永法. 纳米材料的表征与测试技术[M]. 北京：化学工业出版社，2006.
[106] 曹春娥，顾幸勇. 无机材料测试技术[M]. 武汉：武汉理工大学出版社，2001.
[107] 周玉，武高辉. 材料分析测试技术[M]. 哈尔滨：哈尔滨工业大学出版社，1998.
[108] Beremam R D, Shielda G D, Nalewqiok D, et al. Clout. Utilization of Optical Image Analysis and Automatic Texture Classification for Iron Ore Particle Characterisation[J]. Minerals Engineering, 2007, 20(5): 461－471.
[109] 罗立强，詹秀春，李国会. X 射线荧光光谱仪[M]. 北京：化学工业出版社，2008.
[110] 朱和国，王恒志. 材料科学研究与测试方法. 南京：东南大学出版社，2008.
[111] 王富耻. 材料现代分析测试方法[M]. 北京：北京理工大学出版社，2006.

[112] 吉昂，陶光仪，卓尚军等. X射线荧光光谱分析[M]. 北京：科学出版社，2003.

[113] Klepka M, Lawniczak - Jablonska K, Jablonski M, et al. Combined XRD, Epma and X - Ray Absorption Study of Mineral Ilmenite Used in Pigments Production[J]. Journal of Alloys and Compounds, 2005, 401(1): 281 - 288.

[114] 翁诗甫. 傅立叶变换红外光谱仪[M]. 北京：化学工业出版社，2005.

[115] 闻辂等. 矿物红外光谱学[M]. 重庆：重庆大学出版社，1989.

[116] 胡荣祖. 热分析动力学[M]. 北京：科学出版社，2008.

[117] 陈镜泓，李传儒. 热分析及其应用[M]. 北京：科学出版社，1985.

[118] 刘振海，徐国华，张洪林. 热分析仪器[M]. 北京：化学工业出版社，2006.

[119] Súnchez - Ramos S, Doménech - Carbó A, Gimeno - Adelantado J V, et al. Thermal Decomposition of Chromite Spinel with Chlorite Admixture. Thermochimica Acta, 2008, 476: 11 - 19.

[120] 黄伯龄. 矿物差热分析鉴定手册[M]. 北京：科学出版社，1987.

[121] 王典芬. X - 射线光电子能谱在非金属材料研究中的应用[M]. 武汉：武汉工业大学出版社，1994.

[122] 白春礼. 扫描隧道显微技术及其应用[M]. 上海：上海科学技术出版社，1992.

[123] 刘延辉，王弘，孙大亮，等. 原子力显微镜及其在各个研究领域的应用[J]. 科技导报，2003，21(3)：9 - 12.

[124] 毛希安. 现代核磁共振实用技术及应用[M]. 北京：科学技术文献出版社，2000.

[125] 刘勇，田保红，刘素芹. 先进材料表面处理和测试技术[M]. 北京：科学出版社，2008.

[126] 牛福生，张锦瑞，倪文. 矿物加工技术在固体废物分选中的应用[J]. 中国矿业，2005，14(6)：56 - 58.

[127] 霍普，白秀梅，雨田. 拉曼微探针在矿物加工中的应用[J]. 国外金属矿选矿，2002，39(3)：4 - 9.

[128] 刘新星，胡岳华. 原子力显微镜及其在矿物加工中的应用[J]. 矿冶工程，2000(1)：32 - 35.

[129] 张清敏，徐濮. 扫描电子显微镜和X射线微区分析[M]. 上海：南开大学出版社，1988.

[130] 管俊芳，狄敬茹，于吉顺，等. Zr/Al 基柱撑蒙脱石矿物材料的红外光谱研究[J]. 硅酸盐学报，2005，33(2)：220 - 224.

[131] 印万忠，孙传尧. 硅酸盐矿物表面特性的X射线光电子能谱分析[J]. 东北大学学报(自然科学版)，2002，23(2)：156 - 159.

[132] Akyuz S, Akyuz T. FTIR and FT - Raman Spectroscopic Studies of Adsorption of Isoniazid by Montmorillonite and Saponite[J]. Vibrational Spectroscopy, 2008, 48(2): 229.

[133] Akyuz S, Akyuz T. FT - IR Spectroscopic Investigations of Adsorption of 2 - , 3 - And 4 - Pyridinecarboxamide on Montmorillonite and Saponite from Anatolia[J]. Vibrational Spectroscopy, 2006, 42: 387 - 391.

[134] Thomas J, Kelley M J. Interaction of Mineralsurfaces with Simple Organic Molecules by Diffuse Reflectance IR Spectroscopy (Drift)[J]. Journal of Colloid and Interface Science, 2008, 322(2): 516 - 526.

[135] Garcia D, Lin C L, Miller J D. Quantitative Analysis of Grain Boundary Fracture in the Breakage of Single Multiphase Particles Using X - Ray Microtomography Procedures[J]. Minerals Engineering, 2008.

[136] O'Dwyer J N, Tickner J R. Quantitative Mineral Phase Analysis of Dry Powders Using Energy - Dispersive X - Ray Diffraction[J]. Applied Radiation and Isotopes, 2008, 66(10): 1359 - 1362.

[137] Perez - Rodriguez J L, Pascual J, Franco F, et al. The Influence of Ultrasoundon the Thermal Behaviour of Clay Minerals. Journal of the European Ceramic Society, 2006, 26(4): 747 - 753.

[138] Lima R M F, Brandao P R G, Peres A E C. The Infrared Spectra of Amine Collectors Used in the Flotation of Iron Ores[J]. Minerals Engineering, 2005, 18(2): 267 - 273.

图书在版编目（CIP）数据

矿物加工研究方法／顾帼华，龚文琪主编．—长沙：中南大学出版社，2019.11

ISBN 978-7-5487-1087-5

Ⅰ.①矿…　Ⅱ.①顾…　②龚…　Ⅲ.①选矿—教材

Ⅳ.①TD9

中国版本图书馆 CIP 数据核字(2019)第 106865 号

矿物加工研究方法

KUANGWU JIAGONG YANJIU FANGFA

顾帼华　龚文琪　主编

□责任编辑　史海燕

□责任印制　易红卫

□出版发行　中南大学出版社

社址：长沙市麓山南路　　邮编：410083

发行科电话：0731-88876770　　传真：0731-88710482

□印　　装　长沙市宏发印刷有限公司

□开　　本　787 mm×1092 mm 1/16　□印张 22　□字数 562 千字

□版　　次　2019 年 11 月第 1 版　□2019 年 11 月第 1 次印刷

□书　　号　ISBN 978-7-5487-1087-5

□定　　价　69.00 元